旅游管理专业高职高专“十一五”部委级规划教材

U0830452

饮食文化概论

冯玉珠　沈　博　主编

编委会名单

副主编：李　辉

参　编：杨　滨　　边振明
孙志强　　祁　颖
王　莉　　王卫民
刘鑫峰　　范利辉

中国纺织出版社

图书在版编目(CIP)数据

饮食文化概论 / 冯玉珠，沈博主编.—北京：中国纺织出版社，2009.3（2024.8 重印）
（旅游管理专业高职高专“十一五”部委级规划教材）
ISBN 978-7-5064-5510-7

Ⅰ.饮… Ⅱ.①冯…②沈… Ⅲ.饮食-文化-高等学校：技术学校-教材 Ⅳ.TS971

中国版本图书馆 CIP 数据核字(2009)第 018196 号

责任编辑：舒文慧　　责任印制：王艳丽

中国纺织出版社出版发行
地址：北京市朝阳区百子湾东里 A407 号楼　　邮政编码：100124
销售电话：010—67004422　传真：010—87155801
http:// www. c-textilep. com
E-mail:faxing @ c - textilep. com
中国纺织出版社天猫旗舰店
官方微博 http://weibo.com/2119887771
三河市宏盛印务有限公司印刷　　各地新华书店经销
2009 年 3 月第 1 版　2024 年 8 月第 10 次印刷
开本：710×1000　1/16　印张：20
字数：363 千字　定价：29. 80 元

出版者的话

2005年10月,国发[2005]35号文件“国务院关于大力发展职业教育的决定”中明确提出“落实科学发展观,把发展职业教育作为经济社会发展的重要基础和教育工作战略重点”。高等职业教育作为职业教育体系的重要组成部分,近些年发展迅速。编写出适合我国高等职业教育特点的教材,成为出版人和院校共同努力的目标。早在2004年,教育部下发教高[2004]1号文件“教育部关于以就业为导向　深化高等职业教育改革的若干意见”,明确了促进高等职业教育改革的深入开展,要坚持科学定位,以就业为导向,紧密结合地方经济和社会发展需求,以培养高技能人才为目标,大力推行“双证书”制度,积极开展订单式培养,建立产学研结合的长效机制。在教材建设上,提出学校要加强学生职业能力教育。教材内容要紧密结合生产实际,并注意及时跟踪先进技术的发展。调整教学内容和课程体系,把职业资格证书课程纳入教学计划之中,将证书课程考试大纲与专业教学大纲相衔接,强化学生技能训练,增强毕业生就业竞争能力。

2005年底,教育部组织制订了普通高等教育“十一五”国家级教材规划,并于2006年8月10日正式下发了教材规划,确定了9716种“十一五”国家级教材规划选题,我社共有103种教材被纳入国家级教材规划。在此基础上,中国纺织服装教育学会与我社共同组织各院校制订出“十一五”部委级教材规划。为在“十一五”期间切实做好国家级及部委级高职高专教材的出版工作,我社主动进行了教材创新型模式的深入策划,力求使教材出版与教学改革和课程建设发展相适应,充分体现职业技能培养的特点,在教材编写上重视实践和实训环节内容,使教材内容具有以下三个特点:

(1) 围绕一个核心——育人目标。根据教育规律和课程设置特点，从培养学生学习兴趣和提高职业技能入手，教材内容围绕生产实际和教学需要展开，形式上力求突出重点，强调实践，附有课程设置指导，并于章首介绍本章知识点、重点、难点及专业技能，章后附形式多样的思考题等，提高教材的可读性，增加学生学习兴趣和自学能力。

(2) 突出一个环节——实践环节。教材出版突出高职教育和应用性学科的特点，注重理论与生产实践的结合，有针对性地设置教材内容，增加实践、实验内容，并通过多媒体等直观形式反映生产实际的最新进展。

(3) 实现一个立体——多媒体教材资源包。充分利用现代教育技术手段，将授课知识点、实践内容等制作成教学课件，以直观的形式、丰富的表达充分展现教学内容。

教材出版是教育发展中的重要组成部分，为出版高质量的教材，出版社严格甄选作者，组织专家评审，并对出版全过程进行过程跟踪，及时了解教材编写进度、编写质量，力求做到作者权威，编辑专业，审读严格，精品出版。我们愿与院校一起，共同探讨、完善教材出版，不断推出精品教材，以适应我国高等教育的发展要求。

中国纺织出版社

教材出版中心

序

饮食是人类生存和提高身体素质的首要生活需要，同时，“食”作为旅游的六大要素之一，素来为中外游客所关注。人们外出旅游，异地的山川、名胜固然是其寻觅的主要目标，但富有当地特色的饮食文化无疑会大大丰富游客的旅游内容，增加旅游的情趣。旅游离不开饮食，它们互为花叶，相得益彰。

我国饮食文化源远流长，博大精深，是中华民族宝贵的文化遗产，也是中国旅游资源的重要组成部分，蕴藏着巨大的消费潜力。深入挖掘饮食文化资源，发展特色旅游项目，把饮食文化与旅游活动很好结合，对提升饮食文化的经济价值，促进旅游业和餐饮业发展，具有重要意义。

本教材比较详尽地阐述了旅游过程中会涉及的饮食文化知识。主要内容有十五章：第一章绪论、第二章饮食原料文化、第三章主食面点文化、第四章菜肴文化、第五章烹调文化、第六章酒文化、第七章中国茶文化、第八章宴席文化、第九章饮食器具文化、第十章饮食保健文化、第十一章饮食文化代表人物、第十二章饮食风俗文化、第十三章饮食礼仪文化、第十四章国外饮食文化概述、第十五章饮食文化交流与比较。

本书由河北师范大学职业技术学院旅游系冯玉珠教授和河北旅游职业学院沈博老师担任主编，河北师范大学后勤集团李辉担任副主编。具体分工是：冯玉珠编写第一章、第八章、第十章、第十一章、第十五章，沈博编写第四章、第六章第四节，李辉编写第九章；张家口教育学院祁颖老师编写第六章的第一节、第二节、第三节和第七章；敦煌艺术旅游中专学校（敦煌艺术旅游学院）边振明老师编写第十二章；昆明学院旅游系孙志强老师编写第十三章，杨滨副教授编写第十四章；河北师范大学职业技术学院旅游系刘鑫峰老师编写第二章，王莉老师编写第三章，王卫民老师编写第五章。最后由冯玉珠对全书内容进行整理、补充。

本教材在编写过程中，吸取了同类教材的某些成果，参考了有关专家、教授的相关著述，得到了河北师范大学、河北旅游职业学院有关领导的支持和帮助，并获得2008年河北师范大学校级精品教材建设项目经费资助。

冯玉珠

2009年1月于河北师范大学

《饮食文化概论》教学内容及课时安排

章/课时	课程性质/课时	节	课 程 内 容
第一章（4课时）	绪论（4课时）		·绪论
		一	饮食文化概述
		二	中国饮食文化的历史演变和民族传统
		三	饮食文化和旅游的关系
第二章（2课时）	中国饮食文化（50课时）		·饮食原料文化
		一	饮食原料的基本概念
		二	饮食原料的发展历史
		三	饮食原料的主要类别
		四	饮食原料资源的开发与保护
第三章（4课时）			·主食面点文化
		一	中国主副食文化形成
		二	中国面点的内涵与风味流派
		三	中国面点的主要形态
第四章（6课时）			·菜肴文化
		一	菜肴的种类和命名
		二	菜肴的起源和发展
		三	中国菜肴的地方风味流派
		四	宫廷菜与官府菜
		五	菜肴文化与旅游的结合
第五章（4课时）			·烹调文化
		一	烹和食物加热技术
		二	“调和鼎鼐”的调和原理
		三	“适口者珍”的品味标准
		四	中国烹调技艺的基本特点
第六章（4课时）			·酒文化
		一	酒的历史与发展
		二	酒品
		三	酒与文化
		四	酒文化与旅游
第七章（4课时）			·茶文化
		一	中国茶文化的形成与发展
		二	茶叶的种类及特点

章/课时	课程性质/课时	节	课 程 内 容
第七章（4 课时）	中国饮食文化（50 课时）	三	茶文化的内涵
		四	茶馆文化
第八章（4 课时）			· 宴席文化
		一	宴席的概述
		二	宴席的起源和发展
		三	宴席食品的基本格局
		四	宴席的种类与名品
第九章（2 课时）			· 饮食器具文化
		一	饮食器具的起源、形成与发展
		二	饮食器具的等级化和社会价值
		三	美食与美器的搭配
第十章（4 课时）			· 饮食保健文化
		一	饮食保健文化的主要概念
		二	饮食保健文化的起源和发展
		三	传统饮食保健的观念和法则
		四	饮食营养与健康
第十一章（4 课时）			· 饮食文化代表人物
		一	中国饮食业祖师爷
		二	中国古代厨师
		三	饮食文化历史名人和美食家
第十二章（6 课时）			· 饮食风俗文化
		一	饮食风俗概述
		二	居家日常饮食习俗
		三	年节饮食习俗
		四	人生礼仪食俗
		五	少数民族食俗
第十三章（6 课时）			· 饮食礼仪文化
		一	饮食礼仪的概念和功能
		二	中国古代饮食礼仪
		三	现代饮食礼仪

章/课时	课程性质/课时	节	课程内容
第十四章 （4 课时）	国外饮食文化 （4 课时）		·国外饮食文化概述
		一	欧洲饮食文化
		二	亚洲饮食文化
		三	美洲饮食文化
第十五章 （4 课时）	饮食文化交流比较 （4 课时）		·饮食文化交流与比较
		一	中国国内饮食文化交流
		二	中外饮食文化交流
		三	中外饮食文化比较

注　各院校可根据自身的教学特色和教学计划对课程时数进行调整。

目 录

绪　论

第一章　绪　论

本章内容： 饮食文化概述
中国饮食文化的历史演变和民族传统
饮食文化和旅游的关系

教学要求： 了解饮食文化的概念，理解饮食文化的特征和功能，了解中国饮食文化的历史演变过程与民族传统，认识饮食文化和旅游的关系。

教学课时： 4 课时

第一节 饮食文化概述

一、饮食文化的概念

(一)文化

文化是一种复杂而广泛的社会现象,很难要找到一个适用于所有学科与角度且统一的文化定义。据法国社会心理学家 A. 莫尔新的统计资料表明,20 世纪 70 年代以前,世界文献中关于文化的定义已达 250 多个。

在我国,为当前学术界所普遍接受的是以《中国大百科全书·社会学卷》和《中国大百科全书·哲学卷》中对“文化”的释义为基础的。社会学卷的定义:“广义的文化是指人类创造的一切物质产品和精神产品的总和;狭义的文化专指语言、文学、艺术及一切意识形态在内的精神产品。”哲学卷的定义:“广义的文化总括人类的物质生产和精神生产的能力以及物质的和精神的全部产品;狭义的文化指精神生产能力和精神产品,包括一切社会意识形态,有时又专指教育、科学、文学、艺术、卫生、体育等方面的知识和设施,以与世界观、政治思想、道德等意识形态相区别”。

文化的产生是自然界“人类化”的过程,也是人类所生活、所依赖的天地万物“人类化”的过程。人类在改造自然,使其顺应人类生存的过程中也在被改造。文化的分类有两分法(物质文化和精神文化)、三分法(物质文化、制度文化、精神文化)、四分法(物质文化、制度文化、风俗文化、思想价值取向或物质文化、制度文化、精神文化、语言文化)、六分法(物质文化、社会关系文化、精神文化、艺术文化、语言文化、风俗文化)以及其他更多的分类法。

(二)饮食

“饮食”一词,约始于春秋战国时期。例如《礼记·礼运》:“饮食男女,人之大欲存焉。”需要说明的是,“饮食”一词在春秋战国时期不仅已被广泛使用,而且还可以简称为“食”,如孔子说:“君子食无求饱。”约至秦汉时期,“饮食”两字已可通称,饮可以统食,食亦可以统饮,有时饮、食二字都可以作为“饮食”一词的简称。

广义的饮食,包括三个部分:一是饮食原料的加工生产,即制成产品的过程;二是制成的产品,即饮食品;三是对饮食品的消费,即吃和喝。狭义的饮食,仅仅指饮食品的消费过程。

(三)饮食文化

饮食文化的含义,也有广义和狭义之分。广义的饮食文化是指人类在饮食生活中创造的一切物质文化和非物质文化的总和;狭义的饮食文化是指人类在饮食生活中创造的非物质文化,如饮食风俗、饮食思想、饮食行为、饮食技术等。

饮食文化的内容宽泛,可以按国家、地域、民族、宗教、食源、生产工艺、炊饮器皿、消费层次、文化品位等进行分类。从内部结构可将饮食文化分为饮食物态文化、饮食制度文化、饮食行为文化及饮食心态文化等。

二、饮食文化的特征

(一)生存性

饮食是人类生存和发展的根本条件。西方观点认为:“世界上没有生命便没有一切,而所有的生命都需要食物。”而我国则有:“民以食为天。”“食色,性也。”可见,对于饮食文化的生存性特征是没有疑义的,只是在我国具有更深刻的含义。

(二)传承性

不同国家,不同民族,由于区位文化的长久迟滞及内循环机制下的代代相传,使得区域内的饮食文化传承牢固地保持着。食物原料品种及其生产、加工,基本食品的种类、烹制方法,饮食习惯与风俗,几乎都是这样代代相因地重复存在的,甚至区域内食品的生产者与消费者的心理与观念也是这样形成的。

(三)地域性

从某种程度上来说,地理环境是人类生存活动的基地。人类为了生存和生活下去,不得不努力利用和改造环境,以便有效地获取必需的生活资料。不同地域的人们因获取生活资料的方式、难易与气候等条件的不同,就产生和累积了不同的饮食习俗,即所谓的“一方水土养一方人”,形成了因地域不同而千差万别的饮食文化。

(四)民族性

不同的民族长期赖以生存的自然环境、气候条件、经济生活、生产经营的内容、生产力水平与技术等的不同,以及各地区所索取的食物对象和宗教信仰存在差异,从而形成了不同的饮食文化。饮食文化的民族性主要体现在传统的食物摄取、食物原料的烹制技法及食品的风味特色。饮食文化的民族性是由不同原因形成的,包括不同的饮食习惯、饮食礼仪和饮食禁忌等。

(五)审美性

人类早期的历史,就是一部以食物资源及饮食美的开发为主要内容的历史。火的发现与运用,使人类结束了茹毛饮血的蒙昧时代,进入了烤炙熟食的文明时代,这就为饮食美的开发提供了物质基础。陶器的发明和使用,为人类主食的美化提供了基本条件。又经过长期的劳动实践,人类懂得了煮海制盐,这就有最基本的调味品。随着调味品的不断被发现,以及人类烹饪经验和技术的日益成熟、烹饪器具的日益丰富、烹饪方法的日益多样,人类对食物质地的好坏、味道的甘美、食物的色泽和形态等的认识亦随之不断提高。在这一过程中,人类已将自己的审美意识注入饮食。

三、饮食文化的功能

(一)生活实用功能

饮食文化首先具有生活实用的功能。饮食文化的产生,一开始就是与人类生活的实用需要分不开的。人类懂得了熟食的好处,懂得了种植作物和饲养动物,懂得了制造饮食用具,这是人类精神文明的最初表现,也是饮食文化的最早功用。人类社会发展到今天,饮食文化仍然首先是为了满足人们日常生活的需要。当然,今天的饮食文化都已经达到了相当高级、文明的阶段。饮食文化的生活实用功能概括起来主要表现为以下几点。

1. 补充营养

人体所需的营养物质,必须依靠饮食源源不断地予以补充。一个人一生中摄入的食物超过自己体重的1000~1500倍,这些食物中的营养素,几乎全部转化成人体的组织和能量,以满足生命运动的需要。由于各种食物所含的营养成分及性能各有不同,对脏腑所起的作用也不一样。因此,要有针对性地选择适宜的饮食,以尽可能地发挥食物对人体的营养作用。

2. 预防疾病

现代医学证明,人体如缺乏某些食物成分,就会导致患病,如钙质不足会引起佝偻病,维生素缺乏会产生夜盲症、脚气病、口腔炎、坏血病、软骨症等,而通过食物的全面配合,便可预防上述疾病的发生。

3. 治疗疾病

食物与药物都有治疗疾病的作用,但食物每人每天都要吃,与人们的关系较药物更为密切,所以历代医家都主张"药疗"不如"食疗"。能够用于疾病治疗的食物很多,如猪骨髓可补脑益智,山楂消食积,大蒜治痢疾,当归羊肉汤治产后血虚,赤小豆治水肿等。

4. 美容健体

爱美是人的天性。合理的饮食有助于秀发、明目、美唇、健齿、丰乳、润肤、减肥、增重。劳动人民在长期的生活实践中已积累了丰富的经验。例如,猪蹄、肉皮冻等含有丰富的大分子胶原蛋白质,可使组织细胞内外的水分保持平衡,使皮肤组织细胞变得柔软湿润,富有弹性。

5. 抗老防衰

《养老奉亲书》中说:"高年之人,真气耗竭,五脏衰弱,全仰饮食为滋气血。"这说明对于老年人,必须注意饮食的调配及保养,只有这样才能延缓衰老。饮食之所以抗老防衰,其作用是通过补肾益气、滋肾强身而产生的。临床实践证明,肾的精气不足,常会导致牙齿松动、须发早白、健忘等未老先衰的征象。

(二)社会功能

饮食文化的社会功能主要有历史功能、教育功能、传承礼德、传递情感、陶冶情操及政治情愫等。

1. 历史功能

历史,总是与某些饮食事件相关。例如哥伦布为寻找香料而漂泊发现了美洲新大陆,粽子的兴起并流传是为纪念屈原,诸葛亮的泸水之战而首创馒(蛮)头等。饮食文化是活的社会“化石”,是逼真的历史“录像带”。饮食文化,是返回历史现场的一条妙径。

2. 教育功能

饮食文化有着深厚广博的群众基础,它们的产生大都蕴含着一定的功利目的。丰富多彩的饮食文化,不仅可使人们熟悉自己祖先创造的灿烂文化,还能够通过饮食文化活动潜移默化地进行传统教育,增强民族自豪感和民族自信心,形成良好的民族心理和民族性格。

3. 传承礼德

《礼记·礼运》记载:“夫礼之初,始诸饮食。”礼产生于饮食,又严格控制饮食行为。宴请宾客时,主客座位的安排,上菜肴、酒、饭的先后次序等,都体现着“礼数”。这种“礼数”不是简单的一种礼仪,而是一种精神,一种内在的伦理精神。这种精神,贯穿于饮食活动的全过程,对人们的礼仪、道德、行为规范具有深刻的影响。

4. 传递情感

饮食是人与人之间情感交流的媒介。借食表意、以物传情普遍存在于人们的日常生活中。无论是文人墨客雅集宴饮的吟咏唱和,还是民间酒肆游戏的相互争逐,都在对不同口味菜肴的共同品尝中,在诗情画意的宴饮氛围中,达到了人与自然、人与人之间的和谐相处。

5. 陶冶情操

饮食文化在人类历史发展的进程中,与美术、音乐、文学等有着同样的提高人生境界的意义,它可以激发人的想象力和创造性。人们可在饮食文化中去寻求心境的宁静,去追忆已逝的时空,去认识民族传统文化的精深,去寻找自己的寄托,增添生活的情趣。

6. 政治情愫

在以国家政治权力为中心的古代社会,人们的饮食活动、饮食行为始终自觉或不自觉或多或少要受社会政治干预或改造,呈现出鲜明的政治意识形态化特征。这主要表现在:将饮食行为与国家治乱相联系;在饮食烹饪理论中寻求施政治国的经验;将社会饮食活动纳入“礼”的政治伦理秩序;通过赐饮赐食或献食贿食把饮食作为笼络人心的政治手段或作为官场钻营的政治工具,以及社会成员在饮食消费、饮食资源占有方面的巨大悬殊导致尖锐的社会矛盾等。

7. 创造价值

饮食文化的生活实用功能、健身医病功能、娱乐功能、审美功能、宣传教育功能、社会组织功能、社会遗传功能,也都是它的价值。除此之外,它也有商品的价值功能。饮食文化也是可以作为商品出售的,一道创新菜点、一件食雕作品、一部饮食书稿、一幅饮食图画,是应该有产权的。我们称它为精神财富,是因为它与物质财富一样,具有价值,是一种社会财富。

(三)娱乐功能

饮食文化的娱乐功能,是指人们在饮食文化活动过程中获得快乐的效用。它作为一种社会现象出现而存在,有益于社会的生存发展完善。尤其是现代人,因生活节奏快、工作压力加大和饮食社会化程度提高,人们在注重"吃得营养、吃得健康"的同时,追求饮食文化的娱乐,以求获得享受。饮食文化的娱乐功能主要表现在两个方面:审美乐趣和食俗乐趣。

1. 审美乐趣

饮食品尝过程渗透着艺术的因子,美的欣赏贯穿于饮食活动的全过程。无论从饮食原料、饮食器具、饮食烹饪还是饮食环境、饮食本身,人们均可从中去创造美、欣赏美、品尝美。既可通过品酒去专注倾听酒中散发出的美丽动人的传说,又可通过宴请享受淳朴浓厚的亲情,也可以月饼寄寓一份团圆的美好情愫。当然也可在宴饮中抚琴歌舞,或吟诗作画,或观月赏花,或论经对弈,或独对山水。在其中儒生可"怡情悦性",羽士可"怡情养生",僧人可"怡然自得"。人们就是在这种美好的饮食环境中畅神悦情,获得美的享受。

2. 食俗乐趣

中国食俗既被广大群众所创造,又被13亿人民所利用。饮食风俗又常和社交、婚恋、欢聚、游乐、竞技、集市相结合,带有很强的娱乐性。尤其是欢腾的年节文化食俗、喜庆的人生仪礼食俗和情趣盎然的少数民族食俗,多以群体娱乐的形式出现,表现了本民族人民对自己优秀文化的热爱,洋溢出健康、向上的精神和情调,人们可以从中获取乐趣,调节个人的物质生活与精神生活。

第二节　中国饮食文化的历史演变和民族传统

一、中国饮食文化的历史演变

中国饮食文化历史悠久,从产生、发展到繁荣,经历了漫长的过程。其大致可分为五个阶段:即萌芽时期、形成时期、发展时期、成熟时期、繁荣时期等。

(一)萌芽时期

原始社会,是中国饮食文化的孕育期。这一时期的历程最为漫长,人们的生活也最为艰辛。人们在艰难中慢慢地进步,从被动的采集、渔猎到主动的种植、养殖(尽管是原始的);餐饮方式从最初的茹毛饮血到用火熟食;从无炊具的火烹到借助石板的石烹再到使用陶器的陶烹;从原始的烹饪到调味品的使用;从单纯的满足口腹到祭祖、食礼的出现。原始社会后期,人们在饮食活动开始萌生对精神层面的追求,饮食已经初步具有文化的意味。

(二)初步形成时期

从夏朝开始,中国进入奴隶社会,历经殷商和西周,直到战国才基本结束。在这一时期是我国农业史上由原始农业向以精耕细作为主要特征的传统农业过渡的转折时期,种植、养殖所提供的产品已经成为主要的食物来源,品种稳定而丰富。陶制的炊器、饮食器依然占据重要地位,但在上流社会,青铜制品已成为主流。人们不再是简单地制作饮食品,而是从选料、切配,到加热、调味以及造型、装盘等各个环节都十分考究,形成了烹饪工艺的初步格局,为后世烹饪工艺的精细发展奠定了基础。

这段时期,与饮食有关的各种著述不断问世。《吕氏春秋》、《黄帝内经》、儒家的十三经以及《楚辞》和其他先秦诸子的著述如《老子》《韩非子》等著述,虽然不是专门记载和论述饮食文化的,却广泛涉及饮食文化的许多方面,为后世的饮食文化发展打下了坚实的理论基础。许多政治家、思想家、哲学家以极大的热情关注和探究饮食文化,并各自从不同的角度阐明自己的饮食观点。饮食距离单纯的果腹充饥的目的越来越远,其文化色彩越来越浓,人们普遍重视饮食给人际关系带来的亲和性,宴会、聚餐成为人们酬酢、交往的必要形式,饮食文化的社会功能表现得越来越明显。

附:“以乐侑食”与“食以体政”

以乐侑食,侑,劝也。即古代贵族阶级的进食,好以音乐歌舞助兴,用来渲染气氛,激荡情绪,增进食欲,引导程序,张大威仪。以乐侑食,早在夏代上层贵显阶层间已甚流行。

“食以体政”,即统治者将自己的政治原则、政治主张贯穿于饮食活动,特别是制度化的饮食活动当中。“食以体政”的首要表现是统治阶级把饮食保障作为政治活动的头等大事,其次是通过饮食来“别君臣,名贵贱”,饮食器具的用材、数量、种类,宴席座次的排列,献酒的先后,食用的差别,都表现了不同人在社会中的不同地位。另外,当时的朝臣、客卿、哲人等常抓住统治者的味欲特点,以饮食活动、烹饪工艺原理作喻发论,以达到功谏天子诸侯修正治世之道的效果。最显著的例子就是伊尹以味作喻谈天下和老子的“治大国若烹小鲜”的理论。

(三)蓬勃发展时期

从秦朝开始,我国进入封建社会,到汉朝发展为封建社会的第一个高峰,随后经历魏晋南北朝的长时间分裂，到隋朝重新统一，唐宋成为封建社会的第二个高峰。在这一时期，受政治、经济和文化等高速发展的影响，我国饮食文化进入蓬勃发展时期。

在这一时期，饮食原料无论从数量还是种类都大大超过了以前。张骞出使西域，带回了葡萄、石榴、大蒜等十多种食物和葡萄酒的酿造技术。而豆腐的发明，饮茶风气的兴起，盐、酒专卖制度的始行，都是这一时期饮食史上的大事。特别是豆腐的发明，是中国对人类文明的重要贡献之一，它大大丰富了饮食的内容，为植物蛋白的利用开辟了广阔的前景。

这一阶段饮食文化同文学艺术作品一样，也进入自觉的阶段，出现了一系列关于饮食文化的专著。曹操的《四时食制》（早已散失）是我国历史上第一部独立的、专门的饮食学著作，开饮食学著述之先河，在我国饮食发展史上具有开创意义。此外，有关饮食烹饪的，如崔浩的《食经》、谢讽的《食经》、韦巨源的《食单》等；有关食疗养生的，如孙思邈的《千金食治》和孟诜的《食疗本草》；有关饮茶及茶学的，如陆羽的《茶经》、张又新的《煎茶水记》；有关饮食发展史方面综合性的内容，如《北堂书钞》、《艺文类聚》等。这些文献在中国饮食史上具有重要地位，尤其是陆羽的《茶经》，在世界饮食史上都占据重要地位。

（四）成熟定型时期

元明清三朝，是中国封建社会的后期，尤其到清朝中期又出现了封建社会的第三个高峰。在这一时期，中国社会的政治、经济和文化都有极大变化，而这些变化促使饮食文化进入成熟定型时期。

这一时期，食物原料进一步丰富，中国从国外引进的食物原料有番薯、番茄、辣椒、吕宋芒果、洋葱、马铃薯等，豆腐在明朝时已有发展。烹饪工艺在菜肴制作上，切割、配菜、烹饪、调味、装盘等技术及其环节都形成了较为完善的体系。在面点制作上，面团的制作，按水温可以分为冷水、热水、沸水面团，而发酵面团按发酵方法可以分为酵汁法、酒酵法、酵面法等面团；面点的成型技术分为擀、切、搓、抻、包、裹、捏、卷、模压、刀削等，不仅常用煮、蒸、炸、煎、烤、烙等方法，而且出现多种方法综合运用的趋势。地方风味流派形成稳定格局，当今闻名世界、习惯上称为“四大菜系”的川菜、鲁菜、粤菜、苏菜，就是在清朝形成的稳定的地方风味流派基础上进一步发展起来的。

这一时期，饮食著述越来越丰富和完善，主要是在饮食保健理论和烹饪技术理论方面形成了较完整的体系。在食经、食谱方面，有指导家庭主妇烹饪的书，如清朝曾懿《中馈录》、顾仲《养小录》；有主要记载蔬食的，如清朝薛宝辰《素食说略》；有主要记载地方风味的，如元朝倪瓒《云林堂制度集》、清朝李调元《醒园录》等；有综合性的食谱，如元末韩奕《易牙遗意》和忽思慧的《饮膳正要》、明朝宋诩《宋氏养生部》、清朝朱彝尊《食宪鸿秘》和袁枚的《随园食单》。在茶经、酒谱方面，最值得提到的是清朝郎廷极《胜饮篇》。在医书与农书方面，最著名的是明朝李时珍写的医学巨著《本草纲目》。该书涉及饮食的资料十分丰富，在许多条目下列出了相应的食疗方及功效，是研究养生健身、食疗食治和烹饪原料性味、功能的必备书籍。如粥目下列有 62 种粥的疗效，酒目下列有 78 种酒的疗效。

（五）繁荣创新时期

20 世纪以来，由于自觉不自觉的对外开放和交流，尤其是改革开放 30 年来，从世界各国引进了许多新的优质食物原料。如调料有味精、果酱、鱼露、蛇油、咖喱、芥末、可可、咖啡、啤酒、奶油、苏打粉、香精、人工合成色素等，动物性原料有牛蛙、鸵鸟、袋鼠、海狸、珍珠鸡、肉鸽等，植物性原料有玉米笋、夏威夷果、泰国米、绿花菜、西兰花、凤尾菇、奶油生菜、樱桃番茄等。

厨房发生了天翻地覆的变化。在能源方面，越来越多地使用煤气、天然气、液化气、汽油、柴油、酒精、太阳能、电能等；在炉灶、炊具方面，煤炉、气灶、酒精灶、微波炉、电磁炉、电炉、烤箱等被广泛应用于烹饪活动。现在许多餐厅的厨房设备除了上述炊具外，还普遍使用冰柜、炒冰机、紫外线消毒柜、自动洗碗机、切面机、刨片机、绞肉机、不锈钢工作台和其他饮食机械设备。改变了我国“烹调技艺世界一流，厨房设备未入流”的局面。

工业食品的创制和食品工业的发展。几千年来，我国一以贯之的食品都是由手工制作而成，包括主食和各种菜肴的制作。每一个工序靠的都是手工。如今，已经出现了许多生产工业食品的企业，一些传统烹饪的食品如包子、饺子、馒头、面条、馄饨、月饼还有咸菜、各种酱制品等都有专门的食品加工工厂。还有一些半成品如鱼香肉丝、辣子鸡丁、酱排骨、西湖牛肉羹等配料齐全，只需加热即可。工业食品的出现既减轻了手工烹饪繁重的体力劳动，节省了时间，又使大批量食品的生产质量更加规范化和标准化。自从食品生产迈入了工业化的轨道，我国的食品工业逐渐走向成熟，开始出现集团化的经营，每个食品集团都打造自己的品牌。从吃到喝，从零食小食品到各种真空包装的肉制品，从调味品到原材料等，可以说品牌已经渗透到食品的方方面面。

注重营养和安全。随着生活水平的不断提高，我国人民在吃饱的基础上逐渐要求吃好、吃得营养、健康、安全，吃得有文化、有品位。而西方现代营养学进入我国，与传统的食治养生学说并存，为菜点的营养、健康提供了充分的保证。

饮食著述全面深入。中华人民共和国成立后，从事饮食文化研究的人不断增多。他们搜集、总结中国饮食制作技术，探索、研究其本质规律，力求使其更加规范化、系统化，并取得了显著成果。

国内外饮食文化交流频繁。20 世纪初，随着西方教会、使团、银行、商行的涌入，蛋糕、饮料、奶油、牛排、面包等西菜西点也进入我国，并对我国饮食文化产生了很大的影响。中华人民共和国成立后，尤其是改革开放30年来，西方一些先进的厨房设施和简易的烹饪方式正在被学习和借鉴。在食品方面，西式快餐、日本料理、泰国菜、韩国烧烤等异国风味竞相登陆，这不仅是对古老的中国饮食文化的挑战，更是中国饮食文化蓬勃发展的机遇。同时，中国饮食文化在海外的影响也越来越大。中华民国时期，出国人数渐多，这些侨胞中约有1/3的人以经营小型的家庭式中餐馆为生，并且世代相传。他们把中国烹饪介绍给各国，使中餐大规模地进入国际市场。改革开放以来，中国又不断派出烹饪专家和技术人员到国外讲学、表演、参加世界性的烹饪比赛，使海外更多人士了解中国饮食文化，喜爱中国菜，这也促进了世界烹饪水平的提高。

二、中国饮食文化的民族传统

历经万千余年的悠久历史，中国饮食文化形成了许许多多民族传统。概括起来，大致有以下几方面。[1]

（一）“以粮为主，主、副配餐”的膳食配置

中国人的祖先是农耕民族，很早就以粮食及其制品为一日三餐必不可少的主要食品，以蔬菜、肉、鱼为辅助食品了。“以粮为主”一是指“粮”的地位重要，必不可少；二是指“粮”的食用数量较多。副食有调剂口味、引发食欲、补充营养成分的作用。没有副食佐餐，主食的食用常常会受到影响。中国人的副食品十分丰富，除了最常见的鸡鸭鱼肉等荤菜外，形形色色的新鲜蔬菜、豆制品、酱菜、咸菜、泡菜、腌腊制品等也是饭桌上常见的菜肴。搭配的方式多种多样，因食、因人、因地、因时而异，总体说来有“三多三少”的传统：主副食配合中，谷食多，菜食少；菜食用料上，蔬菜多，肉品少；肉品选用上，猪肉多，其他少。

（二）“热、熟为主，兼用生、冷”的饮食方式

中国人早在50多万年以前就懂得用火熟食了。用火熟食大大减轻了肠胃的负担和损耗，有益于营养的吸收。另外，中国人主张热食、熟食还与中医医理有关。中医主张，人之热腹不宜承受过多的冷食，某些体质的人还要忌生冷，甚至认为即使在盛暑炎夏之时喝绿豆汤也以热饮为宜。虽然中国人很早就习惯饮用熟食、热食，但他们也并不排斥生、冷食品。中国人很早就认识到，有些食物原料，本身就具有极其鲜美的滋味，如果加以烹饪、调味，反而会破坏、掩盖其自身的鲜味。于是便有了吃食物“本味”的讲究，做“本味菜”的理论与实践。所以在中国人的饭桌上生、冷食品也并不罕见，如生鱼片、葱、姜、蒜、香菜、辣椒、黄瓜等。

---

[1] 余世谦. 中国饮食文化的民族传统. 复旦学报（社会科学版），2002(5)：118－131。

(三)“以味为本、至味为上”的美食追求

“以味为本、至味为上”,即把保持饮食原料的自然风味或经过烹饪使食物达到尽善尽美境地(至味)作为烹饪的根本目的和最高要求。这是《吕氏春秋·本味篇》提出来、并对后世产生深远影响的中国传统烹饪思想,也是中国烹饪最突出的特点之一。中国人追求味觉美,只要味道好,有无营养价值常常觉得无所谓。为了这种追求,中国人在理论上和实践上都进行了广泛而深入的探索,所谓“五味调和”以及“有味使之出”,“无味使之人”等说法便是这种思想理论,许多“入味”、“保味”措施的发明便是其实践。

(四)“菜系繁多,流派纷呈”的菜肴风格

中国菜肴的地方风味早在西周春秋战国时代就已初见端倪,至唐宋时期中国烹饪风格流派已经初具雏形。明清时期中国菜肴便基本形成了众多较为稳定的风味流派,其中最具特色的是宫廷风味、官府风味、地方风味、清真风味和寺观风味。在清代形成的众多地方风味流派中,最具代表性的是鲁菜、川菜、淮扬菜及粤菜。20世纪初期,餐馆业中出现“帮口”称谓,“帮口”乃行帮和地方风味兼而有之,诸如京帮、豫帮、鲁帮、扬帮、徽帮、粤帮、湘帮、苏帮、宁帮等。20世纪50～60年代兴起“菜系”之说,又有了川、鲁、苏、粤“四大菜系”;70年代以后,又先后出现了“五大菜系”、“八大菜系”、“十大菜系”、“十二大菜系”等。而每个“菜系”下往往还有许多亚菜系或分支,如粤菜下就还有广州菜、潮州菜、东江菜等亚系;鲁菜下也有济宁(曲阜)、济南、胶东三大分支。每个“菜系”“流派’,都有自己的风味特点和名菜、珍品。中国菜系之多、风味流派之众真可谓令人目不暇接、眼花缭乱。无疑,也正是这些多姿多彩的风味菜肴才赢得了“食在中国”的美誉。

(五)“分食在先,合食在后”的饮食食俗

自陶器作为盛食器进入原始人类的饮食生活直至唐,在七八千年漫长的历史上,中国人一直是以各自的食具分别进食的分餐制。中国人的进食由分餐向合食的转变,大约始于唐代中期以后,至宋代逐渐普及开来的,一直延传至今。

(六)“进食有时,一日三餐”的饮食惯制

在饮食的次数和时间安排上,中国人也有自己的习惯。先秦以前的古人“日出而作,日入而息”,生产力低下,通行的饮食习惯是“一日两餐”。第一顿饭称“朝食”,在“食时”吃,大约相当于上午九点钟。第二顿饭称“餔”食,又称“飧”,一般是在“申时”吃,大约在下午四点钟,相当于后人的晚餐。随着生产力的发展,到了汉代,出现了早、中、晚“一日三餐”的饮食安排并渐成习俗,至今仍为全国通行惯制。

(七)“以筷进餐,实用独特”的技能餐具

筷子在中国古代称“箸”或“挟”。《史记》中记载:“封始为象箸”,可知中国

最迟在商代就已经使用筷子了。筷子适应性强，可谓“以不变应万变”，无论菜食是条、是块，是丝、是片，是丁、是段，用筷子或夹或挑、或拈或拨，都应付自如、无往而不利。筷子造型实用，它上粗下细、上方下圆，持在手中有棱不转，置之台面不滑不滚，夹菜入口不伤唇舌。筷子又是一种技能餐具，要会使用，必须通过学习和训练才成。

（八）“先上酒菜，后用饭食”的就餐习俗

无论是家庭宴会、亲友聚餐、还是招待宾客、情侣小酌，乃至个人用饭，中国人总是习惯“先上酒菜，后用饭食”，这和有些国家、民族就餐时边饮酒边吃饭、菜肴和饭食同作酒肴的习俗有所不同。

（九）“白酒当家，浅斟慢啜”的饮酒风尚

中国人一向以能喝白酒为荣，特别是男人喝白酒几乎成了阳刚之美的标志。中国人饮酒的传统观念是“酒以烈为贵”。这种“白酒当家”的饮酒传统至今仍在一些地区和民族如北方汉族中相当广泛地流行着，他们要么不喝酒，喝酒必喝白酒。中国人饮酒常常是酒杯在手，边饮边啜，不停地斟，慢慢地饮，闲谈神聊，徐徐而进。当然，中国人也有满斟猛喝，一杯酒甚至一瓶酒一仰脖子喝个精光的“牛饮”者，但毕竟不普遍。

（十）“客来敬茶，清饮热品”的茶事传统

清茶一杯是中国人热情待客的习惯，“因人设茗”、礼貌周全是中国人以茶待客的特点。中国人有品茶的习好。品茶的乐趣在于欣赏茶汤的香气，品尝茶汤的滋味，观赏茶汤的颜色，察看茶叶在茶汤里沉浮升降时舒展的形状姿态。茶叶不同，其香、味、色、形也总是各有差异，欣赏玩味各种茶的香、味、色、形各自独有的特色，乐趣无穷。中国人喜欢饮用温热的茶水，茶汤的温度在55℃时最适合品茶，过热过冷都不妥。

（十一）“用膳循礼，讲究客套”的食仪传统

中国人很早就形成了饮食讲究礼仪和礼貌的优良传统。主人按照礼宾次序排定席位，宾客分别在指定的位置上落座就餐。这种座次制度目的是突出主宾、使其享受应有的尊荣，并合理对待其他宾客，使之各安其所。中国人十分讲究文明就餐、吃相文雅，在宴会上很讲究客套。例如，入座时，主人会再三邀请大家，客人也会为座位互相礼让。客人一般不会将菜吃完，要是那样，主人会很不好意思，觉得自己准备的菜不够。宴会结束的时候，先吃完的人，总是会先跟其他人打招呼“慢慢吃”、“慢用”，而主人总是要最后一个吃完，他必须陪着客人。

（十二）“筵宴排场，意在社交”的饮食旨趣

筵宴是我国传统的社交方式，上至国家大典、外事活动，下至婚丧嫁娶、亲朋交往，少不了都要举办各种筵席、宴会，交流感情。我国传统筵宴的一个突出特点是讲究排场、奢侈豪华。一部分人曾经认为，排场是筵宴举办者经济实力、社

会地位、自身形象、待客态度的综合显示。所以筵宴要么不办、要办就得排场。举办筵席、宴会的目的,一是“家人享乐自娱”,二是“协调人际关系”,三是“谋求功利目的”,四是“炫耀富贵尊荣”。为了能够达到这样的目的,场面的铺张、布置的排场、菜肴的丰盛、酒食的美味等自然就是必不可缺的。

正是中国饮食文化的这些民族传统赋予了中国餐饮特别诱人的魅力。应当说,只要国人继承和发扬我们民族饮食文化的优良传统,同时注意汲取世界各国、各民族饮食文化的有益营养,新世纪的中国饮食文化一定会继续保持自己的鲜明特色和世界先进的地位。

第三节 饮食文化和旅游的关系

一、饮食文化是旅游业存在和发展的基础

(一)饮食文化是旅游业的重要组成部分

旅游实质上是一种物质和精神的综合性的活动。一方面,它是物质的,没有饮食,旅游就无法进行,饮食服务业是旅游业重要的构成部分;另一方面,它又是精神的(旅游从本质上可以说是一种以审美为突出特征的消闲活动,是综合性的审美实践)。游赏、娱乐是旅游的目的,以食品为物质形态的饮食文化自然也是游客愉悦的对象。腹中有物,审美才能得以正常发挥,无论从物质的还是精神的角度,饮食文化都是旅游文化不可或缺的重要组成部分。

(二)饮食文化可以提升旅游活动的品位

旅游是一种较高层次的文化活动,没有文化的旅游是没有生命力的。随着社会的进步和人们素质的提高,旅游对文化含量的要求也越来越高。饮食文化概念的引入和饮食文化事业的加盟,恰好顺应了旅游业发展的趋势。而且与其他文化相比,饮食文化更能普遍引起人们兴趣并易为人们理解和接受,提升旅游活动品位的作用会更明显。在饮食文化的氛围之下,可使游客在轻松愉快的餐饮过程中,了解和领略到更多的民族特色文化和当地的风土人情,从而提高旅游欣赏的水平,增长见识,陶冶情操,升华美感。

(三)饮食文化可以增加旅游经营的效益

旅游经营主要目的之一是获取经济效益,含有文化内涵的饮食,其附加值则可以大幅度提高,与旅游经营目的相符。例如旅游地的特色菜肴、风味小吃就比普通食品的价格要高,也要更受欢迎;如果配以特定的文化氛围、谐调的环境和良好的服务,其附加值又可进一步上升。如果再考虑到饮食文化本身能招徕更多游客的因素,它给旅游经营各个环节所增加的收入将更可观。所以,饮食文化很有可能成为旅游经营效益中新的突出增长点。

二、旅游活动促进饮食文化的交流与发展

旅游业的兴起,势必增加对饮食行业的需求,也为饮食文化创造了潜在的市场,提供了用武之地;而且旅游业越发达,这种潜在市场就越大,饮食文化发挥的作用也越突出;此外,旅游业的兴起,还为饮食文化吸收外来精华提供了条件,有利于它的充实和创新。所以,只要看到这内在关系,注重饮食文化的参与,潜在市场就会逐步转化为现实市场,饮食文化就能在有效地促进旅游业发展的同时,自身得到进一步的繁荣。相反,如看不到这种关系,漠然置之,无动于衷,饮食文化就会坐失发展良机。可以说,旅游业将是饮食文化发扬光大的最合适土壤和最佳环境。

三、饮食文化旅游方兴未艾

饮食文化旅游,是指将饮食文化与旅游活动相结合,以品尝美食、了解中国饮食文化为主要内容,以游览所在地的自然景观与人文景观为辅助内容的特色旅游。

民以食为天,旅以食为先。在"食、住、行、游、购、娱"的旅游六大要素中,饮食居于首要位置。饮食文化的形成发展,与各种人文景观、文化现象、特殊的历史事件及其发生地等内容紧密联系在一起,使之成为多姿多彩的饮食文化景观。如茶文化旅游产品的消费,就使得游客在品赏茶之味的同时又能览茶园秀色,得山水之乐,享茶肴美味。在旅游中,人们在欣赏自然美景与人文胜地时,幽雅的饮食环境、丰富而具有地方特色的食品与饮料也是重要的选择内容。尽管目前饮食文化旅游资源的开发不是很理想,但从长远来看,我国饮食文化旅游市场是一个充满生机和活力,蓬勃发展的大市场,蕴藏着巨大的消费潜力。

◎本章小结

饮食是文化最繁杂及广泛的载体。饮食承载的文化源远流长、博大精深。饮食文化具有生存性、传承性、地域性、民族性、审美性的特征,它的许许多多的功能,不断丰富着功能文化的内涵,还凝聚着人类的聪明和智慧。中国饮食文化从产生、发展到繁荣,经历万千余年的悠久历史,形成了许多民族传统。饮食文化又是旅游业存在和发展的基础,饮食文化旅游方兴未艾。

◎思考与练习

1. 饮食文化有哪些特征和功能?举例说明。
2. 中国饮食文化有哪些民族传统?
3. 中国饮食文化研究的意义及主要内容是什么?
4. 什么是"食育",如何开展"食育"?
5. 如何弘扬中国饮食文化,促进旅游业发展?

第二章　饮食原料文化

本章内容： 饮食原料的基本概念
饮食原料的发展历史
饮食原料的主要类别
饮食原料资源的开发与保护

教学要求： 了解饮食原料的概念和命名，了解饮食原料的发展历史及其资源的开发利用与保护，掌握饮食原料的主要类别和主要品种的历史文化内涵。

教学课时： 2 课时

第一节 饮食原料的基本概念

一、饮食原料的含义

饮食原料是指通过加工可以制作主食、菜肴、面点、小吃等各种食物的可食性原材料,如粮食、蔬菜、果品、畜禽肉、鱼、虾、蟹、调料等。饮食原料是饮食品加工的物质基础。要想制作出美味可口的菜点,保证菜点的质量,就必须选择品质佳好的饮食原料。

作为饮食原料,必须要安全、卫生,必须具有营养价值和良好的口感,同时要符合有关法律、法规。

二、饮食原料的名称

(一)饮食原料的命名方法

饮食原料绝大多数是生物性原料,其命名一般按照生物学的命名方法。按照国际命名法规的规定,给已知的每一种生物制定的世界统一使用的科学名称,称为"学名"。每种生物只能有一个正确的学名,不管其来源如何,一律用拉丁文处理,在印刷品中均排斜体字,手写时下面画横线。除了学名以外,其余无论是何种语言、何种文字的名称均称为"俗名"。因此,某一种生物不管有多少中文或外文名称,除了拉丁文学名外都是俗名。

(二)饮食原料名称的复杂和混乱现象

由于饮食原料种类繁多,分布地域辽阔,加之时代变迁,各时代对饮食原料的认识程度不同,各地区用料习惯和饮食原料的名称称谓不同,俗名较多,以及文献记载抄录中的疏误,使许多饮食原料的名称出现复杂和混乱的情况。

1. 一物多名

一物多名,原料具有多个名称。这种情况主要发生在分布比较广泛的原料中。例如,玉米又称为玉蜀黍、包米、包谷、棒子等;番茄在我国南方称番茄,北方称西红柿;马铃薯在我国南方称洋山芋或洋芋,北方称土豆;鳓鱼又称响鱼、白鳞鱼,广东称鳢白鱼,山东称火力鱼,浙江称昼鱼、福建称力鱼等。

2. 多物一名

多物一名,即多种原料具有同一个名称。例如,称为"桂皮"的有肉桂、天竺桂、香桂、川桂、阴香等树的皮;"鱼肚"和"鱼翅"均是许多种类的通称;饮食原料"口蘑"(以张家口为集散地的伞菌)有许多种类,其中属于门蘑科的种类大约有7种,属于蘑菇科的主要有4种,其中还有多种饮食原料类型;鸟类的一种族科动物称为"石鸡",作为"庐山二石"之一的一种两栖类蛙科动物棘胸蛙在民间也称为“石鸡”;蕨类植物分株紫萁和豆科植物大巢菜均被称为“薇菜”。多物一名的现象在鱼类和低等动物原料中非常普遍。

3. 名称错乱

名称错乱,即一物多名和多物一名两种情况交织于大小不同的几种含义。例如,菜豆、扁豆、刀豆是三种不同的豆类蔬菜,但各地民间常将三者在名称上互相指代。“比目鱼”可泛指鲽、鲆、鳎、舌鳎四类,或仅指其中某一类或某一种。

(三)中国饮食原料名称中的文化含义

中国饮食原料的很多名称命名采用了形容、象征、比喻的手法,既表现了中华民族的机智、幽默和风趣,又渗透了民族文化的精神意识。先秦时把牛叫“一元大武”,猪叫“刚鬣”,羊叫“柔毛”,黍叫“芗合”,稻叫“嘉蔬”,韭叫“丰本”,盐叫“咸鹾(cuó)”等。南唐有人称蟹肉为“一品膏”,是因为他认为天下美味中蟹肉为第一,故“封”为“一品”。而五代有人又认为以螃蟹下酒,至妙至爽,又加“封”为“爽国公”。唐代把酱叫“八珍主人”,把醋叫“食总管”,以拟人的手法巧妙地概括了这两种调味料的地位和作用。明代宫廷中制作出一种复合调味佐料,起了个名字叫“一了百当”。从名字可以推知,有了它,其他调料可以都不要。再如菠菜又被称为“红嘴绿鹦哥”,发人联想。

附:与“雪”字相关的饮食原料

调味料最基本的盐,颗粒小如细沙者称“雪花盐”,芡粉之一的甘薯粉称“雪粉”,银耳美称“雪耳”,广东人称豌豆为“雪豆”,西南一些地区称菜豆为“雪山豆”,藏族称雉科野鸡为“雪鸡”、“藏雪鸡”,云南西北部人称“羌活鱼”为“雪鱼”(此鱼也称“山溪鲵”,四川、陕西等地亦产),中国林蛙饮食行业称“哈士蟆”,也有称为“雪蛤”的,四川人称“旱獭”为“雪猪”,沿海一带有称花鳗为“雪鳗”者。雪里蕻有很多别称,如称“春菜”、“花芥”、“八斤菜”等,饮食行业称“雪菜”。用来做甜点馅料的腊梅,贵州一带称其为“雪里花”。江苏无锡一带俗称“乌塌菜”为“雪里青”。豆腐渣在清代就有个美名,为“雪花菜”。四川还有一种雪魔芋,是峨眉山特产。

很多饮食原料,一种原料就是一部历史,一种原料就有一个传说,就可形成一种“文化”。如汉代张骞引进的石榴、葡萄,而唐诗引发了“空见葡萄入汉家”,“葡萄美酒夜光杯”的历史思绪和悲壮情怀。陕西临潼以盛产石榴著名,留下许多关于石榴的传说,并由此举办了多次“国际石榴节”活动。汉语中利用饮食原料本身的性质、特点,在烹饪中的地位、作用等,有很多富于含义的典故、寓言、成语、熟语等,如献芹、鱼肉百姓、鱼米之乡、巧媳妇难为无米之炊、鱼与熊掌不可兼得、姜还是老的辣、一蟹不如一蟹、滚刀肉、狗肉不上席、离了萝卜不成席等,简要生动,使汉语言更为丰富多彩。

第二节　饮食原料的发展历史

一、饮食原料发展概况

饮食原料的应用和发展历史，与人类社会的发展历史密切相关，特别是与社会生产力的发展有着密切的关系。

（一）史前期

人类最初的饮食方式，和其他动物一样，是从大自然中索取自然形态的食物和饮料，“茹草饮水，取草木之实”，以解决饥渴。旧石器时代，人类是靠采集或渔猎等手段来获取食物，在生食阶段所取得的食物主要是植物的果实、芽叶、块茎、块根等，以及兽类、鸟类、鸟卵、昆虫和在水边拾取的藻类、螺蚌等。发明熟食以后，狩猎在经济生活中占有重要地位，人们已能猎取鹿、野马等大型动物作为饮食原料应用。在距今 5 万 ~1 万年的晚期智人遗址中，发现有哺乳动物、鸟类、鱼类以及软体动物化石，捕捞物占的比重逐渐增加，渔业的发展扩大了食物来源。渔猎经济使动物性原料成为旧石器时代主要的饮食原料。从北京人遗址中发现的许多烧过的朴树籽来看，可以认为榛、栗、橡、榧、松等木本植物的果实已经被用于烧食。

新石器时代（开始于约八九千年前），由于农业和畜牧业的出现，使饮食原料有了相对稳定的来源。采集和渔猎的所获，逐渐退居到补充的地位。植物性原料如粟、稻、黍等逐渐成为饮食原料的主体，为中华民族以粮食为主食的膳食结构准备了条件。在动物性原料中，如狗、猪、牛（黄牛、水牛）、羊（山羊、绵羊）、马和鸡等，属于家畜、家禽。野生的兽类（如梅花鹿、竹鼠、兔、狐、狸、虎、豹、犀、象、野猪、猴等）、水生动物（如鲸、扬子鳄、龟、鳖、青鱼、鲤鱼等）、软体动物（如螺、蚌、蚶、牡蛎等）也是为了食用而捕猎、采集的。据推断，最初用于调味的人工盐，是在这个时期开始应用的。

（二）殷商至战国

殷商至战国时期，农业生产已占主导地位，粮食、蔬菜、果品、畜牧和渔业的分工逐渐形成，加上狩猎和采集，为人们提供了丰富的饮食原料。当时已经有了所谓的“五谷”、“六谷”、“八谷”、“九谷”、“五菜”、“五果”、“五畜”、“六畜”、“六禽”等概念。形成了主配料、调味料、佐助料的分类结构格局。能初步区分出原料的高低档次，如《吕氏春秋·本味篇》中所列举的肉、鱼、菜、和（调味品）、饭（粮食）、水、果之美者，是部分较珍贵原料的举例。有了鉴别与选择原料的经验，如《周礼·天官冢宰》内容一节中的“辨腥、臊、膻、香之不可食者”部分，《礼记·内则》中所举的“不食”的种类和原料应“去”除部分的记述，以及《论语·乡党》中的“鱼馁而肉败不食”、“色恶不食，臭恶不食”等。《周礼》、《礼记》等古籍中提出原料和膳食组配的方法，包括主副食的组配，主配料的组配，主料与调味料、佐助料的组配，以及因季节不同的组配等。蔬菜、果树已有囿、圃的固定种植。考古发现，战国时代的中山国（今河北省平山县一带）养鱼业已开始。

（三）秦以后

秦汉时期食物原料更加丰富多彩。张骞出使西域，带回了葡萄、石榴、大蒜等十多种食物和葡萄酒的酿造技术。特别是豆腐的发明，是中国对人类文明的重要贡献之一，它大大丰富了饮食的内容，为植物蛋白的利用开辟了广阔的前景。

汉魏六朝时期，水稻跃居粮食作物的首位，大豆制品增加，植物油（芝麻油、豆油）开始被使用。猪的数量超过牛羊成为肉食品的大宗，乳制品加工业发展很快。不少地方的奇珍异味（如东北鹿汾西南的菌菇、江浙的鲍贝、闽粤的蛇虫）摆上餐桌。另外，还大量酿造米酒、香醋和豆酱，糖的品种增加，花卉、香料、饮食原料、蜜饯逐步成为饮食原料。

从隋唐五代宋金元时期，烹饪业发展较快。蔬菜大量从国外引进，海产品用量也大量增加，海蜇、海蟹、墨鱼、蚝肉等成为大众菜。

从明清时期，中国烹饪进入成熟期。弘治年间的饮食原料已达1300余种。其中引人注目的是大豆制品的发展，品种多达50余种。蔬菜种植技术提高，出现保护地种植等。燕窝、鱼翅、海参、鱼肚等海味原料脱水处理。

到了现代，由于食品科学、生物化学、营养学、生物学、食品卫生学、微生物学、植物学、动物学等学科的发展，如动物工厂化饲养、水产品的网箱人工饲养、大棚蔬菜的普及、转基因动植物的出现等，导致饮食原料的构成发生巨大的变化，很多原来比较稀有的饮食原料的产量大幅度上升；冷库的普及对饮食原料的保存也产生了巨大的影响。食品加工技术的发展，如冷冻干燥技术、罐头技术、酿造技术等的发展，使现在半成品饮食原料的性质和质量与传统的半成品饮食原料相比有了不可同日而语的差异。交通工具的发展，使饮食原料的运输和各地间原料交流变得非常容易，这对烹饪风格产生了巨大的影响。

二、饮食原料的来源

（一）野生生物的人工驯化

新石器时代（约开始于八九千年以前）此时期产生了原始农业，人类开始尝试将野生动物驯化，产生了原始的养殖业和种植业。先秦时代农业生产已占主导地位，种植、养殖提供的饮食原料已相当丰富。在周代已有了专门种植蔬菜的“圃”以及专门栽培果品的果园。在秦汉以后的2000多年中，野生饮食原料的资源逐渐减少，但野生原料的人工驯化工作逐渐加强。对野生植物原料的人工栽培和对野生动物原料的人工养殖，都已取得很大的成功。例如：野生蔬菜中的荠菜、枸杞苗、马兰等,野生食用菌中的冬虫夏草、木耳、银耳、猴头菌、香菇、口蘑、金针菇、草菇等,野生食用藻中的海带、紫菜等,野生鸟类中的鹌鹑、石鸡、野鸭等,野生两栖爬行类龟、鳖、蛇、牛蛙、棘胸蛙等,以及一些野生鱼类、海参、虾、蟹、贝类等的人工养殖。

(二)饮食原料的良种选育

"品种"是由"物种"进一步培育而来的,"品种"的形成固然与自然适应和选择有一定的关系,但更重要的是人类有意识地进行选育和改良的结果。长期以来,人类致力于对已经运用的饮食原料进行品种改良,积累了丰富的经验,造就了许多优良品种。特别是在20世纪中叶,生物遗传育种技术的发展与运用,使高产质优的饮食原料品种更加丰富。

目前,在已经运用粮食、蔬菜、果品、家畜、家禽中的饮食原料中,凡是运用历史比较悠久、运用范围比较广的原料,如小麦、稻、甘蓝、白菜、猪、牛、羊、鸡、鸭、鹅等"物种",都有成百上千个优良"品种"。仅以稻为例,我国已收集到的地方品种达3500余个。

(三)饮食原料的引进

在中外交流过程中,我国从国外引进了许多饮食原料,有些原料的名称仍然带有明显的引进的痕迹,如以"洋"开头的,有洋白菜(结球甘蓝的通称)、洋葱、西洋芹、洋橄榄(油橄榄的通称)、洋鸡等;以"番"开头的,有番薯、番杏、番茄、番瓜(南瓜)、番椒(中药上指辣椒)、番木瓜、番荔枝、番石榴等;以"胡"开头的,有胡萝卜、胡瓜(黄瓜)、胡豆(蚕豆)、胡桃(核桃)、胡椒等。

(四)生鲜原料的再制加工

劳动人民在长期的生产实践过程中,探索出了一些将饮食原料进行再制加工的方法,如对生鲜食物原料进行腌渍、干制或发酵等。早在先秦时期,腌制、干制以及酿酒、制醋、制酱技术已有应用。秦汉以后,加工性原料的种类更加丰富。特别是在近几十年的时间里,随着灌装、速冻和干燥新技术的发展,加工性原料的种类以前所未有的速度增加。

通过加工,不仅丰富了饮食原料的种类,而且提高了原料的贮藏性能,改善了原料的风味特点。加工的方法有腌、渍、干、腊、熏、发酵等,因此按加工方法分,加工制品有腌制品、干制品、糟制品等。加工的原料有粮食、蔬菜、果品、肉类、水产品等,因此按加工原料分,加工制品有粮食制品、蔬菜制品、果品制品、肉制品、蛋制品、奶制品、水产制品等。

在加工制品中,许多是具有中国民族特色的原料,如豆腐、面筋、粉丝、中式火腿、松花蛋、干制海参、干制鱼翅等;还形成了许多地方名产,如不同风味的中式火腿地方特产,比较著名的就有10余种。

(五)饮食原料的淘汰与替代

饮食原料发展的过程,也是饮食原料不断淘汰与替代的过程。随着原料种类的不断丰富，质量的不断提高，一些过去运用的原料已被逐渐淘汰或极少应用。

有些原料是因为资源减少不再运用，如犴（àn）鼻、象鼻、豹胎、单峰驼的驼峰、麋鹿、野马、锦鸡、褐马鸡等。

有些原料是因为质量较差而被质优的原料代替，如小麦和稻等粮食取代了先秦时的菰（gū）米、沙蓬米、稗、麻籽等，品质好的蔬菜取代了先秦时的藿（大豆叶）、葵（冬葵）、薤（xiè）等。

调料和辅料也发生了变化，先秦时期，调和五味的调料和现在使用的不完全相同，调酸味主要使用梅、调甜味主要用饴蜜（麦芽糖和蜂蜜）、调辛味主要用姜（辣椒尚未传入）；植物油很少运用，主要运用牛油、猪油、羊油、狗油、狼油等动物脂肪。秦汉以后，醋代替了梅汁，蔗糖代替了蜂蜜，辣椒成为主要辣味调料，植物油取代了动物油的主要地位。

第三节　饮食原料的主要类别

我国饮食原料经过成千上万年的发展，在流动变迁中如长江之水，经不断的汇聚增补，形成了一个庞大的体系。其种类之繁复，涉及之广泛，从总体来看，世界上还难以找出一个能与之匹比的饮食原料体系。

食物原料的分类方法有很多种：按原料属性分，有动物性原料、植物性原料、矿物性原料、人工合成原料四类；按原料加工与否分，有鲜活原料、干货原料、复制品原料三类；按原料在菜肴制作中的地位分，有主料、配料、调料三类；按原料的商品种类分，有粮食、蔬菜、家畜肉及制品、干货制品、水产品、果品、调味品等。此外，还有其他分类方法。在此，结合人们的日常生活习惯，仅按照原料商品种类的划分办法，对常用原料进行介绍。

一、粮食

粮食是指粮食作物的种子、果实或块根、块茎及其加工产品的通称。根据中国国家统计局每年公布的粮食总产量指标显示，我国粮食的概念包括谷类、豆类和薯类三大类。

中国是世界主要产粮国之一，品种繁多，以水稻、玉米、小麦和甘薯为主，其次为小米、高粱、大豆，还有大麦、荞麦、青稞、赤豆、绿豆、扁豆、豌豆、菜豆等。粮食是中国人的主食，同时又是制作菜肴的主辅料，还可酿制调味品。

二、蔬菜

蔬菜一般指可以做菜食用的草本植物的总称，以十字花科和葫芦科的植物居多,如白菜、萝卜、南瓜等;也包括少数可作副食品的木本植物的嫩茎、嫩芽、嫩叶(如竹笋、香椿等)和食用菌类、蕨类及藻类等。蔬菜能补充人体所需的维生素、矿物元素、微量元素及膳食纤维,是人们重要的食物资源,按照《中国居民膳食指南(2007)》建议,成人消费者每人每天应摄入蔬菜300~500克,深色蔬菜最好约占一半。

附:中国(寿光)国际蔬菜科技博览会

中国(寿光)国际蔬菜科技博览会(简称"菜博会")是经国家商务部正式批准的年度例会,是国内唯一的国际性蔬菜产业品牌展会,每年4月20日~5月20日在著名的中国蔬菜之乡——寿光市举行。大会以服务三农为宗旨,以推动社会主义新农村建设和现代农业发展为目标,2000年以来已经连续成功举办了九届,每年有来自世界和全国各地的农资及农产品产销商达6000余家参会参展,推广新技术,寻求商贸合作。每届都以丰硕的经贸成果、独特的展览模式和丰富的文化内涵展示,在国内外农业及相关产业领域产生了巨大影响。党和国家领导人胡锦涛、江泽民、吴邦国、贾庆林、李长春、习近平、周永康等先后亲临视察,并给予了高度评价。菜博会已经成为集展览展示、技术推广、商贸合作、理论研讨、文化交流于一体的农业盛会。2008年4月20日开幕的第九届菜博会,有来自50多个国家和地区以及全国30个省、市、自治区的152万人次参展参会,实现各类贸易额202亿元。

第十届菜博会以"绿色·科技·创新·发展"为主题,会展中心总面积35万平方米,设八个展馆(厅)、四个蔬菜规模化种植展厅和广场展位区,室内外展位2000多个,展销范围包括:种子种苗、肥料农药、农膜农机、园艺设施、温室材料、蔬菜瓜果、农副产品、加工产品、地方特色产品、农业高新技术成果项目和其他相关行业产品。菜博会期间,还将举办种子/肥料/植保产品订货会、地方特色产品交易会以及一系列涉农论坛、研讨会、现代农业实用技术培训班、涉农赛事奖活动和开幕式大型文艺演出、蔬菜文化艺术节等丰富多彩的系列活动。另外,大会还设有多个分展区,全面展示寿光农业产业化、现代化、标准化、国际化和园区建设水平,与主展区共同形成生态农业观光黄金旅游线。

三、果品

果品是指木本果树和部分草本植物所产的可直接生食的果实或可制熟食用的种子植物所产的种仁以及它们的加工制品。果品是人们日常生活中必不可少的食物,也是一类需要量大、营养丰富的饮食原料,除可满足人们消费时所带来的感官享受之外,更主要的是带来营养并增进健康。《中国居民膳食指南(2007)》建议成人每人每天应摄入水果200~400克。果品可生食,也可入馔。根据不同水果的质地及口感,以水果入菜搭配适当的原料,可烹出一道道令人食欲大开的水果美馔。

四、畜类

畜类原料是指可供人们饮食利用的哺乳动物原料及其制品。我国可供消费食用的畜类原料主要包括猪、牛、羊、家兔、驴、骆驼等动物的肉、副产品及其制品。

五、禽类

禽类原料是指家禽的肉、副产品及其制品的总称，也包括未被列入国家保护动物目录的野生禽鸟类原料。

世界上的鸟类资源极为丰富，全世界有 9000 余种，我国有 1100 多种，依据生活方式分为陆禽、水禽和飞禽。我国禽类遗传资源 368 个，其中地方禽种遗传资源 185 个（108 个鸡种、35 个鸭种、36 个鹅种、2 个火鸡种和 4 个番鸭种），培育禽种遗传资源 84 个，国外引进禽种遗传资源 76 个。目前，我国饲养的家禽主要包括鸡、鸭、鹅、鹌鹑、火鸡等。近年来，有些地方开始规模化养殖鹧鸪、鸵鸟、孔雀等特禽。

六、蛋乳类

禽蛋是雌禽所排出体外的卵，与其他动物卵的区别在于具有蛋壳、蛋清、蛋黄三大特殊结构。蛋常见的品种有鸡蛋、鸭蛋、鹅蛋、鹌鹑蛋、鸽蛋、鸵鸟蛋、火鸡蛋及各种鸟蛋等品种。其中鸭蛋与鸡蛋相比，质地稍老，并带有一些腥异味（烹调时应去除），从而影响了它的使用范围；鹅蛋，个头较大，质地比较粗老，稍具腥味，一般在家庭菜中使用；鸽蛋，价格较高，质量较好，高档菜中应用稍多；鹌鹑蛋质量好，蛋形小巧玲珑，常用于菜肴造型；其他蛋品因日常供应数量有限，只在少量特殊菜肴中使用。

乳是哺乳动物分娩后从乳腺分泌的一种白色或稍带黄色的不透明的具有生理作用与胶体特性的液体，它含有幼小机体所需的全部营养成分，而且是最易消化吸收的食物。在世界畜产品（肉蛋奶）生产结构中，奶类生产一直位居前列，其总产量是世界肉类总产量的 2 倍多，是鸡蛋总产量的 10 倍，其中，奶牛乳占 85% 以上，水牛乳约占 10%，羊乳及其他乳约占 5%。发达国家的乳 99% 来自奶牛，而发展中国家的乳有三分之一来自其他家畜，如水牛、绵羊、山羊、牦牛、骆驼等。印度、巴基斯坦生产了世界 90% 以上的水牛乳，水牛乳甚至约占印度乳类总产量的一半，这是与印度的高温潮湿气候相适应的。目前，中国已成为世界第三大产奶国，仅次于印度和美国，2007 年全国奶类总产量 3650 万吨。但在丰富多彩的中国菜谱中，以乳和乳制品为原料的菜肴很少，这是一个缺陷，值得我们去积极开拓。

七、水产品

水产品种类很多,按商品可分为鱼、虾、蟹、贝等类。

鱼类终生生活在水中,用鳃呼吸,用鳍辅助运动与维持身体平衡,大多披鳞片,具有颅骨和上下颌的变温脊椎动物,属于脊索动物门、脊椎动物亚门中最原始和低级的类群。鱼类在全球水域中几乎都有分布,39%的种类(约8410种)生活在淡水河流湖泊中,61%的种类(约13000余种)生活在海洋中。

附:鲤鱼与中华文化

在我国大江南北,在大年三十的团圆饭桌上,最后一道菜便是红烧大鲤鱼,鱼头对着长辈或贵宾,大家只观其色,闻其味,却不动筷子,名曰:"年年有余(鱼)"。由于鲤"眼似珍珠鳞似金,赤鲤腾出如有神"的仪容,近年来婚宴上也多用它,象征喜庆美好的祝愿。我们还常可见到一张胖娃娃抱条大鲤鱼的年画,名曰"年年有余(鱼)",以示吉祥如意。

古人视鲤为尊重与吉祥的象征,史籍上称:"鲤鱼多是龙化",又引申为"鲤鱼跳龙门"之说。《论语》中记载:孔子生儿时,鲁昭公赐以鲤鱼,孔子感君恩赐,给儿取名鲤,字伯鱼,期望儿子像"鲤鱼跳龙门"。王维在《洛阳女儿行》中诗曰:"洛阳女儿对门居,才可容颜十五余。良人玉勒乘骢马,侍女金盘脍鲤鱼。"用金盘盛鲤鱼来比喻洛阳女的雍容华贵。

鲤鱼体肥厚,肉细嫩,少骨刺,营养丰富(每百克含蛋白质20.5克,脂肪2.7克,钙95毫克)。古时,把它列为"八珍"之一,与熊掌媲美。汉乐府《羽林郎》中有"就我求珍肴,金盘脍鲤鱼"的赞句。可见,鲤鱼已作为当时的佳馔,魏晋京都洛阳,有"洛鲤伊鲂,天下最美"的记载。唐代高级宴席里,有"椹间肥豚,荷间细鲤"的名菜。士大夫相互离别时,亦有烹鲤饯行的习俗,据常建《医楚十少府》曰:"鲤鱼在金盘,别鹤哀有徐。"宋代的《图经本草》书中,把鲤鱼列为"食品上味"。元、明朝时,《琼林御宴》中记载:"桃花汤洁,缕塞北之黄羊;银丝脍鲜,剖江南之赤鲤。"

虾类是甲壳动物十足目中体形延长、腹部发达、能作游泳或爬行活动的种类的统称。全世界的虾类约2000种,有经济价值的种类近400种。中国虾类栖息于南海的有200多种,东海有100多种,黄海和渤海有近60种,产量最大的是毛虾,其次是对虾。此外,黄海、渤海产的脊尾白虾和鹰爪虾,南海产的新对虾、仿对虾和龙虾都是重要经济种类。淡水虾的种类较少,有长臂虾科的青虾、罗氏沼虾(半淡水)、白虾等,还有螯虾类。

蟹从外形看,坚甲利足,横行逞凶,第一个食蟹的人被称为勇士。然而蟹肉、蟹黄鲜嫩美味,不但具有独特风味,而且营养丰富,蛋白质含量为15%左右,脂肪含量较低,为2.6%~5.6%,碳水化合物含量为5%~8%,矿物质和维生素含量也很高,蟹除了蒸、糟、醉、腌外,还有炸蟹球、青蟹炒蛋、蟹粉菜心等有名佳肴和蟹粉小笼等各类点心。有“一盘蟹,顶桌菜”的民谚。直到今天,金秋时节,持蟹斗酒,赏菊吟诗还是人们一大享受。

八、干货

干货原料可分为五类:一是动物性海味干料,有鱼翅、干贝、海参、鱿鱼、鲍鱼等;二是植物性海味干料,有紫菜、海带、石花菜、冻粉等;三是陆生动物性干料,有蹄筋、熊掌、驼峰等;四是陆生植物性干料,有黄花、玉兰片、莲籽、百合等;五是陆生藻菌类干料,有黑木耳、香菇、口蘑、竹荪、冬虫夏草、发菜等。

九、调味品

调味品是在饮食、烹饪和食品加工中广泛应用的,用于调和滋味和气味,并具有去腥、除膻、解腻、增香、增鲜等作用的产品。

我国烹饪所用的调味料在世界上是最多的,大凡从盐、醋、酱、糖、辣椒到酒、糟、胡椒、花椒乃至中草药等有数百种,种类繁多,其分类方法从不同角度有多种。中国调味品协会组织制定的于2007年9月1日起正式实施的国家标准《调味品分类》(GB/T 20903—2007)按照调味品终端产品进行分为17大类,包括食用盐、食糖、酱油、食醋、味精、芝麻油、酱类、豆豉、腐乳、鱼露、蚝油、虾油、橄榄油、调味料酒、香辛料和香辛料调味品、复合调味料及火锅调料。食品行业根据其性质分为天然调味料及化学调味料;烹饪行业一般按味道分为基础调味料(包括甜味料、咸味料、酸味料、鲜味料、辣味料、香味料等)和复合调味料。另外,根据调味料在烹调加工中的作用,可分为呈味调料、呈香调料及呈色调料;按其用途可分为烧烤专用调料、方便面汤料、火锅调料、十三香调料、快餐调味料等;按商品形态可分为液态、油态、粉状、粒状、糊状、膏状等。

第四节 饮食原料资源的开发与保护

一、饮食原料资源的开发利用

人类的食物几乎完全取自于生物资源。全世界有科学记载的物种为140万种,其中20%的种类生活于海洋,80%的种类生活于陆地。我国大约有近100万种生物,已分类、定名的约12.5万种。不过,那些近90%的鲜为人知的生物主要集中在无脊椎动物(主要是昆虫、线虫)以及真菌等。

许多饮食原料具有很大的开发利用潜力。有些生物类群具有丰富的种类资源,有些生物性食物原料具有较大的自然蕴藏量,有些生物则具有较高的人工养殖价值。

（一）植物原料的开发利用

据植物学家估计，现在地球上生长着可供人类食用的植物约有 75000 种，但目前只有约 3000 种被人们尝试过，人工栽培利用的只有 200 种左右。在这 200 多种植物中，人类利用最多的、年总产量超过 1000 万吨的主要粮食农作物只有 7 种，即小麦、水稻、玉米、大麦、马铃薯、甘薯和木薯。人类所需植物蛋白的 95% 来自于 30 种农作物，一半以上的植物蛋白仅来自于小麦、水稻、玉米 3 种农作物。豆科植物约有 1 万种，是植物世界最大的蛋白质来源。我们利用的仅仅是其中的大豆、花生等少数几种。我国已报道的可食用的野菜有 400 余种，目前已开发利用的仅占蕴藏量的 3% 左右。已经记载的真菌有 46983 种，其中可供食用的至少有 2000 种。其中，我国已报道的食用菌有 720 多种，但是，目前人工栽培的食用菌不足 50 种，形成大规模商业性栽培的仅 15 种左右。已经记载的藻类 26900 种，许多具有开发利用价值，可供食用的藻类植物种类也较多，目前已利用的主要是 10 多种。

（二）动物原料的开发利用

全世界 95% 的畜禽产品（肉、奶、蛋）来自于猪、牛、羊、鸡、鸭这 5 种动物。全世界已经记载的鱼类共有 24618 种，占脊椎动物的一半以上，但目前人类利用的只有 500 种，其中利用较多的也只不过 10 多种。而且鱼类同农作物和畜禽类不同的是，目前人类所消费的鱼 80% 以上仍然来自于天然捕捞。已经记载的甲壳动物 38000 种，昆虫 75100 种，软体动物 50000 种，其中有许多种类还没有被开发利用。

（三）微生物原料的开发利用

以微生物菌体制作人类新型的食品材料也已经引起人们的关注。自然界微生物资源十分丰富，酵母、霉菌、微型球藻以及其他微生物，含蛋白质约 50% ~ 70%，营养价值较高，是几乎原封未动的“蛋白质仓库”，能够生产出多种自然界资源十分匮乏的食品新材料。

此外，沿海各省市的海洋资源特别丰富，各种海产品的生理活性物质、海洋动植物原料的进一步合理开发，具有良好的前景。

因此，对饮食原料资源进一步合理地开发利用，具有良好的前景。对资源比较丰富的原料，可进行加工，以提高贮藏性能；对资源比较紧缺的原料，可尝试人工栽培或人工养殖，以扩大资源量。

二、饮食原料资源的保护

据统计，自 16 世纪以来，地球上就已绝灭了哺乳动物 150 余种，鸟类 150 余种，两栖爬行动物 80 余种。这些生物个体较大，更引人注目一些，至于绝灭的植物和个体微小的生物究竟有多少，恐怕难以统计了。一些生物在它们的经济用途和科学价值还没有被人类完全认识以前，就已经永远地消失了。许多本来资源较丰富的饮食原料，由于人类无节制地利用，超过了自然再生能力，导致资源濒临枯竭。

在20世纪60～70年代我国“四大经济海产”的大黄鱼和小黄鱼现已产量锐减；民间所说的“长江三鲜”中的鲥鱼在长江已绝迹，刀鱼和河豚濒临绝迹；作为饮食原料的中华绒螯蟹因蟹苗被捕捞过度，资源大减。云南高原滇池中国特产的两种螺蛳，它们的肉和雄螺生殖腺（俗称“螺黄”）味道鲜美，经济价值高，近年来，由于该湖严重污染和过度捕捞而濒于灭绝；而米虾属中葛氏米虾、喻氏米虾和滇池米虾原来产量都很大，是当地人民食用的经济虾类，但近年来均已绝迹。

由于绝大多数脊椎动物的肉、卵可食，毛皮可衣，并且其中许多种具有很高的药用价值，所以它们历来是人类捕杀的对象。过去北大荒（东北的沼泽湿地）上“棒打狍子瓢舀鱼，野鸡飞到饭锅里”的情景已随着大规模地农垦而消逝。中国在历史上是多虎的国家，虎在许多文学著作中常被生动地描述，但如今不仅在昔日的景阳冈，就是在整个华北、西北和西南都已失去了虎的踪迹。我们祖先生活中不可缺少的许多大型草食兽类，如麋鹿早已绝灭，野生的马鹿、梅花鹿也已从许多地方绝迹。其他因食用价值而受威胁的物种还有穿山甲、果子狸、雉类、龟鳖、大鲵、蛙类、蛇类、鲨鱼（翅）、燕（窝）等，因药用而受到严重威胁的种类如虎、豹（骨）、熊（胆）、麝（香）、鹿（茸）、羚羊（角）、黑叶猴、大壁虎等。

一些野生食用和药用菌，由于过度采收造成资源日益枯竭的状况也较严重。例如冬虫夏草，仅分布在我国青藏高原高海拔地区，20世纪50年代前后年产在20000千克以上，国际贸易额居世界第一位，由于过度挖采，并破坏生态环境，使产冬虫夏草的蝠蛾属昆虫数量急剧下降，冬虫夏草产量随逐年下降，且真品少，掺杂不少霍克斯虫草或其他虫草。“口蘑”为著名草原野生食用菌，分布于河北北部、东北西部和内蒙古等地区，曾大量出口，近年来，由于过度放牧和乱采滥收，此菌在其分布南界张家口地区已基本不见踪影，在重要产地呼伦贝尔草原，产量也急剧下降，1991年内蒙古“口蘑”几乎没有收购。松茸分布于中国长白山、小兴安岭及西南地区，产品远销日本，近年来由于过量采收，数量日趋减少。药用马勃类真菌，如紫色马勃，主要出产于北方草原，同样也出现了自然资源日益枯竭的现象。

目前，全世界濒临绝灭的野生哺乳动物有300余种，鸟类1000余种，两栖爬行动物138种，鱼类193种。因此，对自然资源的保护已成为全球关注的问题，许多国家包括我国已制定了野生动植物保护条例或法规。公布了保护动物名录，建立了野生动物自然保护区，这些都是保护野生动物的重要举措。但是，在饮食行业，违禁将珍稀动物或濒危动物作为饮食原料使用的情况仍时有发生。我们应增强动物保护意识，坚决杜绝捕杀、销售和烹制国家保护动物的行为。

◎本章小结

饮食原料的应用和发展历史，与人类社会的发展历史密切相关。我国饮食原料种类繁多，文化内涵丰富。不同的原料，有不同的历史，不同的性质、特点，在饮食中的作用也不同。我国饮食原料虽然丰富，但也要重视资源的合理开发与保护。

◎思考与练习

1. 饮食原料的品质受哪些因素影响？如何正确选择饮食原料？
2. 近年来发生过哪些食品安全事件？试举一两个加以分析。
3. 举例说明我国饮食原料名称中的文化含义。
4. 谈谈我国采摘旅游的现状和存在的问题。
5. 如何开发和保护饮食原料资源。

◎实践作业

参观本校饮食原料标本或相关超市、农贸市场，写出调查报告。

第三章　主食面点文化

本章内容： 中国主副食文化的形成
中国面点的内涵与风味流派
中国面点的主要形态

教学要求： 了解中国主副食文化的形成过程，理解中国面点的内涵、技术特点和文化特色，掌握饼、饺子、面条、馒头、烧卖、麻花、米线、饭、粽子、粥等食品的历史、种类及名特产品。

教学课时： 4 课时

第一节　中国主副食文化的形成

中国人的主食以麦、米为主，副食品种则几乎无所不涉。这里也有一个历史文化发展过程。

一、粮食作物的发现和种植之始

粮食是各种主食食料的总称。郑玄注《周礼·地官》说："行道曰粮，谓糒(bèi,干粮)也。止居曰食，谓米也。"

原始人的生产力是十分低下的，饥饿和寒冷时时刻刻威胁着他们，物质生活自然十分艰难而贫乏。在这种情况下，人们为了生存，不得不花费主要的精力来从事为自身的物质资料的生产，采集食物便是一项非常重要的生产活动。

考古发现证明，先民们在早期漫长的进化历程中，虽然也靠渔猎获取部分肉食，但是，主要获取的食物能量还是依靠采集植物的果实、块根和茎叶。可以想见，先民们采集过无数的植物，有的吃了口齿发麻，有的吃了呕吐，有的吃了致命，也有的吃了口感舒适，又能充饥，又有的不仅能充饥，且能疗疾。渐渐地就有了朴树籽、榛子、松子、板栗之类可供食用充饥的子实选择。然而，这些子实毕竟产量有限，生产周期长，爬树采摘又费工夫，同时，人们几乎完全依赖大自然的恩赐。因此，只有原始农业开始有了种植，人类的主食文化才真正进入到食用粮食的阶段。

在我国西南许多少数民族中，都有"祭谷魂"、"叫谷魂"之类的习俗，相信谷子也有魂，在打谷时，谷魂可能被吓跑，如不叫它，它就不能随谷子回家，谷子也就不能吃。壮族、布依族、苗族、藏族、哈尼族等十几个少数民族以及北方的汉族地区都曾有狗等动物取谷种的神话，内容十分丰富，并因此而有谷子熟了先让狗吃的习俗。在江苏将军崖岩画中，曾经发现过一幅谷灵崇拜图：大地上生长着各种农作物，而且各自都与人面图像之间用抽象的线条相连接，人面恰如农作物的果实，证明了人对农作物的依赖。

不管丰富多彩的传说和神话故事如何描述，谷种的发现从本质意义上说，还是先民们艰苦的劳动实践的结果。劳动发现了谷种，也正是在劳动和生活实践中，先民们进而学会了栽培谷物，使人类自身的生产劳动质量得到了一个很大的飞跃。《诗经·周颂·丰年》记载："丰年多黍多稌(tú,特指糯稻)。亦有高廪，万亿及秭。为酒为醴，烝畀祖妣。以洽百礼，降福孔皆。"。虽是秋收后报祭鬼神所用的颂歌，却多少反映了当时的农业生产情况。

粟稷的栽培早于稻谷，粟曾被列为五谷之首。历代文人也有过一些讴歌粟谷的诗词，如李白"虽有数中玉，不如一盘粟"，白居易也有"剥我身上帛，夺我口中粟"之句，《全唐诗话》中"春种一粒粟，秋收万颗粒"更为令人所熟诵。

考古证明，大约在5000～8000年前，小米的栽培已在黄河流域和辽河流域逐渐普及。约8000年前，华北平原的磁山人和裴李岗人终于从"狗尾草"或类似的原植物的籽实中，选出了产量多、生长周期短的作物，这就是小米。大约在5000~7000年前，稻谷的栽培已在长江中下游和珠江流域逐渐普及。这或许是在类似稗草一类的野生稻中培育出来的。

二、五谷说和南北主食格局的形成

“五谷”，在中国古代，既有具体所指，如粳米、小豆、麦、大豆、黍，或麻、黍、稷、麦、豆等，也有泛指，是粮食的泛称。成语中五谷丰登、五谷不分的“五谷”都泛指粮食；而李时珍在《本草纲目》“谷部”更列有麻麦稻类、稷黍类、菽豆类等，其“五谷”也是指包括谷类和豆类在内的各种粮食。

夏商周三代，粮食作物已是五谷具备了。我国第一部农书《夏小正》已有种植麦、黍、菽、糜的记载。商代已有小麦、大麦、小米、大米、黍等的象形文字，说明当时已知驯化栽培多种谷类作物。西周初年至东周春秋时代中叶约500年间的民间诗歌总集《诗经》，留下了许多关于谷物栽培方面的资料。《小雅·甫田》有“黍稷稻粱，农夫之庆”。《周颂·思文》有“贻我来牟，帝命率育”，“来牟”即大麦也。《小雅·白华》记载“滮(biāo)池北流，浸彼稻田”，可知西周的沣镐之野有很多的稻田。

从汉代至南北朝，一直都是开放的社会，也是中国封建社会的上升时期，这对饮食文化的交流与发展带来了深刻的影响。到了南北朝的时候，各类粮食作物已培植出很多品种，如小米有38种，大米有13种，糯米有11种。后魏《齐民要术》载有粟的良种86种，至清代《授时通考》则有251种之多。

隋朝南北大运河的开通是中国继万里长城之后具有世界意义的伟大工程。大运河全长2000多千米，连接了黄河、淮河、长江三大水系。从隋唐至明清，中国的产粮区南方占了一大半。大运河的开通使东南的粮食得以北运。隋唐两代在洛阳附近建有许多大粮仓。南北经济交流的加强也促进了稻作文化和粟稷文化，并推动饮食业的发展。

根据史料记载，稻米最初是排在五谷之末的，以后随着稻的栽培发展和产量的逐渐上升，稻米才跃升为五谷之首。唐代杜甫有“六月青稻多，千畦碧泉乱”、“春稻三收末，平田百顷间”等诗句。南宋陆游有“秋风罢亚九千顷”，“家家场中打稻声”之句，可见那时稻谷的栽培已具有相当规模了。

史学家提供的研究资料表明，中国的广大地区约在5000年前已经结束了采集游猎时代，北方以小米为主食，南方则以大米为主食。这种主食结构的分解在新石器时代已经开始定型。夏商周三代时，北方食麦和黄米的比重增加。北方以粟稷为主，南方以稻谷为主，这种主食格局的确立是与粮食作物的生长地理环境等因素密不可分的。

三、丰富的米食、面食

先秦时，人们加工粮食的方法还很简单，制作的主食食品种类还不多。在先秦文献中出现的粮食制品，常见的仅有饭、粥、饙（饋，fēn，蒸饭）、糇（hóu，干粮）、饘（饘，zhān，稠粥）、餈（cí，糍粑）、糗（qiǔ，炒熟弄碎的米或豆类制作的饭食）等。比周代早约1000年的二里头文化遗址，发现有陶制澄滤器，这是筛米粉的工具，新石器时代的石磨盘和石臼就不仅是脱谷壳之用，还可把米、麦擂成粉。

古籍中面食的记载始见于汉代。汉代统称面食为"饼"，把调好味的面团压平，放在烤炉颈边烘烤酥脆的称"烧饼"，放在平底铁锅上加油煎熟的称"烙饼"，用甑锅蒸熟的馒头或包子称"蒸饼"，用水煮的面条或水饺称"汤饼"。用米粉或面粉加糖和枣栗放在蒸锅里蒸成松软厚块的则称为"饵"，扬雄《方言》记载："饵谓之糕"，也就是面糕或米糕。

米食、面食的丰富可能与粮食加工工具的改良有很大关系。先秦文献中常见的粮食粉碎方法是用石臼、石杵（或木擂棒）之类的工具"捣（擣）"、"捶"、"舂"。陕西关中曾经出土的石磨为汉代之物。石磨的发明大大提高了粮食加工的效率和质量，并为丰富人们米食、面食品种创造了良好的条件。汉代也已出现绷筛，生产的米粉和面粉很精细，使得汉代的点心面食大量增加。甘肃嘉峪关出土有一组汉代画像砖庖厨图，有仕女揉面和手持托盘进奉馒头或包子的图像，表明汉代已能做发酵面点。

南宋吴自牧的《梦粱录》收列了都城临安（今杭州）的小食店和街巷挑担叫卖的70多种糕点饼糍，有四色馒头、细馅大包子、月饼、开炉饼、骆驼蹄、重阳糕、水晶包、虾鱼包、肉油饼、千层饼、炊饼、山药圆子、裹蒸粽子、薄脆等，"市食点心有薄皮春玺、生馅馒头"，说明当时已有春卷等点心，制造的方法和用料都十分广泛。

米食、面食的丰富多彩也与饮食文化的中外交流密切相关。我国曾经吸收了许多来自国外的粮食作物及其烹饪方法。1593年（明万历二十一年），福建发生饥荒，巡抚派遣人员前往吕宋（菲律宾）寻找食用植物，带回了山芋，又名白薯、红薯、红苕等。明末清初的周亮工撰《闽小记》记载：山芋为"闽人从海外携回；原产吕宋"。玉米也是外来之物，原产美洲。玉米的祖先，是大刍草，美洲印第安人种植较早。"秘鲁"一词在印第安人语言里就是"玉米之仓"的意思。在秘鲁历史上最光辉的时期——印加帝国时期，就是以种植玉米为主的年代，称作"玉米文明"时期。李时珍《本草纲目》称："玉米，种出西土，种者亦罕"。传入我国后，培育了不少优质品种。

中国的不少米食、面食品种也通过经济文化交流，传至国外。日本足立《食物传来史》记载，日本在奈良时代已从中国传入馄饨的烹制方法，而且这时也已自中国传入面条的制作方法。13世纪，意大利旅行家马可·波罗游历几遍中国，并将中国的面条制作方法带回意大利，经过改进后产生了闻名欧美的意大利面条。

四、多彩的副食

副食是指用来下饭的鱼肉、蔬菜等食品，能给人体提供丰富的蛋白质、脂肪、维生素和无机盐等营养物质，对人体健康有重要的作用。副食的种类很多，如肉类、蛋类、奶类、禽类、鱼类、豆类和蔬菜等。其营养作用也各有长短，如肉类等动物性食品和豆类富含蛋白质和脂肪，缺少维生素和无机盐，尤其是不含维生素 C。蔬菜中含有极少量蛋白质，但富含维生素和无机盐，有的蔬菜含有丰富的维生素 C。

副食的发展也有一个过程。原始采集渔猎时代，野兽、禽鸟虫鱼等动物肉类及植物蔬菜茎叶果品等，同样是“主食”，或者说主食副食根本不分，主食转为以粮食为主，畜养驯化的猪、羊、鸡、鸭等及种植的蔬菜作物，则退而成为副食，果品更为辅助。这种主副食的分化是与生产力水平及谷物收成、畜养不易而周期长等有关的。这样的时期一定持续很长，所以主副食分制明确，并成习俗。甚至在殷周时代，即使被称为“肉食者”的士大夫以上的贵族，也是以食谷物为主的。《周礼·天官》记载：“膳夫掌王之食、饮、膳、羞，以养王及后、世子”，“食，饭也；饮，酒浆也；膳，牲肉也；羞，有滋味者”。就是说那时王室的食品首先是饭，其次是饮，然后才是肉类制作的醓（tǎn）、醢（hǎi，肉酱）脯、腊（成干肉）以及蔬菜制品菹（腌菜）、齑（切得很碎的腌菜）之类。“凡王之馈，食用六谷”，即王室的主食乃为黍、稷、稻、粱、菰米、麦等制作的，这也是符合膳食平衡原理的。

副食在烹饪之法及器具进步以后，其品类繁多，原料复杂，甚至无所不用其极。至此，饮食文化的物质基础已完全齐备。

第二节 中国面点的内涵与风味流派

一、中国面点的内涵

在中国饮食中，面点具有广泛的内容。面，一般指麦面、米面、杂粮面类原料（制品）；点，则指点心的意思，它包括米、麦、杂粮等粮食作物经特殊加工而制成的各种食品。在历代的饮食制作中，面点制作与菜肴烹调一起相互作用、相互补充、相互推动，始终处于独立与合作的制作方式之中。这种沿袭而来的独立与合作的制作方式，不但有利于菜肴烹调的发展，而且也加快了中国面点制作的发展速度。

“点心”一词唐代已经出现，初为动词，指在正餐之前吃一点食品以充饥；唐代在《幻异志板桥三娘子》一书中记有“三娘子先起点灯，置新作烧饼于食床上，与客点心。”南宋吴曾撰写的《能改斋漫录》记载唐代的一个故事：“郑傪为江淮留后，家人备夫人晨撰，夫人顾其弟曰：‘治妆未毕，我未及餐，尔可点心’。其弟举瓯已罄。俄而女仆请饭库钥匙备夫人点心。”这里的“点心”显然指早餐，已演变成名词，指正餐之外用以垫饥、品味的用面粉、米以及莲子、栗子、枣子、银耳等制作的食品。

把专门制成的面食称点心始于宋代。周密的《癸辛杂识》记载“阜陵谓赵温叔曰:‘闻卿健啖,朕欲作小点心相请。’”这儿的“点心”一词说明古代面食个体小巧、质量上乘、做法多样,且是正餐以外的食品。而“面食”这个同,最早见于宋代,《梦粱录》中即已记载了当时的京城临安开了不少“面食店”;明代的《宋氏养生部》又列有“面食制”,后来面食与点心两词都用,如在袁枚的《随园食单》中就专列了“点心单”,但面食和点心的词义偏窄,现在普遍接受的“面点”这个词是近二十多年的事。

二、中国面点的技术特点和文化特色

(一)中国面点的技术特点

1. 取料广泛

中国面点制作从古到今,随着生产力的发展,各兄弟民族的饮食交融,以及经过历代厨师的反复实践,极大地丰富了原料来源。在面点制作中,凡可入馔的食物原料,几乎无不采纳。米麦黍豆、菜蔬子仁、花果菌藻、肉鱼蛋乳、山珍海味,加上色味纷呈的矾、碱、色素、香精等各种辅料及各类调料,经合理搭配、精巧烹调,便造就出各地区各民族具有独特风味的中式面点品种。

在繁多的原料中,对原料的选择特别严格。不同面点品种要选用不同的原料。同一面点品种选用同一原料时,也应注意原料因产地、季节。选取部位的不同而有所区别。

2. 技法多样

中国面点技法多样,单其成形技法就有揉、搓、包、捏、卷、夹、切、褂、摊、叠、按、压、绞、抻、拉、削、拨、剪、钳、印、滚、沾、镶等二十多种,一般面点的制作,都要运用多种成形技法相互配合完成。如黄桥烧饼,就运用了揉、搓、包、擀、卷、叠、捏、按、沾等法。这些成形技法,再加上和面技法、揉面技法、擀皮技法、上馅技法、熟制技法等,真可谓是技法万变。

3. 工艺精良

古代人们就讲究面点制作的工艺水平,从晋人束皙《饼赋》中可见一斑:“笼无迸肉,饼无流面。姝(shū, 美丽、美好)媮(yú, 同愉)冽敕,薄而不绽。弱似春绵,白若秋练;气勃郁以扬布,香飞散而远偏。”——皮薄且白而不破,馅丰且腴而不漏,质暄软而味隽永,这一千多年前的“笼饼”,足见古人是很讲究制作质量和规格的,古代类似这样的制作记载是很多的。清宫面点“银丝卷”,虽然主要原料不过水和面,但制作要求却十分复杂而精良。制作须经和面、发酵、揉面、溜条、抻丝、包卷、蒸熟第七八道工序,其中技术性最强的要数溜条抻丝。一块1.5千克左右重的面团,在抻、拉、摔、抖中变为细绳般的丝条,在胸前上下翻腾,左旋右转,如此溜好之后,即行搭扣抻条,经连续九次反复抻扣,可得512根2米多长的丝丝细面,且不断不乱,互不粘连,行语谓之“一窝丝”。抻好的面丝顺放案上，切成小段，再用面皮包卷蒸熟，即得银白暄软的银丝卷。若在512根的基础上再接连扣抻两次，面丝则变为2048根，这就是被世人叹为观止的“龙须面”。

4. 品种繁多

中国面点历来以丰富繁多的品种而著称，它同中国菜肴一样，各地区都有自己独特风格的品种，并且形成了浓郁的地方风味（民族风味）特点。以包子为例，因馅心不同，包子品种达数十种之多，如鲜肉包、菜肉包、干菜包、三丁包、素菜包、叉烧包、豆沙包、蟹黄包等；同是馄饨，有三鲜馄饨、鲜肉馄饨、虾仁馄饨、菜肉馄饨等；同属烧卖，又有糯米烧卖、翡翠烧卖、虾肉烧卖、鲜肉烧卖、羊肉烧卖等之别。北京“都一处烧卖馆”专门经营烧卖，据说烧卖品种有数十种。至于北方的饺子其品种就更不胜枚举。

在那些丰富的面点中，就地方风味而言，我国就有黄河流域的京鲁风味、西北风味；长江流域的苏扬风味、川湘风味；珠江流域的粤闽风味等。另外，还有东北、云贵、鄂豫等不同风味特色。就民族风味而言，既有各具特色的汉族面点，也有少数民族各式风味面点，满族、苗族、壮族等少数民族各有自己的特色品种。

（二）中国面点的文化特色

1. 名称典雅

中国面点大多起自于民间，为广大劳动人民所喜爱。对于民间自古流传的故事、典故、神话、传说，常常应用到面点的名称之中，寓意吉祥如意的心愿。无论是民间流传的，还是面点师创造发展的，很多品种在名称上都引人入胜，富有诗情画意。诸如：“百子寿桃”，象征长寿多子；花篮糕点，象征欣欣向荣；“朝霞映玉鹅”，呈现生动可爱之趣等；“穆桂英挂帅”、“嫦娥奔月”等，名称是取用自历史故事；许多品种是含有纪念意义的，如粽子表示人民对屈原的永远纪念；光饼、征东饼表示人们对戚继光的纪念；“大救驾”标志宋太祖的征战业绩等。祝寿糕点如寿桃、寿糕、寿面、“麻姑献寿”、“鹤鹿同春”，都借喻长寿、寿桃做成桃形，寿糕做成九层糕、八仙糕，寿面取长寿命之意。正如“发菜”被很多海外华人看重，是因为谐音“发财”一样，许多面点也靠谐音“福”、“禄”、“寿”、“喜”、“财”而走红，许多印糕的模具上也直接刻成了有关这类的字样，用以表达人们美好的愿望。另外，从外形美好命名而寓意的，像“开口笑”、“元宝酥”、“四喜饺”、“喜鹊登梅”、“花好月圆”、“鸳鸯戏水”等，都给人以吉祥如意、诗情画意的美好感觉。

2. 传说生动

我国面点食用方便，许多品种具有广泛的全民性。这些面点，由于历史上的传说，而增加了传奇色彩，从而吸引了大批品尝者，这也是一种文化现象。如清宫的肉末烧饼、小窝头就因清慈禧太后的喜爱而闻名，便成为宫廷风味的著名食品，吸引着中外人士。天津的“三绝”，各有绝活，更有绝妙的传说。例如“狗不理”包子，最初就是由清末一个叫高贵友的人制售，其小名叫“狗子”，他所制的包子外形美观，有咬劲、满口香，吸引许多顾客，买卖日益兴隆，许多相熟的顾客常戏称他为“狗不理”，久而久之，“狗不理”包子在天津广为传开了。戊戌变法前后，袁世凯进京时，曾将“狗不理”包子奉献慈禧，慈禧吃后非常满意，这样一来，就更加名声远扬了。“桂发祥”麻花、“耳朵眼”炸糕也是这样，传说生动，为观光旅游的中外宾客提供了可食的去处。全国各地有关此例不胜枚举。又如油条这种全国皆有的早点食品，相传在南宋时，人民对卖国贼秦桧恨之入骨，临安（今杭州）丁姓小贩，把面团做成人形，两手两足，入油锅炸之，取名“油炸桧”，就是演变至今的油条。其他如饺子、月饼等传统食品，不但有动人的传说，而且饱含许多传奇色彩。从文化角度看，人们寓情于吃，使人们的饮食生活洋溢着健康的情趣，得到了全国各地广大城乡人民的普遍喜爱。

3. **形象优美**

中国面点艺术性强，技艺精湛，色、香、味、形俱佳，强调给人视觉、味觉、嗅觉、触觉以美的享受，而不是追求单一的果腹目的。中国面点自古以来，注重内在美与外在美的和谐统一，始终坚持馅心的味美可口与面点色、形美观生动，特别注重外表形态的变化，讲究一饺十变、一包十味、一酥十态、一卷十样的特色，运用多种造型制作技法，使中国面点既形象生动、朴实自然，富于时代气息和民族特色，又能食用好吃、充饥饱腹。注重形态的变化是面点制作独特的个性。例如 1983 年全国烹饪名师技术表演鉴定会的面点，像绿茵白兔饺、莲茸荷花酥、椰茸南瓜脯、荷花莲藕酥、硕果粉点、三鲜海星饺等色彩、造型、质地都很优美，给人一种美的享受。中国面点具有制作别致、技法巧妙、色彩鲜明、神形兼备、小巧玲珑、味美可口的特点，并能真正达到“观之者动容，味之者动情”的美妙的艺术境地。

4. **适时应节，耐贮易存**

自古以来，我国面点就与中华民族的时令风俗和淳朴的感情有着密切的关系。我国早在春秋时期，即有“四时八节”的说法。春、夏、秋、冬的“四时”与立春、春分、立夏、夏至、立秋、秋分、立冬、冬至的“八节”，按节令制作面点食品，古人就较重视和讲究。元日造五辛盘、夏至尝角黍、伏日食汤饼、冬至吃馄饨的食俗，至今仍在不少地区流传。

我国面点制作强调节令性，这种应节应典、当令宜时的特点，反映了面点食品与人们生活的密切关系。与此同时，各地的面点食品，又往往寓以优美的故事和传说，使人们在品受美食的同时，又享受民族文化的熏陶。例如北方人大年三十吃饺子，岭南的年宵煎堆，春节南北皆食年糕，正月十五合家吃元宵，端午吃粽子，中秋吃月饼等年节食俗，在我国民间一直沿用着。

三、中国面点的分类和风味流派

（一）中国面点的分类

中国面点制品品种繁多，南北方的面点制作，加之少数民族的风味制品均各有特色。因品种花色复杂，所以分类方法也多种多样。其主要分类方法有以下几种：

按使用原料分为麦类制品、米类制品、杂粮类制品和其他制品。麦类制品，按掺入的填加料不同，又可分为水调面团制品、发酵面团制品、蛋类面团制品、油酥面团制品和化学膨松剂面团制品。米类制品，根据加工制作的不同，又分为米制品和米粉制品。杂粮和其他原料制品，又可细分为杂粮粉面团制品、薯类面团制品、豆类面团制品、根茎菜类面团制品、鱼虾蓉面团制品和水果类制品等。

按所用馅料分为有馅制品和无馅制品两种。有馅制品又可分为荤馅类、素馅类和荤素混合馅类三大种类的制品。

按制品口味分为甜点、咸点、甜咸味和本味类制品四大类。

按熟制方法分为煮制品、蒸制品、炸制品、烤制品、煎制品、烙制品以及复合熟制品。

按制品形态分为糕类、团类、饼类、饺类、条类、粉类、包类、卷类、饭类、粥类、冻类、羹类等制品。

按成品干湿分为干点制品、湿点制品和水点制品等。

（二）中国面点的风味流派

中国面点的风味流派大体上可以划分为南味和北味两大类型。北味以面粉、杂粮制品为主；南味以米、米粉制品为主。现在，一般均以京鲁风味（简称京式）为北味的代表。对南味来说，则普遍认为江苏一带面点（简称苏式）花色繁多、做工精细、味道偏甜，是南味的主流之一；广东一带的面点（简称广式）较多地吸收西式面点的制作方法，体现了南国风味的制作特色，是南味面点后起的另一主流。其他按区域分又有晋式、秦式、川式等。

1. 北方风味

（1）京派面点。亦称京式面点，泛指黄河以北的大部分地区（包括山东、华北、东北等）制作的面点，以北京为代表，故称京式面点。

京式面点最早源于华北、东北地区的农村及满族等少数民族，进而在北京形成一个流派。北京是六朝古都，早在战国（公元前475～公元前221年）时，这里即是燕国的都城，后来又成为辽的陪都和金的中都，到元、明、清时，则被定为三个封建王朝的帝京。随着六朝在北京建都，南北方及满族、蒙古族等民族面点制作技术相继传入北京。例如辽代渤海膳夫的“艾糕”，元明之时高丽和女真食品的“栗子糕”以及和“畏兀儿（维吾尔）茶饭”等。同时，明朝时，有江浙一带面点师在京开设的南食铺，有河北通州、保定、涿县在京开设的面点铺。清朝时又有为朝廷“供奉神祇、祭祖宗庙、内廷殿试、外藩筵宴”所必需的满洲饽饽铺的开设。都城乃“五方杂处”之地，也是帝王将相等最上层封建官僚的养尊处优之所。因此，这里既集中了四面八方的美食原料，又汇聚了东西南北的风味及烹制高手。居住在京城的各民族人民，均有自己的饮食习惯和风味食品，但由于长期杂处，又无不相互取长补短，以适应当地的环境。各族人民在彼此竞争、融合的基础上，逐渐形成了以北京为中心的京式面点体系，便发展成为中国面点的一大流派。

由于北京是长期杂处之地，又长期受宫廷贡奉的影响，这就使得京式面点的品种不断增多，质量不断提高。其面点的制作，不但制作技术精湛，而且口味爽滑、筋抖，受到广大人民的喜爱。京式的小食品和点心也很丰富多彩，如一品烧饼、清油饼、北京都一处烧卖、天津狗不理包子以及清宫仿膳的肉末烧饼、千层糕、艾窝窝、豌豆黄等，都享有盛誉。在馅制品方面，京式面点的肉馅多用“水打馅”，佐以葱、姜、黄酱、味精、芝麻油等，吃口鲜咸而香，柔软松嫩，具有独特的风味。

(2)晋派面点。亦称晋式面点。系指三晋及邻近地区所制作的面点，故称晋式面点，它是我国北方风味面点中派生的又一流派。

山西面食历史悠久。流传至今的晋东名食“石头饼”，饼上一个个小坑，它的源流可上溯到几千年前的“石烹”——原始人用火把石头烧热，然后把生面团放在石头上使之成为熟食。早在春秋时期的晋国，就有许多石磨和箩的制粉工具。自东汉以来，就有“煮饼”、“水溲饼”[崔寔（shí）《四民月令》]、“汤饼”[宗懔（lǐn）《荆楚岁时记》]诸多称谓。宋太宗火烧晋阳，建立太原城后，山西面食吸取汴梁(今开封)风味，有了长足发展。到了明代，面食品种已接近现在的品种，当时山西已有炸酱面、鸡丝面、萝卜面、蝴蝶面等，并进入开封府，成为“都门佳品”。

晋式面点用面广泛，制作各种花样的面食，使用各不相同的面。有白面(小麦)、红面(高粱)、米面、豆面、荞面、莜面和玉米面，制作时或单一制作或三两混作，各有千秋，风味各异。例如刀削面、刀拨面、掐疙瘩、饸饹、剔尖、拉面、擦面、抿圪蚪、猫耳朵等。其吃法也是多种多样，煮着吃、炒着吃，蒸、炸、煎、焖、烩、煨着吃都可以，或浇卤、或凉拌，或蘸佐料，享有“一面百样吃”的独特风味。

(3)秦派面点。亦称秦式面点，泛指我国黄河中上游西北部广大地区所制作的面点，以陕西为代表。

秦式面点最早源于西北地区的乡村和维吾尔族、蒙古族等少数民族，是在周、秦面食制作的基础上，继承汉、唐制作技艺传统发展起来的。盛唐时期、京师长安的面点制作已经基本形成自己的体系，属于“北食”。据文献记载，当时在长安设有糕饼铺，有专业的饼师，品种除了糕、饼外，还出现了团、粽、包等。如今遍及关中各地的“石子馍”，唐时称“石鏊饼”，其源流可上溯到石器时代的“石烹”。秦式面点，是由古代宫廷、富商官邸、民间面食、民族美食等汇聚而成、民间流传的古代面食之制对秦式面点影响较大。“富平太后饼”相传是西汉文帝刘恒的御厨传入富平民间而保存下来；三原名点“泡儿油糕”、榆林佳点“香哪”、定边“糖馓子”分别来源于唐韦巨源“烧尾”食单中的“油浴饼”、“消灾饼”、“酥蜜寒具”。由于唐代兄弟民族居住在长安的较多,所以秦式面点中兄弟民族饮食品较为普遍,最有代表性的是清真食品“牛羊肉泡馍”,这种食品在唐代称为“油供末胡羊羹”,其他如“乾州三宝”之一的乾州锅盔,当是新疆维吾尔民族食品“馕”的发展和提高。西北少数民族的许多面食制品千百年来在秦大地上一直繁衍、发展着,并拥有四方食客。

陕西等地,远在秦汉以前,农业生产中就种植小麦,几千年来,劳动人民在长期烹饪实践中的摸索创造,创作了以面粉为主料的糕、饼、馍、面条和其他点心约三四百种。而且各具传统风味特色。因西北地区有喜食牛羊肉的地域特点,所以面点制作的馅料、配料、浇头选料极为丰富。这里的名点小吃多以油酥制品为主,面食品具有筋韧、光滑的特点,口味注重咸辣鲜香,民族风味浓厚,创作出一系列深受当地群众喜爱的面点食品,著名的有虞姬酥饼、金丝油塔、泡儿油糕、岐山臊子面、石子馍、烩扁食等。

2. 南方风味

(1)苏派面点。亦称苏式面点。系指长江下游江、浙、沪一带地区所制作的面点,以江苏为代表,故称苏式面点。

据史料记载,苏式面点早在战国时代即已颇负盛名,到唐代时,苏州点心已名闻远近,白居易、皮日休等诗人曾在诗词中屡屡提及苏州的“粽子”、“粔籹(jù nǔ,古代的一种食品。以蜜和米面搓成细条组之成束扭作环形,用油煎熟如今天的馓子,又称寒具、膏环)”、“糫”等点心。大运河通航后,扬州市曾以“十里长街市井连”而闻名全国,并有“扬一益二”之称。到了宋代,苏州的节令食品已颇具特色。吴自牧在《梦粱录》中记载了苏州一带糕饼点心的制作情况:有金银炙焦牡丹饼、枣箍荷叶饼、芙蓉饼、菊花饼、梅花饼、开炉饼、甘露饼、月饼、肉油饼、千层饼、炊饼、丰糖饼、乳糕、栗糕、镜面糕、薄脆、炸食、糍(cí)糕、蜜糕等”。可见品种甚多,既有烘烤、蒸制制品,也有油炸制品等。明人韩奕在《易牙遗意》中曾记述了二十余种江南名点。明代的扬州,已是“饮食华侈,市肆百品,夸视江表”。明清时期,江南点心已相当丰富多彩,淮扬美点亦以选料严格,做工精细而享誉大江南北,在当时的《随园食单》、《清嘉录》等著作中,有关面点制作的记述,不但品种繁多,而且制作精湛。

苏式面点制作精巧、讲究造型、馅心多样,尤以软松糯韧、香甜肥润的糕团见长,且重视调味,馅心注重掺冻、汁多肥嫩,味道鲜美。例如淮安文楼汤包、镇江蟹黄汤包、扬州三丁包子、翡翠烧卖驰名全国,苏州船点,形态各异,栩栩如生,被誉为食品中精美的艺术品。

(2)广派面点。亦称广式面点。泛指珠江流域及南部沿海地区所制作的面点,以广东为代表,故称广式面点。广式面点,地处岭南,由于地理、气候、物产等自然条件的关系，使得当地人民在饮食习惯上与北方中原地区存在着明显的差别，面点制作自成一格，富有浓厚的南国风味。

自古地处一隅的岭南，山重水复，交通不便，与中原地区联系困难，古代的面点及饮食还是很粗糙的。直至汉代，建立“驰道”，岭南地区的经济、文化才与中原相互沟通，饮食文化才有了较大的发展。汉魏以来，广州成为我国与海外通商的重要口岸，糕饼生产已初具规模。南宋京都南迁，大批中原士族南下，中原的面点制作技术促进和融入南方面点制作之中，并有许多饼、馒头、蒸饼的记载。明清时期，广式面点广采“京都风味”、“姑苏风味”、“淮扬细点”及其西点之长，融会贯通，扬名于海内外。

广式面点，最早以岭南地区民间食品为主，原料多以大米为主料，如伦敦糕、萝卜糕、炒米饼、糯米糍、年糕、油炸糖环等。在明清的发展中，民间的面点制作风气较盛。如明嘉靖时黄佐的《广州通志》记载：“妇女以各色米面造诸样果品，极为精巧，馈送亲朋，谓之送饤(dìng)”，迎春时“蒸春饼，圆径尺许，厚五六寸，杂诸果品供岁”，中秋节“城市以面为大饼，名团圆饼”等。清代满族人南下，南北交流增多，民间面粉制品不断增加，并出现了酥饼类面点。如乾隆二十三年(公元1758年)的《广州府志》中已有白饼、黄饼、鸡春酥等的记载。

广式面点以广州最具代表性，长期以来，广州市一直是我国南方的政治、经济和文化中心，经济繁荣、贸易发达，外国商贾来往较多。在面点制作中，广式面点使用油、糖、蛋多，味道清淡鲜爽，营养价值较高，还善于利用荸荠、土豆、芋头、山药及鱼虾等作坯料，吸收西点制作技法，制作出多种多样的美点。例如娥姐粉果、沙河粉、叉烧包、虾饺、莲蓉甘露酥、马蹄糕等西点，无不具有浓厚的南国风味。

(3)川派面点。亦称川式面点。系指长江中上游川、滇、贵一带地区所制作的面点，以四川为代表，故称川式面点。

川式面点，源自民间。巴蜀民众和西南各民族人民自古喜食各类面点小吃。早在三国时期就有“食品馒头，本是蜀馔”之说。相传诸葛亮南征孟获，将渡泸水，“土俗杀人首祭神，亮令以羊豕代，取面画人头祭之”，晋人常珍《华阳国志》记载，巴地“上植五谷，牲具六畜，”蜀地“山林泽渔，园囿花果，四节代熟，靡不有焉。”品种多样的粮食和产量丰富的甜味物和水果，为川式面点制作提供了优越的物质条件。唐宋时期，川式面点有了一个新的发展，并逐渐形成了自己的风格特色，出现了许多特色的面点品种，如“蜜饼”、“胡麻饼”、“红棱饼”等。“胡麻饼样学京都，面脆油香新出炉”(白居易)“小饼戏龙供玉食，今年也到浣花村”(陆游)，这是诗人描绘当年四川面点制作之精细、展销场面之热闹的佳句。唐宋之间的五代时期，中原战祸频起，而蜀地却相对稳定，经济比较繁荣，面点制作继续发展，出现了一些有名的品种。至元明清各代，经几百年的发展演变，川式面点在门类、品种、规格、花样等方面，逐渐走向完备。到清末，川式面点的面貌已经整齐可观了。清人傅樵村曾著《成都通览》一书，其中专章介绍了成都的面点，可作为川式面点的代表。他把成都面点分为普通食品类、饼类、糕类、酥类、席点类等类别，具体列载了138个品种。一千多年来，川式面点的风味依地区、民族、气候、风俗、习惯及消费者嗜好的不同而有异。川式面点是在适应四川等地的特定条件下，在历代民间主妇、官宦家厨、楼堂店馆名师妙手的继承、创新之下，逐渐形成了自己的独特风格。

川式面点用料广泛，制法多样，所用主料遍及稻、麦、豆、果、黍、蔬、薯等，既擅长面食，又喜吃米食，仅面条、面皮、面片等就有近百种。口感上注重咸、甜、麻、辣、酸等味，地方风味十分浓郁。如成都的赖汤圆、担担面、龙抄手、钟水饺、珍珠圆子、鲜花饼，重庆的山城小汤圆、鸡蛋什锦熨斗糕、提丝发糕、八宝枣糕等，泸州的白糕、五香糕，宜宾的燃面等。

附：面塑艺术

史料记载：中国的面塑艺术早在汉代就已有文字记载，经过几千年的传承和经营，可谓是历史渊源流长，早已是中国文化和民间艺术的一部分。也是研究历史、考古、民俗、雕塑、美学不可忽视的实物资料。就捏制风格来说，黄河流域古朴、粗犷、豪放、深厚；长江流域却是细致、优美、精巧。面塑艺术的特点是“一印、二捏、三镶、四滚”（泥塑的步骤），还有“文的胸、武的肚、老人的背脊、美女的腰”。

面塑实际上是馍，用糯米粉和面加彩后，捏成的各种小型人物。主要出现在嫁娶礼品、殡葬供品中，也用于寿辰生日、馈赠亲友、祈祷祭奠等方面。农家把已蒸好的各种面塑花摆在诸神前，其中猪头形面塑俗称“大供”，另外还有花模、花果模、礼模、馍玩具等。制面馍的工具十分简单：白面、剪刀、菜刀、梳子、红枣、花椒等物，只要掌握好发面技术，按照式样进行捏制，那么一个鲜活的面模形象就会脱颖而出。

面塑按其使用功能可分为两类，一类是专用于收藏的面塑，另一类是可以食用的面塑。用于收藏的面塑通常用精面粉、糯米粉、盐、防腐剂及香油等制成，而用于食用的面塑则用澄粉、生粉等制成。

第三节　中国面点的主要形态

中国面点制作工艺作为一门艺术和科学，是由我国历代劳动人民共同创造的。我国面点经过几千年的发展，品类众多，形式多样，全国各地、各民族的面点荟萃一起，真是百花竞放，万紫千红，各式各样的面点形态，把我国的食品打扮得多姿多彩。下面就我国面点的主要形态作以简要介绍。

一、饼

饼，今人专指蒸烤而成的扁圆形的面食，或其他饼状食物。在我国古代，饼是一切面食的总称。宋代黄朝英说:“凡以面为食具者,皆谓之饼。故火烧而食者,呼为烧饼;水瀹而食者谓之汤饼,笼蒸而食者谓之蒸饼,而馒头谓之笼饼,宜矣。”(《缃素杂记》卷二《汤饼》)。古时各种面食的名称很多,根据烹调方式不同,大致说来,分为三类:一是水煮类,有“汤饼”、“水引饼”、“索面”等实心的面条类,有“馄饨”、“水饺”等有馅的饺子类;二是笼蒸类,有“蒸饼”、“笼饼”、“炊饼”等实心的馒头类,有“馒头”、“包子”等有馅的蒸包类;三是火烤类,有“烧饼”等有馅的肉烧饼或菜饼类,有“胡饼”、“麻饼”等实心的烙饼类。至清代,饼才开始指扁圆、长方、扁形的面食品。沿袭至今,饼已成为人类一种主要食物。有蒸、煮、烙、烧、炸、扒、煎等方法制作的,有水面、酵面、酥面、蛋面、米面等制作的各种风味的饼食。

附:独具特色的地方名饼

浙江的金华酥饼,江苏南通的文蛤饼,盐城的鲸鱼饼,福建的闽南薄饼,浙江湖州的姑嫂饼,湖北黄州的东坡饼,山东的周村烧饼,济南的糖酥煎饼,内蒙古的哈达饼,青藏的焜锅馍,天津的赖皮饼,北京的换等饼,上海的状元饼、太史饼,长春的双酥饼,河南的双麻饼,广东的鸳鸯夹心饼,太原的加利饼,遵义的特加饼,沈阳的李连贵熏肉大饼等。

二、饺子

饺子是我国面食的一种重要形态。据古籍记载,已有一千四百多年的历史了。据推测,早时的饺子煮熟后,是连汤带饺子一块儿盛在碗里,因而当时人们把饺子称为“馄饨”。大约到唐朝的时候,才时兴饺子煮熟后捞在盘里,和今天的形式一样。关于饺子的名称,自古有许多别称,如“角子”、“扁食”、“饺儿”、“水点心”、“煮饽饽”等。经过一千多年的发展,我国饺子形成了形态各异、馅料多样、熟制方法各有千秋,品种众多的特色。

三、面条

面条是我国传统的面食品,多将面粉加水制成细长条、宽条、长薄片等形状。古代将面条称为汤饼、索饼、水引饼等。《齐民要术》记有一种长一尺,“薄如韭叶”的水煮面食,类似宽面条。唐代出现了称为“冷淘”的过水凉面;宋代,市场上出现的面条有炒面、煎面、燠(yù)及多种浇头面;元代,出现了可以久储的“挂面”;明、清时期,除面条的花色品种更加丰富外,出现了“抻面”、“刀削面”等制法特殊的品种。

如今,面条遍及全国,南北各异。论其风味独特者,有起源于宋代八百年历史的四川中江的银丝面,有始传于清朝道光年间湖北云梦县的鱼面,还有福州的线面、山西的刀削面、上海的阳春面、扬州的裙带面、山东的百合面、湖南怀化向矮子的原汤面、河北的杂面、北京的炸酱面、东北的驳面、百林延边的狗肉冷面等,不计其数。按风俗礼仪,过生日贺诞辰吃长寿面,拜天地入洞房吃鸳鸯面,佛门寺院僧侣尼姑吃素斋面,农历九月九重阳节吃茱萸面等。

附:龙须面

汉族面食,流行于北方广大地区。是一种又细又长、形似龙须的面条。农历二月二龙抬头,有吃龙须面之俗。今已为普通食品,常年食用。

“龙须面”是我国北方传统风味宴席面点品种之一,是从山东抻面演变出来的精品,至今已有300多年的历史。相传明代御膳房里有位厨师,在立春吃春饼的日子里,做了一种细如发丝的面条,宛如龙须,皇帝胃口大开,边品尝,边赞赏,龙颜大悦,赞不绝口。从此,这种炸制的细点便成了一种非常时尚的点心。由于抻面的姿势,如气壮山河一般,抻出的面细如发丝,犹如交织在一起的龙须,故名龙须面。

“龙须面”用料简单,工艺难度大,其关键有三环。一是和面。面软适度,揣揉光滑、柔韧。二是溜条、抻条。抓面两头,均匀用力,上下抖动,交叉换位,反复交叉,把面溜“熟”、溜顺;长条上案,两手按条,左手向里、右手向外,搓条上劲,提起两头,一抖一抻,再上案板,对折两根、撒上醭面,条不粘连,以此方式,对折打扣拉抻成丝。三是油炸。要注意油温不要高、操作要“三轻”即将抻好的面丝轻放油锅,用筷子轻拨面丝,炸至硬挺,呈浅乳黄色,轻捞出锅,制成龙须面。面丝均匀,不并条,不断条,香甜脆爽。”

四、馒头

馒头,曾用名有蛮头、蛮首、瞒头,方言有起面饼、笼饼、蒸饼、笼炊、馍馍、包子、实心包、巢馒头,最后演为今名馒头,是一种用面粉发酵蒸成的食品,形圆而隆起。本有馅,后北方人称无馅的为馒头,有馅的为包子。“曼头”一词最早见于西晋《饼赋》中:“三春之初,阴阳交际,寒气既消,温不至热,于时享宴,则曼头宜设。”这说明晋代就有了馒头(曼头)。宋代高承撰写的《事物纪原》记载:诸葛亮南征至泸水(今金沙江);图俗以人首祭神,诸葛亮下令用“羊之肉,而包之以面,像人头以饲,神以飨焉。”那时称南部诸岛人为蛮人,祭神的馒头系仿照蛮人头颅,裹以肉馅,故称其为蛮头,后取其谐音,慢慢转化为馒头。

馒头的形态有圆形、长形、高桩形(高圆柱形、高四方形)等。根据制作及投料比例的不同,又可制成戗面馒头、开花馒头、肉丁馒头等。

五、烧卖

烧卖又称烧麦、烧梅,是我国人民较喜爱的面点制品。它的外形,既不同于包子,又不同于饺子,是一种具有特色的点心食品。它是利用热水面团做皮,将皮擀制成荷叶褶边。其制作品种较多,所用馅心不同,制品的命名也各有差异,如江苏的糯米烧卖、翡翠烧卖,北京都一处的三鲜烧卖都是全国重要的烧卖品种，其他还有鲜肉烧卖、牛肉烧卖、什锦烧卖、冬瓜烧卖、虾仁烧卖、蟹粉烧卖、蟹黄养汤烧卖、车螯烧卖等。

六、麻花

麻花是采用矾碱、面肥、糖或盐等与面粉调制而成的制品。面团和后搓成长条、下剂，用双手搓麻花条，即搓成单条后，右手拿住一头向左一甩，成为双条，左手拿住双折头，右手往里搓，搓好一合，就成为麻花条。下油锅炸成金黄色即可。用盐即为咸麻花；用糖即为糖麻花。较著名的有天津十八街麻花，其他如芝麻麻花、蛋黄麻花、小麻花、冰糖麻花、蜜麻花、脆麻花、酥麻花、夹馅麻花等，还有不同形状的凤尾麻花、燕子麻花、元宝麻花、蝴蝶麻花、梅花麻花、绣球麻花、套环麻花等。

七、米线

云南过桥米线用米粉制成，是独具风味的传统食品，已有 100 多年的历史。此品由三部分组成：一是热汤；二是切成片类的副食品；三是粮食制品米线。云南过桥米线集各种鲜味肉类及菜蔬于一碗，味美清醇，油而不腻，各种生片甜嫩香鲜，滑润爽口，各种绿菜漂于汤碗内，红绿黄白相间，色泽美观，诱人食欲。

八、饭

饭，这一概念在中国习惯上有四种理解。一种是广义的食品，如俗语所说："人生万事，吃饭第一"；二是狭义的主食品，如俗语所说："看菜吃饭，量体裁衣"；三是粒食，即泛指各类谷米所制的主食品；四是稻米粒食，即特指用稻米所制的主食品。此外，西北传统面食区还习惯上将麦粉食品称为"饭"。

通常我们把稻米、粟、高粱、玉米、麦（小麦、大麦、荞麦、燕麦等多种）等各种谷类颗粒用煮、蒸、焖等方法制成的食品，统称为饭。其中，最广泛的便是用稻米制作的米饭，或称"大米饭"、"白米饭"。自公元 12、13 世纪稻米主产区的江南人口超过北方人口形成定势之后，历史上大部分中国人、即以米饭为大宗主食品。这些谷米用来烧饭，既可单一品种制作，也可两种或多种混合制作，如北方人习惯的大米、小米合烧的"二米饭"，许多少数民族尚食的"五色米饭"（以大米、高粱米、玉米、乌米、麦等合煮）。而所有这些谷米，又都可以与红豆、绿豆等许许多多的豆类合煮成豆饭，如大米与红小豆合煮，玉米与芸豆合煮等。以上多种方法烧成的又称为"干饭"，那是相对于"稀饭"或"粥"而言的。而粽子、糍饭团等虽属粒食，但可视其为变异品种。

九、粽子

粽子是端午节的节日食品，古称"角黍"，传说是为祭投江的屈原而发明的，是中国历史上迄今为止文化积淀最深厚的传统食品。历史上关于粽子的记载，

九、粽子

粽子是端午节的节日食品，古称“角黍”，传说是为祭投江的屈原而发明的，是中国历史上迄今为止文化积淀最深厚的传统食品。历史上关于粽子的记载，最早见于汉代许慎的《说文解字》。“粽”字本作“糉”，《说文新附·米部》谓“糉，芦叶裹米也。从米，䈏声。”

春秋时期，用菰叶（茭白叶）包黍米成牛角状，称“角黍”；用竹筒装米密封烤熟，称“筒粽”。东汉末年，草木灰水浸黍米，因水中含碱，用菰叶包黍米成四角形，煮熟就成广东碱水粽。晋代，粽子被正式定为端午节食品。这时包粽子的原料除米外，还添加中药材益智仁，煮熟的粽子称“益智粽”。南北朝出现杂粽。品种增多，米中掺杂禽兽肉、板栗、红枣、赤豆，裹成的粽子还用作交往的礼品。唐代，粽子用米已“白莹如玉”，粽的形状出现锥形、菱形。日本文献中就记载有“大唐粽子”。宋代，有“以艾叶浸米裹之”的“艾香粽”，还有“蜜饯粽”，见苏东坡“时于粽里见杨梅”的诗名。这时还出现用粽子堆成楼台亭阁，木车牛马作的广告，说明宋代吃粽子已很时尚。元代，子包裹料已从菰叶变革为箬叶，突破菰叶的季节局限。明代，出现用芦苇叶包的粽子，附加料已出现豆沙、猪肉、松子仁、枣子、胡桃，品种更加丰富多彩。清代，出现“火腿粽子”。如今粽子更是千品百种，璀璨纷呈。现今各地的粽子，一般都用箬壳包糯米，但内涵花色则根据各地特产和风俗而定，著名的有桂圆粽、肉粽、水晶粽、莲蓉粽、蜜饯粽、板栗粽、辣粽、酸菜粽、火腿粽、咸蛋粽等。

十、粥

自古以来，粥是人们喜爱的主食形式之一，早在《周书》中就有“黄帝始烹谷为粥”的记载，虽为附托之词，但也表明中国人民食粥的历史十分久远。

粥，俗称稀饭。古时凡粳、粟、粱、黍、秫、麦等都可以煮粥，现在一般是以粳米、粟米（小米）、糯米熬粥。粥有两种类型，一种是单纯用米煮的粥；另一种是用中药和米煮的粥。这两种粥基本上都是营养粥，后者因加进中药，所以又称药粥。粥有稠厚、稀薄之不同，在古代其名称也有别。《广雅》称粥之厚者为“鬻”，唐代经学家孔颖达则认为“稠者曰糜，淖者曰鬻”。食粥之益处，清代黄云鹄《粥谱》说：一省费，二津润，三味全，四利脑，五易消化。其实，从更宽广的角度来看，食粥至少有六方面的意义和作用，即敬老、节约、救荒、疗疾、养生、美食。

南宋著名诗人陆游曾作《粥食》诗一首：“世人个个学长年，不悟长年在目前，我得宛丘平易法，只将食粥致神仙。”将世人对粥的认识提高到了一个新的境界。

附：范仲淹食粥

也就学于此，目睹范仲淹之清苦，回家告诉父亲，其父即嘱咐儿子把官府饭菜送给范仲淹。但范仲淹始终不碰这些饭菜。官吏之子见此，问道：是否“以相浼(měi，污染、请托)为罪乎？”范仲淹深表谢意地回答：“非不感厚意，盖食粥安之已久，今遽享盛馔，后日岂能啖此粥乎！”他正是为了日后自己仍能吃得起苦，所以没有接受官吏之子赠送的美食。从这点也可看出，范仲淹后来的成就和他的“先天下之忧而忧，后天下之乐而乐”传世名言，同他青少年时期的清贫生活和刻苦奋斗的磨炼有着密切的渊源。

◎本章小结

中国人的饮食有主食、副食之分。面点在餐饮业和人民生活中占有重要地位。中国面点取料广泛、品种繁多、技法多样、工艺精良，具有名称典雅、传说生动、形象优、适时应节、耐贮易存的文化特色。中国面点有多种分类方法，主要有京式、苏式和广式三大风味流派，形态有饼、饺子、面条、馒头、烧卖、麻花、米线、饭、粽子、粥等多种。

◎思考与练习

1. 文献检索：我国何时开始有馒头、包子、饺子、面条、元宵、粽子等食品？
2. 解释古代馒头、蒸饼、炊饼、笼饼、包子的含义。
3. 从 2008 年 1 月 1 日起，由国家标准委和国家质检总局联合发布的《小麦粉馒头》国家标准正式开始实施，对馒头的工艺、尺寸、检测、包装等方面做了详细规定。了解该标准的具体内容，谈谈您的看法。
4. 分组讨论改革开放 30 年来中国人主食的变化与健康趋势。
5. 谈谈中国小吃与旅游文化发展的关系。

◎实践作业

观看老师面点制作表演或学生自己动手制作一两种常见面点。

第四章　菜肴文化

本章内容： 菜肴的种类和命名
菜肴的起源和发展
中国菜肴的地方风味流派
宫廷菜与官府菜
菜肴文化与旅游的结合

教学要求： 了解菜肴的概念、种类和命名方法，了解菜肴的起源和发展过程，理解中国菜肴地方风味流派的概念、标准和成因，掌握中国菜肴主要地方风味流派以及宫廷菜与官府菜的形成、特点和代表菜，把握菜肴文化与旅游结合的主要途径。

教学课时： 6 课时

第一节　菜肴的种类和命名

一、菜肴的概念

菜肴是指相对于主食、小吃(少数小吃亦为菜肴)、饮料等而言的用于佐酒、下饭的食品的总称。在中国古代的字书、词书中,“菜”指的是蔬菜。宋朝及其后,“菜”的词义方才逐步演变为用各种动、植物原料烹制的“菜肴”了。例如《随园食单》一书中有“素菜”、“荤菜”、“小菜”、“满菜”、“汉菜”、“杭州菜”等,指的就是各种类型的“菜肴”。“肴”一词在古代通常指肉食,亦作“殽”。《诗·大雅·行苇》有“嘉殽脾臄”之句,《诗·大雅·韩奕》中有“其殽维何,炰鳖鲜鱼”之句,指的都是肉食和鱼类制品。大约在汉、魏之时,出现了“菜肴”这个词,其义通常指用动、植物原料烹制成熟的蔬菜或肉食。在古代,与“菜肴”类似的词还有“菜蔬”、“下饭”(明代仍有,又称“嗄饭”)、“按酒”(又作“案酒”),但不如“菜肴”用得多。而如今,“菜肴”一词则更加流行了。❶

二、菜肴的种类

中国菜肴经过五千年的文化积淀,其品类极其丰富多样。中国菜有多少种?要回答这个问题,要看看制作中国菜的原料有多少种、辅料有多少种、调料有多少种、形状有多少种、色泽有多少种、加热方法有多少种、调味方法有多少种、香有多少种、味有多少种、复合味又有多少种,还有不同的地域、不同的民族、不同的文化、不同的习俗、不同的餐馆、不同的家庭、不同的厨师又有多少种?然后再求这些因素的组合到底是 5 位数还是 6 位数?怕是不算不知道,一算吓一跳。中国菜品种之丰当属一大特点,细究起来这与中国传统的哲学思想有关,所谓“天下万物皆为我用”。

中国菜肴种类繁多,分类方法也多种多样。按来源和饮食对象,可分为民间菜、宫廷菜、官府菜、寺观菜、民族菜、市肆菜等;按地方风味不同,可分为四川风味菜、山东风味菜、江苏风味菜、广东风味菜、北京风味菜、上海风味菜等;按民族不同,可分为汉族菜、朝鲜族菜、满族菜、蒙古族菜、藏族菜、土家族菜等;按产生历史,可分为古代菜和现代菜;按原料性质,可分为荤菜和素菜;按烹调方法不同,可分为炒菜、炸菜、烤菜、烩菜、蒸菜等;按派场性质,可分为礼仪菜、药膳菜、充饥菜、艺术菜等;按宴席组成,可分为冷荤、热炒、大菜、甜菜、汤菜等。

---

❶ 邱庞同. 中国菜肴史. 青岛:青岛出版社,2001:(前言)2-3。

三、菜肴的命名

(一)菜肴命名的原则

1. 力求通俗易懂,不可莫测高深

通常情况下,大多顾客不是烹饪方面的专家,即使是文学水平很高的人,也很难将引申文字的含义与相关菜肴所要表达的原料、烹饪方法、特色联系起来。难于理解的菜名既影响了顾客的心情,又影响了饭店的效益。

事实上,菜肴命名最根本的目的就在于向顾客展示该菜肴的原料、口味、特色、风格等实质性内容,以供顾客在众多的菜品中找到符合自己喜好和口味的菜肴。

2. 充分体现菜肴风格特色,不可千篇一律

我们知道,烹饪中不管有多少个流派,多少个地方菜系,所用的烹饪原料和烹饪方法基本是相同或相似的。而同一种原料之所以能被不同的流派制成不同的菜肴,关键在于其具有某种特定的"风格和特色",而我们在将其推向市场时,也是基于其具有某种特定的"风格和特色"。所以,作为这种特定风格与顾客联系的纽带——菜名,在命名时一定要把其特点表示清楚。

3. 名副其实,不可生搬硬套

菜肴的称谓要与菜肴的主辅料相关,不可将食品雕刻、菜肴围边的用料扯入名称中。例如"游龙戏凤","龙"用鳗鱼所制,而"凤"却是盘中雕刻的萝卜。另外,还可据情指明菜肴用料的性质,如素菜荤做即"仿荤菜",通常要注明,如"赛螃蟹"、"素卷肘"等。

4. 力求雅致,不可庸俗

名称雅致是人们对菜肴的一个重要要求。庸俗、低级的称谓只能令人大倒胃口。例如"横财到手"、"渔人得利"便不符合人们对"真、善、美"的追求。

5. 宴席菜肴命名原则要与宴席主题相符,多用比喻、祝愿语命名

由于宴席具有强烈的目的性,或为结婚,或为祝寿,或为团圆,或为庆贺,或为会友,或为升迁等,需要有符合该种宴席主题或气氛的特定菜肴名称来增强宴席的气氛,宴席一般都具有特定的服务程序,通常有专人服务,对菜肴进行讲解,符合宴席性质的、贴切的、寓意深远的菜肴名称在生动地解说之下会带动宴席气氛,诱人食欲。因而多用比喻命名法、祝愿命名法或以纯粹的造型命名以契合宴席主题或气氛的要求。

6. 引经据典要可靠,不可牵强附会

比如某地推出"十大元帅宴",在菜肴名称前冠以十大元帅之名便极为不妥;又如将"鸳鸯火锅"取名为"一国两制"也过于牵强附会。至于历史传承下来的已经公认的以人名或以官衔为名的菜肴则是可以的,如"宫保"系列菜,"东

坡”系列菜,“太白”系列菜等。

(二)菜肴命名的方法

1.写实命名法

所谓写实命名法,它是一种反映原料构成、烹制方法和风味特色的命名法。其表现是开门见山,突出主料,朴素中蕴涵文雅,使人一看便大致了解菜肴的构成和特色。例如,以主料加配料命名的“番茄里脊”、“葱烧海参”;以主料加烹制方法命名的“清蒸鲈鱼”、“油焖大虾”;以主料加盛器命名的“沙锅豆腐”、“气锅鸡”;以主料加风味命名的“鱼香肉丝”、“脆皮乳鸽”;以主料加颜色命名的“水晶虾仁”、“琥珀冬瓜”;以主料加人名命名的“麻婆豆腐”、“宋嫂鱼羹”;以主料加地名命名的“西湖醋鱼”、“北京烤鸭”等。

2.寓意命名法

所谓寓意命名法是针对人们猎奇的心理,撇开菜肴具体内容而另立新意的一种命名。其特点是突出菜肴某一特色加以渲染,并赋予其诗情画意般的境界,以起到引人入胜、耐人寻味的作用。例如,强调菜肴造型艺术的“灯笼海参”、“爆竹鱼”;渲染菜肴奇特制法的“熟吃活鱼”、“大良炒奶”;表达良好祝愿的“龙凤呈祥”、“金鱼发菜(财)”;寄托爱憎情感的“霸王别姬”、“烧秦皇鱼骨”等。

菜肴的命名是一门艺术,具有独特的艺术魅力和东方文化内涵。响亮、高雅、有意蕴的菜名可以使菜肴增辉生色,它让人们即饱腹又陶冶情操,在品尝食物的同时让人在心理上也得到了极大的满足。菜肴的命名又是一门学问。研究它不仅对餐饮企业自身的经营和发展起着举足轻重的作用,而且对我国饮食文化走向世界也十分重要。

第二节　菜肴的起源和发展

一、先秦时期

中国菜肴起源很早。约五千年前,中国已有早期的烹饪技艺,并已出现了烤肉、烤鱼、羹等食品。商周时期,随着生产的发展,动植物性原料、调味料的增多,铜制炊具的使用,烹饪技艺的提高,中国菜肴的品种已迅速增加。据记载,当时的主要品种有:炙、羹、脯、脩(xiū)、醢(hǎi)、菹(zū)、齑(jī)、脍等。而每一类菜又可以派生出若干品种,如醢,就多达上百种,用猪、牛、羊、犬、鸡、兔、鹿、麋、鱼、蟹、蛤、蚌、蜗牛等均可制作。

此外,周代还出现了被称为八珍的名食:淳熬、淳母、炮豚、炮牂、捣珍、渍、熬、肝膋(liáo)。其中,除淳熬、淳母类似后代的盖浇饭外,均为菜肴。尤其是炮豚,将洗净的乳猪经烧烤、油炸、炖焖而成,最后用酱、醋调味食用,表现了较高的烹制水平。肝膋的制作也比较讲究,是将狗肝用狗网油包裹后在火上烤成,去网油食用,狗肝极其香嫩。

春秋战国时期,菜肴的品种又有所增加。例如《左传》、《孟子》中提到的胹(ér)熊蹯、鸡跖(zhí)、羊羹、炖鼋(yuán)、蒸豚、脍炙等。《楚辞》中更记有二十多种楚地名菜,有胹鳖(煮甲鱼)、炮羔(烤羊羔)、鹄酸(醋烹天鹅)、烝(zhēng)凫(炖野鸭)、煎鸿鸧(煎雁类)、露鸡(卤鸡或烙鸡)、豺羹等。

二、秦汉时期

菜肴在大类上基本和先秦时期相似,但各类菜肴均有不同程度的发展。例如羹,品种就很多。仅长沙马王堆一号汉墓出土的遣策上就记有用牛、羊、豕、豚、狗、雉、鸡、鹿、凫等制作的羹20多种。此外,楚地还有猴羹,岭南还有蛇羹。脯的制作技术也有提高,据《史记》记载,汉代有一种胃脯十分有名,系用羊胃煮熟后,加姜、椒、盐腌制,晒干而成。炙类菜也很出色,有一称貊(mò)炙的品种,为北方少数民族所创,类似烤全羊或猪,吃的人各自用刀割食。酱的名品也不少,有榆仁酱、鳢鱼酱、鲒酱、豆酱、肉酱、清酱、蒟(jǔ)酱等。秦汉时期还出现了一些用新的烹饪方法制作的菜肴,主要有:杂烩类、濯类、鲊类等。

附:五侯鲭

"五侯鲭"是我国汉代的名菜。有段掌故颇令人赞赏。五侯,即指汉成帝母舅王潭、王根、王玄、王商、王逢等人,因他五人同日封侯,故名。"鲭"即青鱼。据《西京杂记》载:"王氏五人,同日封侯,他们之间各有矛盾,宾客不得往来,后有一个叫娄护的官吏,备了丰盛的酒菜,依次在五侯之间传食,进行调解。因而博得'五侯'的欢心,并置备佳肴美馔回赠娄护。娄护品尝了佳肴,经过自身努力,集五家之专,烹制出一种美味珍肴,世称'五侯鲭'。"

三、魏晋南北朝时期

这一时期是中国菜肴的重要发展阶段。其主要特点是:菜肴的烹饪方法明显增多,制法更精,品种相当丰富,风味也趋多样。由于佛教盛行,素菜开始独树一帜。少数民族菜中也出现不少名品。

据记载,这一时期的菜肴烹饪方法约二十多种,主要有烧、煮、蒸、炰、腊脏(zhēng)、腤(ān)、炙、腌、糟、酱、醉、炸、炒等。尤其是炒这种旺火速成的烹饪方法的出现,对中国菜肴的进一步发展起了推动作用。又据《齐民要术》等书记载,当时用上述烹饪方法制作的菜肴超过二百种以上。著名的有八和齑、裹鲊、蒲鲊、五味脯、甜脆脯、鲤鱼脯、猪蹄酸羹、鸡羹、胡麻羹、莼羹、鸭臛、鳖臛、兔臛、蒸熊、蒸鸡、蒸豚、蒸藕、炰鹅、炰豚、鲊、腤鸡、腤白肉、蜜纯煎鱼、鸭煎、勒鸭消、蝉脯菹、绿肉、炙豚、腩炙、棒炙、肝炙、酿炙白鱼、炙蚶、跳丸炙、捣炙、脖肉、奥肉、糟肉、苞肉、犬等。由于五熟釜的出现,当时已有火锅类菜肴。

此时菜肴的制作已比较重视造型,出现了灌肠、肉丸、圆形鱼饼、烤肉圈(肉蓉敷在竹筒上烤熟,脱下而成)等。这一时期由于佛教盛行,加之梁武帝的提倡,佛教斋食的影响逐渐扩大,并和中国固有的素食结合,从而使素菜出现迅速发展的局面,涌现出很多新品种,如《齐民要术》中《素食第八十七篇》专记素食,共11个品种。传说江南地区还出现面筋等素食原料,使素菜品种更加丰富。

少数民族菜也有较大发展。《齐民要术》中记载的胡炮肉、羌煮、胡羹等均是北方和西北少数民族所创制的佳肴,如胡炮肉是将羊肉末加调料放入羊肚,缝好,然后将其放进灰火坑中烤熟的,"香美异常",非一般菜肴可比。这道菜显然是北方和西北游牧民族的创造。羌煮则是羌族人的发明,这道菜是将煮熟的鹿头肉切长条块,再放入肉汁中,加葱白、姜、橘皮、椒、苦酒、盐、豆豉等调味而成,风味也很独特。

四、隋唐五代时期

隋唐五代时期的菜肴在继承前代的基础上又有所发展。在隋谢讽的《食经》、唐韦巨源《烧尾宴食单》中均各记有用多种烹饪方法制作的数十种名菜。花色菜发展迅速,冷菜名品有五生盘、八仙盘、辋川小样等,热菜名品有玲珑牡丹鲊等。其中,五生盘是将羊肉、豕肉、牛肉、熊肉和鹿肉精细加工后拼成,辋川小样为用多种荤素熟原料拼摆的大型组合式风景冷盘,玲珑牡丹鲊是鱼鲊片拼成牡丹花形,再蒸熟而成的,"微红如初牡丹",三者均表现了巧妙的构思和高超的烹饪水平,堪称古代花色菜的代表作。当时食疗菜发展较快,这在唐代的孟诜著、张鼎补的《食疗本草》、唐代昝(zǎn)殷著的《食医心鉴》中多有反映。例如《食医心鉴》中,用动植物为原料制作的菜肴达数十种,著名的有治中风的蒸驴头、治足踵的炰(fǒu)猪肝、治消渴伤中的黄雌鸡汁、治水气大腹浮肿的煮牛尾、治小便涩少疼痛的青头鸭羹、治痔疮的烤野猪肉等。

附:中国第一花拼——辋川小样

辋川小样,为唐末五代尼姑梵正,根据王维辋川别业20个景点图画而烹制的花色拼盘。据宋陶谷的《清异录》记载:"比丘尼梵正,炮制精巧,用炸、脍、脯、腌、酱、瓜、蔬、黄、赤杂色,斗成景物,若坐及二十人,则人装一景,合成辋川图小样。"

辋川在蓝田县境内的竹篑山间,为王维别墅所在地。这里山清水秀,景色宜人。"辋川小样"开创了我国花拼菜肴的先例。此菜用生熟可食原料雕刻、上色,拼接出山石、草树、亭台、楼阁等,根据要求分装成20个风景盘。这些风景盘可分可合,合起来是一套"辋川风景"图,分开看是一个一个风景。从"辋川小样"开始,我国有了可食用的花色拼盘。

这组花式拼盘最令人惊艳处,在于"出奇思以盘飣,簇成山水,每器占《辋川图》一景”[1]。由于王维晚年隐居蓝田辋川，建此别墅，并按诗画的意境，建了华子冈、孔城坳、辋口庄、文杏馆、斤竹岭、木兰柴、茱萸汫、宫槐陌、鹿砦、北垞、欹湖、临湖亭、滦家濑、金屑、南垞、白石滩、竹里馆、辛夷坞、漆园、淑园等20个景区。而他以此辋川20景为题材所绘制的《辋川图》，更“写尽人间山与川”，画面丰富而生动。据《蓝田县志》记载：此图“山谷郁盘，云水飞动，茂林修竹，奇石怪树，庭园馆舍，无一不精。”因此，想要用菜将该画的意境表现出来，简直是“难于上青天”。

五、宋元时期

菜肴的发展在此时期形成一个高潮，菜肴的主要烹饪方法大体具备，品种激增。各类菜肴均有发展，风味多样，早期的菜肴风味流派已经出现。据《东京梦华录》、《梦粱录》、《武林旧事》等书记载，北宋都城汴京，南宋都城临安市场上的菜肴五花八门，数以百计。例如羹，仅《梦粱录》“分茶酒店”所记就超过30种，如百味羹、锦丝头羹、十色头羹、莲子头羹、百味韵羹、杂彩羹、五软羹、四软羹、二软羹、双脆羹、群鲜羹、江瑶清羹等。此外，还有宋五嫂鱼羹、东坡羹等名品。脯、腊、鲊、齑、酱、糟、醉、风等类菜的品种也十分丰富，数以百计。尤为值得重视的是，素菜在宋代发展较快。笋、菌类、豆芽、花卉、豆腐、面筋均已入馔。名菜有用豆腐和芙蓉花合煮的雪霞羹，用嫩笋、小草、枸杞头焯熟后加调料拌成的山家三脆，用面筋加多种调料制作的五味熬麸等。素菜的象形菜制作得也十分逼真，名品有五灌肺、夺真鸡、假炙鸭、假煎白肠等。在汴京、临安的市场上出现了素菜馆，专卖素菜。宋代还出现素食专著《本心斋疏食谱》、《山家清供》，书中收录有数十种素菜的制作方法。

元代，少数民族菜发展较快。例如《饮膳正要》中，就记有许多蒙古族菜，多取用羊肉、牛肉及一些禽兽为原料，用烧烤或煮的方法制作成菜。名品有马思答吉汤、炙羊心、炙羊腰、柳蒸羊、带花羊头、姜黄腱子、攒羊头、攒羊蹄、攒雁、炒鹌鹑、马肚盘、鼓儿签子、炒狼汤、熊汤、荤素羹、杂羹、肝生、烧水札等。

六、明清时期

明清时期的名菜多达数千种，烹饪方法30多种。例如明代《宋氏养生部》中收录的菜肴就有几百种，该书以原料结合烹饪方法分类，收录了许多江南和北京名菜。以猪为例，就有烹猪、蒸猪、盐煎猪、酱烹猪、酒烹猪、酸烹猪、猪肉饼、油煎猪、油烧猪、酱烧猪、清烧猪、蒜烧猪、藏蒸猪、藏煎猪、火猪肉、风猪肉、冻猪肉、油爆猪、火炙猪、手烦肉、生猪鲊、熟猪脍、熟猪肤、猪豉、炕猪等20多个品种。再如清代食谱《调鼎集》，仅菜肴就收录有1600多种，书中也是将原料和烹饪方法

[1] 参见（明朝）李日华《紫桃轩杂辍》。

结合起来收菜肴,如鸭,就收录了用各种方法制作的菜160多种。举凡当时的著名鸭菜,差不多都收了进来。其他菜谱,如明代的《易牙遗意》、《饮馔服食笺》、清代的《食宪鸿秘》、《养小录》、《醒园录》、《随园食单》、《素食说略》等也分别收有上百种菜肴,加上笔记、农书中所收的菜肴,就更加丰富了。

这一时期各地方菜及素菜、清真菜均有较快发展。例如北京的烤鸭、涮羊肉、满汉全席等,山东的烧海参、扒鲍鱼、爆肉丁,扬州的葵花肉丸、大烧马鞍桥、文思豆腐,淮安的鳝鱼席,南京的鸭菜,苏州的松鼠鱼、斑肝汤,浙江的火肉(火腿)、卷蹄、醋搂鱼,广东的鱼生、烤乳猪、蛇羹,四川的麻婆豆腐、绣球燕窝、清蒸肥坨,素菜中的罗汉斋、花卉菜、菌类菜、豆制品菜,清真菜中的全羊席等均已闻名遐迩。其风味或咸鲜,或咸甜适中,或清淡,或麻辣辛香,各具特色。正如《清稗类钞》上所说:"肴馔之有特色者,为京师、山东、四川、广东、福建、江宁、苏州、镇江、扬州、淮安"。至此,中国菜肴的主要风味流派已经形成。

第三节 中国菜肴的地方风味流派

一、地方风味流派的标准和成因

(一)地方风味流派的含义

我国地域辽阔,民族众多。由于地理、气候、物产、经济、文化、信仰以及烹饪技法等的影响,各地的菜肴文化也表现出明显的差异性。一方面表现在所烹饪的菜肴的实体上,如四川菜的麻辣、山东菜的咸鲜、广东菜的清爽、陕西菜的浓厚等,都是用本地原料烹制符合当地人口味的结果;另一方面则表现在风格的差异上,即不同地区、不同民族的历史和文化的差异,影响人们独特的品味和表现手法,如造型设计是现实性还是象征性,色调是清淡还是浓重,是华丽还是素雅,手法是粗犷还是精致等。所有这些特点,我们是能够感觉到的、概括出来的,是各不相同迥然有异的。这种特色,我们称之为"菜肴的地方风味"。

流派与风味有着密切的联系,但又是比风味更为复杂的一种烹饪现象。流派是指学术思想或文艺创作方面的派别。在中国饮食历史上,可以清楚地看到,处于同一时代、同一地区的人,在长期的烹饪实践中,由于原料选择、加工切配、烹调技法、盛装手法等方面相同或相近,所烹制的菜肴风味也往往表现出鲜明的一致性,这些人便自觉或不自觉地结合在一起,就形成了一种菜肴"潮流"。我们把这种烹调个性相近、风味特色相近的集合体,称为"菜肴流派"。

(二)地方风味流派的认定标准

1. 特异的乡土原料

原料是构成菜品的基本要素。如果原料特异,乡土气息浓郁,菜品风味往往别具一格,颇具吸引力。所以,不少风味流派所在地,都十分注重当地名特菜肴原料的开发和运用。而且某种原料一经选用,确有特色而使人嗜食,就坚持长期选用,从而保持了地方风味流派的相对稳定性。

2. 独到的烹调风格

中国菜肴是手工性很强的技艺,烹制时的独特性比食品工业表现更为突出,诸如火力大小、水量多少、调味品的使用等,全由手工掌握。不同的风味流派,都有自己独到(精于或偏于)的烹调风格。例如鲁菜擅长爆、扒、熘等烹调方法,菜品普遍水准卓越,其风格大方高贵,旷达洒脱;川菜善用小炒、干煸、干烧等烹调方法,味型较多,富于变化,菜品的家常性较强,其风格大众气息最为浓郁;淮扬菜偏于烧、煨、炖、焖等烹调方法,精于刀工,菜品较为精致,其风格清新、温文尔雅;粤菜在焗软炸等方面独具一格,菜品多有开拓创新,其风格是豪迈新奇。所有这些独到的烹调风格就成为各地方风味流派的重要特点。

3. 风味鲜明的特色菜肴

中国菜肴品种繁多,不同的地方风味流派,无不具有自己个性鲜明的菜肴。《清稗类钞》记载了清末部分地区不同的菜肴风味特色:“苏州人之饮食——尤喜多脂肪,菜肴方法皆五味调和,惟多用糖,又喜加五香”;“闽粤人之饮食——食品多海味,餐食必佐以汤,粤人又好啖生物,不求火候也”;“鄂人之饮食——喜辛辣品,虽食前方丈,珍错满前,无椒芥不下箸也。”

4. 一定数量的有影响的厨师群体

菜肴地方风味流派的形成,必须要有一个以一定数量且有影响的高水平厨师为代表而组成的厨师群体。这个厨师群体或大或小,但必须要有基本相同或相近的菜肴思想倾向和菜肴技术修养。只有一个或几个厨师,无论其成就有多大,水平有多高,也不能称为一个流派。而离开了高水平厨师群体的开创、创新,没有一批有共同或相近风味特色的菜肴,也就谈不上风味流派的形成。

(三)地方风味流派的成因

1. 社会因素

(1)历史变迁和政治形势的影响。社会的政治、经济和文化等方面是促进菜肴地方风味流派形成的重要因素。从我国历史上看,凡是作为国家政治、经济和文化中心的一些古城名邑,人口相对集中,商业较繁荣,更由于历代统治者都讲究饮食生活,各种皇宫御宴、官府宴饮、商贾请客,无不刺激当地的饮食消费,客观上促进了烹调技术的提高和发展,并使该地的饮食向高质量、高水平、高标准发展,因此,地方风味流派首先在以政治为中心的都邑中形成和完善。在我国历史上,西安、洛阳、开封、杭州、南京、北京等,都是驰名的古都;广州、福州、上海、武汉、成都、济南等,都是繁华的商埠。它们分别作为各代政治、经济、文化的中心,对当地风味流派的形成都产生过积极而深远的影响。汉、唐、宋、明的开国皇帝酷爱家乡美食;辽金元清的统治者大力推行本民族肴馔,对地方风味流派的形成也有帮助。至于陕西菜与唐代珍馐关系,辽宁菜与清宫菜渊源深厚,苏菜中“十里春风”的艳彩,鄂菜中“九省通衢”的踪影,川菜“天府之国”的风貌,粤菜“门户开放”的遗痕,更充分说明这一问题。

(2)经济的影响。社会生产力的发展能促进生产力的繁荣,经济繁荣带来了市肆饮食的兴旺,这就给饮食业提供了物质条件和经营对象,这是地方风味流派形成的重要条件,纵观历史,大凡地方风味菜形成的中心,都曾经有过经济繁荣的时代。以淮扬风味为例:周敬王 34 年(公元前486 年),吴城邗沟通江淮,大大促进了扬州的经济发展。汉景帝 4 年初置江都王,扬州成了江南重镇。隋唐以后,随着运河的开通,扬州逐渐成为中国南北交通枢纽,海盐漕米和茶叶在此集散,同时也成为对外贸易的重要商埠,“十里长街市井连”,经济繁荣,富甲天下,饮食生活更加豪华讲究,集中了大批名厨,从而形成了以扬州为中心的、技精味美的南方风味流派。

(3)文化的影响。我国优秀的传统文化对地方风味流派的形成也有着重要影响,由于文化的熏陶,使饮食礼仪也讲究文明,再加上历代文人学士对饮食的推崇宣传,或文章记珍馐,或图画写宴饮,或编撰饮食典章,创立了许多菜肴理论,为地方风味流派的形成和发展起到了积极的推动作用。例如山东齐鲁大邦,为仪礼之乡,这里的菜肴典式,从孔子西行问礼,修订《礼记》以来,历代王都都加以采用。孔子提出的“二不厌、三适度、十不食”的饮食要求,对后来齐鲁地区风味流派产生与发展,显然有着重要的影响。扬州,春秋时属吴,越灭吴属越,楚亡越属楚。楚在春秋战国时经济文化水平居列全国第一,菜肴水平也较高《楚辞·招魂》的一份名菜单就包括扬州风味在内。例如“胹鳖”、“露鸡”与今日扬州名菜“清炖鼋鱼”、“卤鸡”有明显的渊源。此外,淮扬风味的形成和发展与清代袁枚所著《随园食单》为之宣传倡导也不无很大关系。例如该书中“味要浓厚,不可油腻,味要清鲜,不可淡薄”、“一物各献一性,一碗和成一味”等思想伸展倡导,受到广大菜肴师的赞同,并成为烹制菜肴的基本准则。

文人帮助饮食行业总结并推广经验,做广告,扩大本地风味的影响,对于当地风味流派的形成也有一定作用。

2. 自然因素

(1)地理环境和气候特产的差异。菜肴地方风味流派的形成,地域物产的因素也很重要。这是因为地域物产决定人们的饮食范围,因而也就制约了那些地区的菜肴技术、饮食习惯和口味。粤闽地处岭南,“天地之长养,阳之所盛”,各种食物特别丰富,其民嗜生猛,奇馔异食居多,也就不足为奇了。至于地处江淮的扬帮菜,湖泊星罗,江海相连,水产特别丰富;有笋有桔,水果鲜蔬也多,这对于扬帮菜的风味形成，也是不可忽视的因素。总之，一方水土养一方人，地理环境和以乡土为主的气候物产就成为许多地方风味流派的先决条件。

(2)民风民俗和宗教信仰的不同。不同的风俗及其嗜好反映在饮食菜肴习尚方面尤为明显。《清稗类钞》中这样记载清末饮食风俗："各处食性不同——食品之有专嗜者，食性不同，由于习尚也，则北人嗜葱蒜，滇黔湘蜀嗜辛辣品，粤人嗜淡食，苏人嗜糖"。直至今日，这种习尚仍然变化不大。除此之外，山西人喜欢吃陈醋，东北人喜欢吃芥末，福建人喜欢吃红糟，陕西人喜欢酸辣，新疆人喜欢孜然，蒙古族人喜欢奶酪，青藏高原人喜欢喝酥油茶等，这些千百年来形成的饮食风味，对地方风味流派的形成有很大影响。此外，在我国各种宗教教义不同，教徒的饮食生活也有显著区别，如佛教徒禁食动物和"五辛"，道教徒不食"五荤"等。饮食是人最基本的生活需要，所以自古就有把饮食生活转移到信仰中去的习俗，这一习俗反映在菜品上，便孕育出不同的风味流派。至于食礼、食规、食癖和食忌，这也是千百年来的习染熏陶形成的，往往根深蒂固，世代承袭。这种带有浓厚乡土和宗教色彩的菜肴，不仅影响着地方风味流派的形成，而且促进了地方风味流派长期稳定的发展。

二、地方风味流派的划分

中国菜肴历史悠久，源远流长，在长期的发展过程中，逐渐形成了众多的地方风味流派。中国菜肴的风味可以分为六个层次：

第一层次：中国风味。这是相对于世界三大风味流派中的法国风味、土耳其风味而言。

第二层次：五大风味。指在中国版图内，在风味上具有共性的五大风味板块，包括鲁豫风味（咸鲜醇厚）、苏沪风味（清鲜平和）、川湘风味（鲜辣浓淳）、粤闽风味（清淡鲜爽）、陕甘风味（香淡酸鲜）。

第三层次：各省、直辖市、自治区风味。全国32个省、市、自治区和港、澳、台都有各自的风味特色。

第四层次：各省（市、区）内的流派风味。这也都是早有定识的。例如广东，含广州、潮汕、东江三个流派；陕西，含陕北、关中、陕南三个流派等。

第五层次：县市风味。全国2000多个县市，各有各的风味特色，"十里不同风"，风味亦如此。例如江苏的无锡、苏州为毗邻二市，相距甚近，风味共性原均为甜，但无锡较苏州更甜；又如绍兴、宁波，相距也不远，风味迥异；还有海南的文昌与琼海，南北相连，在风味上却是一以文昌鸡见长，一以嘉积鸭取胜；如此等，不胜枚举。

第六层次：家常风味。这是中国菜肴风格的基础，其中包括50多个民族风味在内，是一切菜肴的源头根本，取之不尽的宝藏。

中国风味体系，它包含了全中国所有的风味个性特色。它是客观存在的，并非某个人的主观臆测。在各个层次之中,各个风味除了共性部分和衔接部的交叉、重叠外,各自个性都很鲜明,绝无完全一样的重复。比如第二层次的川湘风味,涵盖四川、湖南、贵州、云南和陕南的一部分,其共性之一是辣,贵州是糊辣(香辣),云南是鲜辣,陕南是咸辣,分得很清。

三、中国菜肴地方风味流派简介

(一)京鲁流派

京鲁流派是以鲁菜为基础,以北京菜为代表的风味流派,其范围遍布整个华北和东北以及中原地区。从某种意义上讲,京鲁风味流派可以说是中国菜地方流派的典型。

1. 山东菜

(1)风味特点。取料广泛,选料精细;鲜咸适口,清爽脆嫩,汤醇味正,原汁原味;调味多变,因料而用,适应性强,南北皆宜;烹调方法讲究,常用的有爆、炒、烧、扒、氽、熘、炸、熬、蒸、烤、熏、腊、拔丝、挂霜、琉璃、蜜汁、水晶等30种以上,其中尤以爆、炒最能体现山东菜快速出菜的特色。

(2)地方名菜。例如清汤燕菜、红扒熊掌、御笔猴头、氽蛤士蟆油、白汁裙边、绣球干贝、珊瑚蛎黄、扒鲍鱼龙须菜、炸赤鳞鱼、糖醋鲤鱼、醋椒鱼、清蒸加吉鱼、香酥鸭子,红扒鸡、香酥鸡、布袋鸡。肉类大件菜如扒肘子、红烧肘子、爆双脆、芫爆鱿鱼卷、软炸里脊、炸蛎黄、油爆海螺、九转大肠、熘肝尖、锅塌豆腐、炒木樨肉、炒里脊丝、家常熬黄花鱼、山东蒸丸、沙锅白菜、把子肉、奶汤丸子、罐儿蹄、奶汤蒲菜等。

2. 北京菜

(1)风味特点。在原料使用上,广收博取;烹调方法多样,以烤、涮最有特色;口味讲究,以清鲜脆嫩为主,讲究火候的掌握,色形的美观和营养的平衡。

(2)地方名菜。例如北京烤鸭、涮羊肉、三元牛头、黄焖鱼翅、一品燕菜、八宝豆腐、罗汉大虾、潘鱼(活鲤鱼制,因晚清大臣潘祖荫首创而得名)、炸鹿尾、桃花泛(由青虾、玉兰片、锅巴等制成)、翡翠羹(由菠菜叶、鸡脯肉、鸡汤、鸡蛋清等制成)、草菇蒸鸡、煳肘、三不粘、琥珀莲子等。

3. 天津菜

(1)风味特点。原料独特,水产丰富;口味以咸鲜、清淡为主,质地多样,富于变化,津菜中常见的味型有咸鲜、酸甜、甜咸辣、酸甜咸、酸辣、咸甜、咸甜辣、酸咸辣等数十种,每菜又各有侧重;技法全面独特,尤擅扒、溜;擅烹河海两鲜及野禽;制汤讲究,因菜施用。

(2)地方名菜。例如扒通天鱼翅、一品官燕、挣崩鲤鱼、软熘鱼扇、玉兔烧肉、翠原鸭舌、九龙会燕、煎烹大虾、金钱鱼腐、七星紫蟹、什锦火锅、软硬飞禽、麻栗野鸭、奶汁扒白菜、栗子烧白菜、氽萝卜丝等。清真菜有扒海羊、红烧牛鞭、红烧舌尾、白蒸鸡、烩全羊、白崩鱼丁、芫爆散丹、全蟹羹、红烧蹄筋等。

4. 河南菜

(1)风味特点。选料严谨,强调按时令选取原料;刀工精细,配头讲究,素有看配头烹调的习惯;讲究制汤,火候得当;技法古朴,调和适中。

(2)地方名菜。例如糖醋软熘鲤鱼焙面、白扒鱼翅、三鲜铁锅烤蛋、牡丹燕菜、炒三不粘、桂花皮丝、玉珠双珍、果汁龙鳞虾、清汤荷花莲蓬鸡、芙蓉海参、清蒸青鱼头尾、炒鱼丝、鸡茸酿竹荪、彩蝶戏牡丹、古城春晓、道口烧鸡、马豫兴桶子鸡、郑州烤鸭等,历史上曾以“三大烤”(烤鸭、烤鱼、烤方肋)、“八大扒”(扒鱼翅、扒广肚、扒海参、扒肘子、葱扒鸡、扒素什锦、扒素鸽蛋、扒铃铛面筋)和“四大抓”(抓炒里脊、抓炒丸子、抓炒腰花、抓皮春卷)闻名全国。

5. 河北菜

(1)风味特点。就地取材,精细严格,选用当地名优物产入馔;刀工考究,刀法“三绝”(切肉丝的甩刀法、砍刀法和连刀法颇有特色);烹调技法全面,以溜、炒著称;讲究芡汁,擅长糊浆;菜肴口味丰富多样,以鲜咸、咸鲜,清香、醇香为主;注重用汤,以坠汤取胜。

(2)地方名菜。例如冀中南风味的抓炒鱼、金毛狮子鱼、干烧滑水、油爆肚仁、清蒸圆鱼、干煸肉丝、芙蓉鸡片等;宫廷塞外风味的叫花子山鸡、烤全鹿、香酥野鸭、烤乳猪、涮羊肉、改刀肉、烧口蘑等;京东沿海风味的酱汁瓦块鱼、烹大虾、熘腰花、京东板栗鸡、白玉鸡脯、群龙戏珠等。

6. 辽宁菜

(1)风味特点。丰富而名贵的烹饪原料;以咸鲜为主,甜为配,酸为辅的口味特点;注重刀功、勺功和火功的运用,常用技法有 30 多种;尤以炖、烧、溜、扒、熥见长,讲究围、配、镶、酿等手法。

(2)地方名菜。例如掌上明珠、凤还巢、麒麟送子、蟠桃猴首、云珠牡丹、清汤鹿尾、红娘自配、宫门献鱼、雪夜桃花、黄金肉片、兰花熊掌、红梅鱼肚、鲜贝原鲍、红鲷戏珠、珍珠鲤鱼、元宝鱼翅、猴头飞龙、桃花香扇、红梅菜胆、碧波龙舟、灯笼海参、猴王闹龙宫、白肉血肠等。

7. 吉林菜

(1)风味特点。选料广泛,具有名贵药膳原料;技法多样,汲取鲁菜之长,以炒、熘、烧、扒、熥、酱、拌、炝、氽、涮、拔丝等诸多技法见长,讲究刀工细、火候准、勺工硬;调味上以咸辣酸鲜,清淡爽口为主,讲究味嫩酥烂,有不辣不成味,一热顶三鲜之说;油重、色浓。

(2)地方名菜。例如兰花熊掌、红烧鹿筋、三鲜飞龙、人参炖乌鸡、白扒松茸蘑、李连贵熏肉、真不同酱肉、渍菜白肉火锅等。

8. 黑龙江菜

(1)风味特点。烹饪选料考究,既有珍禽异兽,又有新鲜的山菜野果;制作精细,烹调方法擅长烤、扒、爆、炒等;讲究调味,口味清淡,脆嫩爽口,清香提神。

(2)地方名菜。例如酱白肉、氽白肉、拌生鱼、炒鱼渍菜粉、渍菜火锅、什锦火锅,烤狗肉、叉烧野猪肉、烩鹿肉、白扒熊掌、飞龙汤等;创新菜中的冬梅玉掌、酒醉彩云黄瓜香、鸳鸯戏水游巨龙、金蟾红油犴鼻、玉鸟银丝、金狮鳜鱼以及创新的飞龙宴、山珍野味宴、北国风味宴等。

9. 内蒙古菜

(1)风味特点。调味简单朴实,喜欢肥厚浓味;传统烹调技法以烤、煮、氽、炸、烧为主,内蒙古菜烹调也吸收了各地的技法,不过最能体现民族特色的仍然是烤、煮、烧等。

(2)地方名菜。例如手把羊肉、炸果条、氽羊肉、烤羊腿、烤迎风、大炸羊、漂汤羊、全银羊尾、奶油扒羊、天鹅炙、拔丝羊尾、扒驼蹄、乌龙望月、凤衣穿银翅、骏马奔腾、草原八鲜、乳汁软炸口蘑、奶豆腐两吃、凤尾扒发菜、金饺驼掌、滑炒驼峰丝、烤羊肉、烤牛肉、酒锅牛三宝等。

(二)苏沪流派

1. 江苏菜

(1)风味特点。用料广泛,选料精良;制作精细、富于变化;善用火候、讲究火功,擅长炖、焖、煨、焐、烤等技法;清鲜淡雅,咸甜适中。

(2)地方名菜。例如淮扬风味的扬州三头、镇江三鱼、荷包鲫鱼、将军过桥、蟹粉馓子、炒软兜、大煮干丝、水晶肴肉等;金陵风味的盐水鸭、卤鸭炖肝、板鸭、黄焖鸭、叉烧鸭、瓢儿鸭舌、烩鸭四宝、金陵三叉、南京三炖等;苏锡风味的松鼠鳜鱼、常熟叫花鸡、碧螺虾仁、雪花蟹斗、莼菜糖醴鱼、梁溪脆鳝、太湖银鱼、鸡茸蛋、天下第一菜等;徐海风味的霸王别姬、犬鼋烩、羊方藏鱼、熏烧兔、糖醋蝉猴、红烧沙光鱼、鳝鱼辣汤等。

2. 上海菜

(1)风味特点。选料严谨,四季有别;清淡为主,讲究层次;烹调技法以滑炒、生煸、氽、清蒸等见长。

(2)地方名菜。例如虾子大乌参、扣三丝、生煸草头、炒蟹黄油、青鱼甩水、干烧冬笋、贵妃鸡、松仁鱼米、酱爆茄子、烟鲳鱼、炒素蟹粉等。

3. 安徽菜

(1)风味特点。原料丰富;味型以咸鲜微甜为主,注重原汁原味;在技法方面,刀工、火候、操作技术互为补充,相得益彰;擅长烧、炖、熏、蒸等,其中最能体现徽菜烹调技艺的是滑炒、清炖、生熏等;菜式质朴,宴席简洁,有宴席菜、和菜、五规八碟十大碗菜、大众便菜和家常风味菜等。

(2)地方名菜。例如无为熏鸭、屯溪臭鳜鱼、八公山豆腐、软炸石鸡(石蛙)、符离集烧鸡、酥鲫鱼、金雀舌(用黄山毛峰茶拖糊浆汆炸而成,形似麻雀舌)、毛峰熏鲥鱼、方蜡鱼、云雾鱼、问政山笋、李鸿章杂烩、鱼咬羊、葡萄鱼、红烧头尾,黄山炖鸽等。

4. 浙江菜

(1)风味特点。选料讲究,恪守细、特、鲜、嫩的原则;注重火候,擅长炒、炸、烩、熘、蒸、烧、汆,烹制河鲜海味有独到之功;突出主料,注重配料,讲究口味清鲜脆嫩,馨香腴润,以纯真见长;造型精巧细腻,秀丽雅致。

(2)地方名菜。如杭州菜中的西湖醋鱼、东坡肉、龙井虾仁、油焖春笋、叫化童鸡、鱼头浓汤、鱼头豆腐、斩鱼圆、糟青鱼干、清蒸鲥鱼、蛤蜊汆鲫鱼、炒蟹粉、油爆虾、荷叶粉蒸肉、一品南乳肉、南肉春笋、蜜汁火方、火腿蚕豆、八宝童鸡、糟鸡、卤鸡、百鸟朝凤、杭州酱鸭、栗子炒子鸡、火蒙鞭笋、虾子冬笋、糟烩鞭笋、栗子冬菇、西湖莼菜汤、番虾锅巴、干炸响铃、生爆鳝片等;宁波菜中的冰糖甲鱼、苔菜拖黄鱼、彩熘黄鱼、苔菜小方烤、网油包鹅肝、黄鱼鱼肚、锅烧鳗、虎皮全鸭;绍兴菜中的干菜焖肉、白鲞扣鸡、糟熘虾仁、清汤鱼圆、豆豉烧鱼、烧虾球、红乳卤蒸笋鸡、糟熘鱼白等;温州菜中的三丝敲鱼、爆墨鱼花、锦绣鱼丝、橘络鱼脑、蒜子鱼皮、马铃黄鱼等;金花菜中的八参乌鸡汤、金腿猴蘑、薄片火腿、蜜汁三方、东坡香腿、火腿荷花爪、炸香脆肉、桂花大肠、浓香鸡块、苹果鸡脯、茉莉鱼丁、瓤龙瓜等。

5. 江西菜

(1)风味特点。选用当地特产原料;味浓油重,突出主料,味型以咸鲜为主,讲究原汁原味;烹饪技法多样,以烧、焖、炖、蒸、炒等见长。

(2)地方名菜。如酸菜烧野鸡、干烧猪脚、清炖武山鸡、三杯鸡、清蒸背包红鲤鱼、粉蒸鱼、海参眉毛肉丸、红酥鱼、南丰鱼丝、炒白鸭、炒石鸡、白浇鳙鱼头、红松鱼、香菇炖鸡等。

(三)川湘流派

1. 四川菜

(1)风味特点。选料广泛,奇美;烹调方法丰富多样,常用的技法有炒、爆、熘、炸、煎、烧、烩、焖、蒸、煮、炖、熏、卤、炝、渍、拌、腌、糟等数十种,尤其擅长小煎小炒和干煸、干烧;调味变化多样,以口味多、广、厚著称,享有"一菜一格,百菜百味"的美誉,常用的味型就有20多种,其中鱼香、怪味、麻辣、家常、红油为特有的味型。

(2)地方名菜。例如成都菜的红烧熊掌、葱烧鹿筋、樟茶鸭子、家常海参、干烧鲜鱼、开水白菜、干烧鱼翅、锅巴肉片、鸡豆花、麻婆豆腐、豆渣鸡脯等;重庆菜的宫燕孔雀、一品海参、干烧岩鱼、鱼香肉丝、水煮鱼片、烧牛头方、灯影牛肉丝、清炖牛尾、枸杞牛鞭汤、毛肚火锅等;自贡菜的水煮牛肉、火边子牛肉、小煎鸡等。

2. 湖南菜

(1)风味特点。刀工精妙,形味兼美;长于调味,酸辣著称;技法多样,尤重煨、㸆。

(2)地方名菜。例如祖庵鱼翅、红煨鱼翅、潇湘五元鱼、翠竹粉蒸鮰鱼、霸王别姬、红煨鲍鱼、腊味合蒸、腊肉焖鳝片、炒腊野鸭条、麻辣仔鸡、牛中三杰(发丝牛百叶、烩牛脑髓、红烧牛蹄筋)、走油豆豉扣肉、红椒酿肉、冰糖湘莲、红烧寒菌(指松乳菇)、花菇无黄蛋、油辣冬笋尖等。

3. 湖北菜

(1)风味特点。选料以水产为本,鱼类为主;烹调方法多样,以蒸、煨、炸、烧、炒最有特色;口味鲜辣香醇,讲究汁浓芡亮;荤素合烹,营养丰富。

(2)地方名菜。例如市肆名菜主要有清蒸武昌鱼、茄汁葡萄鳜鱼、海参鲭鱼、红烧鮰鱼、黄焖甲鱼、母子大会等。民间菜名品主要有鱼汆、排骨汤、金银蛋饺、藕夹、烧鳝鱼珍珠圆子。湖北宴席主要是鱼席(包括全鱼席、武昌鱼席、鳜鱼席、鮰鱼席、鳢鱼席、鳝鱼席多种),还有全藕席、鱼糕席、野鸭席、皮蛋席、野味席、秦席以及四小席、十大碗、三蒸九扣席、四喜四全席种种,均以浓郁的楚香风情取胜。

4. 云南菜

(1)风味特点。原料广泛;菜肴口味偏酸辣微麻,清甜鲜香;烹调技法富有民族特色,擅长蒸、炸、卤、炖、烤、腌、冻、舂、焐等技法。具有民族特色的烤、腌、舂、焐又与古代食风一脉相承。

(2)地方名菜。如气锅鸡、火腿乳片、五香乳鸽、鸡翅羊肚菌、酸辣大头鱼等。

5. 贵州菜

(1)风味特点。土特烹饪原料丰富;口味辣香适口,酸辣浓郁,淡雅醇厚;烹调方法多样,尤擅炒、爆、蒸、烤、煎等。

(2)地方名菜。如八宝团鱼、金钩挂玉牌、酸菜小豆汤、竹桶烤鱼、阳明凤翅、金钱肉、辣子酱、爆竹鱼等;黔北风味的宫保鸡丁、糟辣鱼、明虾鹌蛋鱼、凤尾鱿鱼、拔丝莲米、烧杂烩、烤乳猪、碎滑肉、凤凰鱼翅等;少数民族风味的奢香玉簪、夜郎面鱼、腌鱼、捣鱼、酸汤鱼、糟辣酸汤鱼、黄焖竹鼬、醉炝鲜虾、鸡汁鞭打绣球、鸡枞火腿、魔芋豆腐、荔枝凤猪、花江狗肉等。

6. 西藏菜

(1)风味特点。原料丰富,富有特色;烹调方法简单、粗放,以快捷方便为主,常用烤、炸、煎、煮等;调味简单,多辣、酸,重用香料或突出菜肴原料本味。

(2)地方名菜。例如烧肝、灌粉肠、灌血肠、蘑菇炖羊肉等。

(四)粤海流派

1. 广东菜

(1)风味特点。用料广博奇异;口味清淡、嫩滑、爽脆、讲究时令;烹调方法、调味方式自成体系，如煲、焗、焗、烧、烤、蒸、扣、泡、灼、炒、焖、烩、煎等；调味品多用老油、柠檬汁、豉汁、蚝油、海鲜酱、沙茶酱、鱼露、栗子粉、吉士粉、嫩肉粉、生粉、黄油等，这些都是其他菜系不用或少用的调料。

（2）地方名菜。例如广州酒家的一品天香、泮溪酒家的胶笋皇、银龙酒家的金陵片皮鸭、大三元酒家的红烧大群翅、北园酒家的满坛香、南园酒家的香油凤尾鸡、冠珍酒家的清汤鱼肚、大同酒家的大同脆皮鸡、蛇餐馆的烩蛇羹、菜根香的鼎湖上素、太平馆的红烧乳鸽、清平饭店的清平鸡等。潮州名品有烧雁鹅、豆酱鸡、生菜龙虾、红炖鱼翅、明炉烧螺、炊鸳鸯膏蟹、甜皱纱肉、玻璃白菜等。东江代表菜有东江盐焗鸡、香酥鸭、酸豆腐、爽口牛肉丸、什锦煲等。

2. 广西菜

（1）风味特点。用料丰富；善于变化，翻新花样；注重味香，讲究火候；注重配菜，色泽鲜明；粗物细做，经济实惠。

（2）地方名菜。如桂北风味的红扣果子狸、双冬烧竹鼠、蛤蚧炖全鸡、五彩黄猄丝、清蒸漓江鳜鱼、荔芋扣肉等；桂东南风味的梧州纸包鸡、淄城醉子鸡、串烧金钱鸡、蚝油柚皮鸡、挂绿夹肉果、红烧豆腐等；滨海风味的春梅红烧海参、葵花扣鲜鱿、芍药虾扇、核桃斑鸠片等；民族风味的有鱼托、酥鸡、清蒸豆腐圆、巧酿南瓜花、酸笋炒牛肉等。此外，侗族的竹笋肉、苗族的竹板鱼、毛南族的烤香猪等都是颇有影响的民族风味菜。

3. 海南菜

（1）风味特点。原料丰富、独特；口味酸辣咸甜兼备；最常用的烹调技法为蒸、煲、炖、灼、炸、煎、卤、烧、扣、炒等。

（2）地方名菜。例如鸡丝鱼翅羹、五彩鱿鱼丝、虾仁烧鱼肚、三丝扣发菜、珍珠八宝鸡、乌龙戏珠、红烧山瑞、清炖鸡汤、草菇扒菜胆、清燕石斑鱼、白灼大对虾、清蒸和乐蟹、琼州椰子盅、海南椰奶鸡、椰液香酥鸭、椰汁东山羊、嫩椰面花盒、椰奶燕窝盅、脆炸椰奶、南天椰奶香等。

4. 福建菜

（1）风味特点。原料丰富，善用山珍海味；刀工精巧，富于趣味；汤菜居多，讲究变化；调味奇特，别具风格，偏于甜、酸淡；调细腻，雅致大方，擅长炒、熘、蒸、炸、煨、糟等方法，且尤以蒸、熘、糟、煨见长。

（2）地方名菜。例如福州菜中的茸汤广肚、肉米鱼唇、鸡丝燕窝、糟汁汆海蚌、淡糟鲜竹蛏，闽南菜中的沙菜焖鸭块、东璧龙珠、当归牛腩，闽南菜中的香油石鳞腿、爆炒地猴、姜鸡、白斩河田鸡、涮九品等。

5. 台湾菜

（1）风味特点。烹饪原料广泛，以海味为主；烹调技法与福州、厦门相似，以焖、炒、炖、蒸为特色，调料多用酱油、醋、食糖、味精、姜丝和太白粉等。

（2）地方名菜。例如油炸蟋蟀、苦瓜封、火把鱼翅、葱油烤鱼、鲜生鱼片、枸杞鳝鱼骨汤、柴鱼肉羹、沙茶双脆、葱油淋鸡、蛋黄大虾、金菇肚片等。

（五）秦陇流派

1. 陕西菜

（1）风味特点。原料众多，对家畜及其脏器加工利用的深度突出；烹调技法古老，乡土气息浓郁，其中的烧、蒸、煨、炒、氽、炝、烧、烩等各具独到之处，还常采用古老的传统烹调方法，如石烹、汤爆、生炝、火燎等；菜肴口味以香为主，以咸定位，主味突出滋味纯正；仿唐菜品，堪称一绝。

（2）地方名菜。如关中的葫芦鸡、芥末肘子、口蘑桃仁氽双脆、三皮丝、煨鱿鱼丝、酿金钱发菜、奶汤锅子鱼、带把肘子、寒梅鱼丸、鸡米海参、茄汁牛舌、酸辣肚丝汤、金边白菜、晁衡鱿鱼、比翼连理、英公延寿、鸭戏新波等；陕南的辣子肉丁、清蒸白鳝、天麻炖鸡、烟熏鸭、薇菜里脊丝、白云包日、白雪团鱼、烧雨梅、商芝肉等；陕北的奶豆腐、清蒸羊肉、大烧肉、炒羊羔肉等；仿唐菜中的金银类花平截（用蟹粉和蟹黄做成）、同心生结脯（用牛肉做成）、水晶龙凤糕（用糯米和红枣做成）、凤凰胎（用未生下的鸡卵和鱼白做成）、遍地锦装蟹（用甲鱼和羊脂做成）等。

2. 山西菜

（1）风味特点。原料丰富多样；口味咸鲜偏酸，讲究香味浓醇，油厚色重，原汁原味；擅长火功，烹法多样，最能体现其烹饪特色的则是主要有爆、炒、熘、炸、烧、扒、蒸等技法。

（2）地方名菜。例如过油肉、金钱串葫芦、美人鱼翅卷、锅烧全鸭、神仙鸡、鹌鹑茄子、苏三鱼等。

3. 宁夏菜

（1）风味特点。取材广泛，以当地名特产品为主；味型味型众多，以酸辣为主；烹调方法以烤和烩独具特色。

（2）地方名菜。如清炒驼峰丝、扒驼掌、糖醋黄河鲤鱼、清蒸鸽子鱼、吴忠白水鸡、烤羊肉串、手抓羊肉、红烧羊羔肉、丁香肘子、烤羊腿、葱爆羊肉等。

4. 甘肃菜

（1）风味特点。烹饪原料较多，品质优良；口味嗜好酸辣，一般多用辣椒、花椒、八角、草果、芥末、葱、姜、蒜等为调料品；技法多样，除烧、烤、煮、蒸、炸、焖、炖、熬、煨以外，卤、酱、炝、涮、糟等也颇具特色。

（2）地方名菜。如冰糖百合、梅花羊脑、珊瑚羊肉、酱渍青湟鱼、荷花羊肚菌、手抓羊肉、西夏石烤羊、当归鸡、陇西腊羊肉、白兰瓜羹等。

5. 青海菜

（1）风味特点。善用当地丰富的动植物特产入烹，如牛羊肉、鹿鞭、牛冲、羔羊、雪鸡、黄羊、虫草、枸杞、人参果等；制作技法以粗放为主，也有精工细做的菜品，烹调方法以烤、炸、炖、烧、煮为主；口味偏于咸酸辣香，以软烂醇香为主，兼有脆嫩特色。

（2）地方名菜。如虫草雪鸡、筏子肉、松鼠湟鱼等。

6. 新疆菜

（1）风味特点。以当地产的牛、羊肉和瓜果蔬菜为主要原料；烹调技法以烤、炸、蒸、煮见长；油大味重，香辣兼备，适应气候高寒，人体需热量大的需求。

（2）地方名菜。如烤羊肉串、带泡生烧肉、双味葡萄鱼、软煸里脊、雪花甜瓜、绣球雪莲、红霞肚片、炮仗肉、菊花羊腿、烤全羊、手抓羊肉。

第四节　宫廷菜与官府菜

一、宫廷菜

所谓宫廷菜，是指奴隶社会王室和封建社会皇室成员所食用的肴馔。宫廷菜由于饮食者的特殊身份，役使天下各地名厨，聚敛天下美食美饮，形成了豪奢精致的风味特色。可以说，每个时代的宫廷菜，都能代表当时中国烹饪技艺的最高水平，因此，宫廷菜是中国古代烹饪艺术的高峰。

我国的宫廷风味菜肴，主要以几大古都为代表，有南味、北味之分。南味以金陵、益都、临南、郢都为代表，北味以长安、洛阳、开封、北京、沈阳为代表。

（一）宫廷菜的历史发展

宫廷菜初步形成规模大约在周朝。当时的宫廷饮食具有代表性的有两种风味，一是周王室的饮食风味，其"八珍"是我国最早的宫廷筵席，体现了周王室烹饪技术的最高水平，也代表着黄河流域饮食文化；二是楚国宫廷风味，楚国宫筵席兼收并蓄，博采众长，代表着长江流域饮食文化。

秦汉时期，宫廷菜在总结前代烹饪实践的基础上，菜品更加丰富，烹饪技法也不断创新。如汉朝宫廷的面食品比以前明显增多，而豆腐的发明，更使宫廷饮食发生了重大变化。

魏晋南北朝时期，各族人民的饮食习俗在中原交汇，大大丰富了宫廷饮食。例如新疆的烤肉、涮肉，闽、粤的烤鹅、鱼生，西北游牧民族的乳制品等都被吸收到宫廷菜中，为宫廷风味增添了新的内容。

进入唐朝，宫廷菜的烹调技术和烹饪技艺已经达到很高水平。这主要通过宫廷筵席得到体现。当时，宫廷筵席不仅种类繁多，而且场面盛大，筵席的名目和奢侈程度都是空前的。

北宋时期，宫廷菜相对简约。从原料选择看，这个时期以羊肉为原料烹制的菜肴在宫廷饮食中占有重要地位。南宋时期,宫廷菜开始越来越奢华,遍尝人间珍味的君王们对菜肴非常挑剔,宫廷筵宴也是奢靡异常。

元朝的宫廷菜,以蒙古族风味为主,所制菜肴多用羊肉,全羊席是代表,同时还吸收多个少数民族乃至外国的饮馔品种和技法,充满少数民族和异国情调。

明朝宫廷菜十分强调饮馔的时序性和节日食俗,重视南味。

清朝的宫廷菜无论在质量上还是数量上都是空前的,奢侈靡费、强调礼数达到了古代中国宫廷饮食的极致,是中国宫廷菜发展的顶峰。

(二)宫廷菜的主要特点

1. 选料广泛严格

历史上宫廷菜的原料,大多数是各地方的贡品,以清朝的宫廷档案中的贡单为证,山珍海味,无所不含,如燕窝、鱼翅、鲍鱼、竹荪、野鸭、驼峰、鹿鞭、虾、熊掌等。有一些宫廷原料多取珍贵之物,因而有"拔珍自奇"之说。如宫廷名肴"清汤虎丹",以小兴安岭的雄虎睾丸为主料。再如东北熊掌,多选秋末冬初的掌,而海南的燕窝只选官燕。虽然宫廷菜原料多为珍贵之物,但也不乏市井常见之物,只是选用必是上品,如猪要选鬃毛刚硬的、羊要选毛细密柔软的、兔要双目明亮的等。

2. 烹调精细讲究

宫廷菜特别讲究刀工。在刀工处理上既要求易入味,又要求造型美观,同时根据原料性质及烹调需求运用不同刀法。以鱼为例,其花刀处理有兰草花刀、柳叶花刀、松塔花刀等。宫廷菜的刀工还往往表现在细微之处,如小料亦常剖以花刀。在刀工上堪称绝技的"怀抱坡刀",它借助两手配合,左手掌握尺度,右手掌握速度,以腕力和娴熟的技巧,将里脊片成自然微曲薄如纸帛的羽毛片,这种刀工确非一日之功。

宫廷菜十分重视造型。它一般多是两种或三种原料构成菜肴造型。厨师中有这样一句话,皇帝不吃"寡妇菜",所以每道菜肴既讲究饱满,又讲究色彩,并多用围、酿、配、镶等方法。形象逼真,使人不忍下箸。

在调味上,宫廷菜有九九八十一口之说。有的是根据调料名称所定,如"宫门献鱼",其味先甜后咸再辣,层次分明,所以叫"梯子口";又如"瓦香肉"所用的调料酱油、糖、醋比例大致相同,所以叫"三致口"。像"一品四喜丸子"的"红光口","八宝肥鸭"的"净贤口","葱烧海参"的"吐汁口","焦熘里脊"的"文霞口","扒肘子"的"天堂口"等,举不胜举。宫廷菜在口味上以复合味居多,讲究小料的使用。再以宫门献鱼为例,其小料多达十种,在制汤上达到登峰造极,如"龙凤双吊绍汤",需三天完成,口味鲜香无比。

3. 菜名典雅,器皿精美

宫廷菜的名称多是吉祥富贵的名称,许多是以福、禄、喜、寿、财之意命名,或者是根据传说和典故而创制。如“黄葵伴雪梅”、“凤胎龙子”、“雪夜桃花”、“三姑守节”、“蟠桃玉树”等。在餐具上宫廷菜以金、银、玉、象牙等居多,有的有万寿无疆等字样。餐具造型多种多样,如鱼型、鸭型、寿桃型等。有的餐具镶有宝石、翡翠等。在华贵古雅的餐具中盛放精烹细作的美食,再加上典雅的菜名,三者相互辉映,相互衬托,在享受美味的同时,领略了菜肴的艺术美。

二、官府菜

官府菜又称官僚士大夫菜,包括一些出自豪门的名菜。官府菜在规格上一般不得超过宫廷菜,而又与庶民菜有极大的差别。贵族官僚之家生活奢侈,资金雄厚,原料丰厚,这是形成官府菜的重要条件之一。官府菜形成的另一个重要条件是厨师与品味家的结合。

(一)官府菜源远流长

官府菜始于春秋时期,从汉至唐已初具规模。东汉大鸿胪郭况之家号称“琼厨金穴”;西晋荆州刺史石崇以操办“金谷园宴”驰名,中唐礼部尚书韦陟的府邸名曰“郇公厨”,晚唐邹平郡公段文昌的厨房更有“炼珍堂”的美称。

到了宋朝以后,官府菜有了更大的发展,除了绵延千载的孔府菜外,各朝均有著名品种。如,宋朝有苏轼的东坡菜,清河君王张俊家菜;金元时期有元好问家菜,刘因家菜,阿合马家菜;明朝有礼部侍郎钱谦益家菜,魏忠贤家菜,严嵩家菜;清朝有袁枚的随园菜,曹寅的曹家菜,纪晓岚的纪家菜,谭宗俊的谭家菜等。民国年间,有谭延闿的组奄菜,张作霖的帅府菜等。

封建社会官府菜之所以兴盛不衰,主要原因有三个方面:一是封建官吏为了享乐和应酬;二是通过饮食活动为官职升迁铺路;三是养生延年的需要。虽然,官府菜主要是因封建官吏的需要而产生,但它对中国烹饪的发展、演变也有其积极的一面,它保留了很多饮食烹饪的精华,在烹饪理论与实践方面有很多建树。

(二)官府菜的主要特点

1. 烹饪用料广博

官府菜由于出自官宦之家,能够有条件获得各种档次或等级的原料,对原料的选择和使用都非常广泛而且讲究。以孔府菜为例,其用料多选自山东的品种繁多、档次齐全的特产原料,如胶东的海参、鲍鱼、扇贝、对虾、海蟹等,鲁西北的瓜、果、蔬菜,鲁中南的大葱、大蒜、生姜,鲁南的莲、菱、藕、芡,以及遍及全省的梨、桃、葡萄、枣、柿、山楂、板栗、核桃等,都是孔府菜取之不尽的资源,由此可见官府菜的用料广博。

2. 制作技术奇巧

官府的家厨虽然不会像宫廷御厨那样经过层层筛选而来、各怀绝技,但是在制作技术上也各有独特之处,更能够出奇、出巧。如镶豆莛,通常的做法是在豆芽外面包裹肉泥制成，而孔府的做法是将豆芽掐去两头，入70℃的水中氽一下，捞出控尽水分，用细竹签把豆芽穿至中空，塞入鸡肉泥、火腿丝等，清炒而成，其制作之奇、技法之巧由此可见。此外，石崇的“咄嗟即办”、谭家菜的“清汤燕菜”等也都以制作奇巧取胜。

3. 菜名典雅有趣

官府菜非常注重菜肴的命名，常常选择雅致、有情趣意味的文字为菜肴命名。如东坡菜中的玉糁羹，是用山芋制成的，因为它香味奇绝、色白如玉，苏轼为它取名为玉糁羹。而孔府菜的许多菜肴名称既保持和体现着“雅秀而文”的齐鲁古风，又表现出孔府肴馔与孔府历史的内在联系，如“玉带虾仁”表明衍圣公之地位的尊贵，“诗礼银杏”与孔家诗书继世有关，“文房四宝”表示笔耕砚田的家风，而“烧秦皇鱼骨”则寄托着对秦始皇“焚书坑儒”之暴政的痛恨。

（三）官府菜的种类

官府菜主要分为孔府菜、谭家菜、组庵菜等。

1. 孔府菜

孔府菜是中国著名的官府菜之一，是中国饮食肴馔中的极品之作，是孔子后裔、被称为“天下第一家”的衍圣公府迎送礼仪的重要内容。孔府菜是中国饮食文化的集中表现，它即是一种饮食内容，又是一种文化现象。它是中国饮食文化史，乃至世界饮食文化发展史中绝无仅有的珍贵文化遗产。

（1）孔府菜的形成。我们现在所称谓的“孔府菜”，决非当年孔子生活时所吃的菜肴。但孔府菜的形成却与孔子的历史地位及其饮食思想言论有着直接的关系。可以更明确一点地讲，没有孔子，就没有孔子思想就不会有“圣人”之誉，没有“圣人”，也就没有孔氏后裔的传承繁荣，就没有孔府，也就没有孔府菜。孔府菜的形成与发展和其他任何事物一样，也是经历了一个从无到有、从小到大、从简单到复杂的历史过程。

孔子死后至汉代以前。孔子生前可谓布衣平民之辈，地位也不高贵。因此，就他生前的家庭生活水平言之，不过是个小康之家而已，孔子家的烹饪饮食状况与当时的平民无明显区别，充其量比一般平民百姓好一点而已，与现在的孔府菜是不能相提并论的。孔子死后，至汉高祖刘邦建立汉王朝之前的二百余年间，因诸国相争，战事纷纭，政局动荡不安。孔子的思想除在中下层由他的弟子们传播外，并没有引起统治阶层的重视，其地位也非常一般。既无庞大的府第，也无锦衣玉食。

汉至魏晋南北朝。孔子地位发生巨大变化，是在汉代。公元前195年（汉高祖十二年），汉朝开国之君刘邦“自淮南还，过鲁；以太牢祭祀孔子。”（《汉书·孔子世家》）使孔子的地位开始得到承认。至汉元帝时，随着“罢黜百家，独尊儒术”地位的确立，孔子后代才算有个像样的名第，经济状况也发生了很大变化，生活也开始按照达官贵人的标准,讲究起了饮食衣着。这一阶段,孔府的菜肴、宴饮制作渐成雏形。

唐宋时期,孔府菜初具规模。唐代以后,孔子的社会地位完全得到承认和确定,其经济收入也大幅度增加。特别是宋仁宗至和二年将孔子第46代孙孔宗愿改封为"衍圣公"后,地位日益显赫。由此,府内的人员增多,等级有别,用于日常饮食和制备的祭祖食品开始讲究起来,山珍海味,奇珍异馔进入生活。同时,接待各级官员的各种宴饮活动日益频繁。其时宴席的豪华程度已可与宫廷相比,尤其唐玄宗至曲阜亲自祭孔后,规定祭孔可用宫廷悬挂仪式,舞用六佾(yì,古代乐舞的行列),其规模仅次于皇室。因此,设立独立的烹饪系统由此诞生,以孔府为独立特色的烹饪体系开始形成,并且经过唐宋四百余年的发展,至宋朝末年,已颇具规模。府内饮食和孔府的烹饪技术水平已初步形成规模,自成体系。

明清时期,孔府菜得到完善提高,使其日臻完美。不仅有专门的厨房和一班技艺高超的厨师,而且厨房的设置也有类似皇宫大内的御膳房,分为内厨房、外厨房,其菜肴、面食点心的制作也日益完善。从而形成了从家常菜到筵席菜点,从一般原料到高档原料,菜肴加工、烹饪技术较为完整的烹饪体系——孔府菜。

(2)孔府菜的特点。用料极其广泛,制作极为精细,菜式极具富贵气息,造型极趋美感,菜名极具文化韵味。

2. 谭家菜

(1)谭家菜的历史。谭宗浚,字叔裕,广东南海人。在同治十三年27岁时考中了榜眼。以后,入翰林,督学四川,又充任江南副考官,稳步踏进入了清朝的官僚阶层。

谭宗浚一生酷爱珍馐美味。从他在翰林院中做京官的时候起,便热衷于在同僚中相互宴请,以满足口腹之欲。当时,"饮宴在京官生活中几无虚日。每月有一半以上都饮宴"(见《清一个京官的生活》一书)。谭宗浚在宴请同僚时,总要亲自安排,将家中馔肴整治得精美适口,常常赢得同僚们众口一词的赞扬,因此在当时京官的小圈子中,谭家菜便颇具名声。

谭宗浚之子谭瑑青讲究饮食更过于其父。谭宗浚离京充任外官时,谭瑑青亦随往,对各地方菜多有涉猎,积累食诀甚丰。清朝末年,一般官宦人家都热衷于广置田产,唯独谭家父子仍然刻意饮食。谭家不惜重资礼聘京师名厨,将技术学到手,随请随辞,不断吸收各派名厨之长,精益求精,独创一派。

(2)谭家菜的特点。一是选料考究;二是下料好;三是火候足;四是慢火细做,追求香醇软烂。谭家菜以燕窝和鱼翅的烹制最为有名。在谭家菜中,鱼翅的烹制方法即有十几种之多,如"三丝鱼翅"、"蟹黄鱼翅"、"沙锅鱼翅"、"清炖鱼翅"、"浓汤鱼翅"、"海烩鱼翅"等。鱼翅全凭冷、热水泡透发透,毫无腥味,制成后,翅肉软烂,味极醇美。而在所有鱼翅菜中,又以“黄焖鱼翅”最为上乘。这道菜选用珍贵的黄肉翅(即吕宋黄)来做,讲究吃整翅,一只鱼翅要在火上焖几个小时。这样焖出来的鱼翅,汁浓、味厚,吃着柔软濡滑,极为鲜美。

附:谭家菜不待见汪精卫

抗战期间,汪精卫一次到北京办事,成为当时的重大轰动新闻。他派人威风八面地去通知谭家老板,说想在外面找地方办宴席。哪知这一下子惹得谭老板大不高兴,不但不买他这份账,还严词坚决拒绝伺候,后来几经有关头面人物再三通融,才算想了个折中办法,保证汪大人能吃上谭家菜,还要保证谭家不破惯例。双方讲好烹制菜肴一律在谭家厨房调理,然后由谭老板派家厨送到指定地点,算是给了大汉奸足够的面子,但显贵的汪精卫也只能吃上“红烧沙翅”和“蚝油紫鲍”两道菜。这件事当时很快在市面上传扬开了,有讥讽汪大人不识相的,有说谭家不谙世故的,但更多的是赞扬谭家菜菜品如人品,高贵而不失气节。

3. 组庵菜

“组庵”是明清进士谭延闿之字。他原籍湖南茶陵,曾任湖南督军兼省长,后官至南京国民政府主席、行政院长,因为他长期身居高官要职,又精于食道,并聘有烹技超群的湘厨曹敬臣为家厨,谭府家菜更是自成一体。

组庵菜品种达200多种,其中组庵鱼翅、组庵豆腐最为著名,据湘菜大师介绍,组庵菜的特点有三:一是制作精细,讲究入味,煨炖菜肴,一定先用大火烧开,小火煨透。二是火劲深透。三是爱用鸡汤调制。据传一次烹饪鱼羹,他教导曹厨师,先取一只母鸡于瓦罐中煨汤,再取活鲫鱼悬于瓦罐之上,用鸡汤蒸汽蒸熟鲜鱼,鱼肉入鸡汤中慢煨,最后鱼肉入鸡汤变鱼羹,鱼脑鱼刺悬空中。做出来的鱼羹无刺鲜美,稠而不腻。小小鱼羹都这样讲究,可见其他组庵菜工艺之精巧了。

第五节　菜肴文化与旅游的结合

饮食产品中的菜肴是重要的旅游资源之一。通过对菜肴文化的深度挖掘,并以一定的内容和形式凸显出来,展示博大精深的饮食文化,可以使旅游者感受美味、体会文化,进而促进饮食文化与旅游业的联合发展。

一、菜肴中的烹饪故事与旅游相结合

人在旅途,故事无数。可以在各种经史、方志、笔记、农书、医籍、诗词、歌赋、食经以及小说名著等文献中,寻找有关菜肴的故事,然后对其进行整理、仿制和改良,以此创造出新菜品。例如,西安的“仿唐菜”,山东的“孔府菜”,杭州的“仿宋菜”,南京的仿“随园菜”,扬州的“仿红楼菜”等。导游或餐厅的服务员在游客就餐时,向游客介绍餐桌上的菜品故事,让游客不仅吃出其中的美味,更吃出其

中的故事,回味无穷。

二、菜名的主题创意与旅游相结合

许多不同菜肴的菜名里,都蕴藏着中国文化的踪迹。例如,有一道菜肴名为“太极翡翠羹”,其名字就体现了我国土生土长的道家文化,它是将几种烹饪原料加工成茸状后烩制成熟,摆成太极图阴阳鱼的形式而成的菜,如将其与具体的旅游活动相结合,使游客在游览宗教圣地的同时能品尝到这样的菜肴,必将会使整个旅游活动变得生动起来,更好地促进宗教旅游的发展。再如新疆有一道名为“花篮藏宝”的清真食品,就是用西瓜做花篮,镂刻出具有民族特色的图案和花纹,篮里摆满了吐鲁番的葡萄、哈密的瓜、库尔勒的香梨、伊犁的苹果、库车的白杏、和田的水蜜桃、叶城的石榴等驰名中外的水果,它集新疆水果之精华,也反映出新疆的风土人情,宛如巧夺天工的艺术珍品,给人留下经久难忘的美好回忆。如将其与具体的旅游活动相结合,使游客在游览新疆过程中品尝到这样的地方美食,必将增加游客对新疆风土人情的了解,从而促进新疆旅游业的发展。

三、菜肴的表现形式与旅游相结合

我国菜肴历来讲究内在美和外在美的结合。内在美包括质、味、香、营养,是菜肴的内在本质;外在美包括色、形、器、名等,是菜肴的外在表现形式。我们可以借菜肴的造型、装盘、菜名等菜肴的外在表现形式,来寄寓和表现某些相关的旅游胜地、旅游景观等。例如西湖十景宴由十景拼盘、浙江十大名菜和四大点心组成,尤其是十个象形冷拼的衬托,它把美食与美境很好地结合起来,使旅游者能在大朵快颐之时,领略西湖的秀色,抒发思古的情愫,体验“人在天堂”的生活,留下美好的回忆。大凡旅游胜地,都有相应的菜肴与景观齐名,二者相映成趣。例如:杭州西湖有西湖醋鱼,无锡太湖有太湖脆膳,再如苏州的松鼠鳜鱼,厦门的吉列大虾,成都的樟茶鸭子,广州的龙虎斗,南京的板鸭等。

四、推介、开发系列特色菜肴与旅游相结合

首先,可以开发各地特色烹饪原料的系列特色菜肴。如在广西龙胜,龙胜饮食离不开当地特有气候环境条件栽培出来的龙脊辣椒,炒菜放辣椒,吃饭时有辣椒碟、辣椒碗、辣椒汤,龙脊辣椒以其个小、皮厚、色红、味辣香脆而远近闻名。由此,可用龙脊辣椒制作干辣椒、辣椒酱、辣椒粉、辣椒油、辣椒饼、酸辣椒等系列辣椒制品,举办以龙脊辣椒为主要原料的烹饪大赛,开展以龙脊辣椒为主题的独具地方特色的辣椒文化旅游活动。其次,可以通过举办各类旅游美食节,让旅游与美食有机结合,让源远流长的中国烹饪艺术得到推介与普及,让传统的菜肴品种和烹饪技艺得到推介与展示的同时,也获得创新与发展。

附:淮南美食旅游文化周增添一批创新菜肴

2008 年 9 月 19 日,第十五届中国豆腐文化节“豆腐美食旅游文化周”中的豆腐菜展评结果出炉,各类奖项尘埃落定,标志着“豆腐美食旅游文化周”完美谢幕。

据悉,本次展评活动经由 5 位国家级评判员组成的专家评审小组进行现场评定,“鸟巢乒乓”等 20 道菜被评为特金奖,“满载而归”等 22 道菜被评为金奖,“八公长生白玉饺”等 36 道菜被评为银奖。同时,市餐饮(烹饪)行业协会授予子元家酒店、紫金山大酒店特别贡献奖;授予金地海顿酒店、金满楼骏发国际大酒店等 10 家企业优秀组织奖。

本次豆腐菜展评活动得到淮南市众多餐饮企业的大力支持与协作,各路烹饪高手踊跃参与,纷纷亮出自己的拿手绝活,共有近 20 家餐饮企业的 40 位烹饪技师奉献出了 78 道色、香、味、型、器俱佳的豆腐菜,其中包含 5 桌主题不同的豆腐宴席,不仅让广大市民享受到了丰盛的视觉盛宴,更为淮南豆腐宴增添了一批创新菜肴品种,为淮南豆腐宴走向全国、走向世界备足了“粮草兵器”。

资料来源:中国食品产业网[2008 - 9 - 24]。

◎本章小结

菜肴是中国饮食文明最重要、最基本的载体,也是重要的旅游资源之一。中国菜肴经过 5000 年的文化积淀,品类多样,流派纷呈。中国菜肴的命名方法,概括起来大致有写实法和寓意法两种。菜肴的命名要力求通俗易懂,名副其实,充分体现菜肴的风格特色,避免不文明现象。

◎思考与练习

1. 讨论中国菜名中的文化内涵,谈谈菜肴命名应注意什么问题?
2. 中国菜肴的地方风味流派的形成原因有哪些?
3. 中国菜的地方性有哪些表述方式?
4. 关于“菜系”的数目,目前主要有哪些流行的说法? 您认为“菜系”的实质是什么? 你对因“菜系”问题引发的论争如何看?
5. 当地有哪些名特菜肴,如何开发它们来为旅游服务?

◎实践作业

观看老师制作一两道名菜,或在家里自己试着制作一两道风味名菜肴。

第五章　烹调文化

本章内容： 烹和食物加热技术
"调和鼎鼐"的调和原理
"适口者珍"的品味标准
中国烹调技艺的基本特点

教学要求： 了解烹调的基本概念及常用烹调方法，理解中国烹调技艺的基本特点，掌握烹调的基本原理和品味标准。

教学课时： 4课时

第一节　烹和食物加热技术

在我国古老悠久的文明发展过程中，曾经作为里程碑的“烹”实质上就是加热。加热要用火，要有器具，同时要有方法（技术）。

一、“烹”字概说

（一）“烹”字的含义变化

在我国最古老和权威性的字（辞）典中，对“烹”字的解释皆云：“烹”是来源于古字“亯”，而与“亨”、“享”通。关于“烹”的本义，《集韵·庚韵》记载：“烹，煮也。”可见“烹”是指烧熟食物而言，这也可从古代文献中得到例证。如《左传·昭公二十年》记载：“水以醯醢梅，以烹鱼肉。”《史记·孝武本纪》记载：“禹收九牧之金，铸九鼎，皆尝，烹上帝鬼神。”唐柳宗元《答周君巢饵乐久寿书》记载：“掘草烹石，以私其筋骨而日以益愚。”《红楼梦》第二十三回：“静夜不眠因酒渴，沉烟生拨索烹茶。”其中之“烹”皆烧、煮之意也。

烹字的词义是不断发展变化的，后来在本义的基础上又推演出“烹熟的菜肴”、“肴馔”之意。例如宋苏轼《狄韵州煮蔓菁芦菔羹》记载：“我昔在田间，寒庖有珍烹。”进而推演出“杀”、“消灭”之意，即古代用鼎镬煮人的酷刑，如《战国策·赵策三》记载：“鲁仲连曰‘然否将使秦王烹醢粱王。’”《新唐书·窦建德传》记载：“河间久拒守，多杀士，今力穷而下，清烹之。”后来又出现“冶炼”的意思，如唐李白《武昌宰韩君去思颂碑》记载：“大冶鼓铸，如天降神，既烹且烁，数盈万亿。”宋欧阳修《相度铜利牒》记载：“先且诱得民间私买铜器一两件，然后询求出针之家，乃细问烹炼之法。”

至近代，“烹”字的意义又有了深刻的变化。一是词义的扩大，由原来的烧煮之意，扩大为“通过热处理的方法，将生的食物原料变成熟的食物”，值得一提的是，台湾哲学教授张起钧先生在《烹调原理》一书中，对烹的意义做了较为全面科学而切合实际的阐述：“将可食用的东西用特定的方式做熟了。称为烹。”他还将烹分为“正格的烹”（即用火来加热）和“变格的烹”（指一切非用火力方式制作食品的方式）。[1] 这样，烹的意义就十分广泛了。二是词义的转移，由原来的意义转变成了众多烹调方法中的一种独立的烹调方法，即烹是“指将切配后的成形原料用调料腌制入味，挂糊或拍干淀粉，用旺火热油炸（或煎、炒）制成熟再加入调味清汁的一种特殊烹调方法”。主料多加工成小段或块，烹前须按菜肴味型的需要预先对制好调味清汁（即不加淀粉），成菜一般盘中无汁，味道醇厚。现代烹法主要分为炸烹、煎烹、炒烹三种，如“炸烹虾段”、“煎烹鱼片”、“醋烹青椒”等都是用“烹”这种烹调方法制作的菜例。

---

[1] 张起钧. 烹调原理. 北京：中国商业出版社，1985：22。

(二)烹饪和烹调

“烹饪”一词,最早出现在《易·鼎》中:“鼎,象也。以木巽(xùn)火,亨(烹)饪也。”“烹”即“煮”,“饪”即“熟”。“烹饪”的古义就是把食物煮熟,而现在则定义为:指人类为满足生理需求和心理需求,把食物原料用适当的加工方法和加工程序制造成餐桌食品的生产和消费行为,是人类饮食活动的基础之一。[1] 烹饪,对于一个家庭而言,属于家务劳动;对于饮食企业而言,是一个服务性的第三产业,即餐饮业。

“烹调”一词最早出现在宋代。韩驹《食煮菜简吕居仁》中有“空费烹调功”的诗句。稍后,陆游的《剑南诗稿·种菜》中写到“菜把青青问药苗,豉香盐白自烹调”。这里的“烹调”是指烹煮或烹炒调制,与现在的烹调概念不完全相同。烹调作为一个专业术语,是指人们依据一定的目的,运用一定的物质技术设备和各种操作技能,将烹饪原料加工成菜肴的过程。

从词汇意义角度看,“烹调”与“烹饪”是同义词。但在餐饮行业里,往往把烹制菜肴称为烹调(即红案),把制作点心、饭食,称为面点制作(即白案)。即烹饪包括烹调,烹调只是烹饪的一部分。在烹饪理论界,已把“烹饪”定为一个专业学科的名称,而把烹调定义为其中的一个工种;将烹饪英译为 cuisine,日译为料理;烹调则英译为 cooking,日译为料理。

二、“火候”的含义

作为“烹”的发源地之一的中国,自古以来,人们烧饭做菜一直使用明火。对于厨师或家庭主妇而言,温度是按成色来判断的,如九成油温热于七成油温。至于大火、中火、小火、文火、武火,则是根据火焰大小去判断热功率大小的标准和依据。但这是一种模糊概念,以致用这种语言写成的菜谱,实行起来时,增加了操作的难度,难到甚至可成为“绝活”的“绝”之所在。“烹”的这种神秘性,使“火候”一词不是厨师的专有名词,它同样成为炼丹家、气功师、医师等职业的通用术语,甚至是政治家和军事家审时度势的行话。

(一)“火候”一词的历史渊源

据考证,“火候”一词最早出现于隋唐时期。在先秦至汉代,表示火候的词是“火齐”。如《周礼·天官·亨人》有“亨人掌共鼎镬,以给水火之齐”记载。郑玄注曰:“给水火之齐谓实水于镬,及爨(cuàn,即灶)之以火皆有多少之齐”。《礼记·月令》(仲冬之月)中则说:“乃命大酋:秫稻必齐,麹(qū,曲的异体字)蘖(niè,树木嫩芽)必时,湛炽必絜(xié),水泉必香,陶器必良,火齐必得,兼用六物。大酋监之,毋有差贷。”这是指古代制酒的方法和注意点。关于其中的“火

[1] 中国烹饪辞典.北京:中国商业出版社,1994。

齐必得”，孔颖达作疏曰：“火齐必得者，谓炊米和酒时，火齐生熟必得中也”。清人阮元在校勘记中说：“火齐，腥孰(熟之通假)之调也”。可见，这里的“火齐”是指烹调原料进行热处理时成熟程度的标志。

鉴于“齐”与“剂”的通假，“火齐”实际上是一个量的概念，因为在古代的五行学说中，“火”是构成宇宙万物的基本要素之一，其他四行皆可量，对于火，人们当然也想去量度它。但是在没有科学温标的情况下，要想给“火”或“热”作定量处埋的企图，注定是要失败的。所以在秦汉以后，人们反而避开“火齐”这个术语，对“火”或“热”作直接的描述。例如用微火、温火、猛火、文火、武火、大火、中火、小火等说法来表示火力的大小与加热的缓急，或用指定的燃料，诸如马通(粪)火、糠火、炭火、芦苇火、柳柴火等来控制火力的大小。

东汉时期，董仲舒的学说取得了统治地位，谶纬学说渗透到各个领域，于是炼丹家们把“火齐”和“纬候”结合在一起，发展成“消息”、“火候”的概念，但没有明确提出“火候”这个词。既使到两晋，大体也是如此。隋唐以后，炼丹家们正式把那些模糊的说法概括成“火候”这个专业术语，进而反馈到烹调领域，成为炼丹家和厨师们共用的专业术语，并成为汉语中的常用词汇。如段成式《酉阳杂俎》：“贞元中，有一将军家出饭食，每说物无不堪吃，惟在火候，善调五味。”苏东坡诗句：“谁能视火候，小灶当自养。”白居易诗句：“亦曾烧火药，消息乖火候”等。

到了清代，出现了专门论述烹调火候的著作，那就是袁枚的《随园食单》。在该书的“须知单”上，有一“火候须知”，把火候和烹调技法糅合在一起，至今仍为我国厨师所推崇。

现在从域外引进的电器炉灶却在厨房里逐渐消灭了明火，用功率大小的概念代替延续了若干世纪的大火文火的概念，而“肯德基家乡鸡”一类的国外快餐食品，则用温度计来测定炸鸡的成熟程度。

(二)火候的实质

按照传统的观点，“火”是指火力的大小，“候”是表征时间的概念(古代有“五日为一候”的说法)，即时间的长短。火候就是“火力的大小和时间的长短。”这种解释虽然简单，但并未说明火候的实质。

实际上，“火”根本不是一种物质，它只是某些物质进行氧化反应时所表现的一种现象，火的本质是燃烧时发出的光和热。而“热”是能量的一种形式，是一定量的物质微粒(分子、原子、离子)做无规则热运动时所携带能量的宏观统计表现。中国烹调中通常所说的“火力大小”，实质上是炉口在单位时间内发热量的大小，更确切地说是热源单位时间内发热量的大小。所以，对传热介质而言，火候就是传热介质在一定时间里向烹调原料发出的总热量，它主要由传热介质所达到的温度及其在单位时间里向烹调原料所提供热量的多少和加热时间的长短来衡量。对烹调原料而言，火候就是原料在受热过程中吸收足够的热量，从而使其品质达到最佳状态的程度。这个程度可以用原料所获得的总热量来表示。在烹制过程中，烹调原料色、香、味、形、质的形成，取决于原料内部和外观所发生的化学变化与物理变化，而这些变化的速度和所达到的程度又取决于原料温度上升的速度和所达到的温度。因此在烹调原料时，火候是否恰当的最终判断，取决于烹调原料所呈现的品质是否达到最佳状态，这就是火候的实质所在。俗话说："不到火候不揭锅。"即是上述原理最通俗的概括。

综上所述，火候就是根据烹调原料的性质、形态和烹调方法及食用的要求，通过一定的烹制方式，在一定时间内使烹调原料吸收足够的热量，从而发生适度变化后所达到最佳程度。热源、烹调加热装置设备和烹调加热器具是运用火候的条件，烹调原料在加热过程中所用的温度（火力）、时间和加热方式是火候的表现形式。烹调原料在加热过程中的变化、质变程度与成品标准则是火候的本质。

三、食物加热技术

中餐烹调技术的精髓就是加热，这是由中国人喜欢热食的习惯决定的，因此形成了丰富多彩的加热技法。在古今流传的中餐菜谱中，涉及加热技法的汉字约有百个，常见的约有六七十个。其中，有些是古汉语，今已不使用，如"石上燔谷"的"燔"字；有些源于方言，流传范围不广；有的技术内涵相同，但口语和行业习惯中常常有不同的名称。不过这些字多为形声字，主要以"火"字旁和"灬"字旁为多，用水字旁的极少，如氽、涮等。再者是为某项操作专创的专门名词，如拔丝、挂霜等。而也有将冷菜制作中的调味方法列为烹调方法的，如卤、拌等，并称为非热制熟处理。

加热技法虽名目繁多，若从科学本质上去认识，就只有烤、煮、蒸、炸、煎、炒六种最基本的方法，称为单一加热技法，当然它们也可以衍化。中餐烹调过程中，往往将这些单一加热技法重复交替使用，就出现了许多复合加热技法。

在烹饪制熟操作中，所用的传热介质主要是水、水蒸气和油。目前，仍在流行的以水为传热介质的制熟处理技法有煮、烧、焐、炖、煨、氽、灼、涮、焖、扒、熬、挂霜、蜜汁、烀、烫、熘、焯、煲、烩等；以水蒸气为传热介质的制熟技法有蒸、熥（tōng）等；以油为传热介质的制熟技法有炒、炸、爆、烹、熘、煎、贴、煒、熬、拔丝、煸、氽、浸等。还有以辐射传热为主兼有热空气对流传热的烤、熏、炕等；以铁板、盐、石块等固体为传热介质的焐、焗、烙、炮、炙等。再就是近些年从国外引进设备的远红外辐射和微波加热法。

以上所列技法，它们的定义域并没有严格界定，以致有互相交叉的情况，如烧、氽、爆等，既可用水传热，也可用油传热；再就是这些方法都有衍生为次级加热技法的可能，如炒就有滑炒、爆炒等多种次级加热技法；还有就是因历史和方言的原因,有些技法有多种不同的名称,但其实质是一样的。

附:中国菜肴自动烹饪机器人

2006年10月,世界第一台中国菜肴烹饪机器人“爱可”(AIC - AI Cooking robot)诞生,它第一次将机械电子工程学科和复杂的中国烹饪学科交叉融合。其基本原理为:将机电一体化技术和烹饪技术相结合,将烹饪工艺灶上动作标准化并转化为机器可解读的语言,应用机械设计、自动控制、计算机技术等进行烹饪机器人系统软硬件开发。烹饪机器人可通过自身的锅具运动机构、工具运动机构、火候控制装置和其他必要辅助装置,可自动完成中国烹饪灶上工艺的基本动作,完成烹饪过程,从而实现中国烹饪的标准化与自动化。

根据市场需求,未来的AIC市场可以划分为两个趋势:一个是商用AIC,主要是针对酒店、快餐行业所设计的一种可用于连续生产的专业烹饪机器人;另一个是家用AIC,主要面向城市家庭。待条件成熟,AIC还会支持DIY开发方式。AIC的诞生,将给人们的生活带来巨大变化,包括减轻繁重的烹饪劳动、改善人们的生活水平、加速数字化社会进程、提高厨师社会地位和自身素养、传承和推动中国烹饪走向世界。

(一)以油为主要介质的方法

1. 炒

炒是将经过加工的鲜嫩小型的原料,以油(小油量)与金属(炒锅)为主要导热体,用旺火在短时间里加热、调味成菜的一种烹调方法。炒的主要标志:一是油量少;二是油温较高;三是被加热的原料形状小,如丝、丁、片等;四是加热时间短,翻炒菜肴的频率快。从动作来看,炒法是没有方向性的翻拌。成菜汤汁少,质地滑、嫩、脆,口味鲜美,以咸鲜为主。具体可分为生炒、熟炒、干炒、软炒等。

炒制法是中国烹调工艺的代表技法,是地道的国粹,它的出现和铁锅的广泛使用有直接关系,从文献记载看,“炒”法首见于《齐民要术》,从文物考古看,目前发现最早的铁锅是汉代遗物。

附:说“炒”

近几年来,“炒”字可说是最“火”最“走俏”的:工作不称职,即刻卷铺盖卷滚蛋,称“炒鱿鱼”;歌星通过“包装”,大红大紫,名利双收,称“炒歌星”;买进股票,转手卖出,一夜之间腰缠万贯,称“炒股”。这种“炒”引申得真是恰如其分,自然天成啊!“炒”的最大特点就是快捷味美,那么“炒鱿鱼”、“炒歌星”、“炒股”、“炒作”等反映出的时代特点就是快节奏和高效益。

不过,炒菜要会放佐料和看火候,否则,不但不会鲜美可口,还会难以下咽。“炒股”、“炒邮”什么的,也要看环境和把握时机,否则也会快节奏地酿成难以下咽的苦酒。还有些东西只有慢慢地炖或煨出来的才好吃。比如牛肉狗肉之类。当然,若碰上像鲁智深似的主儿,“甚么浑清白酒、牛肉狗肉,但有便吃”,也许耐不住性子“煨”,偏要“炒”了来吃,也就只能由他去了。

2. 爆

爆作为一种烹调方法,它的基本含义取之于“爆”字的本义。爆最初的意思是烧和热,逐渐扩展成火烧、火烫、炸裂,在烹调中用来比喻一些原料在很短的时间被烫爆成菜。烫爆需导热体温度高,时间短,原料小。

中国传统烹调中,“爆”有汤爆、水爆和油爆之别。油爆是某些特定的动物性原料以油作为主要导热体,在旺火热油(中等油量)中快速烹调成菜的一种烹调方法。特定原料主要指鱿鱼、墨鱼、海螺、肚尖、肫、猪腰等成熟后呈脆性的原料。成菜卤汁紧包原料,味清淡爽口,以咸鲜为主。

3. 炸

炸是将经过加工整理的烹饪原料基本入味后,放入盛大量油的热油锅中进行加热,使成品达到焦脆或软嫩或酥香等质感的烹调方法。油在炸制的过程中,既是传热介质,又起着去异味、增香调味的作用。炸菜无汤汁、无芡汁,成品一般需要附带辅助性配料配食,即佐餐调料(料碗或味碟)。

炸制法需要大量的热油,因此在植物油大量使用之前,此法不可能普遍采用。中国植物油榨制的历史在明代才有确凿的记载,虽然在《齐民要术》中已有食用植物油(如苏子油)的记载,但用于像“炸”这样需要大量油脂的场合还不可能,特别是早期使用的植物油如苏子油、香油等,可勉强用于低温油炸,用于高温油炸则因其烟点太低并不理想。清代,《随园食单》中明确称“炸”的菜肴只有“炸鳗”一款,类似的技法记载中多用“灼”表示,如“油灼肉”。直到清朝同治光绪年间,夏曾传作《随园食单补证》时,炸法才普遍使用。

4. 煎

煎是将原料经刀技加工后(多为扁平状),用部分调味品拌渍入味,再进行挂糊(拍粉、拍粉拖蛋糊)或者不挂糊,然后放入烧热的底油锅中,用中小火加热,使原料两面呈金黄色并成熟,再根据烹调的要求,倒入调味品或食用时蘸调味品,或直接成菜的一种烹调方法。适用于鲜嫩无骨的动物性原料(如鸡、虾、鱼、肉、蛋等)及部分植物性原料(如豆腐、西红柿等)。煎以浅层油或薄层油做传热介质,实际传热方法主要是金属锅底的热传导作用。

在历史上,煎是金属炊具发明之后就有的烹调方法,在火候概念产生之前,煎熬就是中餐制熟或加热的专业术语。煎的方法近似于炸。炸是大油量的加热方法,而煎是小油量加热的方法。一般煎制过程中,原料紧贴锅面,利用锅底的热度和油温直接加热原料。另外,煎的方法受到原料的限制。

5. 贴

贴源于面点的制作,是将生料贴在锅上煎一面称为贴。北方锅贴是指把湿面粉团(发酵或不发酵的)按扁后贴在烧菜锅的一边,菜熟了,锅贴也熟了,这种锅贴贴锅底是不抹油的。南方的锅贴是包馅的饺子贴在平锅底用油煎的，也称煎饺或称锅贴饺。用此法烹调菜肴，往往是用几种原料层层叠加的，所以加热时不便于翻动，只能单面加热。

(二)以水为主要介质的方法

1. 烧

我国先秦典籍提到的烧，意为火焚，或通于燔。用于烹饪，今则有广狭两义，广义的烧，即是烹制的代称，用任何加热烹饪方法均可曰烧，如“这位厨师烧得一手好菜”；狭义之烧，则是指某一种干加热或湿加热的烹饪技法。

烧，作为一种烹饪法的概念古义、今义不同，本义与引申义也有别。烧，本是一种最古老、最原始的烹饪法，是一种直接上火的干加热法，利用火的辐射热烹制食物。我国古代，与烧法相近或相通但又有所发展的干加热法有多种，如炮、炙、烤、烘等。后来，这种干加热的烧法已发展为多种新法，以烹制工具来划分有锅烧、炉烧、叉烧、划烧，杖夹酿烧、铁板烧法等；因调味品不同，有酒烧、盐酒烧、油烧、酱烧、葱烧、蒜烧等；因原料有别，有生烧、半熟烧、熟烧、假烧、熏烧等。除此之外，后世有称烹煮之法为烧者，主要为湿加热法，即将经过初步熟处理（炸、煎、煸、煮或焯水）的原料加适量汤（或水）和调料，先用旺火加热至沸腾，改中、小火加热至熟透入味，然后再用旺火收汁成菜的烹调方法。在广东、福建一带亦称为焗。

2. 扒

扒是将加工整理的原料整齐地放入锅中，加入适量汤水和调料，用中小火加热，待原料熟透入味后，通过晃勺、勾芡和大翻勺而成菜的一种烹调方法。

扒为趴的同音借代。今则多用整畜、整禽或整块的大料，如扒鸭、扒烧猪头、红烧扒蹄等。扒菜的特点除多用整料外，烹制程序亦有其异，用已烹制成熟的整料（不用生料），用原汤汁勾芡，用大翻锅方法，整料装盘上桌。扒菜由于菜形美，选料精，制成菜肴多为宴席上的上乘名馔，在国内外享有很高的声誉，如高雅名贵的席上珍品“红扒熊掌”、清白如玉的“白扒猴头”、清香素雅的“奶油扒凤尾笋”、构思新颖的“白扒鸳鸯”等，都是扒菜中的精品。

3. 焖

焖是将经初步热处理的原料加汤水及调味品后盖严锅盖，用中小火加热至酥烂入味而成菜的烹调方法。

江南称焖，闽粤称焖、炆，皆为小火、密盖缓慢加热的方法。《新华字典》中释义为：盖紧锅盖，用微火把饭菜煮熟。焖法有的用陶瓷炊具，焖时要加盖，并须严密，有些甚至要用纸将盖缝糊严，密封以保持锅内恒温，使原料酥烂，故有“千滚不抵一焖”之说。

4. 㸆

㸆者靠也。原料的汤汁通过慢火熬制，水分逐渐蒸发，汤汁稠浓靠在主料上，㸅制即成功了。从表面上看，㸅法的技术内容与烧法大致相同，有观点认为它是用“红烧”起锅，再用火把汤汁㸅浓；也有观点认为㸅基本上与干烧一样。有些地区不承认它是一种独立的技法，而把它纳入“烧”法之中；而也有地区特别是北方地区，不但认为“㸅”是一种独立的技法，而且还是一种独具特色的烹饪方法，它选料精细，操作复杂，加工讲究，注重火候，更是高档原料烹调的最佳技法。很多高级宴席都离不开色、香、味、形俱佳的㸅菜。㸅法与红烧、干烧，虽有许多相似之处，但有着本质的区别。

5. 煱

煱是将已挂糊的原料，先经煎（或滑油、炸）后，加入调味品和少许汤汁，再用小火入味，收干汤汁的一种烹调方法。从煱的概念来看，煱是一种特殊的烧法，只不过加热时间略短，成菜不勾芡并将汤汁收干而已。

上古无煱字，近古亦无煱字，近古辞书字书亦无煱字，是为煱字之讹写。因凡是煱菜，主料皆呈长片，像煱之形，借榻为煱，约定俗成乃为新字。锅煱为鲁菜中独具特色的一种烹调技法。用此法烹调成的“锅煱豆腐”、“拖煱黄鱼”等山东传统名菜，至今享有盛誉。

6. 氽

氽是一种旺火速成的烹制汤菜的方法，即将质地脆嫩、极薄易熟的原料，下入汤水锅内加热至断生，一滚即成菜的一种烹调方法，在汤菜烹调中占有重要地位。运用这种烹调技法，可以制成风味迥异，风姿多彩的佳肴，如“氽丸子”、“氽里脊片”、“氽鱼片”、“氽鲫鱼”、“氽散丹”、“奶汤鱼唇”、“雪球银耳”、“鸡蓉鲜蘑汤”、“鸡蓉豆花汤”以及“爆肚”、“连锅汤”等都是很受群众喜爱，有口皆碑的名菜。

7. 灼

灼是将原料投入沸水或沸汤中加热成熟后装盘，随调好的味碟一起上席；也可水烫之后再回锅快速翻炒后装盘的烹调方法。“灼”字能形象地概括出此类菜肴的特点：灼的时间一定要短，火候一定要猛，而且原料一定要新鲜。

灼原是广东特有的烹调方法。近年来，它流行于我国大江南北各大小饭店、餐馆，成为比较常用的，也是为广大顾客所熟知的烹调方法。

8. 烩

烩是将经刀工处理的鲜嫩小型原料，经初步熟处理后入锅，加入多量汤水及调味品烧沸，勾芡成羹的烹调技法。

烩由汤羹演变而来。羹菜的起源很早，先秦时期羹菜的品种就很多了，那时的羹菜，主要是指熟的肉块、带汁肉或肉汁，也有荤素原料混合烩成羹菜的，主要采用煮的烹调方法制成。到了宋代，羹菜出现了汤料合流的制法，具有烩的特点。清代，羹菜的制法已正式演变为烩法。

9. 煮

煮是将初步熟处理的半成品或腌渍上浆的生料放入锅中,加入多量的汤汁或清水,先用旺火烧开,再改用中等火力加热、调味成菜的方法。

古代煮即烹,包括水煮和油炸,现代煮法专指水煮,有时亦称烧,如"煮饭、煮粥、煮鱼"与"烧饭、烧粥、烧鱼"是同一概念。在我国烹调工艺中,煮的用途最广泛:制汤要用它,初步熟处理要用它,冷菜的"酱"、"卤"实际上也是煮的方法。在热菜烹调方法中,虽然它所占的地位不高,但也创造了一些名菜,如江苏风味的"大煮干丝"、四川风味的"水煮牛肉"、云南风味的"河水煮金钱鱼"、南京的"鸡汤混饨"、北京的"沙锅羊肉"等。

10. 炖

炖是将经过适当加工整理的较大形状的原料,放入特定的盛器中,加入适量的水(或鲜汤)和调味品,采取不同的加热方式使原料酥烂入味,成菜汤料各半的一种烹调方法。在这里,原料"经过适当加工整理",一指原料(一般要选用肌体组织比较粗老、可耐长时间加热的大块或整形的鲜料,如鸡、鸭、猪肉等)经初步加工和细加工处理成一定形状;二指原料多经过适当的初步热处理,如焯水、煸炒、炸制等。"特定的盛器"指使用的炊具(包括感器)多种多样,铁器、钢精锅、压力锅、沙锅、海碗、瓷盅、陶罐、竹盅、瓜盅(西瓜盅、冬瓜盅、南瓜盅、椰子盅)等皆可,根据不同的烹调要求和风味特点分别运用。"不同的加热方式",指炖制时的加热方式不只是一种,根据实际需要,可采取盛器直接上火加热,也可采取将盛器放入水锅中隔水加热或盛器入笼屉以蒸汽加热等,有时在烹制同一炖菜时,还可让其中两种加热方法交替使用。成菜酥烂鲜香,故所需加热的时间较长;至于火力的大小,要依据加热的具体方式和不同菜肴而定。

炖由煮法演变而来,至清代始见于文字记载。在东北地区,被人们广泛使用,苏菜系的炖菜,更是风靡全国,其受欢迎的程度可与山东菜系的爆炒技法并驾齐驱。

11. 煨

煨是将经过炸、煎、煸炒或水煮的原料放入锅中,加葱、姜、酒等调味品和多量汤水,用旺火烧沸,再用小火或微火长时间加热至酥烂成菜的烹调方法。煨法是加热时间最长的烹调法之一,适用于质地粗老的动物性原料,所制菜品属火工菜。

煨的古今概念不同。古代盆中火曰煨,如煨芋是指将芋头埋在火盆的热灰烬中,加热成熟的。由于灰烬中余热一般低于火焰,故此法煨出的食品外皮焦干,内部成熟,保持原味。后来,煨有了新的含义,就是将食物放在煨器中加水再靠置火烬或微火上,通过器壁向内传热,缓慢地将食品煨熟。煨制菜肴粥羹多用陶缶瓦钵之类。北方用煨罐,南方用焖钵。烹制猪蹄爪、莲子等耐火工的菜肴,多用煨制。现在亦有上炉火用铁锅或铝锅煨制的，但风味不及用陶钵瓦罐好。煨制菜肴工序繁杂，时间较长，而且选料精细，火种特殊，煨器考究，在各大菜系中以福建、江苏、上海的煨菜较为有特色。

12. 煲

煲是指使用有盖的器皿（以前多数用瓦煲，现在质地多样），放入清水和原料，加盖用慢火长时间煮制，并调以味料，使原料质地酥烂、汤水浓香的烹调方法。

早期曰“煲”者，多为广东人，所以它是由广东方言转化而命名的。随着广东煲饭、煲粥逐渐盛行，“煲”制烹调法也在全国广泛地流传开来了。就“煲”字而言，它有两种含义：一为烹调法，用文火煮食物，如煲汤、煲肉；一为炊具，锅子、铫（diào）子，如瓦煲、水煲。煲肴为零点、宴席菜在各大小饭店大行其道，特别是冬春季节，深受广大顾客的欢迎。例如毛蟹豆腐煲、虾仔什锦煲、鱼香茄子煲、蒜豉河鳗煲、小煲双足跳等。

13. 火锅

火锅作为一种独特的烹调方法，是指以火锅为炊具，以水（汤）导热，食者根据喜好的口味，自己煮涮食物的自助性即席烹调方法。在不同的地区有不同的称谓，湖北、湖南称炉子，昆明称炊锅，宁夏称锅子，广东称边炉。北京的涮羊肉其实也是火锅的一种形式。在全国各地的火锅中又以四川的火锅最为著名，因其具有麻、辣、烫、鲜、香的特点而风靡全国。

在众多的烹饪词语中，“火锅”属于少有的一词多义之类。它既是菜肴名称，又是炊具名称，还是一种独特的烹调方法。作为菜肴名称，古代的“拨霞供”、“暖锅”、“仆僧”指的是它；现在的小肥羊、毛肚火锅、清汤火锅、涮肉火锅、什锦火锅等，指的还是它。作为一种炊具，火锅兼有炊餐二具的职能。食物原料在火锅中烫涮成熟，它是炊具；火锅可以直接上餐桌，它又是餐具。通常，火锅可以用铁、铜、陶、铝等材料制成，有大有小，有的有耳，有的锅与炉相连，式样繁多。

附：干锅、冷锅与火锅

干锅是将各种原料放锅中，加入香料、调味料和少许清汤边煮边食的一种方法。最初，干锅菜的形式是在厨房里将菜炒好，装入生铁锅中再上桌食用。为了避免菜肴冷却后影响口感，就用小火加热保温食用。后来，干锅菜逐渐演变成将主料食完后，再利用剩余的汤汁（或加汤）烫食其他原料或由厨师加入其他加工好的原料食用，这就有些类似火锅的就餐形式。

冷锅顾名思义，就是由厨房把原料加工好后，上桌供顾客食用。主要特点是既具有火锅的麻、辣、烫、鲜、香，又保持了原料细腻的口感，使原料能够始终鲜嫩如初，即解决了传统火锅长时间煮制使原料变老的难题，同时又使菜品味感层次鲜明，回味悠长。

可以说，干锅和冷锅其实是火锅的演变形式。干锅是在火锅的基础上减少汤汁的用量，突出原料本身的味道和边煮、边炒、边食的一种方式，必须不断地翻炒，火在下，锅中原料一直滚烫着，使原本不多的汁愈来愈浓，一切都有点渐入佳境的味道。冷锅是火锅与干锅的巧妙结合，客人入座后由厨师烹制好食物后端上桌，待客人将锅中食物吃完再开火，继续烫食其他食物。这时的冷锅也逐渐热起来，变成了传统意义上的火锅。与此同时，可用于干锅和冷锅的原料与火锅原料一样广泛，稍微有区别的是制作冷锅的原料以鲜嫩的更好，比如鱼、兔等；而制作干锅的原料以耐加热的更好些，比如鸡肉、牛肉、肥肠、田螺等，这样才更显二者的优势与特点。

（三）以汽为主要介质的方法

以汽为主要介质的方法就是蒸，即是将加工好的原料（一般事先调味）放在器皿中，再置入蒸笼，利用一定压力的蒸汽使其成熟的烹调方法。

蒸法，起源于炎黄时期。随着陶器兴起，祖先就发明了衍和甑，说明在四五千年前，人们就已懂得用蒸汽作为导热媒介蒸制食物的科学道理，所以就有黄帝“蒸谷为饭”之说，《齐民要术》记载蒸鸡、蒸羊、蒸鱼等方法，宋朝以后相继出现了裹蒸法、酒蒸法、蒸瓤法，明清以后有粉蒸法。

（四）以热空气和辐射热为主要介质的方法

1. 烤

烤是将加工处理好的原料（一般要腌渍入味），置于明火上或各式烤炉中，利用热辐射直接或间接将原料加热成菜的一种烹调方法。

烤，古称燔炙，可称为人类永恒的烹调法，不论在野蛮时代，还是在文明时代，人们在掌握了相当多的烹饪手段以后，仍不曾舍弃过它。这种技法，演变到现在，除烤具、操作方法发生了变化以外，更重要的是调料的丰富。目前，烤法的名称各地有很大差异，大体有烤、烧、烘、焗、烧烤等几个名称。北方地区流行称“烤”，南方地区通常称“烧”，即所谓“南烧北烤”。广东地区有的称“焗”。有的地区将用低温（在100℃以下）烤制食物称为“烘”，而另有一些地区只把高温（在200℃以上）烤制食物称为“烘烤”；还有的“烘”、“烤”不分，通称为“烘烤”。

2. 焗

中国烹调方法繁多，大都经过长期进化，到近代才成熟。烹饪技法专用词语转义而用为常用词语，是个长期过程，仍在发展中。可以举“焗”字为例证。陶文台先生在《中国烹饪概论》中说：“‘焗’读局。古无焗字。为广东常用之法”。

焗法，一般是用腌渍入味的动物性原料，利用烤箱、陶罐或镬上加盖等封闭式加热方式，使其成菜的一种烹调方法。传说古代广东沿海一带的盐民，将打捞的鱼、虾等，用隔物包裹起来，埋在煮成的热盐中使其成熟——这就是盐焗法的最初烹调形式。盐焗的原料隔物包裹，又埋在盐粒之中，有一定的密封性，既能保持原料的本味,又能锁住原料的原有香气,这就是盐焗鸡打开以后香气扑鼻的原因。说到"焗"的由来,有人认为"焗"字是由"锔"字演变而来。"锔",俗称"铁锔子",用它可以缚住破裂的物体,如锔锅、锔碗等。烹调中的"焗"取锁住香气的意思。

焗法因焗器的不同,可以分为锅焗、瓦罐焗。因传热介质不同,有盐焗、原汁焗、汤焗、汽焗、水焗等形式;因调味不同,有酒焗、蚝油焗、陈皮焗、油焗、荷叶汁焗、西汁焗、果汁焗、柠檬焗等。

3. 熏

熏是将原料置于密封的容器(熏锅)中,利用熏料的不完全燃烧所生成的热烟气使原料成熟入味的一种烹调方法。熏法常使用的熏料有:白糖、茶叶、香料、花生壳、柏枝、稻米、锯末、松针等,从营养卫生角度考虑,一般认为以茶叶、白糖为佳。熏时原料置于熏架上,其下置火引燃熏料,使其不完全燃烧而生烟,烘熏原料致熟。近年来有资料报道,熏制食物含苯并芘、硫化物、砷等有害物质,久食对健康有害。

据史料记载,至迟在宋代,烹调中已经有意识地运用熏法。不过熏最初是一种贮藏食品的方法,熏过的食品外部失掉部分水分而干燥,特别是熏烟中所含的酚、醋酸、甲醛等物质渗入食品内部,抑制了微生物的繁殖,所以在保藏鱼、肉等原料时常用烟熏法。但是,烟熏的食品,除了上述作用外,还产生了一种烟熏味,人们从中受到启发,运用到烹调技术领域中来,并不断加以改进,如熏前调味,熏后抹油(香油),使用不同熏料(如茶叶、香樟树叶、白糖等),辅以其他技法,调制出具有色泽光亮、烟香鲜嫩的特色名菜。例如姑苏的"烟熏着甲"、淮扬的"生熏白鱼"、四川的"樟茶鸭子"、广东的"茶香熏鸡"、山东的"五香熏鱼"等。

4. 微波法

微波是指频率为300~300000兆赫的无线电波,是无线电波中一个有限频带的简称,即波长在1米(不含1米)到1毫米之间的电波。微波炉加热是用磁控管(在炉内顶部)产生微波,然后将微波照射到六面都用金属组成的空箱(又称谐振腔)中,食物放在箱中,微波在箱壁上被来回反射,同时从各个方向穿到被烹调的食物中去,对食物进行加热,箱壁不吸收微波,只有箱中的容器和食物被加热,因此效率高、速度快,对食物营养的破坏很少(即保鲜度好)。

(五)以矿物质为主要介质的方法

1. 泥煨

泥煨,是将主料先用调料腌渍后,后用网油、荷叶包扎,再用黄泥裹紧,然后埋入烧红的炭火灰中进行长时间的平缓加热,使之成熟的技法。代表菜是"叫花鸡",属"一法一菜"。

2. 盐焗

盐焗，也称盐烙、盐煨，就是将生料或半熟的原料经过腌渍，晾干后用薄纸包裹，埋入灼热的盐粒中加热成熟的一种烹调方法。代表菜是“盐焗鸡”，属“一法一菜”。

3. 铁板

铁板烧又称铁板烤，是将加工、调味的原料经炉灶烹制，随烧烫的特制铁板一起上桌，边烧边食用的方法。铁板菜始于广东，由于制法独特，曾一度风行全国。当菜肴上桌后，将滚烫的芡汁浇在原料上，并通过铁板传热，发出吱吱悦耳的响声，既增添了餐桌的气氛，又使食者大饱口福。

4. 石烹

石烹是利用石板、石块（鹅卵石）、石锅等作为炊具，间接利用火的热能将原料制作成菜的烹调方法。早在三国时期，蜀人谯周《古史考》云：“神农时食谷，加米于烧石之上而食之。”据考证，我国祖先使用石烹的年代始于北京猿人时代。在周口店龙骨山鸽子里曾发现一长12米、宽5米的石板，该石板系石灰岩，架于石洞的洞壁间，石板上留有残存的灰烬。其中还有不少石烹用的烧石及烧过的动物骨骸，主要是鹿、野马与野羊。

石锅早在唐代就已有了。刘海《岭表录异》中记载：康州悦城县北（今广东德庆县东）百余里的山中，有一种用石料制成的锅，可以用来烧汤，也可用来煮食。先是将锅烧热后离火，再将锅搁在盘上，放入鱼肉、葱、韭之类佐料至熟即可食之。它的最妙之处在于保温性能极好，即使是吃到散席时，汤菜也不会变冷。

第二节 “调和鼎鼐”的调和原理

如果说“烹”的祖师爷可以上溯到燧人氏，那么，“调”的祖师爷据迄今为止发现的史料，大家公认的是夏末商初的伊尹。当然烹与调两不可分，一般也以伊尹为烹调之祖。伊尹是有侁（shēn，亦称“有辛”、“有莘”）国的采桑女在桑林中得到的弃儿，献给国君。国君的女儿嫁给商汤的时候，伊尹作为陪嫁的奴隶，身背鼎、俎，“说汤以至味”。在《吕氏春秋·本味》中，记有他的一系列论述。他认为，“鼎中之变，精妙微纤”，“口弗能言，志弗能喻”，“凡味之本，水最为始。五味三材，九沸九变，火为之纪”。并提出“八不”效果，即“久而不弊”（败味）、“熟而不烂”、“甘而不浓”（甜得过分）、“酸而不酷”（酸得太强烈）、“咸而不减”（涩嘴）、“辛而不烈”、“淡而不薄”、“肥而不候”（腻）。他甚至开列出一份美味食单，包括肉、鱼、菜、果、饭、水、调料等七大类。他从烹饪之道谈到治国安邦之术，于是被商汤重用，出任宰相，以至后世的道家之祖李耳，在《道德经》中也说“治大国若烹小鲜”，伊尹被誉为“调和鼎鼐”的典范。伊尹也真不愧为“调”的创始人,因为他给我们这个鼎食民族找到了一种凝聚力、民族精神、处世准则。

一、五味调和

约在战国末秦汉之交的《黄帝内经》根据“药食同源”的原理,论述了“五味调和”:“味过于酸,肝气以津,脾气乃绝;味过于咸,大骨气劳,短肌而心气抑;味过于甘,心气喘满色黑,肾气不衡;味过于苦,脾气乃厚;味过于辛,筋脉沮弛,精神乃央”。五味是入五脏的,五味调节适当则能滋养五脏,反之则有损于五脏。因偏嗜而使某一脏腑之气过盛,脏腑的五行生克失去平衡而受损,导致疾病。因此,提倡饮食不必过度丰厚,崇尚清淡素食而五味调和,不偏嗜偏食,是饮食养生中的一个重要方面。

二、饮食与时间、季节的协调

《内经》还非常重视饮食与时间、季节的协调。“圣人春夏养阳,秋冬养阴,以从其根……故阴阳四时者,万物之始终也,死生之本也,逆之则灾害生,从之则苛疾不起”,并有:春“在味为酸”,夏“在味为苦”,秋“在味为辛”,冬“在味为咸”,长夏“在味为甘”之说。这与《周礼·天官》、《吕氏春秋》等的论述相仿:“春发散宜食酸以收敛,夏解缓宜食苦以坚硬,秋收敛宜食辛以发散,冬坚实宜食咸以和软”。当然,《内经》对于饮食的温度十分重视,主张不要吃得过热、过冷。同时也强调与自然气温(天气)相适应:“饮食者,热无灼灼,寒无沧沧,寒温中适,气将持,乃不致邪僻也”,“形寒饮冷则伤肺”,“喜怒不适,食饮不常,寒温不时,则寒汁疏于肠中则虫寒,虫寒则积聚”。同时,还阐明饮食温度对人体的利害关系为“水谷之寒热,感则害于六腑”。

三、配餐与饮食搭配

《内经》关于“调和”的原理阐述得最完整、透彻的还是关于配餐与饮食的原则。在《黄帝内经素问》篇里提出:“五谷为养,五果为助,五畜为益,五菜为充,气味合而服之,以补精益气”,“食饮有节”,“无使过之”。这段话的意思是说人们摄入的主食、荤素副食质和量以及搭配都要适宜。五谷为养,就是强调谷类和豆类等,同为人类养生所必需的最主要的食品,是人类的主食。“五畜”则指肉乳蛋类荤食品,适量食之,对人有很大的补益。然而,“过犹不及”,过量摄入荤食品,对人体是为害非浅的。“五菜”当指各式各样的蔬菜,蔬菜摄入要充分,品种要多样,色泽则是绿、黄、红、白具有。“五果”泛指各种水果、干果和坚果,以水果为主。果品虽有其他食物缺乏的钾、纤维素、抗坏血酸、果胶等,但在整个食物结构中,只处于“为助”的地位。“气味合而服”,指的是饮食物有温、热、寒、凉、平、酸、苦、辛、咸、甘以及补、泻(散、解)等气(性)味之分,强调“是故谨和五味,骨正筋柔,气血以流,腠理以密,如是则骨气以精。谨道如法,长有天命”。

在几千年的烹调实践中，“调和”是贯穿始终的最高准则。西式烹饪也讲究原料之间的搭配，但着眼于各自烹调，最后在盘中共处，各占一方，体现出一种抽象的造型和色彩的对比或调和。而我国烹饪的原料搭配讲究在烹调的全过程中搭配，着眼于味的调和，表现为味的和谐之美。这是我国烹饪的独到之处。具体说来，在选料搭配上有：

浓配淡，如虾子海参、鲜蘑菜心、蟹粉豆腐、虾米干丝、香椿拌豆腐、竹笋腌鲜等。

厚配薄，如栗子肉、荷包鱼、金针鸡、菜心狮子头、萝卜丝氽鲫鱼等。

脆配软：宫保鸡丁、锅巴虾仁、松子豆腐、冬笋肉丝、桃仁鸭、木犀肉等。

牛羊肉易串味，一股不与它物搭配，但也有配得十分理想的，如土豆烧牛肉、胡萝卜烧羊肉、芹菜牛肉丝等。面粉则几乎可与任何原料搭配，其结果是开辟了另一领域——面点。其精彩的有饺子、肉包、糯米烧卖、叉烧包、春卷等。选料搭配之最是名馔“佛跳墙”：将鱼翅、鱼唇、鲍鱼、鸡、鸭、猪蹄、鸭脑、羊肘、海参、香菇、冬笋、鱼肚、鸽蛋、猪肚、火腿、干贝、白萝卜等，分别事先适当烹制，再按品类特点，顺序装入绍酒坛内，用小火煨制而成。它打破了一切平常认为不宜为伍的禁忌，而得到奇妙的效果。

四、味的渗透

要做到味的调和，当然要利用味的渗透的原理。西菜多用大块原料，如一大块牛排、整只鸽子放在法兰盘里炸。如此大的体积，味的渗透很难彻底。而中国烹饪很注意“刀工”。经过加工后的原料，最细的如发丝，最薄的若棉纸，稍大的片、块也要在表面刻出花纹。这一切不光是为了形美，更重要的是利于味的渗透。即使为了形美要整鸡、整鸭上桌，厨师也有妙法，即将其整料脱骨，而在鸡鸭的肚腹之中酿以各种馅料，以利馅料和鸡鸭之味互相渗透，融为一体，相得益彰。类似的还有黄瓜、青椒、油面筋，甚至豆芽茎中塞肉等。至若“粉蒸肉”和“霉干菜烧肉”，将油腻和寡素结合在一起，得到意想不到的效果。味的调和还强调保持原料的本味。宋初陶谷所著《清异录》中有一段记载唐代文学家段成式在山野人家食得美味的故事：段成式驰猎，饥甚，叩村家。主人老姥出彘，五味不具。成式食之，有逾五鼎。曰：“老姥初不加意，而珍美乃此”。常令庖人具此品，因呼“无心炙”。老太太身在山村，调料不齐，但端出的猪肉羹却美味无比，这“无心炙”（无意中做成的食品）使段成式赞叹不已，这是因为猪肉羹保持了原汁原味，达到了味的调和。中国的烹饪理论中还有“有味者使之出，无味者使之入”之说。前者如猪蹄，后者如海参。猪蹄是有味之物，应大火烧开后小火“笃”几个小时，让滋味慢慢出来。海参则不同，一是有沙，宜洗净漂清；二是有腥味，不宜和其他腥膻之物共烹；三是本身无味，宜用鸡、肉二汁共煨之。清朝美食家袁枚在《随园食单》中说：“凡一物烹成，必需辅佐。要是清者配清，浓者配浓，柔者配柔,刚者配刚,方有和合之妙……亦有交互见功者,炒荤菜用素油,炒素菜用荤油”。显然又是一种调和。但不论是柔者配柔,刚者配刚,还是刚柔相济,无非是通过烹饪要表现味的协调和谐之美。要使原料的本味、加热以后的熟味、加上配料和辅料的味以及调料的调和之味交织融合在一起,你中有我,我中有你,犹如一首歌的交响诗和协奏曲。

附:中国烹调文化中的“调和”与文化密切相关

中华民族的无限创造才智,突出地表现在“内秀”上,强调内在美,含蓄美。并不刻意追求形式美,更多的是要突出内涵。往往不是和盘托出,一泻无余;不是一切暴露无遗,而是画外有意,形外有意,意中有情。所以博大精深,越欣赏越有味道。正因为这种民族精神的“内向”(相对于西方民族的“外露”),决定了传统的中国烹饪既重视形式美,更注意味道美。在眼观和品尝两者之中,更注重品尝、回味。既然以味为欣赏的第一标准,当然要注意味的调和,使之适合大多数人的口味,最高级的烹饪师也就要做到“善调众口”。

我国的烹饪在刚形成理论的时候,就同政治有难分难解的关系,“调和鼎鼐”倒过来就在几千年中深刻地影响了我们的民族精神。“调和”的精髓在于“和”。“和”就是团结、折中、中庸之道,看似有怯懦、退让之嫌,但许多矛盾往往不是硬碰硬、玉石俱焚可以解决的。即使硬碰硬,一部分的玉、石俱焚了,还是要坐下来谈判,寻求解决矛盾的途径,于是便有了“折冲樽(zun)俎”。在这一点上,“鸿门宴”是个典型例子。项、刘的矛盾一触即发,而在力量对比上,项还比刘略胜一筹。如果按范增的办法做,刘邦成为项庄的刀下鬼,而驻军霸上的刘军也不一定会作鸟兽散。幸亏项伯、张良是深得“调和”精髓的,故项伯事先通风报信,宴中相对舞剑,“以身翼蔽沛公”。而樊哙则在张良谋划下持盾冲进宴席,饮斗卮酒,啖生彘肩,显示了实力。沛公最终假托如厕,从小道逃回霸上。一触即发的矛盾缓解了。项羽并非“不足与谋”的“竖子”,他也懂得“调和鼎鼐”的道理。力量不足以置刘邦于死地的时候,贸然下手,结果如何也在不可知之列。后世的许多相贤都有“调和鼎鼐”的美誉,原因就在于此。就是我们敬爱的周总理,人们赞誉他是懂得“调和鼎鼐”的好总理,实际上,他也是我们民族精神身体力行的楷模。

第三节 “适口者珍”的品味标准

“以味为本,至味为上”,是中国传统饮食文化的核心价值观。在这样一种价值观的指导下,味是中国菜肴的灵魂。人们鉴赏美食的核心标准主要是看它有没有味,味道如何。民谚:“民以食为天,食以味为先”。对味的崇尚和对味的丰富性体验,打通了物质生活与精神体验之间的藩篱,将庸常、凡俗的饮食上升到高雅和艺术的境界。

一、“味”的概念和调味的历史

(一)“味”的概念

味,指滋味,味道。《说文解字》:“味,滋味也。从口,未声。”味,也指品尝;辨别味道。《荀子·哀公》:“非口不能味也”。味,还指研究、体会。杜甫《秋日夔州咏怀》:“虚心味道玄”。味(体会)的对象在这里是抽象的。在饮食生活中,也同样包含心理和精神体验的方面。人们也将物质所具有的、可以通过嗅觉感知的特性,称作味,如香味,臭味等。

味是物质(某些溶解于水或唾液的化学物质)的味觉属性。味觉则是呈味物质作用于舌面和口腔黏膜上的味蕾所引起的感觉。呈味物质刺激口腔内的味觉感受体,然后通过一个收集和传递信息的神经感觉系统传导到大脑的味觉中枢,最后通过大脑的综合神经中枢系统的分析,从而产生味觉。不同的味觉产生不同的味觉感受体,味觉感受体与呈味物质之间的作用力也不相同。

不同地域的人对味觉的要求不一样。例如,欧美以酸、甜、苦、辣、咸、金属味为基本味;中国人通常以“五味”,即酸、甜、苦、辣、咸为基本味。《礼记·礼运》:“五味、六和、十二食,还相为质也。”郑玄注:“五味,酸、苦、辛、咸、甘也。”不同地域的人不一样的味觉,是经过长期的饮食实践形成的。在长期的饮食实践、追求美食和品尝美食的漫长过程中,人们一方面提高了自身的机体素质,另一方面也必然促使了味觉感受器的进化。

值得注意的是,滋味也是中国古典美学的一个重要范畴。《说文解字》:“美,甘也,从羊从大。羊在六畜主给膳,与善同意”。“美”的本意是“羊大”,意味着“甘”;而“甘”,《说文解字》释为:“甘,美也,从口含一。”“甘”表示味觉的感受。由于味觉之“甘”必须将食物含纳在口中品尝,因而“美”字除了表示味觉感受之外,必然也包括触觉在内。因此,“美”字的本意应是环绕着甘美肥厚之“羊”的味、触感受。而源自味、触感受的“美”字在中国古代又可用于指嗅觉的芳香,“故人之情,口好味而臭(嗅)味莫美焉”(《荀子·王霸》),它来自人们品尝食物之美时在嗅觉方面的同时性感受,“味道”中同时包含着“气味”。以味、触为原型的中国审美意识,即使面对纯粹的精神性对象,其感受仍然混合着其他诸觉,尤其是触觉、味觉。我国南朝文学批评家钟嵘继《文赋》及《文心雕龙》之后更明确地提出了诗的“滋味”问题。在《诗品序》中,他认为只有有滋味的诗,才能“使味之者无极,闻之者动心”,才称得上好诗;好诗应该“文已尽而意有余”。诗味说为后来许多人接受和发挥,如司空图、苏轼以至王士桢等。中国古典美学的一些重要范畴和概念都与味相联系,如意味、韵味、趣味、体味、兴味、品味等,成为评价艺术审美价值的标准。

附:味谚

“味”字顾名思义,即是说,不知道的食品经过口即有了“味”。这就告诉人们,味的主体是人,只有人才赋予食品各种各样的感受,即产生了“五味调和百味香(鲜)”、“以味媚人”、“食无定味,适者为珍”、“民以食为天,食以味为先,味以香为范”、“心以味为乐”、“目以色为食,耳以声为食,舌以味为食”、“味乃食品之呈形”、“千人千味”,“百人百味”、“不同的人有不同的味”等令人心旷神怡的格言。

(二)调味的历史与发展

中国的烹调是随着中国人对文明的不断追求而同时发展的。孙中山在他的《建国方略》中指出:“烹调之术本于文明而生,非深孕乎文明之种族则辨味不精;辨味不精,则烹调之术不妙。中国烹调之妙,亦表明中国文明进化之源也。”

远在史前时期的巢氏、燧人氏时代,先民们已经利用火和掌握火将食物由生食改为做熟后食用。无论是自然界的野火,还是人工“钻木取火,以化腥臊”,说明那时的人们已经知道调整口味,但吃的是原料本身具有的味道,即“本味”和“淡味”。后来沿海和内陆的居民,利用盐和咸水进行调味,使调味技术有了发展。

到了神农氏时代,“神农尝百草之滋味,水果之甘苦,令民知所避就,一日而遇七十二毒”,分辨了药物和食物,对各种藻食的自然原味已能分辨出不同的滋味,有的既可食用,又可调味,不可当药用。

到了周代,我国的传统烹饪技术开始接受“周易”、“阴阳五行”等古代哲学的思想的指导,将火候、调味和各种原料统归属于阴阳五行之中,形成了一个包括各道工序在内的烹饪系统工程。将调味酸甜苦辣咸均归属于木火土金水,再根据阴阳五行生克相化的规律,指导人们日常生活的适口与偏嗜,就和人体的健康联系在一起了。

自秦汉以后,人们对调味的认识又进入了一个新的境界。成书于战国末期的《吕氏春秋》一书的《本味篇》就对“味”的根本、食物原料的自然之味、调味品的相互作用和变化、水火对味的影响等方面均作了精辟的论辩阐述,充分体现了人们对协调、调和美味性的追求与认识水平。唐代“五世长者知饮食”一类的人物段成式,在所著《酉阳杂俎》一书中概括了八字真言:“唯在火候,善均五味.”它既表明烹调技术的历史发展已经超越了汉魏及其以前的粗加工阶段,并进入“烹”、“调”并重的阶段,也表明人们对味和整个饮食生活有了更高的认识和追求。

明清时期美食家辈出,他们对味的追求已经达到了历史的更高水平,主张食物应当兼有“可口”与“宜人”两种性能方为上品。例如清代美食有袁枚(1716—1797)更进一步认为,“求香不可用香料”,“一物有一物之味,不可混而同之”

(《随园食单》)。

综上所述,我们之于调味已从最初的果腹,到了平衡阴阳、养生的认识境界,至物为我所求,物为我所用,追求个性,以至调和,这与中华文化的讲求中庸,力求达到至善、至仁、至道、至圣、合外内之道。

二、中国传统调味理论

(一)本味论

"本味"一词,首见于《吕氏春秋》的篇名,全书共160篇,"本味"乃其中一篇,它是春秋战国时代产生的第一本系统论述调味的言论与著作。本味,即真味、自然之味,以食物原料的自然之味为美。这种自然之味具有"淡"、"甘"(甜)的特征。宋代苏轼、陆游都十分尊崇烹调原料的"自然之味"。宋元之际朱丹溪在《茹淡论》中说:"味有出于天赋者,有成于人为者。天之所赋者,谷蔬菜果,自然冲和之味,有食之补阴之功,此《内经》之所谓味也。"元代许有壬在《白菜》诗中写道:"清风牙颊响,真味士夫知。"明陆树声在《清暑笔谈》中认为:"都下庖制食物,凡鹅鸭鸡豚类,永远料物炮炙,气味辛浓,已失本然之味。夫五味主淡,淡则味真。昔人偶断羞食淡饭者曰:今日方知真味,向来几为舌本所瞒。"明陈继儒《养生肤语》:"至味皆在淡中。今人务为浓厚者,殆失其味之正邪?"为了突出食物的"自然之味",他们甚至否定一切调味品的作用。

(二)适口论

适口论者突出烹饪的结果和消费者的主观感受。苏易简在回答宋太宗赵光义"食品称珍,何物为最"的问题时说:"臣闻物无定味,适口者珍。"饮食滋味感觉存在明显的个性差异,包括:个体性差异,如有的人吃菜必须要放辣椒,而有的人吃菜始终离不开醋;地域—群体性差异,如晋代张华在《博物志》中说:"东南之人食水产,西北之人食陆畜。"食物之习性,各地有殊。《履园丛话》称:"饮食一道如方言,各处不同。只要对口味,口味不对,又如人之性情不和者,不同一日居也。"菜系的形成和发展正是反映了地域—群体性口味的要求。但是,正如孟子说的:"口之于味也,有同嗜焉"(《孟子·告子上》)。但是,人们对于饮食滋味的感觉既有个性差异,也有共性。而且,至味、美味的生产有共同遵循的规律。

附:物无定味,适口者珍

《玉壶野史》之卷五记载:太宗命苏易简评讲《文中子》,中有杨素遗子《食经》"羹黎含糗"之句,上因问曰:"食品称珍,何物为最?"易简对曰:"臣闻物无定味,适口者珍,臣止知齑汁为美。"太宗笑问其故,曰:"臣忆一夕寒甚,拥炉火,乘兴痛饮,大醉就寝。四鼓始醒,以重衾所拥,咽吻燥渴。时中庭月明,残雪中覆一齑碗,不暇呼僮,披衣掬雪以盥手,满自变量缶,连沃渴肺,咀齑数根,灿然金脆。臣此时自谓上界仙厨,鸾脯凤腊,殆恐不及。屡欲作《冰壶先生传》记其事,因循未暇也。"太宗笑而然之。"食无定味,适口者珍"就是说,味道要随各人的口味而定,"适口"便是好味道。苏易简这一回答虽然简单,却很明了,并且奠定了我国调味理论上"适口论"的权威地位。

(三)时序论

调和饮食滋味,要合乎时序,注意时令。这个观点,具有朴素的辩证思想。时序论把人的饮食调和,与人体和天、地自然界连起来看待。《礼记·内则》按"礼"的要求,在写了饭、膳、饮、酒、食、、酱等之后特别提出了对调和的讲究:"凡和,春多酸,夏多苦,秋多辛,冬多咸。调以滑甘。"在这个总原则之下,四季怎么调和呢?《内则》曰,脍,春用葱,秋用芥;豚,春用韭,秋用蓼;脂用葱,膏用薤;三牲茱萸。总之,对味道的烹调,是有严格要求的。《黄帝内经》按阴阳论的理论,说明气候的变异,能够影响人体的脏腑,同时,联系人体,四时,五行,五色,五味,五音,来论述天与人之间与各方面的关系。粗看《内经》中的春省甘以养脾气,夏省苦增辛以养肺气,长夏省甘增咸以养肾气,秋省辛增酸以养肝气,冬省咸增苦以养心气,与《内则》的"春多酸,夏多苦,秋多辛,冬多咸"似乎是矛盾的。但是如果从"本在无味"和"伤杂无味"之间的本质联系来看,则完全是一致的。《内则》从四时五味须和五脏之气的角度来说,《内经》则是从四时过时五味而使五脏之气受到损伤来说。恰好是一正一反,相辅相成。

《礼记》和《黄帝内经》提出的时序论很受后世重视。孔子《论语·乡党》所记的八不食,就有"不时不食"。董仲舒在《春秋繁露》里也告诫人们:饮食嗅味,每至一时,亦有所盛有所不盛之理,不可不察也。"凡择味之大体,各因其实之所美而违天时不远矣",元代勿思慧在《饮膳正要》一书中,向元代文中皇帝勃儿只斤图贴睦耳进言,希望他在饮食上"调顺四时,节慎饮食","以五味调和五脏"。就连明间流传饮食谚语,俚语,亦有诸如"冬不喜瘦,夏不喜肥","冬吃萝卜夏吃姜,不找医生开药方";"上床萝卜下床姜,";"春天多吃蒜,神爽体质健";"暴饮暴食易生病,定时定量保安宁";"早吃好,午吃饱,晚吃少";"人愿寿长安,要减夜来餐"等,也是对季节、日月、早晚的饮食调和食序的通书说明。

(四)调和论

饮食之美要追求的最高目标,是要达到"本味"与"变味"之间的矛盾统一。而"变味"——即"五味调和"的理论,则可称之为中国饮食文化"求味"思想的核心。它至今仍然指导着我们的饮食审美实践,并将永远流传下去,是中国烹调艺术的根本要求和美食审鉴的最高原则。

首先,从"和"的思想来源上看。春秋战国时期在思想领域是无一可循的"百家争鸣"时期,诸子"各择其术以明其说",至战国末年已有道家、儒家、法家、墨家等多种思想自由鸣放,不拘一格,不屈一尊。调味理论亦自然融进了诸子思想的成分,是"百家"归儒的趋同,因为儒家思想有其更大的包容性。它的"一张一弛”的文武之道具“法”的刑罚和“道”的无为，不偏不倚，无过无不及，“中庸之为德也。其至矣乎！”

其次，从“和”的内容上看。万物有各自之味，亦如“百家”各有其思想，如何实现其“和平共处”，争而不乱，唯一的就是“和”。烹调理论之道旨正在于这个“和”字，“五味”剂量的和，“水火”用度上的和，只有衡得先后、多少之物性变化，用其性且又不失其理，方能去异求同，达到“和”的大道。

第二，从“和”的效果上看。先秦的人们已不满足于单一的调味品或味型了，而是在“甘、酸、苦、辛、咸”等众多的味型中追求“和”之境界。在这里，我们不能把“五味”机械地和绝对地理解成五种味型或五种调味品，它与“五色”、“五行”、“五音”……一样，是指多种调味品或多种味型。这种多样统一是形式美的高级形式，也称“和谐”。“五味调和”的理论将“甘、酸、苦、辛、咸”五味加以调和，折其中而用之，使之真正达到至善至美的“和”之目的。

第四，从“和”的思想之辩证关系与深刻性上看。烹调过程中各种物料之间的对比关系，参加变化的先后时间顺序及适当时机，各种细致复杂的味性变化，都缘自各种物料的自然属性。它们是有规律可循的，但因其精妙微纤，变幻万千，所以只能凭心领神会，匠心独运，很难用语言表达得精确透彻。这是个寓可知于不可知之中的永无止境的实践过程与认识过程。“五味调和”，“调”可以致“和”，“和”又没有穷尽。“五味调和”理论的形成，是先秦时代人们对长期饮食实践的经验总结，是先秦诸子思想、尤其是儒家思想饮食审美意识的反映。而饮食美“和谐”至高境界的无尽追求，乃是调味理论迄今仍指导我们饮食审美实践和认识的无限磁力之所在。

第四节　中国烹调技艺的基本特点

作为烹调大国，中国烹调技艺令世人叹为观止。中国烹调通过几千年的发展，在馔肴制作技艺上形成了极其鲜明的特点，进入了艺术的境界和审美范畴。

一、讲究选料、注重配伍的科学理念

我国烹调选择的原料都非常精细、讲究，力求鲜活，不同的菜品按不同的要求选用不同的原料，有些菜甚至只能选择原料的某一部位或某一地区所产的特定品种的原料。例如“北京烤鸭”必须选用填鸭，“芙蓉鸡片”必须选用鸡脯肉；川菜中的“家常海参”、“麻辣肉片”，必须用四川的豆瓣辣酱等名特产品。

原料配伍的目的，一是为了养生健身，二是为了制作更为可口的菜肴，以满足人的口腹之欲。中国烹调注重原料的质、色、形、味、营养的合理搭配。在形状相似、质地相同、色泽鲜艳、滋味调和、荤素相兼、营养搭配合理等方面，不仅注重

主料的选择，而且也注重辅料的搭配。例如福建名菜“佛跳墙”，使用海参、广肚、干贝、鱼翅、鲍鱼、火腿、香菇等多种原料，确有一种和合之妙。又如拼制的各种平面及立体“花色拼盘”，不仅使菜肴具有食用价值，而且还具有艺术欣赏价值。

二、强调分档用料、一料多用的节约意识

我国自古以来强调以节俭为美，这在烹调活动中表现得很突出。例如用一只羊，通过分档取料的方法，切配加工，并采用多种烹调技法，就可以烹制出由十余款菜品组成的全羊席。又如长江出产的长江鲟，其肉可烹制多种菜品；其皮可制成红烧鱼皮；其唇可制成白汁鱼唇；其骨可制成鱼脆果羹，也可通过雕刻美化而成工艺菜品玲斑鱼脆。一料之躯，调动一切烹调手段，可食者尽食可用者尽用，绝不随意丢弃。

三、精于刀工与火候的整体把握

刀工是指运用刀具按一定的方法对食料进行切割的技能，火候是指烹制菜肴、面点时控制用火时间和火力大小的技能。刀工和火候都是厨师烹调工艺中重要的基本功，也是整个烹调工艺流程中重要的技术环节。

自古以来，人们对刀工和火候就很重视。《论语·乡党》中的“腊不厌细”，“割不正，不食”之说，从客观上对厨师的刀工技艺提出了高要求。而《庄子》中提到的庖丁解牛、游刃有余的故事也从侧面反映了当时刀工高手的高超技术。历史发展至今，刀工刀法的名称已有二百种之多，这些刀法的产生适应了加热。造型、消化及文明饮食等需要。《论语·乡党》：“失饪，不食。”“饪”即是熟的标准，是厨师把握火候的结果。《吕氏春秋·本味》释：“火为之纪，时疾时徐。灭腥去臊除膻，必以其胜，无失其理。”意即烹调过程中要注意调节和把握火候，不能违背用火的道理。中国历史上曾以文火、武火、大火、小火、微火形容火力，烹调的菜肴不同，对火候的要求就不一样。在烹调过程中，刀工和火候往往形成了一种互为关照的整合关系，厨师根据原料的特点，运用刀工技能，切制出相应的料形，料形不同，控制火候的方法也不一样，菜品的个性特点也就出现了相应的差别。

四、表演性强的操作过程

我国烹调方法变化多端，难以数计的美味佳肴无不充分体现出中华民族饮食的精致美学风格，而各种烹调技术的表现形态更是丰富多彩，这就决定了我国烹饪工艺具有很强表演性的重要特征。例如山西面食，不仅品种丰富，而且制作手法繁多，刀削面、大刀面、拨鱼面、抻面等制作的过程具有很强的观赏性。福州一带可以看到很多肉燕坊，两个厨师制作“肉燕”的方法就是面对面地以木锤

肉，势如击鼓，节奏感强，常有路人过客闻声而至，驻足围观。而在餐馆酒楼的厨房里经常可以看到的厨师切菜、翻勺、飞火等操作技艺，体现出厨师高超的烹调技术。

五、以热为主的熟食风格

在中华民族饮食文化发展历程中，崇尚热食一直成为自火熟食以后中国人的饮食习惯和烹调工艺特点。有关统计研究表明，在中国名菜中，热菜品有95%以上；在烹调工艺中，有85%的制熟方法为热食的需要而产生；在宴席中，热菜品可占85%以上；在日常饮食生活中，热食几乎占据了一日三餐的全部，趁热而食为我国烹调工艺的运用确定了最高标准："烫食"。据测试研究表明，现炒的菜品，其表温度不低于80℃，炖、焖类菜品则要见沸食用，宁可吹气降温也不能温凉食用。在中国人看来，热食既可养胃，也可以通过热食在口腔里的自然降温过程，品尝食品的最为充分的美味。

六、以味为核心的烹调效果

就民族饮食审美个性而论，中华民族的美食标准就是菜品的色香味形之美，其中，味是菜品的美的核心，而调味则是创造和体现菜品美的关键性技艺。调味在烹调技术中的地位，历史上早有定论，甚或超出了烹调技术的范围，常被历史上的政治家、哲学家们借用，以说明他们的治国主张或哲学立论。例如《左传》昭公二十年载，晏婴在阐述"和与同异"的观点时，先是论说一番烹调调味之道，然后借此道理再推论君臣之间应如调味一样不断地调整彼此关系，以达到和谐治国的效果。实际上，烹调所追求的一般效果就是美味，"鼎中之变，精妙微纤"，说的也就是味的变化。这种味的变化通过人的感受，便是味觉的变化。菜品烹调的成败，有各种条件和因素。水、火、炊具、原料都是不可缺少的条件，用水、用火、用器、用料、切配等因素，都有各自的技术要求，哪一环失误都会影响菜品达到预期的效果。然而，就各种烹调技术的关系而论，调味则是决定菜品成败的根本。

七、追求造型与色彩俱美的视觉感受

菜肴的造型艺术极似建筑设计师，一个是给冰冷的石头赋予生命力，一个是让盘中的食物鲜活起来。菜肴的造型，从早期的平面造型，到后来的向立体空间发展，不仅是越来越美了，而且还出现了很多让人惊喜的创意。菜肴造型的艺术形式是多种多样的，有自然朴实之美、绮丽华贵之美、整齐划一之美、节奏秩序之美和生动流畅之美等。

颜色对菜肴的作用主要有两个方面，一是增进食欲，二是视觉上的欣赏。例如红色是成熟和味美的标志，能给人强烈、鲜明、浓厚的感觉，使人能产生一种快感、兴奋感。又如，菜点的色彩强调鲜明与和谐。鲜明是指在菜肴的配色上运用对比的方法，形成色彩上的反差，也就是所谓的“逆色”。在嫩白的鱼丝中点缀大红的辣椒丝或者黑色的木耳，在红色的樱桃肉四周围上碧绿的豆苗，都是为了使菜肴的色彩感更加鲜明生动。和谐是指菜肴的色彩和谐统一，也就是配菜时运用“顺色”，将相近颜色的原辅料配在一起，来达到菜肴整体色彩上的协调雅致。“顺色”的菜肴在色彩上不张扬、不浮华，给人以含蓄、沉稳、和谐之感。

中国烹调对盛装的器皿也特别讲究，对于什么样的菜，装在什么样的器皿里都有严格的要求。盛器的品种多样、外形美观、质地精致、色彩鲜艳。精美的盛器，衬托着色、香、味、形、质俱佳的菜肴，犹如牡丹绿叶，相得益彰。这种食与器的完美统一，能充分体现出我国独特的饮食文化特色。[1]

◎本章小结

中国烹调是中国文化的重要组成部分之一。烹调加热要用火，要有器具，同时要有方法（技术），当然更离不开“调”。伊尹被誉为“调和鼎鼐”的典范，他给我们这个鼎食民族找到了一种凝聚力、民族精神、处世准则。作为烹调大国，中国烹调技艺让世人叹为观止。中国烹调通过几千年的发展，在馔肴制作技艺上形成了极其鲜明的特点，进入了艺术的境界和审美范畴。

◎思考与练习

1. 为什么说烹调在中国早已超越了维持生存的作用，它是人们积极的充实人生的表现，与美术、音乐等有着同样的提高人生境界的意义？
2. 如何理解“物无定味，适口者珍”和“口之于味，有同嗜焉”。
3. 为什么说“和”是中国饮食文化的根本之道？
4. 简述“调和鼎鼐”与政治的关系，如何理解“治大国若烹小鲜”这句话？
5. 如何让旅游者现场参观或参与菜品的烹调过程？

◎实践作业

学习几种常用烹调方法的操作技巧，观看老师表演或在家里练习。

[1] 马健鹰，薛蕴. 烹饪学概论. 北京：中国纺织出版社，2008：63－66。

第六章　酒文化

本章内容： 酒的历史与发展

酒品

酒与文化

酒文化与旅游

教学要求： 了解中国各种酒类形成的历史过程和中国酒品风格形成的因素，知道酒的评定标准、酒的社会功能、酒与文学艺术的渊源，掌握酒文化与旅游的关系，提高酒文化修养。

教学课时： 4课时

第一节　酒的历史与发展

我国是酒的王国。酒，形态万千，色泽纷呈；品种之多，产量之丰，皆堪称世界之冠。我国又是酒人的乐土，地无分南北，人无分男女老少，饮酒之风，历经数千年而不衰。我国更是酒文化的极盛地，饮酒的意义远不止生理性消费，远不止口腹之乐；在许多场合，它都是作为一个文化符号，一种文化消费，用来表示一种礼仪，一种气氛，一种情趣，一种心境。酒渗透于中华民族五千年的文明史中，从文学艺术创作、文化娱乐到饮食烹饪、养生保健等各方面在中国人生活中都占有重要的位置。

一、酿酒起源的传说

我国是世界上最早酿酒的国家之一。关于酒是如何起源的，历来众说纷纭，争论不休，由此形成了种种关于酿酒起源的传说。

一说猿猴造酒。“猿猴造酒”的古代传说建立在天然果酒的基础之上。江苏淮阴洪泽湖畔下草湾曾经发现醉猿化石，证明天然果酒是在“人猿相揖别”之前就已产生。“猿猴造酒”听起来似乎荒唐，其实有一定的科学道理。猿猴不仅嗜酒，而且还会“造酒”。这在我国的许多典籍中都有记载。清代文人李调元在他的著作中记叙道：“琼州（今海南岛）多猿……尝于石岩深处得猿酒，盖猿以稻米杂百花所造，一石六辄有五六升许，味最辣，然极难得。”清代的另一种笔记小说中也说：“粤西平乐（今广西壮族自治区东部，西江支流桂江中游）等府，山中多猿，善采百花酿酒。樵子入山，得其巢穴者，其酒多至娄石。饮之，香美异常，名曰猿酒。”看来人们在广东和广西都曾发现过猿猴“造”的酒。无独有偶，早在明朝时期，一些类猿猴造酒的传说就有过记载。当然，这里的“酝酿”是指自然变化养成，猿猴居深山老林中，完全有可能遇到成熟后坠落发酵而带有酒味的果子，从而使猿猴采“花果”，“酝酿成酒”。因此，有学者推断，含糖果物酿酒起源于猿人时代。不过，猿猴造的这种酒，与人类酿的酒有着质的区别，充其量也只能是带有酒味的野果。

二说上天造酒。素有“诗仙”之称的李白，在《月下独酌·其二》一诗中有“天若不爱酒，酒星不在天”的诗句；东汉末年以“座上客常满，樽中酒不空”自诩的孔融，在《与曹操论酒禁书》中有“天垂酒星之耀，地列酒泉之郡”之说；经常喝得大醉，被誉为“鬼才”的诗人李贺，在《秦王饮酒》一诗中也有“龙头泻酒邀酒星”的诗句。此外如“吾爱李太白，身是酒星魂”，“酒泉不照九泉下”，“仰酒旗之景曜”，“拟酒旗于元象”，“囚酒星于天岳”等，都经常有“酒星”或“酒旗”这样的词句。窦苹所撰《酒谱》中，也有酒“酒星之作也”的话，意思是自古以来，我国祖先就有酒是天上“酒星”所造的说法。不过这连《酒谱》的作者本身也不相信这样的传说。酒自“上天造”之说，既无立论之理，又无科学论据，此乃附会之说，文学渲染夸张而已。

三说谷物酿酒。到底是谁发明了谷物酿酒的呢？这可能与花果成酒有同样的情况。原始人在采集野生谷物为食的时候，就可能多次遇到谷物受潮发霉发芽生酒的现象。随着农业的发展，生产的谷物也逐渐多了，储存过程中发霉发芽成酒的事也多了起来，人们尝了谷物变成的酒，很喜爱，于是模仿、摸索着做了起来，谷物酿酒就这样产生了。所以，汉朝淮南王刘安撰写的《淮南子》中说的"清醠之美，始于耒耜"，即谷物酿酒的起源，几乎是和农业同时开始的，这种说法有一定道理。

四说仪狄、杜康造酒。晋人江统的《酒诰》中讲："酒之所兴，肇自上皇。一曰仪狄，一曰杜康。有饭不尽，委之空桑，郁结成味，久蓄气芳，本出于此，不由奇方。"仪狄和杜康，都是古史传说中的人物，如果确有其人的话，他们生活的年代，与大禹同时或稍后。公元前二世纪史书《吕氏春秋》云："仪狄作酒"。汉代《战国策》一书则进一步说明："昔者，帝女令仪狄作酒而美，进之禹，禹饮而甘之，曰：'后世必有以酒亡其国者。'遂疏仪狄而绝旨酒（禹乃夏朝帝王）"。这是现在见到的关于仪狄造酒较详细的记载，但这是否事实，有待于进一步考证。

杜康造酒的文录则是《世本》和曹操的《短歌行》："何以解忧？唯有杜康。"杜康造酒是流传最广的一种说法。另外，也有史书记载"仪狄作酒醪，杜康作秫酒"，在这里并无时代先后之分，似乎是讲他们造的是不同的酒。"醪"，是一种糯米经过发酵工而成的"醪糟"。性温软，其味甜，多产于江浙一带。醪糟洁白细腻，稠状的糟糊可当主食，上面的清亮汁液颇近于酒。"秫"，高粱的别称。杜康造秫酒，指的是杜康造酒所使用的原料是高粱。如果硬要将仪狄或杜康确定为酒的创始人的话，只能说仪狄是黄酒的创始人，而杜康则是高粱酒的创始人。

事实上，酒的启蒙知识，应当是先民通过观察含糖野果在储存过程中自然发酵成酒逐渐获得的。人类开始酿造谷物酒，并非发明创造，而是发现。

二、各类酒的起源与发展

（一）黄酒的起源与发展

黄酒是中国古老的酒精饮料之一，是中国特有的酿造酒，与啤酒、葡萄酒并称世界三大古酒。几千年来，广大劳动人民在黄酒的生产中积累了丰富的经验，使中国黄酒品质优良，风味独特。

黄酒是以粮食为原料，通过特定的加工过程，在酒药、酒曲和浆水中不同种类的霉菌、酵母和细菌的共同作用下酿制而成的一种低度压榨酒。关于黄酒起源于何时，难以考证。在保存下来的古文献中，我们可以了解到，在大汶口文化时期已可人工酿酒。经过夏商两代，酿酒技术有所发展。商周时代，商朝武丁王时期，中国人独创酒曲复式发酵法，开始大量酿制黄酒。南北朝时，贾思勰编纂的《齐民要术》中详细记载了用小米或大米酿造黄酒的方法。北宋政和七年，朱冀中在《北山酒经》中总结了大米黄酒的酿造经验，较《齐民要术》时的酿酒技术有了很大改进。福建的红曲酒——五月红，曾被誉为中国第一黄酒。南宋以后，绍兴黄酒的酿制逐渐发达起来，到明清两代时，绍兴一带的黄酒誉满天下。

黄酒中的名品有浙江绍兴黄酒、福建龙岩沉缸酒、山东即墨老酒、江西九江封缸酒、兰陵美酒、江苏老酒、福建老酒等。

（二）白酒的起源与发展

白酒是我国的传统饮品，有着悠久的历史。白酒是以谷类、薯类等为原料，经过制曲、发酵、多次蒸馏、长期熟化制成的烈性酒。

关于白酒的起源，有两种传说。一种是源于唐宋时期。唐朝以前，我国古代的文献中还没有白酒生产的记载，到唐宋时期，白酒（烧酒）一词开始在诗文中大量出现。1975 年 12 月，河北出土了一件金世宗年间（1161—1189）的铜烧酒锅，可证明我国在南宋时期已有白酒。另一种传说是白酒起源于元代，李时珍在《本草纲目》中记载："烧酒非古法也，自元时始他，其法用浓酒和糟入甑，蒸令气上，用器承取滴露，凡酸败之酒皆可蒸烧。近时唯以糯米或黍或秫或大麦蒸熟，和曲酿瓮中十日，以甑蒸好，其清如水，味极浓烈，盖酒露也。"不仅肯定了白酒始于元代，还简要记叙了造酒之法。江西李渡无形堂元代烧酒作坊遗址，是我国白酒最晚起源于元代的最有力的证据。因此，中国白酒都是世界上最早，最有特色的蒸馏酒之一。

在此后相当长的一段时间内，中国白酒的酿造工艺、技术习惯世代相传，多为作坊式生产。1949 年以后，开始变手工操作为机械操作，但绝大多数名酒生产的关键工序，仍保留着手工操作的传统。

（三）葡萄酒的起源与发展

根据历史考证，中国人很早就酿制葡萄酒。根据文献记载，我国葡萄酒栽培已有两千多年的历史。葡萄酒是以葡萄为原料，经过发酵酿制而成的饮料酒。葡萄原产于亚洲西南小亚细亚地区，后广泛传播于世界各地。我国引入欧亚葡萄始于汉代。公元前 138 年，汉武帝派遣张骞出使西域，将西域的葡萄及酿造葡萄酒的技术引进中原，促进了中原地区葡萄栽培和葡萄酒酿造技术的发展。唐朝是我国葡萄酒酿造史上很辉煌的时期，唐代的《南部新书》记载："太宗破高昌，收马乳葡萄种于苑，并得酒法，仍自损益之，造酒呈绿色，芳香酷烈，味兼醍醐，长安始识其味也。"唐朝时，葡萄酒在内地有较大的影响力，从高昌学来的葡萄栽培法及葡萄酒酿法在唐代可能延续了较长的历史时期，以致在唐代的许多诗句中，葡萄酒的芳名屡屡出现。例如脍炙人口的著名诗句："葡萄美酒夜光杯，欲饮琵琶马上催”（王翰的《凉州词》）。刘禹锡也曾作诗赞美葡萄酒，诗云：“我本是晋人，种此如种玉，酿之成美酒，尽日饮不足”。这说明当时山西早已种植葡萄，并酿造葡萄酒。13世纪，由于蒸馏技术的发展，元朝开始生产葡萄烧酒。统治者对葡萄酒非常喜爱，规定祭祀太庙必须用葡萄酒，并在山西的太原、江苏的南京开辟葡萄园，并在宫中建造葡萄酒室。葡萄酒成为元朝的重要商品，并且已经有大量的葡萄酒在市场上销售。明朝李时珍在《本草纲目》中，多处谈及葡萄酒的酿造方法及其药用价值。清朝光绪十八年（1892），爱国华侨实业家张弼士引进欧洲优良酿酒葡萄品种，开辟纯种葡萄园，采用欧洲现代酿酒技术，聘请奥地利酿酒师，在山东烟台建立了中国第一家规模较大的新型葡萄酒厂——张裕葡萄酿酒公司。以后，太原、青岛、北京、通化等地又相继建立了一批葡萄酒厂和葡萄种植园，生产多种葡萄酒。进入20世纪50年代以后，中国葡萄酒走上快速发展的道路。据有关资料统计，从1990年到2001年我国由世界葡萄酒生产国的第16位提高到第6位，中国城镇的葡萄酒消费量也显著增加。而在2005年我国葡萄酒产量达49.85万吨，专家预计，到2010年产量将达到80万吨。可以说，葡萄酒产业的发展将成为酒类产业发展的主流。

在长期的发展过程中，涌现出一批深受消费者欢迎的葡萄酒名品。1952年，在中国第一届全国评酒会上，玫瑰香红葡萄酒（今烟台红葡萄酒）、味美思（今烟台味美思）均被评为八大名酒之一。此后，在历届的全国评酒会上，又有中国红葡萄酒、青岛白葡萄酒、长城干白葡萄酒、王朝半干白葡萄酒等先后荣获国家名酒称号。

（四）啤酒的起源与发展

啤酒是以大麦芽为主要原料，加啤酒花，经酵母发酵酿制而成的、含二氧化碳的、起泡的低度酒。啤酒具有很高的营养价值，含有17种人体所需的氨基酸和12种维生素，因此，啤酒又有“液体面包”的美称。啤酒的历史距今已有8000多年，最早出现于美索不达米亚（今属伊拉克），传说苏美尔人偶然间发现了面包潮湿后发酵，然后模仿发酵过程，直至创造了人类最早的啤酒。然而，啤酒是中国各类饮料酒中最年轻的酒种，只有百余年的历史。

1900年，俄国人首先在我国东北的哈尔滨建立了中国境内第一家啤酒厂，中国啤酒工业由此肇始。其后，德国人、英国人、捷克斯洛伐克人和日本人相继在东北三省、天津、上海、北京、山东等地建厂，如1903年山东青岛建立的英德啤酒公司（今青岛啤酒厂）等。1904年，中国人自建的第一家啤酒厂——哈尔滨东北三省啤酒厂投产。但在此后的近八十年里，中国啤酒工业发展十分缓慢。20世纪80年代，改革开放使我国的啤酒工业得到了迅猛发展，啤酒厂如雨后春笋般不断涌现，遍及神州大地，燕京啤酒也是在这20年中发展成长起来的。现在，我国啤酒总产量已连续七年稳居世界第二，2000年的啤酒产量超过了2000万吨，今后世界啤酒发展史将由中国人谱写新的篇章。

第二节　酒品

一、酒品风格的形成

任何一种酒品都有其独特的风格，不同的酒品风格各异，甚至同一品种的酒风格也不完全一致。酒品的风格是由很多因素共同形成的，这些因素包括酒品的色香味以及酒体等，因此，要了解和掌握酒品的风格特点就必须从它的色香味体等诸方面进行综合评估。

（一）酒的颜色

色彩能有力地表达感情，传递信息，使人获得美的享受，酒品给人的第一感觉和印象就是酒品的颜色。酒品的颜色不但品种繁多，而且变化大，酒品世界五彩缤纷，色彩纷呈，令人目不暇接。带有颜色的酒在我国很早就已出现，而且品种较多，从一些诗词中便可略见一斑，如李贺的“小槽酒滴珍珠红”，杜甫的“鹅儿黄似酒”，白居易的“倾如竹叶盈尊绿”等，描写的是珍珠般闪亮的红酒，鹅雏般嫩黄的黄酒，竹叶般青绿的绿酒，丰富多彩，美不胜收。

酒的众多种颜色，主要来自它的原料颜色。很多果酒由于其酿造原料中含有色素，酿出的酒也就带有不同的颜色。例如红葡萄酒的颜色来自红葡萄本身的颜色。酒原料的自然本色能给人以纯朴清新之感，显得朴实无华，因此，一般情况下酿酒者都能尽量使酒液保持酿造原料的本色。酒颜色的形成还来自酿制中产生的颜色。在生产过程中由于温度的变化，形态的改变和酒长期熟化等原因，使酒增加了颜色。酒颜色形成的第三个原因是人工或非人工增色。人工增色是生产者为了取悦顾客而在酒液中添加一定的色素或调色剂，以此来改善酒品的风格。非人工增色大多发生在生产过程中，酒液改变了原来的色泽，如陈酿中的酒染上容器的颜色，它的目的是使酒液色泽更加美丽。如白兰地酒，装入橡木桶进行陈酿时，一方面慢慢地与空气中的氧气作用，使酒更趋成熟；另一方面在陈酿过程中不断吸收橡木桶木质的颜色，同时经过勾兑，使酒液呈现出令人悦目的琥珀色。

酒的色泽千差万别，各具特色，但只要能充分表现酒品的独特风格，达到使人赏心悦目的效果，一般都会受到欢迎。从感官要求出发，白酒应该无色透明，无悬浮物，无浑浊和沉淀等；啤酒酒色透明，富有光泽，无失光现象，无黄色或咖啡色小颗粒，泡沫洁白细腻持久；黄酒呈浅黄或金黄色，清澈透明，光泽明亮，无悬浮物，无浑浊；果酒酒液透明，无悬浮微粒，无沉淀，酒瓶内壁无附着物等。当然，在审视酒品的色泽风格时，还应注意到外界因素的影响，如室内的光线明暗，包装材料的透明度等。

(二)酒的香气

酒常有各种香气,酒的香气来自酒的主要原料、酵母菌、增香物质及在酿酒过程中形成。香气通过人的嗅觉器官传送到大脑,经过加工得到感知。中国白酒十分讲究酒品的香气并以其来划分白酒的种类。下面以中国白酒为例,简单介绍中国白酒的典型特点。

中国白酒概括起来可以分为五种香型:酱香型、浓香型、清香型、米香型和兼香型。

1. 酱香型

酱香型又称为茅香型,以贵州茅台酒为代表。此类香型的白酒香气香而不艳,低而不淡,醇香幽雅,不浓不猛,回味悠长,倒入杯中过夜香气久留不散,且空杯比实杯还香,令人回味无穷。酱香型白酒是由酱香酒、窖底香酒和醇甜酒等勾兑而成的。所谓酱香是指酒品具有类似酱食品的香气,酱香型酒香气的组成成分极为复杂,至今未有定论,但普遍认为酱香是由高沸点的酸性物质与低沸点的醇类物质组成的复合香气。

2. 浓香型

浓香型又称泸香型,以四川泸州老窖特曲为代表。浓香型的酒具有芳香浓郁,绵柔甘洌,香味协调,入口甜,落口绵,尾净余长等特点,这也是判断浓香型白酒酒质优劣的主要依据。浓香型白酒的品种和产量均属全国大曲酒之首,全国八大名酒中,五粮液、泸州老窖特曲、剑南春、洋河大曲、古井贡酒都是浓香型白酒中的优秀代表。

3. 清香型

清香型又称汾香型,以山西杏花村汾酒为主要代表。清香型白酒酒气清香芬芳醇正,口味甘爽协调,酒味醇正,醇厚绵软。其特点是清、爽、醇、净。清香型风格基本代表了我国老白干酒类的基本香型特征。

4. 米香型

米香型酒指以桂林三花酒为代表的一类小曲米液,是我国历史悠久的传统酒种。米香型酒蜜香清柔,幽雅纯净,入口柔绵,回味怡畅,给人以朴实纯正的美感。这类酒的代表有桂林三花酒、全州湘山酒、广东长东烧等小曲米酒。

5. 兼香型

兼香型通常又称为复香型,即兼有两种以上主体香气的白酒。此类酒在酿造工艺上汲取了清香型、浓香型和酱香型酒之精华,在继承和发扬传统酿造工艺的基础上独创而成。兼香型白酒之间风格相差较大,有的甚至截然不同,这种酒的闻香、口香和回味香各有不同香气,具有一酒多香的风格。兼香型酒以董酒为代表,董酒酒质既有大曲酒的浓郁芳香,又有小曲酒的柔绵醇和、落口舒适、甜爽的特点，风格独特。

以上几种香型只是我国白酒中比较典型的香型。但是，有时即使是同一香型白酒香气也不一定完全一样，就拿同属于浓香型的五粮液、泸州老窖特曲、古井贡酒等来说，它们的香气和风味也有显著的区别，其香韵也不相同，因为各种名酒的独特风味除取决于其主体香含量的多寡外，还受各种香味成分的相互烘托、缓冲和平衡作用的影响。

酒中的香气，除了用鼻子体验，还通过口尝或饮用而进入人的鼻咽喉，与呼吸气体一起感知。通常人们对相同的香气有不同的反应。当人们处于疲劳、疾病和情绪状态时，人们对香气的灵敏度会降低。

（三）酒的口味

酒品的口味是消费者普遍关注的酒品风格，酒味的好坏也反映了酒品质量的好坏。人们习惯用甜、酸、苦、辣、咸、涩等来评价酒的味道。在各种酒中，以甜为主的酒数不胜数，甜味给人以舒适、浓郁的感觉，是酒品口味中最受欢迎的。酸味是酒中另一种主要口味，是针对甜味而言的，是指酒中含酸量高于含糖量。现代消费者都十分青睐于带酸味的干型酒。酸味酒常给人以甘洌、爽快和开胃的感觉。苦味是一种独特的酒品风格，世界上有不少酒以苦味著称，但在我国酒类中苦味并不常见，只有啤酒保留了其独特的苦香味道。苦味可以恰到好处的给人以净口、止渴、生津、开胃的感觉，酒中的苦味常由原料带入。辣味也称作辛味。酒的辛辣味不同于一般的辣味。实际上酒精度愈高，辛辣味愈足。咸味主要起因于酿造工艺粗糙，使酒液中混入过量的盐分。然而少量的盐类可以促进味觉的灵敏，使酒味更加浓厚。涩味常与苦味同时发生，涩味给人以麻舌、烦恼和粗糙的感觉。涩味主要来源于原料处理不当等原因。

（四）酒的形与体

酒的形指观察到的透明度和流动性。优良的酒具有清澈、透明和纯净等特征。失光和浑浊都是酒的质量问题。酒体是对酒品风格的综合表现，是人们对酒的颜色、香味和味道等的综合评价。一种酒品酒体的好坏应该是对酒品风格概括性的感受，酒体讲究的应是协调完美，色香味缺一不可。

酒品的风格千变万化，各不相同，这都是由于酒中所含的各种物质决定的，影响酒品风格和质量的因素很多，了解了这些因素之后，对酒品的风格特色的形成将会有进一步的认识，同时，对酒的神秘感也就会自然消失。

二、中国名酒

中国酒的历史悠久绵长，酿造出了丰富多彩的名酒，在这里以白酒为例，选择几种有代表性的名酒作简要介绍。

（一）茅台酒

茅台酒产于贵州省北部的怀仁县茅台镇，酒因产地而得名，被誉为中国的

“国酒”。茅台酒历史悠久，源远流长。据文献记载，早在两千多年前，古怀仁附近的酒就以“甘美”而受到汉武帝的赞赏。

茅台酒的生产工艺古老、优秀、独特。其工艺特点可概括为“三高三长”。“三高”指茅台酒生产工艺的高温制曲、高温堆积发酵和高温馏酒。“三长”主要指基酒生产周期长、大曲储存时间长以及基酒酒龄长。独特的传统工艺，使酿造出的酒风格卓著，独树一帜。

茅台酒属酱香型大曲白酒，酒色晶莹透明，酱香突出，幽雅细腻，回味悠久；酒体丰满而醇厚，并具有独特的空杯留香的特点。传统酒度为53°。该酒于1916年在巴拿马万国博览会上荣获金质奖章，在1935年举办的西南物品展阅会上也荣获特等奖。在全国举办的历届评酒会上，茅台酒均蝉联国家名酒称号。

（二）五粮液

五粮液产于四川省宜宾市，是四川宜宾五粮液酒股份有限公司的产品。该酒由于用小麦、大米、玉米、高粱、糯米等五种粮食发酵酿制而成，故名五粮液，为我国名酒之一。相传，宜宾早在汉代已盛行酿酒。五粮液原名杂粮酒，仿宋代名酒荔枝绿的制法，用多种谷物配合酿制，经历代不断改进发展而成，到清代改名为“五粮液”，取其琼浆玉液之意。

五粮液属浓香型大曲酒中出类拔萃之佳品。酒液清澈透明，酒味醇厚甘美，柔和净爽，各味谐调。饮后无刺激感，不上头。开瓶时酒香喷放，浓郁扑鼻；入口后满口溢香，四座生香；饮用后，余香不尽。酒度有39°、52°和60°三种。五粮液以其优异的酒质，曾在历届全国评酒会上被评为名酒。1992年2月，在纽约荣获第一届美国国际酒类博览会金奖。1993年1月，五粮液以其超群的质量、独特的风格，在俄罗斯荣获俄罗斯圣彼得堡国际博览会特别金奖。

（三）汾酒

汾酒产于山西省汾阳县杏花村。故井亭牌、长城牌、汾牌、老白汾牌汾酒均是山西杏花村汾酒股份有限公司的产品。汾酒的发展历史悠久。1500年前的南北朝时期，汾酒作为宫廷御酒受到北齐武成帝的极力推崇，后被载入《二十四史·北齐书》，成为我国正史最早的有关酒的成名记载。晚唐时期，诗人杜牧的一首《清明》吟出了千古绝唱“借问酒家何处有？牧童遥指杏花村”，汾酒借此声名远播。

汾酒以晋中平原所产的“一把抓”高粱为原料，用大麦、豌豆制成的“青茬曲”为糖化发酵剂，取古井和深井的优质水为酿造用水。汾酒发酵仍沿用传统的古老“地缸”发酵法。酿造工艺为独特的“清蒸二次清”，操作特点则采用二次发酵法。

汾酒属于大曲清香型酒。酒液晶莹透明，清香纯正，幽雅芳香，绵甜爽净，酒体丰满，回味悠长。汾酒纯净、雅郁之清香为我国清香型白酒之典型代表，故人们又将这一香型称为“汾香型”。酒度有38°、53°和65°三种。1915年,义泉泳生产的“高粱汾酒”,在美国举办的巴拿马万国博览会上荣获最高荣誉——甲等金质大奖章,成为中国有史料记载现存的唯一获此殊荣的中国白酒。中华人民共和国建立后,国家共进行过五次名酒评比,汾酒五次荣获“国家名酒”称号。

(四)西凤酒

西凤酒是中国古老的名酒之一,产于陕西省凤翔县柳林镇。凤翔古称“雍县”,民间传说是生长凤凰的地方,唐朝至德二年(公元757年)升凤翔为府,人称“西府凤翔”。西凤酒的名称便由此而来。关于西凤酒的历史,相传始于周秦,盛于唐宋。据《凤翔府志》记载,在秦穆公时代,雍县已有美酒佳酿。

西凤酒以当地特产高粱为原料,用大麦、豌豆制曲。工艺采用续渣发酵法,发酵窖分为明窖与暗窖两种。工艺流程分为立窖、破窖、顶窖、圆窖、插窖和挑窖等工序,自有一套操作方法。

西凤酒属于复合香型的大曲酒。酒液无色清亮透明,醇香芬芳,清而不淡,浓而不艳,集清香、浓香之优点于一体,幽雅、诸味谐调,回味舒畅,风格独特。被誉为“酸、甜、苦、辣、香五味俱全而各不出头”。在复合香型中属于凤香型大曲酒,被人们称为“凤型”白酒的代表。酒度有39°、55°和65°三种。在1952年、1963年和1984年的第一届、第二届、第四届全国评酒会上,西凤酒三次被评为国家名酒,两次荣获国家金质奖章。1984年,中国轻工业联合会(原国家轻工业部)酒类质量大赛中,西凤酒又获得金杯奖。

三、名酒的评定

为世人所瞩目的名酒是怎样评出的呢?这是大家感兴趣的话题,历届的评酒情况不完全相同,中国的酒品成千上万,比较复杂,在这里我们只做简单介绍。

酒在投放市场之前,要经过专门的检验。以白酒为例,一是感官指标,即评定色、香、味如何。人们运用感觉器官(视、嗅、味、触)来评定酒的质量,区分优劣,划分等级,判断酒的风格特征,称为品评,人们习惯地称为评酒,也称为品尝、感官检查、感观品评等。二是理化指标,指酒度多高,所含总酸、总脂、总醛、甲醇、铅、氰化物等,是否在允许范围内;三是年销量是否具备规模。达到了这三项要求,还要经过市、地、省逐级评比,过关后,方能参加全国评比。

全国评酒会上,每一种酒都有十几位到二十几位全国评酒委员。国家级评酒员必须通过严格的考核才能获得资格,因为目前对确定各种酒的品质和风格,以及它们之间的细微差别,还很难完全用化学检验或物理检验的方法去验证,只能凭人的嗅觉和味觉感官。天生的评酒专家并不存在,评酒能力与实践锻炼有很大的关系。考核评酒委员,第一项内容就是感官判断力,第二项是酒的理论知识,同时还要经过逐级选拔,最后经过全国评酒委员会考核合格后,才具备了参加全国评酒会的资质。

评酒员在评酒期间，如果身体不适，如感冒、胃病等，都会影响到评酒员的感官。评酒期间，评酒员还要注意忌口，不吃过咸、辣、油腻、酸性的食物，更不允许在评酒会外饮酒。

评酒时，参评的酒是分类别的，比如说白酒系列、葡萄酒系列、啤酒系列、黄酒系列和药酒系列等。每个系列又分不同香型。评酒时，所有评酒员都参加，每人一张桌子，桌上有清水一杯，新鲜黄瓜一条，淡面包一片，评酒员落座后，工作人员将编好号的酒样端上来，评酒员按照色、香、味、风格几个方面品酒打分，当场填表。此外，对于参评的酒样，要求和市场出售的一样，不得另取样。

在评酒过程中，要求评酒员不得互相看评分结果，不许吸烟，不许使用有浓烈气味的化妆品。每评完一种酒都要用清水漱口，咬一口黄瓜或面包，以消除口中上一种酒的余味。由于评酒员评酒时感官、精力高度紧张与集中，几轮下来，都会感觉很疲劳，所以每日最多评 4 组，每组评完后要休息半小时左右。

参评的酒最后要依总分数和评语为根据得出名次，这时再由编号人员查出各号样品酒的名字、厂家、主管部门，根据每一类型酒参评的比例确定前几名为国家名酒，并予以公告。

第三节　酒与文化

一、酒的社会功能

酒在现代生活中，尤以其特有的色、香、味和营养价值，深受人们喜爱。酒，以其特有功能和风格存在于社会并渗透我们生活的各个方面。酒的社会功能有以下三点：

1. 营养功能

酒含有一定量的营养成分，其中包括氨基酸、蛋白质、糖分、维生素、矿物质及微量元素等，这些均为人体新陈代谢所必需的营养物质。酒中的乙醇可以为人体提供热量，促进人体血液循环。各种配制酒均具有不同程度的治病、强身的功能，但应注意正确、适量饮用。

2. 医药功能

酒具有医疗保健功能，尤其是配制酒和保健饮料。人类早就利用酒来治病强身，并收到良好的效果。适度的饮用发酵酒对人体健康无害，有利于降低血压，帮助消化。外国配制酒不少出自于早期欧洲“炼丹术”，其酒品含有几十种草药的有效成分，被当时的欧洲人视为长寿和治病的灵丹妙药。现代科学研究表明，随着现代酿酒工业的发展，酒已朝着医药保健的方向发展，目的是有益于人体健康。

3. 交际功能

在人们社会交往活动日益扩大的今天,酒作为一种社交礼仪的媒介,更是起到了不容忽视的作用。节日庆典、民俗活动离不开酒;有朋自远方来,也常以酒宴接风洗尘;各国元首互访更是必须按照国际惯例,设酒宴款待;国外祝贺胜利与成功,常以喷洒香槟酒来表示心中无限的喜悦。随着人类社会文明的进步,酒的交际功能更显示出其特有的魅力。

二、酒令与酒德

(一)酒令

酒令也称行令饮酒,是酒席上饮酒时助兴取乐的一种游戏。最早诞生于西周,完备于隋唐。饮酒行令在士大夫中极为盛行,他们还常常赋诗撰文予以赞颂。白居易诗曰:“花时同醉破春愁,醉折花枝当酒筹。”东汉时期曾出现了贾逵撰写的《酒令》专著,清代俞效培辑成《酒令丛钞》四卷等。

酒令分雅令和通令。雅令的行令方法是:先推一人为令官,或出诗句,或出对子,其他人按首令之意续令,所续之令必须在内容与形式上与首令相符,负者、违令者、不能完成者则被罚饮酒。行雅令时,必须引经据典,分韵联吟,当席构思,即席应对,这就要求行酒令者既有文采和才华,又要敏捷和机智,所以它是酒令中最能展示饮者才思的项目。例如,《红楼梦》第四十回写到鸳鸯作令官,喝酒行令的情景,描写的是清代上层社会喝酒行雅令的风貌。通令的行令方法主要为掷骰、抽签、划拳、猜数等。通令很容易造成酒宴中热闹的气氛,因此较流行。但通令掳拳奋臂,叫号喧争,有失风度,显得粗俗、喧闹。由此可见,酒令不仅是用来罚酒的,实行酒令最主要的目的是活跃饮酒时的气氛。何况酒席上有时坐的都是客人,互不认识是很常见的,行令就像催化剂,顿使酒席上的气氛就活跃起来。因此,饮酒行令既是古人好客传统的表现,又是他们饮酒艺术与聪明才智的结晶。

酒令的真正兴盛是在唐代,由于贞观之治,人民安居乐业,经济空前繁荣,后代流行的各类型酒令,几乎都是在唐代形成的。酒令种类众多,各有特点,现简单介绍如下。

1. 流觞传花类

曲水流觞是古人所行的一种带有迷信色彩的饮酒娱乐活动。我国古代最有名的流觞活动,要算晋穆帝永和九年(公元353年)农历三月初三在绍兴兰亭举行的一次。“书圣”王羲之偕同群贤在江南水乡绍兴的会稽山之阴、兰亭曲水之滨,共襄了一次名垂青史的曲水流觞之盛会。众名士置身于崇山峻岭、茂林修竹之中,皆列坐曲水两侧,将酒觞(杯)置于清流之上,任其漂流,酒杯停在谁的前面，谁就即兴赋诗，否则罚酒。最后全部得诗三十七首。且王羲之酒酣意畅、神采飞扬，当即用蚕茧纸、鼠须笔为这三十七首诗合成的诗集作序，写就了一篇我国书法史上具有里程碑意义的书法经典之作——《兰亭集序》。

也有人用花来代替酒杯，用顺序传递来象征流动的曲水。击鼓传花是一种既热闹，又紧张的罚酒方式。在酒宴上宾客依次坐定位置，传花过程中，由一人击鼓，以鼓击点，鼓声止，传花亦止。花束在谁手中，则该人就得罚酒。因此花束传递得很快，每个人都唯恐花束留在自己的手中。击鼓的人也得有些击鼓技巧，有时紧，有时慢，造成一种捉摸不定的气氛，更加剧了场上的紧张程度。与曲水流觞相比，击鼓传花已是一种单纯的饮酒娱乐活动，它不受自然条件的限制，很适合在酒宴席上进行。宋代孙宗鉴《东皋杂录》中称，唐诗有"城头击鼓传花枝，席上搏拳握松子"的记载，可见唐代就已盛行击鼓传花的酒令。流觞传花是一种很古老的民俗活动，后世不少酒令，都是由流觞脱胎变化出来的。

2. 骰子类

骰子是边长约为五毫米的正立方体，用兽骨、塑料、玉石等制成，白色，共有六个面，每面分别镂上一、二、三、四、五、六个圆形凹坑，酒宴席上常用它行酒令。

骰子的四点涂红色（后来幺点亦涂红色），其余皆涂黑色。将骰子握在手中，投之于盘，令其旋转，或将骰子放在骰盘内，盖上盖子摇。停止后，按游戏规则，以所见之色点定胜负，故骰子又称色子。

3. 手势类

划拳又称豁拳、拇战，是一种手势酒令，两人相对同时出手，各猜所伸手之合计数，猜对者为胜。因是互猜，故又称猜拳。

猜拳由于简便易行，故流传极广而又久盛不衰，是所有酒令中最有影响、最有群众基础的一种。如行令者二人各出一拳，每次每人最多出五指，最多呼十数。猜拳辞令因时代、地域不同，略有区别。拇指必出，是"好"意。令词很多，如一点儿、哥俩好、三指头、四季财、五魁首、六六六、七个巧、八匹马、快喝酒、全来到。猜拳时往往附加"哇"、"啊"、"哪"，节奏感强，朗朗上口。另有"剪刀"、"石头"、"布"手势拳等。

4. 猜枚类

猜枚是饮酒时助兴的游戏，也是一种酒令。行酒令的人取些小物件，如棋子、钱币、莲子等握在手中，让人猜测，一猜单双，二猜数目，三猜颜色，中者胜，负者则罚酒。

5. 筹类

筹，本为记数之具，后来才被用到了酒宴席上，做行酒令之用，称作觥筹或酒筹。筹在行酒令时主要有两种用途：其一，用作记数，计算已经饮酒之数量。酒量大者，谓之大户，酒量小者，即是小户。多少觥筹就得饮多少酒，如应饮的觥筹之数自己不能胜任,还要请别人代饮。其二,罚酒行律的标志。酒令如军令,为保证酒令的正常进行,当遇有违反酒令不遵守规则之人,可取出一种特制的酒筹,形如旗状,谓之罚筹等,有如军中之令箭。

以上两种作用的酒筹,都是行酒令时的辅助工具。而作为一种以筹为主的筹令,则是由筹筒和一定数量的酒筹组成,每根酒筹上都注有如何行令的具体内容。

6. 谜语类

谜语类是以谜语作酒令。方式很多,比如"求底令",令官出一谜面,行令者轮流配出不同的底来,配不出或配不切者,皆罚饮酒。如果令官以成语"哄堂大笑"为面,则可从不同的谜目范围内构思,先报谜目,再报谜底,可有许多配法,如:①打文学名词一:乐府;②打《水浒》人名一:乐和;③打黑龙江地名一:齐齐哈尔。

(二)酒德

历史上,儒家的学说被奉为治国安邦的正统观点,酒的习俗同样也受儒家酒文化观点的影响。中国儒家经典历来提倡酒德,劝人戒酒或节饮。

酒德,指饮酒的道德规范和酒后应有的风度。适度者有德,失态者无德,恶趣者更无德。酒德两字,最早见于《尚书》和《诗经》,其含义是说饮酒者要有德行,不能像夏纣王那样,"颠覆厥德,荒湛于酒"。《尚书·酒诰》中集中体现了儒家的酒德,这就是:"饮惟祀"(即只有在祭祀时才能饮酒);"无彝酒"(不要经常饮酒,平常少饮酒,以节约粮食,只有在有病时才宜饮酒);"执群饮"(禁止百姓聚众饮酒);"禁沉湎"(禁止饮酒过度)。儒家并不反对饮酒,用酒祭祀敬神,养老奉宾,都是德行。

总之,中国传统主张让酒回归到文化的本位,讲求有以下的酒德:

一是量力而饮。即饮酒不在多少,贵在适量。要正确估量自己的饮酒能力,不作力不从心之饮。过量饮酒或嗜酒成癖,都将导致严重后果。《饮膳正要》指出:"少饮为佳,多饮伤神损寿,易人本性,其毒甚也。醉饮过度,丧生之源。"《本草纲目》亦指出:"若夫沉湎无度,醉以为常者,轻则致疾败行,甚则伤躯殒命,其害可甚言哉!"这就是说,过量饮酒,一伤身体,二伤大雅。有的人或赌酒争胜,或故作豪饮,或借饮浇愁,都是愚昧的表现,懦夫的行径。

二是节制有度。即饮酒要注意自我克制,这样才饮酒而不乱。明代莫云卿在《酗酒戒》中论及:与友人饮,以"唇齿间沉酒然以甘,肠胃间觉欣然以悦";超过此限,则立即"覆斛止酒"(即酒杯倒扣,以示绝不再饮)。对那些以"酒逢知己千杯少"为由劝其再饮者则认为"非良友也",这也是节饮的榜样。

三是饮酒不能强劝。清代阮葵生所著《茶余客话》引陈畿亭的话说:"饮宴若劝人醉,苟非不仁,即是客气,不然,亦俗也。君子饮酒,率真量情;文士儒雅,概有斯致。夫唯市井仆役，以通为恭敬，以虐为慷慨，以大醉为欢乐，士人亦效斯习，必无礼无义不读书者”。人们酒量各异，对酒的承受力不一；强人饮酒，不仅是败坏这一赏心乐事，而且容易出事，甚至丧命。因此，作为主人在款待客人时，既要热情，又要诚恳；既要热闹，又要理智。切勿强人所难，执意劝饮。还是主随客便，自饮自斟。

三、酒与文学艺术

酒，与我国古代文学、书法、绘画创作有着密切的关系。从最早的文学著作《诗经》开始，直到震撼世界的文学巨著《红楼梦》，几千年来，数不清的文学作品中都离不开对酒的描写。

（一）酒与诗歌

酒与诗的关系源远流长，亲密无间，以至于翻阅中国诗歌史的章章节节，随时都能闻到扑鼻的酒香。酒与诗歌的结合，既是中国美酒的灵魂，也是中国诗歌的灵魂。“形同槁木因诗苦，眉锁愁山得酒开”，酒也成了诗人灵感的源泉，创作的催化剂，与时相呼应，酒也成为诗人创作不可或缺的题材和表现手段。诗是美的，酒是美的，诗酒交融产生的酒诗则更美。

产生于商周时代中国最早的诗歌总集《诗经》，就记录了大量关于酒的内容。这大概是中国历史文献中关于酒的最早记载了。其中有的表现奴隶酿酒的艰辛，有的表现贵族饮宴、祭祀的热烈场面等。

到了两汉时期，酒更成了不可或缺的描写对象。乐府民歌《白头吟》之中写道“今日斗酒会，明旦沟水头。”五言诗《陇西行》中描写宴会场面时说“酌酒持与客，客言主人持”，可见当时酒已比较常见，一些平民百姓在宴请宾朋时也已用酒作为主要饮品了。

汉末三国和两晋更是涌现出大量“好酒”的诗人，其中当以西晋时代的“竹林七贤”为最。他们崇尚老庄，任性嗜酒，寄情山水，反对礼教，其中的刘伶更是成为后人传诵的酒仙。

东晋时出现了第一位山水田园大诗人陶渊明，此公也是嗜酒如命，他在自传体短文《五柳先生传》中说自己是“性嗜酒，家贫，不能常得。亲旧知其如此，或置酒而招之，造饮辄尽，期在必醉。既醉而退，曾不吝情去留。”在他的组诗《饮酒》中，诗人更是一次又一次地表现了自己对自然风光和美酒琼浆的无限神往与喜爱。

中国历史上最著名的“酒鬼”，当然还要数唐代伟大的浪漫主义大诗人李白，他一生与酒结下了不解之缘。关于李白与酒的故事更是不胜枚举——“醉草吓蛮书”、“斗酒诗百篇”，长安居官三年，政治抱负虽未得施展，却得到了御赐遍饮天下名酒的特权，就连最后辞世，据说也是乘酒兴投江邀月溺水而亡。几乎所有李白的事迹都与酒有关。可以说酒与诗人是形影不离，酒助诗兴，诗扬酒名，“诗仙”、“酒鬼”相得益彰。

当然，酒作为中华文化的重要组成部分，其价值远远不只是诗歌的表现对象、反映内容和诗人的个人喜好。酒成为诗歌的伴侣、诗人的朋友自有其深刻的原因，其中最重要的原因大概是因为酒可以承载诗人们那丰富、细腻而敏锐的情怀。所以酒自身也被中国历代诗人们赋予了丰富的文化与情感内涵。

酒中有“举杯消愁愁更愁”的忧思，有“醉卧沙场君莫笑，古来征战几人回”的悲壮，有“举杯邀明月，对影成三人”的情怀，有“对酒当歌，人生几何”的感慨，有“相逢意气为君饮，系马高楼垂柳边”的豪情，有“停杯投箸不能食，拔剑四顾心茫然”的苦闷，有“人生由命不由他，有酒不饮奈明何”的无奈，有“惟愿当歌对酒时，月光长照金樽里”的洒脱。

喜悦时酒成了诗人助兴的选择，悲伤时酒又可以帮助诗人释怀烦恼。酒可以遥寄相思，也能够排遣孤独。昂扬奋进时诗人用酒壮行色，没落挫折中诗人以酒解忧愁；失意时诗人在酒中寻找解脱，苦闷时诗人在酒中寻找慰藉；黑暗中诗人借酒麻醉自己，逃避现实。顺境中诗人施展抱负的同时也不忘畅饮抒发豪壮情怀，逆境里酒更成了诗人愤世嫉俗、对抗黑暗社会的最好工具。酒鼓舞诗人意气风发，承载了诗人的忧国忧民，在诗中酒似乎化作了诗人的热血豪情，铸就了诗歌激昂澎湃的生命，变成了牵动诗人艺术哲思、引发诗人艺术灵感的灵丹妙药。难怪有人戏称中国的诗人大都是些“有文化的酒鬼”。

（二）酒与书法

自古以来，酒也是书法名家们灵感的源泉。所谓“酒里乾坤大，壶中日月长”。酒演绎了无数人间经典故事，千年绝唱。嗜酒者并不都是书法家，但是书法家大都嗜酒。中国许多书法家都有嗜酒的记载，最著名的要数王羲之、张旭、怀素、苏轼等。他们不但以书名世、以文名世、以诗名世，同样以酒名世。这里最值得一提的是书圣王羲之创作“天下第一行书”《兰亭集序》的故事。王羲之在曲水流觞后，酒酣之中灵感纷至，意到笔随，转瞬写成《兰亭集序》。此序写成，众名士皆拍案叫绝。就连王羲之酒醒后也大吃一惊，疑为神助。事后他又多次书写《兰亭集序》，可惜再也没有达到醉酒时飘逸俊朗、稀世罕匹的艺术境界。这幅墨宝奇珍，后来落到了唐太宗李世民手里，唐太宗对此爱不释手，死后也将其作为殉葬之物，陪同他进了陵墓。我们后人至今没有机缘见到这一书法珍品。酒作用于王羲之，使之成为千古书圣，酒与《序》共存，《序》与酒共名，酒与《序》共同吟出了千古绝唱。

到了唐朝，中国封建社会步入鼎盛时期，书法艺术也达到了高峰，张旭、怀素就是其中的代表。他们与酒也有不解之缘。张旭号草圣，与李白、贺知章等人同为酒中八仙。他的草书线条厚实饱满，极尽提按顿挫之妙，张旭的草书、李白的诗歌、裴文的剑舞被当时人称为三绝。杜甫对张旭很是推崇，有“张旭三杯草圣传，脱帽露顶王公前，挥毫落笔如云烟”的诗句赞赏。酒与书法在张旭身上，得到了最完美的体现。张旭喜欢喝酒，每次大醉后呼叫狂走，索笔挥洒，龙飞凤舞，飘逸万态，恍若神助。兴之所至甚至丢掉毛笔，以头濡墨，一甩而就，飘溢奇妙，异趣横生，被人称为张颠。张旭嗜酒，张旭嗜书，酒使张旭完全进入到书法艺术的玄妙境界中，使他能够把汉字书写艺术升华到用抽象的点线去表现书法家思想感情的高深境界，成为书法史上的一代天骄，也成为中国酒文化史上的一颗璀璨明星。

唐朝另一位酒与字齐名的当属怀素。怀素为出家僧人，历史上多称其为“狂素”。他在经禅之余爱好书法，尤其擅长写草书，自言得草圣三昧。怀素创造狂草，以狂继癫。他爱好喝酒，喝醉酒时就到处乱写，寺院里的墙壁、衣物、器皿都留下他草书的痕迹。有人问怀素写字秘诀，他竟以“醉”字作答，说“醉来信手两三行，醒后却书书不得”，李白称怀素“草书天下称独步”。怀素书名有多高，酒名就有多大。其草书绝狂怪之形，笔墨飞舞，舒俊飘荡逸。真可谓“狂来轻世界，醉里得真知”是为千古一绝。

唐朝以后，书法艺术得以继承发展，苏东坡、黄庭坚、米芾、蔡襄都以书法著称于世，号称“宋四大家”。这四人既是书法大家，又是酒中人。苏东坡不但喜欢喝酒，还能自己酿酒。黄庭坚寄情山水田园，饮酒酬唱，以诗词书画解愁自娱。米芾一生嗜酒，有诗为证，醉困不知醒，倚枕卧江流。书法艺术到了元代，赵孟頫以小楷著称于世。赵孟頫一生坎坷，在醉酒中梦想着自由，在书画中梦想着自由。酒与书法共在，酒使书法家毫无顾忌地投入到艺术创作中去，不拘一格，创作出许多艺术价值极高的传世佳作。明代祝允明嗜酒无拘束，玩世自放，下笔即天真纵逸，不可端倪。与书画家唐寅、文征明、诗人徐模卿并称“吴中四才子”，被认为是天资卓越，腕与心应，神采飞动，情生笔端的大家。他的作品表现出极强烈的个性和意蕴。历代文人对其评价之高，无以复加。

（三）酒与绘画

从古至今，文人墨客总是离不开酒，诗坛书苑如此，那些在画界占尽风流的名家们更是如此。酒对绘画起到了催化作用，酒能引发创作热情，酒成了他们创作时必不可少的重要条件。酒可品可饮，可歌可颂，亦可入画图中。可以说，绘画和酒有着千丝万缕的联系，它们之间结下了不解之缘。

相传秦汉时期有个千岁翁安期生曾醉酒石上，皆成桃生。这虽然是传说，难以证实，但至少说明很久以前，人们就相信美酒能助绘画水平的提高。晋代名士王蒙性格豪放，放诞不羁，嗜酒、善画，他为酒作画，为画饮酒，把酒和画并置，在他眼里，饮酒是取乐，作画是取乐，酒后作画是乐上加乐。有画圣之称的吴道子，所画道释人物有“吴带当风”之妙，被称之为“吴家样”。唐明皇命他画嘉陵江三百里山水的风景，他能一日而就。《历代名画记》中说他“每欲挥毫，必须酣饮”，画嘉陵江山水的疾速，也是酒刺激的结果。郑虔与李白、杜甫是诗酒友，诗书画无一不能，有诗、书、画三绝之称。他每作画都要先饮至酣，醉眼蒙眬中精神亢奋，运笔如神。杜甫说他酒后常称老画师，可见郑虔作画的技巧在酒，人、酒、画结合的水乳交融。又如王洽，以善画泼墨山水被人称之为王墨，其人疯癫酒狂，放纵江湖之间，每欲画必先饮到醺酣之际，先以墨泼洒在绢素之上，脚踏手扪，墨色或淡或浓，随其自然形状，为山为石，为云为烟，变化万千，倏若造化，不见墨污之迹，非一般画工所能企及。

宋代以来，嗜酒的画家更是代有其人。苏轼是一位集诗人、书画家于一身的艺术大师，尤其是他的绘画作品往往是乘酒醉发真兴而作，黄山谷题苏轼竹石诗说：“东坡老人翰林公，醉时吐出胸中墨。”他还说，苏东坡“恢诡谲怪，滑稽于秋毫之颖，尤以酒为神，故其筋次滴沥，醉余频呻，取诸造化以炉钟，尽用文章之斧斤”。看来，酒对苏东坡的艺术创作起着巨大的作用，连他自己也承认，“枯肠得酒芒角出，肺肝搓牙生竹石，森然欲作不可留，写向君家雪色壁”。苏东坡酒后所画的正是其胸中蟠郁和心灵的写照。

元朝有不少画家以酒量大而驰誉古今画坛，元初的著名画家高克恭擅长画山水、竹石，又能饮酒。他的画学米氏父子，但不肯轻易动笔，遇有好友在前或酒酣兴发之际，信手挥毫，被誉为元代山水画第一高手。虞集《道园学古录》中说：“不见湖州（文同）三百年，高公尚书生古燕，西湖醉归写古木，吴兴（赵孟俯）为补幽重册。国朝名笔谁第一，尚书醉后妙无敌。”这首诗告诉我们高克恭酒后作画精妙绝伦，无可匹敌。

明朝画家中最喜欢饮酒的莫过于吴伟。欲得其画，必先送酒。吴伟善画山水、人物，是明代主要绘画流派——浙派的三大画家之一，明朝的史书典籍中有关吴伟嗜酒的记载，笔记小说中有关吴伟醉酒的故事比比皆是。周晖《金陵琐事》记载：有一次，吴伟到朋友家去做客，酒阑而雅兴大发，将吃过的莲蓬，蘸上墨在纸上大涂大抹，主人莫名其妙，不知他在干什么，吴伟对着自己的杰作思索片刻，抄起笔来又舞弄一番，画成一幅精美的《捕蟹图》，赢得在场人们的齐声喝彩。还有一次，明宪宗在宫中召见他，适逢他酩酊大醉，只得被抬进宫里。宪宗命他作松风图，他踉踉跄跄碰翻了墨汁，只好将错就错，信手就在纸上涂抹起来，片刻，就画完了一幅笔简意赅，水墨淋漓的《松风图》，在场的人们都看呆了，皇帝也夸他真仙人之笔也。

明代著名的画家唐伯虎是家喻户晓的风流才子，诗文书画无一不能，曾自雕印章曰“江南第一风流才子”，山水、人物、花卉无不臻妙。唐伯虎总是把自己同李白相比，其中包括饮酒的本领，他在《把酒对月歌》中唱出“李白能诗复能酒，我今百杯复千首”。可见，他也是位饮酒的高手。唐伯虎筑室桃花坞，每天都与朋友饮酒。当酒兴大发时，即欣然命笔作画。他的画栩栩如生，皆是神品，博得了人们的喜爱。据载,他晚年的时候,不大喜欢为人作画,于是求画者往往是携酒纷至沓来,与之“酣酒竟日”,以便得到一张画。

著名的书画家、戏剧家、诗人徐文长也以纵酒狂饮著称,他经常与一些文人雅士到酒肆聚饮狂欢。《青在堂画说》记载着徐文长醉后作画的情景,文长醉后拈写过字的败笔,作拭桐美人,即以笔染两颊,而风姿绝代。这正如清代著名学者、诗人朱彝尊评论徐渭画时说的那样,“小涂大抹”都具有一种潇洒高古的气势。他的泼墨花卉,笔飞墨舞,如风奔转,既得墨韵,又兼笔势,是大写意花卉的开创者。行草奔放着荡,蕴含着一股狂傲澎湃的激情。

清代大书画家郑板桥书画名气很大,求索者甚多,但郑板桥从不轻易赠与人,甚至有人饵以千金也得不到。可是他有酷爱烧酒和狗肉的嗜好。只要有这两物,求者便可在他“醉”后轻而易举地得到他的书画,正如他在《自遣》一诗中所说:“笑他缣索求书辈,又要先生烂醉时。”除郑板桥以外,“扬州八怪”中有好几位画家都好饮酒,在此不多叙述。

因醉酒而获得艺术的自由状态,这是古代中国的艺术家解脱束缚获得艺术创造力的重要途径。中国的文学艺术家们从酒中寻找灵感和激情。在中国的传统文学艺术作品中,我们常常能嗅到其中所散发出的一阵阵幽香。

第四节 酒文化与旅游

一、酒文化与旅游联姻由来已久

早在西周时期,曾西征犬戎、东伐徐戎的“酒天子”周穆王姬满,就曾经周游天下,而且还畅饮于西王母的瑶池。《列子·周穆王》记载:“穆王肆意远游,命驾八骏之乘……遂宾于西王母,觞于瑶池之上。”欧阳修在《醉翁亭记》中道破了酒文化与山水旅游文化的姻缘关系:“醉翁之意不在酒,在乎山水之间也。山水之乐,得之心而寓之酒也。”可见,只有将饮酒之乐与游赏山水之乐融为一体,才是高层次的旅游文化。

如今,酒文化与旅游文化的关系更为密切。从酒吧、酒楼在现代城市的大量涌现,到与酒人酒事有关的历史陈迹的大量修复,从现代旅游餐饮中人们对各种酒的情有独钟,到有关部门或厂家举办的各类酒文化节,处处都留下酒文化与旅游联姻的印迹。事实证明,若能让酒文化在旅游文化中扮演重要角色、占有一席之地并发挥其特殊作用,将对旅游开发,尤其是国际旅游的开展起到有力的促进作用。

二、中国酒文化旅游资源

酒文化属旅游资源两大类型中之人文旅游资源,主要包括以下几种类型。

(一)人文景观与故事传说

从纵的方面看,源远流长的中国酒文化早已积淀为旅游资源。酒文化属旅游资源两大类型中之人文旅游资源。我们权从一些典型的、知名度大的人文景观与故事传说来认识。

酒楼本身不是一种文化现象,而是一种商业现象。附丽故事、诗词、歌舞、绘画、雕塑等文化色彩的酒楼,才能构成酒文化。这样的酒楼比比皆是。三国时代的黄鹤楼,酒客欲睹画中鹤起舞的奇观。远在南北朝时的新亭楼,是南朝宋明帝刘彧大宴将士的酒楼。明代的醉仙楼,是朱元璋赐宴百官的酒楼。《水浒》故事宋江醉吟反诗的江州浔阳楼,岳阳楼中有三醉堂(堂内有酒仙吕洞宾像)以及诸多历史名酒楼俱为旅游资源,不少历史上的名酒楼在今日旅游热点城市,如唐代长安长乐坊安国寺的红楼、宝鸡陈仓城内的卖酒楼,宋代洛阳集贤楼、莲花楼、礼乐楼、宣德楼等,相州(今河南安阳市)秦楼、翠楼、月白风清楼等,咸阳宝钗楼,成都合江园内的芳华楼,明代南京来宾楼、乐民楼、鹤鸣楼、梅妍楼、讴歌楼等。与酒楼同性质的饮酒高台,在周代即负盛名,如吴王夫差携西施游宴的姑苏台。汉武帝刘彻建柏梁台,“帝尝置酒其上,诏群臣和诗,能七言诗者,乃得上。”(《三辅黄图·台榭》)饮酒建筑的名称尚有“亭”、“观”、“堂”等。

附:黄鹤楼与酒

据载,三国时江夏(今湖北武昌)有辛氏酒馆(今黄鹤楼),店主辛和为人忠厚老实,全家以卖酒为生。每逢隆冬时节,生意冷落,辛和便进山打柴,借以维持生计。有一次雪停之后,辛和进城卖柴,路上见一道士倒在雪地里奄奄一息,辛和见其可怜便背回家中,细心照料,使其将养康复。可这位老道嗜酒成癖,康复后每天都来到店里饮酒,却又付不起酒钱。辛和见他贫寒,也从不索要。半年之后,老道向辛和告辞说:“贫道在此多蒙关照所欠酒债无力偿还,幸有一鹤相送,以表谢意。”说罢,就以橘皮在墙壁上画一黄鹤,并告诉辛和:“凡有客来饮酒,可请其拍手唱歌,壁上鹤自会下来伴舞,为酒客助兴。”说完话,老道就忽然不见了。而辛和与酒客一试,老道说的话果然灵验,见者莫不称奇。于是,辛氏酒店声名远播,各地游客蜂拥而至;几年后,辛和便成为富翁。

有一天,老道突然又出现在酒店,并对辛和说:“向饮君酒,所偿如何?”辛和感激不尽地答谢说:“仙客所赠,获利百倍,愿少留谢。”老道笑曰:“来岂为此?”遂取笛数弄,须臾,有白云自天而降,画中鹤也从壁上飞下,老道遂跨鹤乘云而去。辛和为报答仙人、黄鹤之恩,就在仙人驾鹤飞升处建有一楼,名曰黄鹤楼。据传,这位仙人便是子安,也有人说是得道成仙的三国时蜀人弗(字文伟)。

可见,早在唐以前,黄鹤楼为世人景慕时便展现了酒文化与旅游的双重魅力。后来,唐人崔颢慕名来此,作《黄鹤楼》一诗,发出“昔人已乘黄鹤去,此地空余黄鹤楼”的慨叹。

酒文化建筑形成人文景观的，还有祠庙等。相传杜康系最早发明酿酒术的人。杜康祠建于明代，在江阴（今属江苏）城南。据载籍（《明诗综》卷八六周淑禧《杜康庙》诗注），因为江阴有杜康遗冢，所以城南士人在桥下建杜康祠，并以酒仙刘伶配祀。浙江绍兴的咸亨酒店开张于1894年，仅开业两三年便关门，实为无名之辈。看着它开张、倒闭的绍兴少年周树人日后以它为背景作小说《孔乙己》。名家名篇竟使无名的咸亨酒店享了盛名。1981年，为纪念鲁迅诞辰一百周年，咸亨酒店重建于鲁迅路。始建于清道光年间、重建于1980年的楼外楼，是杭州著名的酒家。因其建于风景清幽绮丽的西湖孤山南麓，又因楼名得自南宋诗人林升的名句"山外青山楼外楼"，所以极富旅游文化意蕴。

（二）饮酒风情文化

从横的方面看，即从地域、风情、民俗角度看，千姿百态的中国酒文化已经成为或正呼唤着我们去挖掘而使其成为旅游资源。在节日及一些特别的日子里，酒文化的色彩尤浓；相沿成习，几成风俗。例如，正月特色酒最多。元日（农历正月初一）、立春、人日（农历正月初七）、上元、晦日（农历正月末日）俱饮酒。这些酒大都寓吉祥之意、表喜庆之情。除夕酒首先要洒祭神灵、祖先，然后才可合家欢饮。这是中国酒文化的特色。因旅游心理的不同（诸如旅游的浪漫性等动因），不少域外游客除夕、春节来华。所以，即使是旅游淡季的冬令，我们的酒文化也可发挥其旅游效益；若将其不断地强化为一种旅游文化，则可使淡季不"淡"。

修养有素、志趣高雅的中国人，每置酒于特殊的环境：清风中，明月下。这种环境，实际上也是一种意境。清风明月良辰美景是高人雅士的一种追求。临清风、对朗月、登山泛水、举杯酣歌，是人生乐事。

中华民族的酒文化是由民族大家庭诸成员共同构筑的。如果说上节所述是以汉族为主的话，那么，五彩缤纷的少数民族酒文化，在旅游者追求奇风异俗、看重民族风情的今日，更宜乎为旅游资源。

（三）酿酒科技文化

比如滋补性药酒对旅游者、尤其是富有的海外游客及部分国内游客来说，是颇具吸引力的。通过旅游购物—药酒，得到治病、强身、延年、美容之益，这样的旅游是愉悦的。

（四）酒器具

中国酒文化是多维体，我们从酒器具也能领略其灿烂的光华。无论是殷商远古实物遗存，还是明清乃至今日的仿古制品、工艺品，它都可成为旅游资源。

博大的中国酒文化中蕴藏旅游内涵的尚有方方面面：酒文艺（文学、绘画、音乐）、酒名、酒令等。对旅游业来说，中国酒文化中尚有辽阔的未开垦的处女地。

三、开展酒文化旅游的途径

(一)开展酒风酒俗旅游

如贵州酒风酒俗绚烂多彩,具有酒文化与民俗民风的双重属性。苗族的"牛角酒"、"打印酒",布依族的"包谷酒"、"鸡头酒",彝族、侗族、水族等少数民族中盛行的"咂酒"、"交杯酒"、"转转酒"、"拦路酒"、"送客酒"等均负盛名。此外,藏族的青稞酒、蒙古族的马奶酒等,也颇受游客青睐。这种酒风酒俗满足了游客猎奇寻胜的心理要求,也迎合了外国人来华领略中华独特酒文化的旅游动机。

(二)开展酒乡旅游

凡产美酒的地方,其山水必美。这种自然美是开展旅游的必备条件,也是开辟旅游新领域的重要基础。例如我国广大西南地区,气候温和,物产丰饶,山奇水异,毓秀钟灵。在四川、贵州相接的地带,形成一条沿岷江、赤水河伸展的"川黔名酒带"。"川酒"中的五粮液、泸州老窖、剑南春、郎酒、沱牌曲酒和"黔酒"中的国酒茅台、董酒等都曾获得国家名酒金质奖。酒乡旅游别具特色,它不仅能领略酒乡风情、习俗、酒艺,还可深入酒厂、酒家参观制酒工艺或亲自品酒。

附:中国酒都——茅台镇酒文化旅游吸引人

随着旅游业的兴起,贵州茅台酒集团公司不失时机地抓住酒文化特点,利用茅台酒的品牌效应,开展酒文化旅游产业,让游客了解我国灿烂辉煌的酒文化。酒文化旅游已经成为中国酒都茅台镇的一个新兴的旅游产业和亮丽品牌。近年来,有英国、美国、日本、丹麦、挪威、加拿大、南非、爱尔兰、新加坡等国家以及我国香港、澳门、台湾地区的客人前来参观访问、旅游观光。

(三)向游人展示古今酒具的艺术魅力

我国酒具的制作历史源远流长,出土文物中不同材质的酒具占有相当大的比例,其造型奇特别致,雅俗共赏,是一笔宝贵的旅游资源。上古时期的酒具,以陶制为主,亦有以动植物制品为酒具的,如牛角杯、木杯等;夏朝时出现青铜酒具,商周为其鼎盛时期;春秋战国后期,漆制品酒具代之而起;南北朝时兴起青瓷酒具;隋唐时瓷制酒具品类繁多,造型奇巧,而宋代为其极盛时期,名品夺目,同时金银酒具也占一席之地;明清时期,除瓷制酒具得到大发展外,金银、象牙、玉石、景泰蓝酒具等也空前发展。

(四)充分利用酒的药用健身功能吸引游客

酒与医药相结合是中华酒文化的一大特征,也使中华酒文化闪烁出科技的光芒。利用酒的药用功能以及酒医药的丰富资料,可以迎合老年游客、海外游客的心理,在科学饮酒的前提下,宣传酒的保健作用,满足了中外游客的旅游需求。保健酒、滋补性药酒等常常得到国内中老年游客和海外游客的青睐。

（五）旅游中注意渗透酒的文化意识

酒文化是包括酒艺、酒德、酒俗、酒文艺、酒建筑在内的与酒有关的文化体系，是融诗文、书画、音乐、歌舞、辞令等艺术为一体，集历史、经济、思想、医学、旅游、食品、风情民俗、神话传说、陶瓷工艺等为一堂的文化现象。这本身就是一种瑰丽独特的旅游资源。国酒茅台有用水缘于蝴蝶引路、制曲缘于仙女托梦的传说；湄窖有仙人张三丰醉卧湄江边的传说；习酒有公主因酒为情郎哥殉情的传说；泸州老窖有诸葛亮在泸州制曲酿酒驱瘟疫的传说；西凤酒有箫史、弄玉夫妇吹箫引凤的传说；古井贡酒有北魏爱国将领井中投戟、以身殉国的传说。总之，与酒有关的趣闻逸事不胜枚举，旅游部门应充分发挥高品位的酒文化在旅游中的作用，如在酒乡各景点修建专门的酒展览馆、酒文艺馆，将酒诗、酒文、酒令、酒辞以及文物图片等汇集一堂；将丰富多彩的酒文化、酒绘画、酒诗、酒歌等编撰出版；举行以酒为题材的楹联、书法、绘画以及酒文化知识竞赛；利用大型酒楼、酒吧开业典礼的机会举办酒文化节；将酒诗、酒歌制成有声读物在旅游点播放等。

附：青岛啤酒节

每年8月，青岛到处泛着酒花的芳香。青岛的历史、人文、风俗、习惯等一系列城市文化信息集中体现在了啤酒节上。啤酒是青岛的一个符号，啤酒节已是青岛这座城市特有的文化气象，或者说是文化景观。

在啤酒节期间，大街小巷、商场里、饭店里、公交车上、出租车上……市民与游客几乎言必称“啤酒节”。从1991年至今，16届的磨砺已经让啤酒节深深融入青岛市民的日常生活和精神生活中。

啤酒节之所以越办越火，并在国内众多啤酒节中堪称翘楚，除了政府主导地位的保障和青岛经济发展奠定的物质基础外，青岛的城市文化和百年啤酒文化内核的相互融合，以及市民和游客在文化上对节日的认同感与亲和力，是啤酒节不断走向成功的重要社会基础，也是所有节庆活动得以可持续发展的关键因素。

◎本章小结

本章系统介绍和总结了中国酒文化的相关知识，其中包括酒水的起源与发展，酒品风格的形成，白酒的香型及名酒，名酒的评定，酒令，酒德与酒礼，酒与诗歌、书法、绘画等内容。

在黄酒、白酒、葡萄酒及啤酒在中国的起源与发展中，要求重点掌握各类酒的发展及名品。酒品的风格是由酒品的颜色、香气、口味以及酒体等因素形成的，要掌握其风格特点，必须从这些方面进行综合评估。酒的香气以白酒为例，总结了酒的香型，要求重点掌握白酒的各种香型、各香型的代表名酒及其特点。名酒评定主要介绍了酒的评定标准和对评酒员的基本要求。酒令是古代酒席上饮酒时助兴劝饮的一种娱乐活动，要求重点掌握酒令的种类。酒德与酒礼是饮酒时的道德规范及礼仪、礼节，要求重点掌握我国所遵循的酒德与酒礼。在酒与文学艺术方面主要介绍了酒与诗歌、酒与书法、酒与绘画创作的密切关系，要求对酒在文学艺术中所起的作用有所了解。

◎思考与练习

1. 联系实际谈谈你对酒德与酒礼的理解。
2. 举例说明酒文化在社会生活中的地位和作用。
3. 举例说明饮酒与健康的关系。
4. 如何使酒文化在旅游活动中发挥其应有作用？
5. 学习酒文化课程对提高大学生综合素质有什么意义？

◎实践作业

组织学生分组参观本地一家大型超市的酒水区，让学生对区域内的酒水，从分类到名品都有一些直观的了解和感受。

第七章　茶文化

本章内容： 中国茶文化的形成与发展
茶叶的制作与名茶
茶文化的内涵
茶馆文化

目标与要求： 了解中国茶文化形成的历史过程，中国茶文化的价值和其对世界文明的重要意义，认识茶的种类及名茶，掌握中国茶道的精神，茶艺与茶道的关系。

教学课时： 4 课时

第一节　中国茶文化的形成与发展

一、茶文化的起源

中国是茶的故乡，也是世界上最早发现茶叶功效、栽培茶树和制成茶叶的国家。茶，是中华民族的举国之饮。据陆羽的《茶经》记载：“茶之为饮，发乎神农氏，闻于鲁周公。”神农氏是公元前2730年神农时代的象征，由此可见，茶的起源当然更早，而茶被人类发明和利用也至少有5000年的历史了。

茶的利用最初是在野生采集活动中形成的，关于神农氏发现茶之可饮，古代有这样两种传说。一种是“神农尝百草，日遇七十二毒，得茶而解之”，是说神农在采集草药时，为了验证各种草木的药理功效，必亲自品尝，有一天他吃了好几种有毒草木，感觉口干舌麻，五内若焚，遂意识到这是中毒的征兆。正当他躺在大树下休息之际，树上飘落几片树叶，神农信手取来放入口中慢慢咀嚼，但觉其味苦涩，渐渐地感到麻木消除，舌底生津，且气味清香，食后能提神醒脑，他意识到这种树叶具有解毒的功效，于是采叶而归，定其名曰“荼”（即茶）。另一种是传说神农时代没有医生，人们生病了只得找些草药煎服。有一次，当神农在大树下生火煮水，准备给病人煎药时，有几片茶树叶子落入锅内，却见水色微黄，便取水饮之，发现此水味带苦涩，喝后回味香醇甘甜，并能解渴生津，振奋精神，因而捞叶剖析，肯定了茶的药用价值。

传说虽然不能尽信，但是至少有一点信息值得注意：“茶”在长久的食用过程中，人们越来越注重它的某些药用之性。这些反映的是远古时代的传佚之事。从文字考证来看，我国最早利用茶叶的记载始于殷周。周成王时期，周公旦的《尔雅·释木篇》记载：“槚，苦荼也”；《礼记·地官》记载：“‘掌荼’、‘聚荼’仅供丧事之用”；《中国风俗史》记载：“周初至周之中叶，饮物有酒、醴、浆等，此外犹有种种饮料，而茶其最著者。”由此可见，殷周之时，我们的祖先对茶的利用，已经摆脱了最初的药用，不但作为祭品，而且还发掘出它的饮用功效，茶开始成为一种日常饮料。

茶在战国以前，其种植和使用还仅限于巴蜀地区，至于其他地区，除去一些达官贵人靠接受贡品和馈赠获得以外，寻常百姓是很难享受到的。秦统一中国，茶的使用、普及与种植得到了一定的推广。并且，开始将茶烹制成羹饮来食用，但这时的羹饮与后世的将茶作为饮料不同，而是将其烹制成一种菜汤，作为食品用的，然而秦朝流传下来的有关茶的史料并不多见。到了西汉，已经有了关于饮茶之事的正式文献记载，而饮茶的起始时间应该比这更早一些。

两汉三国时期，文人、宦官之家已形成饮茶之风。西汉宣帝时，王褒所写《僮约》第一次明确提到了茶叶贸易。说王褒去成都应试，暂住在一位已经亡故的朋友家，亡友之妻杨惠热情招待，常让家中奴仆便了为其做事。便了不愿为王褒服务，就到杨惠丈夫的坟前哭诉。杨惠与王褒对此十分恼火，便商议将便了卖给王褒为仆，并写下一篇有关服务内容和作息时间的契约，即《僮约》。《僮约》中提到茶事的有两处。一处是“烹茶尽具”，是说便了的日常工作中，包括为主人煮茶，并且在主人用茶后，清洗干净茶具。可见，在汉代已经出现了专用的茶具。另一处是“武阳买茶”，这一句则清楚的道出了西汉时期已经把茶叶作为商品进行买卖了。武阳即现成都以南彭山县的双江镇，那里是著名的产茶区。

西汉时期，人们已经将茶烹制后当作一种饮料，而不再作为药材或是羹饮了。茶对人体的保健作用，在这时也得到了进一步的认识，著名医学家华佗在《食论》一书中，明确提出茶的保健功效：“苦茶久食益意思”，说明了茶的提神健脑作用。

而到了三国时期，盘踞东南部地区的孙吴，已经代替了巴蜀，成为中国新的茶文化中心。这时的江苏、浙江、湖北、湖南及岭南等地，人工种植的茶园已经成为当地种植业中较具规模的行业，产品通过贸易的形式输往北方的魏国，甚至更北的匈奴地区。孙吴末年，吴王孙皓嗜酒如命，每当大宴群臣时，规定每位大臣至少要饮七升酒，而一位叫韦曜的大臣酒量较小，孙皓恐其不胜酒力，就密“赐茶荈以当酒”，以茶代酒的说法由此而来。

在魏晋以前，我国北方，特别是北方的少数民族地区很少有茶，即使偶尔得到一些，也仅为少数官宦所有，故这一地区的人们对茶的认识和使用较晚，而把茶作为一种日常饮料就更远未被人们所接受。

魏晋南北朝时期，各种文化思想交融碰撞，玄学一时流行。而玄学家大都是所谓名士，爱好虚无的清谈。东晋、南朝时，江南的富庶人士得到暂时的满足，清谈之风继续发展，出现许多清谈家。最初的清谈家多为酒徒，饮酒虽能使人兴奋，但喝多了易举止失措、有失雅观。而饮茶却能始终清醒，令人思路清晰，心态平和。于是许多玄学家和清谈家从传统的好酒转向喜好饮茶。

自汉代传入中国的佛教，随着与中土文化，特别是儒教与道教文化的融合，对茶的青睐也日趋强烈。南北朝时期，佛教在我国兴盛起来，僧人们坐禅，彻夜清修，茶就成为他们禅定入静不可或缺的提神之物。同时，在道家看来，饮茶是帮助炼“内丹”，升清降浊，修成长生不老之体的好方法。由此，茶事已经上升到饮食物态以上的形式，具有显著的社会、文化功能。

二、茶文化的形成

唐代是中国茶文化的形成时期，是中国茶文化史上划时代的时期。

唐代是我国历史上疆域辽阔、国泰民安、经济繁荣的封建王朝。国力的强盛、交通的发达、经济文化交流的活跃都为茶叶的流通和茶文化的传播创造了有利条件。唐代的帝王大多好茶，其中以唐玄宗最为著名，他不仅喜欢饮茶，还沉迷于在宫廷中与后宫佳丽们“斗茶”，但是由于相关记载较少，我们无法了解当时的“斗茶”形式和内容。与此同时,民间也开始群起效仿宫廷贵族的饮茶习俗,饮茶蔚然成风,茶叶的贸易集市、各种茶馆遍及城乡。正是饮茶在中国大地的广泛普及和茶事的发展,再加上商业贸易的需要,使“茶”字从长久沿袭下来的“荼”字中最终脱离出来,由此,“茶”字便应运而生了。

唐代也是我国对外交往活动最频繁的时期,在对外交往中,茶被介绍到我国的边远地区和世界上很多国家,这些地区和国家的饮茶习惯和茶树的种植就始于唐朝。唐初与吐蕃通婚,文成公主入藏时带去了茶叶,这是茶传入西藏的开始。唐时,日本数次派“遣唐使”来我国学习政治、经济、文化等知识,这些“留学生”回国时也将茶及饮茶习惯带回了日本,其中最著名的就是日本僧人空海。从此,茶和饮茶之风在日本开始盛行,今天流行的日本茶道,即源于唐代。另外,朝鲜、越南等国的饮茶习惯也是在这时由我国传入的。

茶文化之所以在唐代形成,除了与当时的经济、文化空前发展有关外,还与以下几个因素有关:

一是与佛教的发展有关。隋唐之际,佛教在我国迅速发展,佛教寺院常建在山清水秀的地方,气候适宜种植茶树,因此有很多大寺院都有种茶树的风尚。茶之清淡平和,正与佛之与世无争相合,故被僧侣们视为修养之必需。

二是与唐代诗风盛行有关。唐代是我国诗歌的鼎盛时期,饮茶习惯形成之后,文人雅士均以尚茶为荣,诗词歌赋中的茶事逐渐兴起和繁荣开来。白居易、李白、卢仝等人都是品茶行家。所谓酒壮英雄胆,茶引学士文。这时期的茶歌、茶诗、茶赋、茶画不胜枚举,客观上起到了宣传饮茶好处、推动饮茶风尚的作用。

三是贡茶的兴起,推动了宫廷茶文化的形成与发展。这些帝王将相、皇亲国戚尽管人数不多,但是他们对唐代茶文化的发展方向和速度都起到了决定性作用。中国茶文化正是在这种大气候和特定的环境下形成的。

此外,唐代留给后世的最重要的茶文化遗产就是“茶圣”陆羽和他的《茶经》。

陆羽(733—804),字鸿渐,唐代复州竟陵(今湖北天门县)人。陆羽一生清贫,不涉仕途,却对茶情有独钟。为钻研茶叶生产和科学技术,曾跋山涉水,深入各主要茶区进行调查研究,并亲自参加茶树栽培和采摘活动,研究茶水、茶器,以经验阅历所得,成就了我国和世界历史上第一部茶叶专著《茶经》。

《茶经》内容囊括了茶叶的生产知识和饮茶轶事等各个方面,不仅系统总结了古代劳动人民关于茶叶生产的经验,而且加以剖析阐述,称得上是茶业的百科全书。《茶经》对我国和世界许多国家茶文化的建立和发展都起到了奠基的作用。陆羽因而被后世尊为“茶圣”。

附:“茶”的称谓、写法和趣解

关于茶名茶字,我国历史上称谓和写法极其复杂。以茶名和茶字的词目来说,不算“草中英”、“酪奴”、“草大虫”、“不夜侯”、“离乡草”等谑名趣名,还有茶、槚、梌、蔎、茗、荈、葭、葭萌、椒、荼、荼荈、苦荼、苦荼、茗荼、荼茗、荈诧等称谓和写法。但"荼"则是正名,"茶"字在中唐之前一般都写作"荼"字。

"荼"字有一字多义的性质,表示茶叶,是其中一项。由于茶叶生产的发展,饮茶的普及程度越来越高,茶字的使用频率也越来越高,因此,民间的书写者,为了将茶的意义表达得更加清楚、直观,于是,就把"荼"字减去一划,成了现在我们看到的"茶"字。"茶"字从"荼"中简化出来的萌芽,始发于汉代,古汉印中,有些"荼"字已减去一笔,成为"茶"字之形了。

中国文字极具象征性意义,自"茶"字普遍使用后,古代文人对茶字有不少趣解。①"茶"字来龙去脉:古时代称"茶"为"荼",何时少了一笔的呢?那是在唐代开元年间,编了一部《开元文字音义》由唐玄宗作序,书中改"荼"为"茶"。皇帝代序的书谁还敢不遵照执行?经过一段混用时期,"茶"便完全取代了"荼"字。陆羽撰写《茶经》时,一律写作"茶"。②以"茶"字象征长寿:茶字以草字头,与"廿"相似,中间的"人"字与"八"相似,下部"木"可分解为"八十"。"廿"加"八"再加"八十"等于一百零八岁。所以把一百零八岁的老人称为"茶寿老人"。久而久之,许多人便将"茶"字代表长寿。③让"茶"字回归自然:"茶"字由草字头、"人"及"木"字三部分构成,"人"字在草字头之下,"木"字之上,意为人在草木间,孰能不喝茶,也表示引导人类回归大自然。

继陆羽之后唐代最著名的茶人要首推卢仝了。卢仝(约775—835),自号玉川子,范阳人(今河北涿县)。卢仝出身寒微,终身不仕,但此人才高有节。他一生爱茶,以一首《走笔谢孟谏议寄新茶》(也被称为《卢仝茶歌》)被后人誉为诗化的《茶经》,堪称茶诗中的经典之作,广为流传。在这首诗中,他抒发了茶人在品茶时的特殊心理感受,可以说是对中国茶文化的概括和总结。卢仝的这首诗被后人称为"七碗诗",在后世许多茶书和茶诗中广为引用,卢仝也因此被后人尊为"茶仙"或"茶亚圣"。

附:卢仝的《走笔谢孟谏议寄新茶》

日高丈五睡正浓,军将打门惊周公。口云谏议送书信,白绢斜封三道印。

开缄宛见谏议面,手阅月团三百片。闻道新年入山里,蛰虫惊动春风起。

天子须尝阳羡茶,百草不敢先开花。仁风暗结珠蓓蕾,先春抽出黄金芽。

摘鲜焙芳旋封裹,至精至好且不奢。至尊之余合王公,何事便到山人家。

柴门反关无俗客,纱帽笼头自煎吃。碧云引风吹不断,白花浮光凝碗面。

一碗喉吻润,两碗破孤闷。三碗搜枯肠,唯有文字五千卷。

四碗发轻汗,平生不平事,尽向毛孔散。

五碗肌骨清,六碗通仙灵。七碗吃不得也,唯觉两腋习习清风生。

蓬莱山,在何处?玉川子,乘此清风欲归去。山上群仙司下土,地位清高隔风雨。

安得知百万亿苍生命,堕在巅崖受辛苦!便为谏议问苍生,到头还得苏息否?

三、茶文化的兴盛

所谓茶兴于唐而盛于宋。到了宋代,茶事和茶文化又得到了极大发展,饮茶之风十分盛行。一方面是宫廷茶文化的隆盛发展。宋代贡茶的精致绝伦达到了前所未有的境地,王公贵族经常举行茶宴,皇帝也经常在得到贡茶后以茶宴招待群臣。宋徽宗还御笔亲作《大观茶论》,虽然他在治国上并无建树,但却是一个很有造诣的茶学和茶艺专家。这本书较全面地反映了我国宋代茶业的发达程度和制茶技术的发展状况,也为我们认识宋代茶道留下了珍贵的文献资料。

皇家对高档茶叶的需求,极大地刺激了贡茶的发展。宋代的宫廷御茶品种很多,其中最著名的要数龙凤团茶了。北宋初期,宋太宗遣使至建安北苑,监督制造一种皇家专用的紧压型茶,因茶饼上印有龙凤形的纹饰,故称“龙凤团茶”。皇帝用的龙凤团茶,茶饼表面的花纹用纯金镂刻而成。龙凤团茶有大、小之分,其监制者分别为丁谓和蔡襄,这就是宋代茶事中著名的“前丁后蔡”。作为贡茶的龙凤团茶极为珍贵,是宫廷的象征和骄傲,一代文坛领袖欧阳修在朝为官二十多年也仅得赐茶一饼,他的《双井茶》一诗中的“长安富贵五侯家,一啜犹须三日夸”充分反映了龙凤团茶之昂贵。

另一方面是民间茶文化和斗茶之风的盛行。“斗茶”乃宋代茶之特色。斗茶,又称“斗茗”、“茗战”,是古人集体品评茶质量优劣的一项茶事活动。衡量斗茶的效果,一是看茶面汤花的色泽和均匀程度,二是看茶盏内沿与茶汤相接处有没有痕迹。汤花面上要求色泽鲜白,民间称其为“冷粥面”。同时,汤花要均匀,保持时间较长、能紧贴盏沿而不退散为佳。汤花一散,盏的内沿就会露出“水痕”(茶色水线),先出现水痕的斗茶者,便是输家。因此,水痕出现的早晚,会成为汤花优劣的依据。斗茶虽然始创于民间,但由于其技巧性强,趣味性浓,所以迅速被文人士大夫所接受并加以发展,很快便风靡全国。关于斗茶的记载也有很多,北宋大文学家范仲淹曾做《和章岷从事斗茶歌》一诗,生动描绘了当时的斗茶情景,成为脍炙人口、影响深远的斗茶诗篇。

这一时期,饮茶之风在少数民族地区也流行起来,中原茶文化通过宋辽、宋金的交往,正式作为一种文化内容传播到北方游牧、狩猎民族之中,奠定了此后千余年间北方民族饮茶的习俗和文化风尚,茶成为连接南北经济、文化的纽带。

在茶的烹制方法上,唐代的烹茶法逐渐被淘汰,点茶法盛行。两者最大的区别就是,点茶法是将碾细的茶叶末直接放入到茶盏之中,注入少量沸水调成糊状,然后再注入沸水,同时用茶筅(即调茶竹具)搅动,茶末上浮,形成粥面。为保持茶叶的真味,茶中已不再加入姜、盐一类的调味品。点茶法从宋代开始传入日本流传至今,现在日本茶道中的抹茶道所采用的就是点茶法。

四、元明清三代茶事的发展与变革

元代虽然在中国历史上存在的时间相对较短，但在中国茶文化的发展过程中却是一个承前启后的重要时期。一方面，元代统治者来自广袤的大漠，马背民族剽悍的性情使他们很难接受宋人繁缛、精细的饮茶方式；另一方面，蒙古族人原本是游牧民族，食物中以肉为主，蔬菜较少，茶对于他们而言，除了解除饥渴的作用外，很重要的一点就是可以帮助饮食消化和增加维生素，所以，他们饮茶更多的是出于生活、生理上的需要，而茶的文化因素则被忽视了。因此，当蒙古族人入主中原之后，即便在宫廷生活较之前朝的奢靡程度有过之而无不及的时期，他们对茶艺的追求也远未达到前人那般考究。

元代，散茶的饮用已经开始流行。散茶的出现，应该是最原始的，散茶的饮用也是最原始的，但随着制茶技术和茶艺的发展，散茶的用量越来越少了。而到了元代，随着用茶形式的粗放化，散茶的使用又逐渐恢复和兴盛起来，而散茶更适合泡饮，这与元人的用茶崇尚简约正好不谋而合。于是，“泡饮法”逐渐开始兴起。

明初期，进贡朝廷的茶叶仍是大小龙团，明太祖朱元璋体恤民情，认为这种制作方法太伤民力，加之自元以来散茶的饮用已为百姓所接受，遂下旨废进龙团，唯采茶芽以进，同时又废宫中绣茶（宋代用五色龙凤图形装饰的饼茶）之制。从此，团茶的生产开始衰落，大大推动了散茶的生产。

明中期以后，精细的茶风再次出现，尤以清雅文人为主，文人的个性茶艺充分张扬，茶风则更趋向纤弱。这种茶风的出现，是与文化界当时所提倡的“文必秦汉，诗必盛唐”相暗合的，而实际上，晚清的文人群体已无力再与秦汉的质朴和盛唐的宏大相比了。明末清初的文人茶文化过于远离大众和现实生活，缺乏应有的生命力。

明清两代在团茶废止和散茶广泛应用的基础上，茶艺中“泡饮法”占据了主导地位。“泡饮法”的方式很简单，即把茶置于容器中，加入沸水冲泡后直接饮用。这与我们今天的饮茶方式已经没有什么区别了。“泡饮法”的出现对于饮茶习惯的推广，特别是向国外的传播和民间“俗饮”的发展，有着极为深远的意义。

明清时期在茶饮方面的最大成就是“功夫茶艺”的完善。功夫茶是适应叶茶撮泡的需要经过文人雅士的加工提炼而成的品茶技艺，大约在明代形成于江浙一带，扩展到闽粤等地，在清代转移到闽南、潮汕一带为中心，至今以“潮汕功夫茶”享有盛誉。明清时期的茶文化在文化艺术方面的成就，除了茶诗茶画外，还产生了众多的茶歌、茶舞和采茶戏。采茶戏约在明中期以后产生于江西的赣南九龙山一带，至清代兴盛起来，传播到邻省各地，这要算是明清茶文化史上的一个重大成就。

五、现代茶文化的发展

我国的茶叶生产从明代后期开始由盛而衰,帝国主义列强的入侵加上政府的懦弱无能,国运日衰,百业不兴。到 1949 年,我国的茶叶产量竟只有 5.12 万吨。中华人民共和国成立后,政府的高度重视使茶叶生产有了飞速的发展。目前,我国的茶园面积居世界第一,产量居世界第二,出口量居世界第三。

随着中华名族传统文化的复兴与发展,茶与经济活动相结合,已渗透至各相关领域。茶物质财富的大量增加为我国茶文化的发展提供了坚实的基础,在中华大地上出现了很多与茶相关的文化组织及茶文化研究会。1982 年,在杭州成立了第一个以弘扬茶文化为宗旨的社会团体——“茶人之家”;1983 年在“纪念陆羽诞辰 1250 周年”之际,湖北天门县成立了“陆羽茶文化研究会”;1990 年,“中华茶人联谊会”在北京成立;1993 年,“中国国际茶文化研究会”在杭州成立,茶文化的研究也由开始的以茶论茶发展为以文化论茶,进而提升到跳出茶的局限来研究茶文化。1991 年,中国茶叶博物馆在杭西湖乡正式开放;1998 年,中国国际和平茶文化交流馆建成;为适应茶文化的蓬勃发展,“中国茶叶流通协会”在这一年起,内设专门茶道专业委员会,积极开展相关方面的工作。这些茶文化组织为中华茶文化的发展起到了推波助澜的作用。

随着茶文化的兴起,各地茶艺馆越办越多。国际茶文化研讨会已成功举办五届,吸引了日、韩、美等国来参加。从 1990 年 4 月杭州成功举办“第一届国际茶文化节”开始,各省市及主要产茶县纷纷举办“茶叶节”,如福建武夷山的“岩茶节”、云南的“普洱茶节”、浙江新昌,泰顺、湖北英山、河南信阳等地的茶叶节不胜枚举。值得一提的是上海市每年举办的茶文化节,成功地将茶文化与都市文明和社区文化建设相结合,探索出了发展茶文化的道路。

此外,还有以斗茶会、茶宴、品茶会与吟茶诗、茶树法、茶画及茶歌、舞等其他文化艺术形式结合开展的活动,这些都加强了茶与文化界的联系。

附:寻找美丽的中华——世界茶文明之旅

“寻找美丽的中华”是中宣部、团中央、文化部等 12 部委共同组织的一项大型青少年社会教育活动,包括文化之旅、摄影大赛、读书、征文和科普体验等系列活。“世界茶文明之旅”是“寻找美丽的中华”的一个子项目,由中国青年报社与中国青少年宫协会、中国土产畜产进出口总公司和三利广告展览有限公司组织开展,目的是:弘扬茶文化,传承茶文明,让国内外民众尤其是青少年了解茶历史,认识茶的价值,体验茶文化的内涵;通过丰富的寻访、展示和交流活动,重现中华茶文明的辉煌历史,并继续弘扬中国独特的茶文化,推广中国丰富而优质的茶产品。

“世界茶文明之旅”活动于 2008 年开始,总体将历时 4 年,按照中国茶叶在世界传播的 4 条路线进行采访拍摄和文化交流活动,这 4 条路线即:草原茶路、丝绸之路、茶马古道、海上茶路。

第二节　茶叶的种类及特点

我国的茶叶种类繁多，品种齐全堪称世界之最。当跨进规模较大的茶叶商店时，各种名目的茶叶使人眼花缭乱，大开眼界，而茶叶的命名方法也是五花八门。有的是以茶叶产地的山川名胜为主题命名的，如浙江杭州的“西湖龙井”、安徽歙县的“黄山毛峰”、江西的“庐山云雾”等；有的是根据茶叶的形状命名的，如圆直如针的湖南“君山银针”，形似葵花子的安徽六安“瓜片”，条索纤细、卷曲成螺的江苏“碧螺春”等；有的是根据外形色泽或汤色命名的，如绿茶、红茶、白茶、黑茶等；有的是根据其香气、滋味特点命名的，如安徽舒城的“兰花茶”，湖南江华的“苦茶”；根据采摘时间和季节命名的茶叶也不在少数，如“明前茶”、“雨前茶”、“春茶”、“夏茶”等。

茶叶名目虽多，但归纳起来主要有六大类，即绿茶、红茶、乌龙茶、白茶、黄茶和黑茶，也称基本茶类。其他还有再加工茶类，如花茶、紧压茶、萃取茶、果味茶、药用保健茶、速溶茶和含茶饮料等，通常都是以这六大茶类为原料进行再加工而制成的。下面就以制作工艺和各茶类的品质特点做简单介绍。

一、绿茶

（一）制作工艺与品质特点

绿茶是我国产量最多的一类茶叶，其产量占我国茶叶总产量的70%左右，且其生产历史悠久，产区辽阔，18个产茶省区都生产绿茶。绿茶属于不发酵茶，陆羽在《茶经》中载有对其“蒸之，捣之，拍之，焙之，穿之，封之，茶之干实。”的古老制法，如今，绿茶的制作工艺技术有了很大的提高。在鲜茶叶采摘后，绿茶的基本工艺流程分为高温杀青、揉捻、干燥三个步骤。根据杀青、干燥方法的不同，又可将其分为蒸青绿茶、炒青绿茶、烘青绿茶和晒青绿茶四类。杀青在绿茶制作时十分关键，通过高温杀青能够“杀死”鲜叶中的催化酶，使酶失去活性制止多酚类物质的酶性氧化，保持叶片的绿色。绿茶的特点是汤清叶绿。

（二）名品

1. 西湖龙井

西湖龙井是我国炒青绿茶中的珍品。产于浙江省杭州市西湖西南龙井村周围的群山之中。西湖龙井茶，历史上按产地分为“狮、龙、云、虎、梅”五个品类。“狮”字号为龙井狮峰一带所产，“龙”字号为龙井、翁家山一带所产，“云”字号为云栖、五云山一带所产，“虎”字号为虎跑一带所产，“梅”字号为梅家坞一带所产。其中，多认为狮峰所产者香味品质最佳。

龙井一向以“色绿、香郁、味甘、形美”四绝著称于世。其外形扁平光滑、挺秀；色翠略黄似糙米色，汤色黄绿明亮；香气幽雅、清高而持久、沁人心脾；滋味甘鲜醇和，饮后清淡无涩感，有鲜橄榄的回味。

2. 黄山毛峰

黄山毛峰是我国烘青类的绿茶，在清代极负盛名。中国十大名茶之一。产于安徽省歙县以北黄山风景区内的桃花峰、紫云峰一带，其中以桃花峰、云谷寺、慈光阁、钓桥庵、岗村、充川等处的茶品质最好。由于新制茶叶白毫批身，芽尖峰芒，且鲜叶采自黄山高峰，故取名为黄山毛峰。黄山毛峰分特级和一、二、三级。以特级为中国毛峰之名品。黄山毛峰特级一芽一叶初展；一级，一芽一叶开展和一芽二叶初展；二级，一芽二叶开展和一芽三叶初展；三级，开展的一芽一叶、二叶、三叶。黄山毛峰在清明前后采制，采制十分精细，选用初展肥壮嫩芽、茸毛多的制高档茶。为了保质保鲜，要求上午采，下午制；下午采，当夜制。经过轻度摊放以散失部分水分，之后进行高温杀青、理条炒制、烘焙而制成。

黄山毛峰的外形细扁微卷曲，状似雀舌，绿中泛黄，银毫尽显，且特级黄山毛峰带有金黄色鱼叶（俗称“茶笋”或“金黄片”），色似象牙，这是其外形与其他毛峰不同的两大明显特征。入杯冲泡香气如兰；滋味鲜浓、醇厚，回味甘甜；汤色清澈微黄；叶底嫩黄肥壮，冲泡后芽叶成朵。其品质特征可用八个字来形容：香高、味醇、汤清、色润。

3. 滇青

滇青，即云南普洱茶的原料——青毛茶，是仅存的少量采用晒青方法制的绿茶，属于较冷门的茶。滇青茶在制作过程中，日照充足是干燥工序中最具关键的因素。滇青的品质特点是条索粗壮，多白毫，色深绿油润，滋味醇浓，香气高。汤色黄绿明亮，叶质肥厚，是加工沱茶的优质原料。

4. 恩施玉露

恩施玉露茶是我国罕有的传统蒸青绿茶。产于湖北恩施市南部的芭蕉乡及东郊五峰山。该茶选用叶色浓绿的一芽一叶或一芽二叶鲜叶经蒸汽杀青制作而成。因最初制出来的茶叶外形紧圆挺直，色绿如玉，曾取名“玉绿”。后来，在玉绿的基础上，研制出的绿茶香鲜味爽，外形色泽翠绿，毫白如玉，因其白毫格外显露，故改名为“玉露”。

恩施玉露对采制的要求也很严格，芽叶须细嫩、匀齐。成茶条索紧细，匀齐挺直，状如松针，外形白毫显露，色泽鲜绿；茶汤清澈明亮，香气清鲜，滋味甘醇，叶底色绿如玉。“三绿”（茶绿、汤绿、叶底绿）为其显著特点。恩施玉露以其别具一格的品质特色，赢得世人赞赏，屡次被评为名茶。

二、红茶

（一）制作工艺与品质特点

红茶属于全发酵茶类，在传统上是西方人唯一比较熟悉的茶。在国际茶叶市场上红茶的贸易量占世界茶叶总贸易量的90%以上，印度和斯里兰卡是世界上最大的红茶种植国和输出国。此外，中国和肯尼亚等国也是红茶的主要产地。红茶的品质与绿茶大不相同，源于两者的加工工艺有所不同。首先，采摘的鲜叶在初加工时不经过杀青而是进行萎凋，目的是通过萎凋散发鲜叶的部分水分，便于揉捻并增强酶的活性；其次，进行揉捻；然后发酵，最后干燥。发酵是红茶制作工艺中的关键工序，通过发酵绿色鲜叶就变成了红色，从而形成红茶所特有的色、香、味。红茶的种类很多，就大体而言，可分为小种红茶、功夫红茶和红碎茶三类。小种红茶中最知名的是正山小种（也称拉普山小种）。功夫红茶是从小种红茶发展而来的，以祁门红茶最为著名，最迟出现的是红碎茶。红茶具有红汤红叶和香甜味醇的特征。

（二）名品

1. 小种红茶

小种红茶是福建省特有的一种红茶，产于福建崇安县星村乡桐木关的正山小种品质最佳，早在17世纪初就远销欧洲，并大受欢迎，曾经被当时的英格兰皇家选为皇家红茶。正山小种红茶外形条索肥壮紧实，色泽乌润，汤色红亮，滋味甘醇，具有天然的桂圆味及特有的松烟香气。这种特有的香味是由于在小种红茶的制作过程中，有一道工序是熏焙。熏焙是小种红茶特殊的干燥方式，也是形成小种红茶的关键工序。熏焙时，茶叶被薄摊于竹筛中，地面上堆着松柴，以明火燃烧。熏烟焙干茶叶的同时，使茶叶吸收了大量的松烟香味。

2. 祁门红茶

祁门红茶产于安徽省祁门县一带，是我国著名的红茶精品，简称祁红。它与印度大吉岭茶和斯里兰卡乌伐茶并称为世界三大高香名茶。祁红外形条索紧细匀整，苗秀显毫，色泽乌润（俗称"宝光"）；内质清芳并带有蜜糖香味，上品茶更蕴含着兰花香，国际茶市上把这种香气专门叫做"祁门香"，馥郁持久；汤色红艳明亮，滋味醇厚，叶底红亮。清饮最能品味祁红的隽永香气，也可加入牛奶调饮。祁门茶区的江西"浮梁功夫红茶"是"祁红"中的佼佼者，向以"香高、味醇、形美、色艳"四绝驰名于世。

3. 滇红

滇红产于云南省西部和南部地区，是我国出口红茶的佼佼者。滇红是云南红茶的统称，分为滇红功夫茶和滇红碎茶两种。滇红功夫茶是条形茶，芽叶肥壮，金毫显露，汤色红艳，香气高醇，滋味浓厚。滇红功夫茶最大的特征为茸毫显露，毫色分淡黄、菊黄、金黄。红碎茶是颗粒型碎茶。优质红碎茶外形颗粒重实、匀齐、纯净，色泽油润，内质香气甜醇，汤色红艳，滋味鲜爽浓强，叶底红匀明亮。

三、乌龙茶

（一）制作工艺与品质特点

乌龙茶又称青茶，属于半发酵茶类。主要产于福建、广东、台湾三省，其中福建的“武夷岩茶”屈指可数。所谓半发酵茶是指加工过程中,茶叶经过适当的发酵,使得叶片边缘呈红色,中间为绿色,素称“绿叶红镶边”。因此,乌龙茶综合了绿茶和红茶的制法,其品质介于绿茶和红茶之间,既有红茶浓鲜味,又有绿茶清芬香气。乌龙茶的成品外形紧实,干茶色泽青褐,香气馥郁,汤色金黄或橙黄,清澈明亮,滋味醇厚,富有天然花香。品尝后齿颊留香,回味甘鲜。乌龙茶的药理作用,突出表现在分解脂肪、减肥健美等方面。在日本被称之为“美容茶”、“健美茶”。

(二)名品

1. 武夷岩茶

武夷岩茶产自福建省武夷山。武夷岩茶外形肥壮匀整,紧结卷曲,色泽光润,叶背起蛙状。颜色青翠、砂绿、密黄,叶底、叶缘朱红或起红点,中央呈浅绿色。武夷岩茶品质独特,它未经窨花,茶汤却有浓郁的鲜花香,品饮此茶,滋味浓醇,鲜滑回甘,具有特殊的“岩韵”。大红袍则是武夷岩茶中品质最优异者。清代咸丰年间,在民间斗茶大赛中大红袍被评为武夷四大名枞之首,尊为“武夷茶王”。

2. 铁观音

铁观音为历史名茶,产于闽南安溪显西平乡。由于茶树的传说与观音菩萨有关,且茶经过发酵后“茶色如铁”,故名“铁观音”。铁观音既是茶的名称,又是茶树品种的名称。此茶外形条索紧结卷曲,有的形如秤钩,有的状似蜻蜓头,色泽乌润,有光泽。由于咖啡碱随着水分蒸发,在表面形成一层白霜,称作“砂绿起霜”。此茶冲泡后,异香扑鼻,其汤色金黄或黄绿,艳丽清澈,叶底肥厚明亮;趁热细啜,满口生香,喉底回甘,称得上七泡有余香。

3. 凤凰单枞

凤凰单枞属于广东乌龙茶类。产于广东省潮州市凤凰镇,因需单株采摘、单株制作加工、包装贮藏等,故得名“凤凰单枞”。凤凰镇生产的乌龙茶以凤凰水仙种的鲜叶为原料,产品分为单枞、浪茶、水仙三个等级,其中以凤凰单枞品质最佳,享有“形美、色翠、香郁、味甘”之誉。茶条索挺直肥大,色泽黄褐呈鳝鱼皮色,油润有光,叶底肥厚柔软,边缘朱红,叶腹黄亮。汤色橙黄清澈,具天然花香,味醇爽回甘,多次冲泡,余香不散,甘味犹存。

4. 冻顶乌龙茶

冻顶乌龙茶俗称冻顶茶,属于轻度半发酵茶,为台湾历史名茶。产于台湾省南投县凤凰山支脉冻顶山一带。冻顶乌龙茶的采制工艺十分讲究,采摘青心乌龙等良种芽叶,经晒青、凉青、浪青、炒青、揉捻、初烘、多次反复的团揉(包揉)、复烘、再焙火而制成。其成品外形紧结、呈半球形弯曲状,色泽墨绿,有天然的清香气。冲泡时茶叶自然冲顶壶盖,汤色呈柳橙黄,味醇厚甘润,发散桂花清香,茶汤入口生津富活性，韵味强，饮后杯底不留残渣。其茶品质，以春茶最好，香高味浓，色艳；秋茶次之；夏茶品质较差。

四、白茶

白茶为福建的特产，主要产区在福鼎、政和、松溪、建阳等地。属轻微发酵茶，是我国茶类中的特殊珍品。基本工艺是萎凋、烘焙（或阴干）、拣剔、复火等工序，其中萎凋是形成白茶品质的关键工序。茶色之所以为白色，这是由于人们采摘了细嫩、叶背多白茸毛的芽叶，加工时不炒不揉，晒干或用文火烘干，使白茸毛在茶的外表完整地保留下来，这就是它呈白色的缘故。白茶具有外形芽毫完整或形态自然成朵，满身披白毫（素有“绿妆素裹”之美感），且芽头肥壮，毫香清鲜，汤色黄绿清澈，滋味清淡回甘的品质特点。主要品种有白毫银针、白牡丹、贡眉、寿眉等。

白毫银针，简称银针，全是披满白色茸毛的芽尖，芽头肥壮，形状挺直如针，因其色白如银，外形似针而得名，在众多茶叶中，它是外形最优美者之一，令人喜爱。开汤后，汤色浅黄，香气清新，鲜醇爽口，饮后令人回味无穷，是白茶中最名贵的品种。目前白毫银针主销港澳地区，也销往德国及美国等地。在欧洲有的人在泡饮红茶时，于杯中添加若干银针，以示名贵。

五、黄茶

黄茶属于轻微发酵茶类。其品质特点是“黄叶黄汤”。黄茶的制作与绿茶有相似之处，不同点是多一道闷堆渥黄工序。这个闷黄过程，是形成黄茶品质特点的主要工序，也是它同绿茶的基本区别。黄茶分为黄芽茶、黄小茶和黄大茶三类。

黄芽茶之极品是湖南洞庭的“君山银针”。其成品茶，外形茁壮挺直，重实匀齐，白毫如羽，芽身金黄光亮，素有“金镶玉”之美称；内质毫香鲜嫩，汤色杏黄明净，滋味甘醇鲜爽，在国际和国内市场上都久负盛名。安徽霍山黄芽亦属黄芽茶的珍品。霍山茶的生产历史悠久，从唐代起即有生产，明清时即为宫廷贡品。其中又以霍山大化坪金鸡山的金刚台所产的品质最佳，干茶色泽黄绿，细嫩多毫，形似雀舌；有熟板栗香，饮后清香满口，耐泡。

六、黑茶

黑茶属于后发酵茶。主产区为四川、云南、湖北、湖南等地。由于采用的原料较粗老，加之制造过程中一般堆积发酵时间较长，因而叶色多呈暗褐色，故称黑茶，是压制紧压茶的主要原料。

黑茶是我国特有的茶类，生产历史悠久，以制成紧压茶边销为主，是一些少数民族日不可少的生活必需品。主要品种有湖南黑茶、湖北老青茶、四川边茶、广西六堡散茶,云南普洱茶等。其中云南普洱茶古今中外久负盛名。

第三节　茶文化的内涵

所谓茶文化是指人们在饮茶过程中所产生的文化现象和社会现象,有广义茶文化和狭义茶文化之说。广义的茶文化是指人类在社会历史过程中所创造的有关茶的物质财富和精神财富的总和。狭义的茶文化特指人类创造的有关茶的"精神财富"部分,如茶史、茶诗、茶画、茶道、茶艺、茶树栽培学、茶叶制作学等,其中的核心部分当属茶道和茶艺。

一、中国茶德与茶道

(一)茶道的内涵

茶道属于东方文化,最早起源于我国。早在我国唐代就有了"茶道"一词。例如,《封氏闻见记》记载:"又因鸿渐之论,广润色之,于是茶道大行,王公朝士无不饮者。"这是现存文献中对茶道的最早记载。唐代刘贞亮在《饮茶十德》中也明确提出:"以茶可行道,以茶可雅志"。中国人至少在唐或唐以前,就在世界上首先将茶饮作为一种修身养性之道,但是关于茶道长期以来都没有一个科学的、准确的定义,而要靠个人凭借自己的悟性去贴近它、理解它。直到20世纪末,在茶文化复兴的浪潮中,许多专家学者才对什么是茶道有了具体的解释。

1. 概念

茶道,就是在操作茶艺过程中所追求、体现的精神境界和道德风尚,它经常是和人生处世哲学结合起来,成为人们的行为准则。

2. 中国茶道的精神

与此同时,对中国的茶道精神也开始加以总结,归纳出了几条便于茶人们记忆、操作的"茶德"。专家、学者们对中国茶道的基本精神(茶德)的归纳,虽然不尽相同,但其主要精神还是接近的,中国茶德可以用"理、敬、清、融"四个字来表述:

理——理者,品茶论理,理智和气之意。两人对饮,以茶引言,促进相互了解;和谈商事,以茶待客,以礼相处,理智和气,造成和谈气氛;解决矛盾纠纷,面对一杯茶,以理服人,明理消气,促进双方和解;写文章、搞创作,以茶理想,益智醒脑,令人思路敏捷。

敬——敬者,客来敬茶,以茶示礼之意。无论是过去的以茶祭祖,还是今日的客来敬茶,都充分表明了上茶的敬意。久逢知己,敬茶洗尘,品茶叙旧,增进情谊;客人来访,初次见面,敬茶以示礼貌,以茶为媒介,边喝茶边交谈,增进相互了解;朋友相聚,以茶传情,互爱同乐,既文明又敬重,是文明敬爱之举;长辈、上级来临,更以敬茶为尊重之意;祝寿贺喜或登门造访,以精美的包装茶作为礼品赠予亲朋好友,是现代生活的一种高尚表现。

清——清者,廉洁清白,清心健身之意。清茶一杯,以茶代酒,是古代清官司的廉政之举,也是现代提倡精神文明的高尚表现。1982 年,首都春节团拜会上,每人面前清茶一杯,显示既高尚又文明,座上清茶依旧,国家景象常新,表明了我国两个文明建设取得了丰硕成果。今天强调廉政建设,提倡廉洁奉公,清茶一杯的精神文明更值得发扬。清字的另一层含义是清心健身之意。提倡饮茶保健是有科学根据的,茶的保健作用也是很早就被人们发现的。古代文献《本草纲目》、《药书》和《茶谱》等著作中都谈到茶有止渴、清神、消食、利尿、去痰、明目、益思、除烦、去腻、少卧轻身、消炎解毒等功效。已故的朱德委员长曾有诗云:“庐山云雾茶,示浓性泼辣。若得长年饮,延年益寿法。”体会之深,令人敬佩。

融——融者,祥和融洽、和睦友谊之意。举行茶话会,往往是大家欢聚一堂,手捧香茶。有说有笑,其乐融融;朋友,亲人见面,清茶一杯,交流情感,气氛融洽,有水乳交融之感。团体商谈,协商议事,在融洽的气氛中,往往更能促进互谅互让,有益于联合与协作,使交流交往活动更有成效。由此可见,茶在联谊中的桥梁纽带作用是不可低估的。

此外,中国的茶,能用来养性、联谊、示礼、传情、育德,直到陶冶情操,美化生活。茶之所以能适应各种阶层,众多场合,是因为茶德、茶的情操、茶的本性符合于中华民族的平凡实在、和诚相处、重情好客、勤俭育德、尊老敬老的民族精神。所以,继承与发扬茶文化的优良传统,弘扬中国茶德,对促进我国的精神文明建设无疑是十分有益的。

(二)茶道的核心

我国茶道精神的核心即“和”。“和”意味着天和、地和、人和。它意味着宇宙万物的有机统一与和谐,并因此产生实现天人合一之后的和谐之美。“和”的内涵非常丰富,作为中国文化意识集中体现的“和”,主要包括:和敬、和清、和寂、和廉、和静、和俭、和美、和爱、和气、中和、和谐、宽和、和顺、和勉、和合(和睦同心、调和、顺利)、和光(才华内涵、不露锋芒),和衷(恭敬、和善)、和平、和易、和乐(和睦安乐、协和乐音)、和缓、和谨、和煦、和霁、和售(公开买卖)、和羹(水火相反而成羹,可否相成而为和)、和戎(古代谓汉族与少数民族结盟友好)、交和(两军相对)、和胜(病愈)、和成(饮食适中)等意义。一个“和”字,不但囊括了所有“敬”、“清”、“寂”、“廉”、“俭”、“美”、“乐”、“静”、“融”等意义,而且涉及天时、地利、人和诸层面。在所有汉字中,无法找到一个比“和”更能突出“中国茶道”内核、涵盖中国茶文化精神的字眼了。

二、茶艺

（一）茶艺的概念

茶艺一词最早出现于20世纪70年代的台湾。当70年代台湾出现茶文化复兴浪潮之后，台湾民俗学会的董事长娄子匡教授提出了“茶艺”一词并为港澳台和大陆广泛接受。为什么称“茶艺”而不是“茶道”？这是因为“茶道”虽然是中国自古有之但是日本的茶道在世界上被广为认可，如果中国也使用茶道一词，会引起误会，认为中国是在学日本。此外，在中国自古认为“道”是高高在上的，非常庄重的，故而不轻易言道。而我们要弘扬的茶文化，是要使其具有中国传统文化的内涵，更要使人们易于接受和掌握权衡利弊，“茶艺”一词更适合中国的国情并利于国民接受，所以便决定使用“茶艺”一词作为中国茶文化的表现形式。

茶艺的具体含义包括两方面的内容，即科学地泡好一壶茶的技术和美妙地品尝一杯茶的方式。茶艺是在茶道精神指导下的茶事实践活动，是泡茶的技艺和品茶的艺术，其中尤以泡茶的技艺为主体。

（二）茶艺的特点

任何一种茶艺，都有一些共同的特点，都体现出中国茶艺的共性和个性和谐统一。其特点主要有以下几方面：

一是哲理为先。中国茶艺最讲究的是道法自然，崇尚简净。“道法自然”是中国茶艺表演的最高法则，即与自然相一致、相契合，从精神上追求自由，反对心为物所役，尽可能做到物我两忘，发自心性。崇尚简净是指在泡茶过程中以简为德，心静如水，怡然自得，返璞归真。

二是审美为重。中国茶艺之美表现在自由旷达，毫不造作，主张用心去感受茶事活动，注重内省，不拘一格。所以，中国茶艺虽然有规范要求，但不僵化、不凝滞，而是充满着生活的气息、生命的活力。

三是个性为要。中国茶艺注重意境，百花齐放。茶艺多姿多彩，儒雅含蓄与热情奔放，空灵玄妙与禅机逼人，缤纷错彩与清丽脱俗，各种风格都能一一展现。

四是实用为佳。茶是用来喝的，是开门七件事之一，是和老百姓的生活息息相关的。因此，中国茶艺不仅关注冲泡过程，同时还需要把茶的滋味感觉、心理感受很好地融为一体，追求一种至上的生活享受。

三、茶艺与茶道的关系

茶艺与茶道是茶文化的核心。茶道是以修行得道为宗旨的饮茶艺术，包含茶艺、礼法、环境、修行四大要素。茶艺是茶道的基础，是茶道的必要条件，茶艺可以独立于茶道而存在。茶道以茶艺为载体，依存于茶艺。茶艺的重点在

"艺",重在习茶艺术,以获得审美享受;茶道的重点在"道",旨在通过茶艺修身养性,参悟大道。茶艺的内涵小于茶道,茶道的内涵包容茶艺。但茶艺的外延大于茶道,其外延介于茶道与茶文化之间。茶艺与茶道结合,艺中有道,道中有艺,是物质与精神高度统一的结果。

第四节　茶馆文化

一、茶馆的形成与发展

茶馆,是国人专门用作饮茶的场所,也是人们休息娱乐、买卖交易、问讯议事的地方,可谓老少咸宜、男女皆至的好去处。茶馆在我国的发展历史悠久,是随着城镇经济和市民文化的发展、茶叶及饮茶习俗的兴盛而出现的一种以饮茶为中心的综合性群众活动场所。但茶馆起源于何时,历史上并没有明确的记载,一般认为。茶馆的雏形出现于晋元帝时,在唐代开始萌芽,宋代形成一定规模,明清时终成时尚。关于茶馆的称谓,在历史上也各有不同,唐宋时,茶馆称茶肆、茶坊、茶楼、茶邸,明代以后时称茶馆。虽然称呼有别,但其形式和内容大抵相同。

(一)唐代茶馆的兴起

唐代,茶叶的种植已十分普遍,朝野上下、寺观僧道,饮茶成风,盛极一时,以茶为契机的聚会更是成为唐代文苑的风雅之事。中唐以来,文人雅士之间茶文化活动的一个重要形式就是举行茶会和茶宴,同时还出现了官办的大型茶宴;到了晚唐时期,宫廷开始兴办明清茶宴。唐代城市经济的发展,促进了商业交往。商人在外经商需要一个住宿、饮食和谈生意的场所,为了适应这种需要,开店铺煎茶、卖茶就成为一种必然,茶馆便应运而生了。关于茶馆的最早文字记录,来源于唐代的《封氏闻见记》,其中谈到"自邹、齐、沧、棣、渐至京邑城市,多开店铺,煎茶卖之,不问道俗,投钱取饮。其茶自江淮而来,舟车相继,所在山积,色额甚多。"自唐开元以后,在许多城市已有煎茶、卖茶的店铺,只要投钱即可自取随饮。在这些茶馆中,卖茶者将烧制的陆羽像放在煎茶的炉灶上和茶具间,奉陆羽为茶神。初具规模的唐代茶馆虽然多,却与旅舍、饭店相结合,不是很普及和完善,但它却为宋代的茶馆兴盛奠定了基础。

(二)宋代茶馆的兴盛

宋代,以卖茶为业的茶肆、茶坊已很普遍,几乎各个大小城镇都有茶肆。反映宋代农民起义的古典名著《水浒传》里,就有王婆开茶坊的记述。宋代茶馆很讲究经营策略,为了招徕生意,留住顾客,他们常对茶肆进行精心布置和装饰,不仅是为了美化饮茶的环境,增添饮茶乐趣,还与宋人好品茶赏画的特点分不开。苏东坡就有"尝茶看画亦不恶"的诗作,随着茶肆的增加,竞争也日益激烈。为了吸引更多茶客前来捧场，各茶肆使出浑身解数，安排诸多的娱乐活动吸引顾客，并以此为由多下茶钱。宋代茶馆的类型和功能多样化为前代所不及，茶馆的社会功能逐渐超出了“饮食”本身的意义，这一点与现代茶馆基本相似。

（三）明清茶馆的成熟

明清时期，茶馆文化渐趋成熟，并逐渐走向兴盛。明代茶馆较之宋代，最大的特点是更为雅致精纯，茶馆饮茶十分讲究对用茶、择水、选器、沏泡、火候等都有一定要求，以招徕茶客。明代兴起的散茶冲泡饮法因使用了茶壶，而使得崇尚盏、碗的唐宋茶具不适用了。茶盏也由黑釉瓷变成为白瓷或青花瓷，尤其是“薄如纸、白如玉、声如磬、明如镜”得异常考究。当然，最为时尚的还是宜兴的紫砂壶，以致“明制一壶，值抵中人一家产。”明代市井文化的发展使茶馆文化更加走向大众化。最为突出的表现是明朝末年出现在北京街头的大碗茶，以贴近大众生活的优势而经久不衰，并被列为三百六十行中的正式行业。

清代，茶馆随着社会经济的发展与繁荣遍布城乡，数量为历史所少见，北京有名的茶馆就有 30 多座，上海更是多达 60 多座。清代的茶馆多种多样，有以卖茶为主的清茶馆，也有既卖茶又兼营点心、茶食，甚至还经营酒类的荤铺式茶馆，还有一种茶馆兼营说书和演唱，是人们娱乐的好场所。茶客们一边喝茶，一面听书、听曲，闲适自在。值得一提的是，清代茶馆与戏院紧密联系在一起。戏曲艺人在酒楼、茶肆中作场，宋元时已有之，但那时仅仅是在席前表演，尚无专设的戏台。到了清代，不少茶馆为了吸引更多的茶客，在茶馆内设有戏台，久而久之，茶院与戏园就合二为一了，故旧时的戏园往往又称茶园。

（四）近、现代茶馆的发展

清末民初，中西文化撞击，茶馆业呈现出与以往不同的特点——中西合璧，追求奢华。其陈设更齐全，功能更多样化，西方的茶点、饮料大量进入中式茶馆模仿西方咖啡馆的音乐茶座、露天茶室应运而生。茶馆原来精致清俭的精神与清新、雅致、具有大众化文化气息的特点逐渐减弱，消极作用越来越明显。此外，中国经历了战争、贫困和一些非常时期，清末民初的茶馆逐渐走向了衰落。

当代，随着茶文化的复苏，我国茶馆业再次兴盛起来。继台湾茶艺馆兴起之后，与 20 世纪 80 年代末到 90 年代初，各地相继出现了大量布置高雅、服务讲究的茶艺馆。

现代经营的茶艺馆大致可分为四种类型：一是历史悠久的老茶馆，多保留着旧时的风格，有着浓厚的传统文化氛围；二是近年来新开设的茶艺馆，铺面通常位于现代建筑中，常以假山、喷泉、花草、树木来营造闹中取静的效果，室内则布置以书画来突出文化氛围，除供应茶水、茶食和进行茶艺表演外，还主办各种茶会，面向公众传播茶文化；三是设在交通要道两侧、车船码头、旅游景点等处的流动性茶摊,主要是为过往行人休息解渴之用,颇具地方乡土气息;四是露天茶园、棋园茶座,这类茶园(座)坐落于公园清幽处,或紧邻绿地,用的是简易的木质桌椅,喝的是普通茶叶,客人可自娱自乐,轻松悠闲,别有一番自然情趣。而音乐茶座一般选择在幽雅的场所,并配以柔多彩的灯光,以饮茶品点,欣赏文艺为内容。音乐茶座的形式多样,内容丰富。人们可以品茶自娱,也可以约上几个朋友,在音乐的伴奏下,翩翩起舞;还可以在啜饮纳凉的同时,进行各种交流。为了更好地推广茶文化,很多茶艺馆还在原有的茶表演基础上,编排了很多易于操作、富有特色的茶艺表演。总之,我国现在的茶艺馆是百花齐放,形式多样,已成为人们业余生活的重要选择之一。

二、风格各异的茶馆

(一)四川的盖碗茶和茶馆

四川是茶的故乡,茶的品类繁多,川民一直保留了好茶的习惯。茶事最突出的表现便是四川茶馆林立。有谚语说四川“头上晴天少,眼前茶馆多”。而四川茶馆又以成都最有名,所以有“四川茶馆甲天下,成都茶馆甲四川”之说。在成都,大到茶馆、茶楼,小到茶摊、茶园,无论在市区、乡镇、闹市,还是在野外,比比皆是。成都人习惯将到茶馆饮茶统称为“泡茶馆”,一个“泡”字,道尽成都人生活心态之悠闲。

四川人盛行自斟自饮的盖碗茶。所谓“盖碗茶”,包括茶盖、茶碗、茶船子三部分,故称盖碗或三炮台。盖碗用的茶盖,一是茶沏好盖上后,可以很快泡出茶味来;二是可用作割去茶碗上飘浮的泡沫;三是可用来凉茶,即将茶盖反扣在桌面上倒入茶汁,便于快饮解渴。茶船子,又叫茶舟,即承受茶碗的茶托,相传是在唐代德宗建中年间由西川节度使崔宁之女在成都发明的。这样,茶碗、茶盖、茶船托三位一体,既实用又美观。此外,川人使用茶盖还有其特殊的讲究:品茶时,茶盖置于桌面,表示茶杯已空,茶博士会很快过来将水续满;茶客临时离去,将茶盖扣置于竹椅之上,表示人未走远,少时即归,自然不会有人侵占座位,跑堂也会将茶具、小吃代为看管。茶博士的斟茶技巧,又是四川茶楼一道独特的风景线。表演者手提装满开水的长嘴铜壶,以“童子拜佛”、“负荆请罪”、“贵妃醉酒”、“苏秦背剑”、“木兰挽弓”等姿势进行泡茶表演,只见水柱临空而降,泻入茶碗,翻腾有声,须臾之间,戛然而止,茶水恰与碗口平齐,却不见半滴水流到桌面上,既是一门绝技,又是艺术的享受。

(二)广州茶馆

饮茶是广州人的一个生活习惯,也是“食在广州”的一大特色。广州称茶馆为茶楼,人们大多热衷于上“茶楼”饮茶,且乐此不疲。广州人上茶楼,要分早、午、夜三茶,其中以饮早茶风气最盛,人数也最多。广州茶楼是茶中有饭,饭中有茶,它不仅供应茶水,还供应点心。各大茶楼日常提供的各类点心精美别致、花色繁多,为广州品茶之一大特色;各种叉烧包、水晶包、猪肠粉、虾饺、糯米鸡等琳琅满目,不胜枚举。而且茶楼建筑规模宏大,富丽堂皇,是茶馆所不能比拟的。因此,广州人聚朋会友,洽谈生意,业余消遣,都乐于上茶楼。一壶浓茶,几件美点,三三两两聚在一起,边吃边谈,既填饱了肚子,联络了感情又交流了信息,甚至谈成了一桩生意,实在是件惬意的事情。

正因为如此,广州人把饮茶,又称"叹茶"。"叹"是广州俗语,为享受之意。这也正是广州茶楼业历百年而不衰的一个重要原因。广州人饮茶并无什么礼仪上的讲究。唯独在主人给客人斟茶时,客人要用食指和中指轻叩桌面,以示谢意。据说这一习俗,来源于乾隆下江南的典故。

在广州,还有专门的品茗场所——茶艺馆。这些茶艺馆不像茶楼、酒家配合着菜肴、点心的"饮茶",而是专注对茶的细品,追逐品茗的美妙境界。茶艺馆不但向消费者提供了更佳的饮茶氛围,还向顾客提供优质名茶、优质的服务,并且表演各种茶的冲泡技艺,具有较强的专业性,因而受到消费者的青睐。

(三)杭州茶室

"龙井茶、虎跑水"被称为杭州双绝。在杭州,水是灵魂;在杭州茶馆里,水是道具。天堂水沏的龙井茶是用来调和人们身上浓浓淡淡的体液,以便将情感和理智整得风调雨顺。杭州人偏爱茶馆,偏爱精致和谐,所以过于浓情和热情的咖啡馆、酒吧在杭州是敌不过若即若离、闲情满溢的茶馆的。在杭州,各种茶室皆典雅、古朴,像京津那种杂以说唱、曲艺的茶室不多,也很少像广州、香港,名曰"吃茶",实际吃点心、肉粥的风气。杭州茶馆所以称"茶室",是别有意境的,一个"室"字,既可以是文人的书室,也可以是佛道的净室。总离不开雅洁清幽的意境,自然清新的文化氛围,超凡脱俗的"仙"、"佛"之气。

如今,杭州茶室以西湖为中心,缀于城市的各个角落,如梅家坞文化村、龙井茶文化村等,湖光山色,清黛相见;茶园棋布,名胜星罗,它们与风景为伴,与茶香为伍,整个杭州城,形同一个天造地设的"大茶寮"。"不到茶馆,等于没到杭州。"已经有游客如此评价杭州。据统计,目前,杭州的茶馆数量逾800家,杭州茶馆业的年营业额已达10亿元,杭州茶馆已从当年的文化符号成长为杭州茶经济的主要增长点之一。

(四)北京茶馆

北京是六朝古都,是中国的心脏,其茶文化当然也是集"天下之大成"。老北京的茶馆遍及京城内外,种类繁多,功用齐全,文化内涵极为深邃。北京的茶馆中大多供应香片花茶,兼售红绿茶,茶具多为盖碗。馆中备有象棋、谜语等供人消遣;茶客们边品茗边品尝京式小吃,同时也可欣赏京剧、曲艺等充满传统文化韵味的节目。

1. 市民文化味道浓郁的“书茶馆”

书茶馆，即设书场的茶馆。清末民初，北京出现了以短评书为主的茶馆，评书分为“白天”、“灯晚”两班，更有在白天行书以前，加一短场的，名曰“说早”。凡是有名的评书角色，都是轮流说白天、灯晚，初学乍练或无名角色，才肯说早。书茶馆开书以前可卖清茶，也是各行生意人集会的“攒儿”、“口子”，开书后是不卖清茶的。书馆听书费用名“书钱”。法定正书只说六回，以后四回一续，可以续至七八次。平均每回书钱一小枚铜钱。在这种茶馆里，饮茶只是媒介，听评书是主要内容。书茶馆，直接把茶与文学相联系，给人以历史知识，又达到消闲、娱乐的目的，老少皆宜。

2. 其乐融融的“清茶馆”和“棋茶馆”

北京的清茶馆，饮茶的主题较为突出，一般是方桌木椅，陈设简洁素雅。清茶馆皆用盖碗茶，春、夏、秋三季还在门外或内院高搭凉棚，前棚坐散客，室内是常客，院内有雅座。到这种茶馆来的多是悠闲老人，有清末的遗老遗少、破落子弟，也有一般市民。清茶馆专以卖茶为主，也有供给各行手艺人作“攒儿”、“口子”的。手艺人没活干，到本行茶馆沏壶茶一坐，也许就能找到工作。早晨茶客们在此论茶经、鸟道，谈家常、论时事。中午以后，商人、牙行、小贩则在这里谈生意。而专供茶客下棋的“棋书馆”，设备虽简陋，却朴洁无华，人们喝着不高贵的“花茶”、“高末”，把棋盘暂做人生搏击的“战场”，则会减几分人生不如意带来的烦恼，添几分生活的乐趣。

3. 颇具田园情趣的“野茶馆”

野茶馆是以幽静清雅为主，多设置在风景秀丽之地，矮矮的几间土房，支着芦箔的天棚，荆条花障上生着牵牛花，砌土为桌凳，砂包的茶壶，黄沙的茶碗，沏出紫黑色的浓苦茶，一派田园风光。与乡村野老谈一谈年成，话一话桑麻，眼所见的是天际白云，耳所听的是蛙鼓蛩吟，才是“野茶馆”的本色。在这种地方饮茶，人也感到返璞归真了。这些野茶馆，使终日生活在喧嚣中的城里人获得一时的清净，对于调节北京人的生活大有裨益，又使饮茶活动增添了不少自然情趣。

4. 功能齐全的大茶馆

大茶馆在清代北京走过红紫大运。八旗二十四固山，内务府三旗、三山两火、仓库两面，按月整包关钱粮，按季整车拉俸米。家有余粮、人无菜色，除去虫鱼狗马、鹰鹘骆驼的玩好以外，茶馆是必不可少的消遣之处。于是大茶馆便发达起来。在大茶馆里，既可以饮茶，又可品尝其他饮食；可以供生意人聚会、文人交往，又可为其他三教九流、各色人等提供服务。此外，在大茶馆喝茶价廉方便，如喝到早饭之时需要回家吃饭，或有事外出的，可以将茶碗扣于桌上，吩咐堂倌一声，回来便可继续品用。因用盖碗，一包茶叶可分两次用，茶钱一天只付一次，且极低廉。大茶馆集饮食、饮茶、社会交往、娱乐为一体，所以不同于其他种类茶馆，不仅规模大，而且影响也深远。

在北京的茶馆里，提起“老舍茶馆”，不但在京城妇孺皆知，就是在外埠，甚至在国外，知道这个字号的人也不少。老舍茶馆是以人民艺术家老舍先生及其名剧命名的茶馆，始建于 1988 年，现营业面积 1500 平方米，可以同时容纳 350 人观看节目，是集书茶馆、餐茶馆、茶艺馆于一体的多功能综合性大茶馆。在这古香古色、京味十足的环境里，客人每天都可以欣赏到来自曲艺、戏剧等各界名流的精彩表演，客人如有雅兴，也可即兴登台客串。在品茶的同时，可以品用各类名茶、宫廷细点和应季北京风味小吃。自开业以来，老舍茶馆接待了很多中外名人，因此在世界各国享有很高的声誉。其中，1989 年接待过原国家主席杨尚昆，1992 年接待了日本前首相中曾根、海部俊树，1993 年接待了新加坡总统王鼎昌，1994 年相继又接待了美国前总统布什、联合国前秘书长瓦尔德海姆、中国台湾东吴大学校长章孝慈先生，2005 年接待了中国国民党前主席连战先生等世界知名人士。“老舍茶馆”已然成为北京这座六朝古都和国际大都市的“城市名片”。

◎本章小结

本章系统学习了中国茶文化的相关知识，其中包括中国茶文化的形成与发展，陆羽与《茶经》，茶叶的种类、特点，各种类茶叶的制作与名茶，中国茶文化，茶道与茶艺，茶馆文化等内容。茶文化的形成与发展，主要介绍了茶在各个历史发展阶段的制作、发展、传播及作用，要求大家熟悉茶的发展历程。陆羽在我国被后世尊为“茶圣”，他写成了世界上第一部茶叶专著《茶经》。在茶叶的种类与制作方面，主要是根据加工方式分类总结的，介绍了各种类茶的特点、制作、分类及名品，要求重点掌握其特点及名品的相关知识。茶文化的内涵主要介绍了茶德、茶道与茶艺，要求重点掌握茶道的精神、核心、茶艺的特点、茶道与茶艺的关系等内容。茶馆文化主要介绍了具有代表性的几个地区的茶馆的异同，要求熟悉各地茶馆的风格与特点。

◎思考与练习

1. 了解“寻找美丽的中华——世界茶文明之旅”活动的内容和进展情况，试做其中的茶文化知识竞赛题目。
2. 简述茶文化的思想渊源与价值构架。
3. 了解我国茶文化旅游发展现状，当地有哪些茶文化旅游资源，如何开发？
4. 试论中华茶文化精神与大学生人文素质教育的关系
5. 联系实际谈谈怎样弘扬和发展中国的茶文化？

◎实践作业

组织学生分组参观本地一家有特点的茶艺馆，让学生对各类名茶有直观的了解，并观看茶艺表演。

第八章　宴席文化

本章内容： 宴席的概述
宴席的起源和发展
宴席食品的基本格局
宴席的种类与名品

教学要求： 了解宴席的起源和发展，知道宴席的种类与名品，掌握宴席的特点、作用和基本格局。

教学课时： 4 课时

第一节 宴席的概述

一、宴席的概念

宴席是指人们为了某种社交目的,以一定规格的酒菜食品和礼仪来款待客人的聚餐方式。宴席通常又被人们称为“筵席”或“宴会”,除此之外,还有“筵宴”、“酒席”、“酒宴”、“燕饮”、“会饮”等不同的称谓,这些称谓的含义大体相同,但严格说来,“宴席”与“宴会”还是有一定的区别。

在我国古代,“宴席”称为筵席,本意最早是古代铺地的坐具。古人生活习惯是席地而坐,为了卫生,就铺着席子坐,包括饮食时也是坐在地上的。《周礼·春官·司几筵》记载:“司几筵掌五几、五席之名物,辨其用,与其位。”唐代学者贾公彦疏证云:“凡敷席之法,初在地者一重谓之筵,重在上者谓之席。”古书上所说的“几”是一种矮小的案子,古人用来搁置物品和倚凭身体之用。“五几”则是指玉、彤、雕、漆、素等五种不同质地的几物。“五席”则是指莞席、缫席、次席、蒲席、熊席等五种席子。筵,一般用蒲苇等粗料编成;席一般用细料编成。筵与席的摆设方式是筵下席上、筵长席短、筵粗席细。在奴隶社会、封建社会有一套严格的等级制度,筵、席、几必须按照地位与官阶的高低来摆设,如天子之席五重,设玉几;诸侯之席三重,设雕几。人们将食品菜肴放在席前的几上,席地而食,这就形成了古代的筵席,后来筵席逐渐演变成了“具有一定规格质量的一整套酒水菜品”。

“宴会”从字义上看,“宴”同“燕”,和乐貌。“宴会”也称“燕会”、“热会”、“酿会”,是指宴饮的聚会。由此看来,“筵席”与“宴会”的区别在于前者强调内容,更具体,而后者更注重形式和聚会的氛围,其含义也比较广。尽管有这些细微区别,人们通常还是将这两个词等同起来使用,为了便于理解,今天人们也把“筵席”与“宴会”合称为宴席或筵宴。

二、宴席的特点

宴席不同于日常饮食的一般聚餐,它具有聚餐性、规格性、社交性、礼仪性、艺术性等大特点。

(一)聚餐性

从形式上讲,宴席是多人聚集在一起,边吃边交流的进餐方式。人数根据需要可多可少,有十来人的,也有几百人的、几千人的,甚至上万人的。进餐有围在桌子周围的,也有站立的、可以在餐厅内自由走动的;有在室内的,也有在室外的。正规的宴席,赴宴者有主要宾客、随行人员、陪客和主人,主人是宴席的东道主,主要宾客是宴席的中心人物,随行人员是伴随主宾而来的客人,陪客是主人请来陪伴客人的人。中国传统宴席习惯于 8 人、10 人,或者 12 人一桌,其中以 10 人一桌的形式为主,象征着“十全十美”的吉祥寓意。至于桌面,通常以大圆桌居多,寓意味“团团圆圆”、“和和美美”。

（二）规格性

从内容上讲,宴席是按照一定规格质量和程序组配起来的一整套食品。它要求全桌食品配套,应时当令,制作精美,调配均衡,食具雅丽,仪程井然,服务周到热情。冷碟、热炒、大菜、甜品、汤品、饭菜、主食、点心、水果、酒水等,均按一定质量和比例,分类组合,前后衔接,依次推进整桌席面上的菜点,在色泽、味型、质地、形状、营养以及盛装餐具方面,力求丰富多彩,并因人、因事、因宴席档次科学设定。与此同时,在宴席场景的装饰上,在宴席节奏的掌握上,在接待人员的选用上,在服务程序的配合上都有严格的规格。

（三）社交性

从作用上讲,宴席是交际、庆祝、纪念等社交活动的一种方式。宴席既可以怡神甘口,强身健体,满足口腹之欲,又能够启迪思维,陶冶情操,给人以精神上的欢愉。尤其在社会交际方面,宴席可以聚会宾朋,敦亲睦谊;可以纪念节日,欢庆盛典;可以洽谈事务,开展公关;可以活跃市场,繁荣经济。所以《礼记》有云:“酒食所以合欢也”。实际上,人们也常在品尝佳肴饮琼浆、促膝谈心交朋友的过程中,疏通关系,增进了解,加深情谊,解决一些场合不容易解决的问题,从而实现社交的目的。

（四）礼仪性

中国宴席又是礼席、仪席。古代许多大宴,都有钟鼓奏乐、诗歌答奉、仕女献舞和艺人助兴。现代宴席在继承过程中仍保留了许多健康、合理的礼节与仪式,崇尚“尊重、谦恭、礼让”的核心主旨并没有变。如发送请柬,车马迎宾,门前恭候,问安致意,献烟敬茶,专人陪伴;入席彼此让座,斟酒杯盏高举,布菜“请”字当先,退席“谢”字出口;还有仪容的修饰,衣冠的整洁,表情的谦恭,谈吐的文雅,气氛的融洽,相处的真诚;以及餐室的布置,台面点缀,上菜程序,菜品命名;还有嘘寒问暖,尊老爱幼,女士优先,照顾伤残等都是礼仪的表现。此外,对于一些重大的宴席还要注意尊重主宾所在国家或民族的风俗习惯及宗教感情。可从某种意义上来说,一次宴请聚餐活动,实际上也是一次礼仪会演活动。

（五）艺术性

宴席的艺术性体现在多个方面,其中有席单的设计艺术、菜点食品的组配艺术、原料加工的艺术、盛器与食品配合的艺术、冷拼雕刻的造型与装饰艺术、餐室美化和台面点缀艺术、服务的语言艺术技巧、着装艺术方面等多个方面的内容。古往今来,我国宴席场面典雅而隆重,菜品丰富而精美,充分体现了中国饮食的博大精深。

附:宴席曲

宴席曲流行在中国西北地区土族、撒拉族等民族的传统习俗性舞蹈,是迎亲时男方宴请女方送亲者的宴席间演唱的歌舞形式。曲调优美,节奏性强;歌词多叙述民间故事、传说和一些幽默逗趣的内容。舞蹈动作不配合歌词具体内容,只表达欢乐的情绪。宴席曲多为2~8人的男子对舞,相互换位后,有屈膝半蹲、双手伏膝的行礼姿态。其基本步法一般是脚尖或脚掌先落地、膝部屈伸,使身体如波浪起伏,与头部的摆动、颤动相协调。手势有单晃手、双晃手、掏手、望月等,舞姿洒脱昂扬,表现了高原民族豪放、开朗和诙谐的性格。

三、宴席的作用

随着改革开放的发展,人民生活水平的不断提高,宴席在经济、文化、社交及国际关系中部起着重要的作用。

(一)改善生活

宴席是一种特殊的交际工具。人们在日常交际活动中,除了用电话、书信等常用工具进行交流之外,宴席便是最重要的一种交际工具之一。人们在这种特殊的氛围里,边品尝美味佳肴、香茗美酒,边畅叙友谊、洽谈事务。有时运用其他方式难以解决的问题,通过宴席却可迎刃而解。

(二)促进交流

宴席是一种吃喝的艺术,它不仅有助于丰富人民生活,不断提高人民的饮食生活水平,还能够增添人们的欢乐、消除工作疲劳。宴席又是一种特殊的交际工具。人们在日常交际活动中,除了用电话、书信等常用工具进行交流之外,宴席便是最重要的一种交际工具之一。

(三)发展烹调艺术,提高技术水平

很多食品生产由于受成本、菜单等限制,平时厨师没有机会锻炼,而宴席由于档次高、花色品种多提供了这种机会,可以创制新产品,发展烹调艺术,提高厨师技术水平。

(四)提高饭店声誉,增强企业竞争力

宴席管理复杂,要求较高,涉及面较广。特别是大中型高档宴席,需要一系列专业能力,管理人员平时缺少这种机会,通过宴席组织就可以提高他们的组织指挥能力,训练服务员队伍,提供优质服务,从而提高企业的形象和声誉,增强企业竞争力。

(五)活跃市场,繁荣经济

宴席是所有进餐方式中人均消费最高的一种,也是餐饮经营项目中利润最高的一项。据有关统计表明:大型饭店、宾馆、餐馆的营业收入中,宴席占总收入的50%以上。宴席的高利润性,使许多商家积极推出宴席促销活动,争取更多的宴席,促进经济效益的提高。此外,随着我国改革开放的深入,经济加速发展,国外入境旅游者,华侨、港澳台同胞回大陆探亲、访友、观光者人数大幅度上升。

这些旅游者无不以品尝中国宴席美馔佳肴为乐，把中国宴席美馔佳肴献给国内外旅游者，充分满足他们的不同层次的需要，对促进经济繁荣，及时回笼货币，增加外汇收入，并以交税金和利润的形式为社会主义现代化建设积累建设资金。

附:7.5 万人黄龙溪品三国美食宴

2008 年国庆节这一天，成都天气十分好，双流黄龙溪接待游客高达 7.5 万人次，同比增长了 257.14%。也就是说，当天有 7.5 万人在黄龙溪享受三国美食。

据了解，在国庆佳节期间，黄龙溪以“品三国美食宴，游古镇黄龙溪”为主题的大型旅游盛会，给游客们带来了很多节日之乐、美食之香。

在古镇的“美食街”上，诸葛三思(丝)、刘备椒香鸡、关羽奇香鸭、张飞鹅掌汤……以三国演义中英雄人物的名字命名的菜品吸引了许多好奇的食客。据悉，本届黄龙溪美食节上，推出了“三国九斗碗”系列菜品，所有菜都是以黄龙溪特产为原料，麻、辣、鲜、香等川菜地方特色一应俱全。“三国九斗碗”系列菜品是黄龙溪为本次活动倾力打造的当地特色精品美食，向游客们隆重展示了千年古镇的特色美食。

资料来源：成都日报[2008－10－2]。

第二节　宴席的起源和发展

我国宴席起源于原始聚餐和祭祀等活动，其发展历程大致经历了新石器时代的孕育萌芽时期、夏商周的初步形成时期、秦汉到唐宋的蓬勃发展时期，在明清成熟、持续兴盛，然后进入近现代繁荣创新时期。

一、宴席的起源

宴席是社会生产发展的产物。探讨宴席的起源，不能不了解社会生产的发展。而要了解社会生产的发展，就不能只了解阶级产生以来的社会生产的发展，还必须上溯到阶级产生以前的社会，了解那个时期社会生产发展的情况，只有这样，才能描摹出更接近历史真实的宴席起源的图景。

(一)原始聚餐

宴席作为一种饮食聚会，采用的是同餐共食制，这种食制的原始形态植根于人类原始社会的集体生活之中。在漫长的史前时期，人们依靠集体的力量和智慧，共同劳动，获取食物，妇女、老人和孩子主要从事采集，男子主要从事狩猎、捕鱼。共同劳动所获得的收获物都是公有的，是集体财产，每一个成员都对这种财产享有平等的权利，实行共同分配和共同消费，即实行同餐共食制，也就是每一个成员拿到一份食物之后，并不能占有它，只能当时吃掉它，一切不消费的东西，都仍是集体财产。这种社会生产组织和生活单位,一方面为同餐共食制提供了基本的物质保证,另一方面又在某种意义上使得同餐共食制成为加强群体成员之间的联系、认同和凝聚的特殊手段。当然,同餐共食的生活方式,显然不能据此简单草率地认定这就是宴席,但是却可以追溯宴席饮食方式的由来。

(二)原始宗教及其祭祀活动

在旧石器时代晚期的母系氏族社会,每个氏族的名称,就是这个氏族的图腾,图腾信仰是这个氏族的共同宗教。这是人类学、民族学确证的事实。图腾一词源于印第安语,它的意思是“我的亲属”。在近现代一些原始民族中,人们仍然用“我的父母”、“我的祖父母”、“兄弟姐妹”或“我们的骨肉”的称谓称呼图腾,笃信自己与图腾之间存在着某种血缘关系,即亲属关系。正因为如此,图腾崇拜成为母系氏族社会头等重要的事件,献祭仪式是属于氏族全体成员的共同庆典。人们像对待同族亲属一样对待图腾动物,认为私人屠杀图腾动物的行为是“非法的”,只有在氏族所有成员都参加祭奠时,他们才屠杀图腾动物并作为“神圣”的祭物,献祭后,依照规定氏族内的所有人必须共享祭品,吃食图腾肉,他们相信当共同食用的“神圣”祭物到达体内后,不仅会使他们能够获得图腾的一部分勇气和力量,也使他们相互之间结成的“生死与共”的统一体更加巩固,更使他们的生命能与祭物的生命融为一个共同生命体。这是沟通和维系人与图腾之间永久神圣关联的唯一方法,因此他们每隔一段时间即要举行献祭仪式,共享一次祭物。C. A. 托卡列夫指出:图腾餐“是广泛流行的‘圣餐’仪式的原始形式。”图腾祭祀是宴席的起源,图腾圣餐是最初的宴席形式。

在母系氏族社会,凭借图腾圣餐的方式来加强氏族内部人之间、人与图腾之间的认同感,以达到融入那种神秘的生命之中的境界。这种聚而共食的重要意义,已不再是最初完全被动适应生存环境与基于求食本能那种意义上的共食形式。

在人类社会,宗教祭祖活动一直被看做是神圣的事,人与神的沟通,通过祭祀与宴飨借以实现,这种现象在我国及世界各国自古以来就普遍存在。例如,在殷商时代,“殷人尊神,率民以事神,先鬼而后礼”,在每次祭奠完毕后,那些丰富的祭物(酒食),就成了殷王与陪祭臣子的一次宴飨了。在我国封建社会,各姓宗祠、支祠以及乡社神庙,在祭祖时也盛行各种聚会共食制度。

二、宴席的发展过程

中国宴会的滥觞不迟于虞舜时期,经过夏商周三代的孕育,到春秋战国已具雏形。汉魏六朝,它在席位、陈设、礼仪以及茶点的质与量上不断演化,进入隋唐宋元已更为规范。明清两代,宴席有了较大的发展,更加强调席面编排、肴馔制作、接待礼仪和宴饮情趣,充分显示出中华民族饮馔文明的特色。

(一)孕育萌芽时期

中国宴席是在新石器时代生产初步发展的基础上,因习俗、礼仪和祭祀等活动的产生而由原始聚餐演变出现的。根据《周礼》、《礼记》等书的追记,虞舜时代已出现"燕礼"。这是一种敬老宴,每年举行多次,慰问本族耆老和外姓长者,其形式是先祭祖,后围坐,吃些狗肉,饮几杯米酒,较为简朴。《礼记·王制》言:"凡养老,有虞氏以燕礼。"孔颖达解释说:"燕礼则折俎有酒而无饭也,其牲用狗。谓为燕者,《诗》毛传云:燕,安也,其礼最轻,行一献礼毕而脱履升堂,坐以至醉也。"燕,即宴,这种养老宴是先祭祖,后围坐在一起,吃狗肉、饮米酒,较为简朴、随意。

(二)宴席的初步形成时期

到夏商周三代,宴席的规模有所扩大,名目逐渐增多,并且在礼仪、内容上有了详细的规定,宴席进入初步形成时期。

夏朝,敬老之风尚存,并且还增添了"飨礼"。它的菜品稍多,但酒仍限制,依然体现尊贤的传统。夏启袭位后,还在钧台(今河南禹县北门外)举行过盛宴,招待众部落酋长,扩大了宴席规模。夏桀当政,追逐四方珍异,宴席渐开奢靡之风。

殷商时期,宴席在祭神活动中得到发展。殷人嗜酒,喜好群饮,菜品已较前丰盛。那时的餐具多按1~3人一席设计,除了碗、勺、杯外,其余都是共用,并且盘、豆、盆、钵的圈足与器座高度,正与席地而坐者的位置相适应。纣王当政时,荒淫无道,搞起酒池肉林大宴,开了冶游夜宴的先河。

周代,宴席变化甚大。由于周人"事鬼敬神而远之",酒席名正言顺为活人而设,出现"大射礼"、"乡饮酒礼"、"公食大夫礼"等诸多名目,祭祀色彩逐步淡化。特别是接受夏、商亡国的教训,对饮酒加以节制;同时周公制礼作乐、严格按等级制确定宴席的规格,酒宴较前正规多了。不过,周天子的饮宴也十分奢侈,他一餐饭须准备6种粮食、6种牲畜、6种饮料、8种珍馐、120道菜和120种酱。诸侯请士大夫赴宴,也有正菜33道、加菜12道,这即是以菜品数量来衡定宴席等级的起源。

进入春秋,礼崩乐坏,士大夫也敢"味列九鼎",席面的限制不那么严格了。这时候诸侯有筑台宴乐的风气,宴会常是通宵达旦。降及战国,宴乐更甚。《招魂》、《大招》中招祭亡灵用的菜单客观上反映出楚地宴席的盛况。《招魂》中的席单列出楚地主食4种、菜品8种、点心4种和饮料3种;《大招》中的席单列出楚地主食7种、菜品18种和饮料4种。它们组合适宜,衔接自然,在席面设计上跃上了新的台阶。

春秋战国时期,宴席的规模已发展较大,形式较多,并具有较高的水平,这从《诗经》中可见一斑。"大雅"多是用于国家大典的宴席歌词;"小稚"则多是用于一般贵族和宫廷的宴席歌词。国家的礼节仪式，贵族的冠、婚、丧、祭、燕、飨，都是宴席的重要内容。当时的宴席非常讲究：宴飨祭祀都有严格的等级制度及接待规格；讲究宴席的陈设和食序，注意排菜和上菜的程序，如《礼记·内则》中有“下大夫礼”的规定，把16种菜品，按照不同的方位和位置，依次分别排列为4行，每行4个，这可能就是“食前方丈”的由来。

（三）宴席的蓬勃发展时期

从秦汉到唐宋时期，在经济飞速发展、宴席之风日益盛行等因素的影响下，中国宴席在许多方面发生了新的变化。

秦朝时间虽不长，宴席也有发展，特别是咸阳和巴蜀，饮食市场繁荣，民间的婚寿喜庆酒宴都操办得较为隆重。

汉初，宴饮较为简单，后来国力殷实，宴乐又蓬勃兴起，并且注重规范。此时习惯在高堂上敷设帷帐，酒宴摆在锦幕之中。从出土的文物中可以看到，餐饮器物由厚重趋向轻薄，多以漆器为主体。那时仍是两三人席坐对饮，有侍者斟酒布菜，有乐伎表演歌舞。至于民间，礼乐宴请之风也盛。

魏晋时代，以晋武帝为首的西晋士族集团生活奢华，甚至有“食必尽四方珍美，一日之供，以钱二万”的人。此时“文酒之风”勃兴，曹操在铜雀台上设宴，曹植在平乐观的宴会，张华的“园林会”，竹林七贤的林中宴饮，以及文人的“曲水流觞”等，虽然举行宴会的目的不同，但都追求典雅的环境、情趣，其影响极为深远。

到了南北朝，有了类似矮桌的条案，改善了就餐环境与卫生条件；同时朱墨相间的漆器餐具大放光华。宴席的名目增多，像帝王登基宴、封赏功臣宴、省亲敬祖宴、游猎登高宴、汤饼宴、团圆宴等，都呈现出各自不同的特色。同时，随着佛教的流行，信徒茹斋成风，京畿地区和江南孕育出早期的素宴。

隋朝历史虽然不长，但“云中宴”、“湖上宴”、“龙舟宴”等少数席单，也反映出隋炀帝骄奢淫逸的生活。唐及五代，出现高足桌和靠背椅，铺桌帷，垫椅单，开始使用细瓷餐具。从《韩熙载夜宴图》看，贵族聚饮仍是1～3人一席，有丝竹佐饮，肴馔济楚，陈设雅丽，礼食的情韵较前浓厚。唐中宗时出现大臣拜官后向皇帝进献烧尾宴的惯例，这种贡宴菜品多达五六十道，为宋、清两代超级大宴的调排奠定了基石。唐诗中对宴席多有反映，如杜甫就对一次酒宴作了这样的赞美：“长安冬菹酸且绿，金城土酥静如练。兼求畜豪且割鲜，密沽斗酒谐终宴”。此外，还有孟浩然写的襄阳村宴，李白写的安陆乡宴，后蜀主孟昶之妃花蕊夫人写的成都船宴，都是以特异的情采和浓郁的乡味取胜。唐朝方德远《金陵记》记载：“富人贾三析夜方囊盛金钱于腰间，微行夜市中买酒，呼秦声女，置宴”。夜市也可办酒宴。宴席上不仅热菜丰盛，还有“冷饮”和“凉面”。

附:杜甫宴游与济南历下亭

唐天宝四年(公元745年)夏,34岁的杜甫来到济南,在历下亭参加了一个由官员和名流组织的宴会。宴会上最尊贵的客人是文章、书法誉满天下的北海郡太守李邕。名士雅集,宴会游赏,杜甫当即赋诗《陪李北海宴历下亭》:"东藩驻皂盖,北渚凌青荷。海右此亭古,济南名士多。云山已发兴,玉佩仍当歌。修竹不受暑,交流空涌波。蕴真惬所遇,落日将如何!贵贱俱物役,从公难重过。"

正像泰山因杜甫诗句"会当凌绝顶,一览众山小"而昂首独尊那样,毫无疑问,济南历下亭名播四方也主要擅美于杜甫的诗句:"海右此亭古,济南名士多"。经专家考证,杜甫当年在山东的游历情况已经大致梳理清晰:杜甫的父亲杜闲曾任兖州司马,弟弟杜颖曾任齐州(即济南)临邑的主簿,省亲与漫游相结合,杜甫青壮年时期曾两次游历山东,并在现今的泰安、济宁、济南三处留下了十篇诗作。其中在济南作诗三首,巧合的是,这三首诗都是登亭写景抒怀之作,题目都有"亭"字。杜甫笔下的济南"三亭"分别是历下亭、员外新亭、鹊山湖亭,后两亭今已不存,历下亭却历千年风雨而独存。"亭中坐怀古,桥畔静观棋",如今的历下亭是泉城济南的一个独特标志。

宋代的宴席在我国宴席发展史上占有极重要的地位。当时名宴更多,举其要者,便有宋仁宗大享明堂礼、宋太宗玉津园盛宴、宋度宗寿宴等。据《武林旧事》记载:清河郡王张俊在家中宴请宋高宗赵构所供奉的御宴共计有250件馔肴。这时在饮食市场上,出现了专管民间吉庆宴会的"四司六局",他们分工合作,任凭呼唤,把备宴的一切事务都承揽下来,有利于宴席的商品化。

(四)宴席的成熟兴盛时期

元明清时期,随着社会经济的繁荣以及各民族的大融合等,中国宴席日趋成熟,并且逐渐走向鼎盛。

元朝的宴席,具有浓郁的游牧射猎色彩和北方山林草原气息,其特色有三:一是菜品多为羊馔、奶食,适当辅以其他荤素原料,烹制技法以烧烤为主,崇尚鲜咸,如元代大型烤肉席、全羊席都是如此。南方的酒宴尽管重视鱼鲜,但是羊、奶菜品仍占有较大的比重;二是烈酒用量甚大,多用特制的"酒海"盛装,其容量可达数石;三是在宋时看盘的启迪下,增设小果盒、大香炉、花瓶等饰物,供酒客玩赏,使摆台艺术又进了一步。元人还特别重视祭宴。宫廷所用的祭品常由得力大臣亲率猎队,专门捕获纯马、红牛、白羊、黑猪和黄鹿上供,敬献六酿六蒸的马奶酒,庄严肃穆。此外,元代的诈马宴甚为特异,它由宫廷或亲王在盛大节庆时举行,摆全羊大菜,用象舞助兴,欢聚数日。

明代红木家具问世之后,八仙桌、大圆桌、太师椅、鼓形凳,都被用到酒宴中来,而且桌披、椅套缝制讲究,不少都是丝绸锦缎绣品。为了便于调排菜点、攀谈和祝酒布菜,此时餐桌多为6人席、8人席和10人席的格局,主宾、随从、陪客和主人的座位有种种讲究。例如，随着八仙桌在明代的问世，座位的尊卑排列次序规定，以坐西南向正东为首席。为了不致混淆，还专门有对号入座的“席图”，供人使用。设席地点大多是春在花树、夏在乔林、秋在高阁、冬在温室，追求“开琼筵以坐花，飞羽觞而醉月”的情趣。明代皇宫每逢除夕、元旦、立春、端午、重阳、腊八、皇太后圣诞、东宫千秋节等节日时，都要举行各种不同规格、规模的宴席活动。凡遇祭祀圜丘、方泽、祈谷、朝日夕月、耕猎、经筵日讲、东宫讲读、亲蚕、纂修校勘书籍、开馆暨书成、阁臣九年考满、新录取进士等时，都要赐官大臣进士及内外命妇宴席。按照明代礼仪规定，宫中宴席规格为大宴、中宴、常实和小宴四种。例如，明代万历年间北方的乡试大典，席面分上马宴、下马宴两种，每种又有上、中、下之别，84 桌各成格局。

满族入关之后，仍然保持了自己的饮食习惯，同时吸收了汉族的饮食文明，表现在宴席方面，则出现了满桌与汉桌并行的局面，显示出前朝未有的时代特征。据《大清会典 · 光禄寺》记载，清朝初年的官方宴会都使用满桌，满桌摆设的有生烧鹿肉、烤野猪肉和家猪肉，还有鹿舌、鹿尾、熊掌、野鸭等野味。到了康熙二十三年（公元 1684 年），康熙下令每年的元旦大宴会一律取消满桌，改为汉桌，理由是“满洲宴席甚为繁索，每以一时宴会，多杀牲畜”，并且耗费太大。然而，为了保留满桌的遗俗，康熙皇帝规定，每年万寿节宴俱设满桌，其他官方宴会则多设汉桌。乾嘉以来，社会呈现繁荣景象，所有的达官显宦和豪绅巨贾都已经腰缠万贯，他们在宴席方面取精用宏，夸豪斗胜，追求巨奢奇侈。满桌和汉桌便被人们结合在一起，再度升华，这就出现了名噪食界的“满汉全席”。

（五）宴席的繁荣创新时期

20 世纪以来，特别是改革开放以后，随着社会经济的高速发展、时代浪潮的冲击和中西交流日益频繁，中国人的生活条件和消费观念发生了很大变化，在饮食上更加追求新、奇、特和营养、卫生，促进了宴席向更高境界发展，从而进入繁荣创新时期。

在这一时期，中国宴席至少具有三方面的特点。一是传统宴席不断改良。由于时代的变革和人们消费观念等的变化，中国传统的宴席越来越显示出它的不足，如过分讲究排场、浪费严重，营养比例失调及卫生问题等。因此，从 20 世纪 80 年代以来就开始了针对传统宴席不足的改革，全国许多城市的饭店、酒楼等都做了大量的尝试，力求在保持其独有饮食文化特色的同时更加营养、卫生、科学、合理，提倡宴饮文明，改进宴饮方式，破除宴饮陋习。二是创新宴席大量涌现。为了满足人们新的饮食需求，饮食制作者在继承传统的基础上不断创新，设计制作出大量别具风味的特色宴席，如白洋淀全鱼宴、敦煌宴、西安饺子宴等，或以原料开发、食疗养生见长，或以人文典故、地方风情见长，不一而足。三是引进西方宴会形式,中西结合。随着西方饮食文化的大量进入,受其影响,中国出现了冷餐酒会、鸡尾酒会等的宴会形式。[1]

三、宴席发展的主要特点

(一)席位不断递增

先秦时期的宴席是一人一席,罗列几样菜品,蹲着或围坐就餐。当时的餐具除个人专用的碗筷、勺、杯以外,多为共用。其大小与组合,也是按1~3人进餐要求来设计,并且盘、盆的圈足与器座高度,与同席地而坐,或蹲着就餐的位置相适应。以后,坐席变成坐椅,低案改为高台,方桌扩成圆桌,碗碟替代鼎罐,每桌坐客相应增加到3~6人。从《清明上河图》、《水浒传》、《金瓶梅》、《儒林外史》等古书画中都不难看出从汉唐到明清席位的变化。清末民初宴客多用八仙桌,常坐4~8人。新中国成立后,圆桌用的较多,一般都坐10人,取“十全十美”、“满堂红”之意。后来,有些地方出现12人的宴席,至于国宴的主宾席,则可坐16~20人。但在这种情况下,要配特制的大转台或组合式长台,而且台面中央常有花卉果品装饰,填充部分空间。

(二)陈设不断变化

春秋时期是“司几筵,掌五几、五席之名物,辨其用与其位”,等级界线分明。唐宋时期,又从餐室装潢、餐桌布局、台面装饰和餐具组合上予以变化,形成新的格局。例如北宋的皇帝寿宴在集英殿举行,皇帝、权臣和外国使节坐殿上,其他官员坐两廊;红木桌面围着青色桌布,配黑漆坐凳;皇帝用形似菜盌(wǎn,同“碗”)、带有弯柄的玉杯,高级官员用金杯,其他人等用银杯;餐桌的陈放是以御座为中心,由高而低呈扇面展开,很有气势。到了清代,乾隆的除夕家宴陈设就更讲究了。它共分八路,头路是迎春牙牌松棚果罩四座,花瓶一对,青白玉盘点心五品;二路是青白玉碗一字高头点心九品;三路是青白玉碗圆肩高头点心九品,四路是红色雕漆看果盒二副,小青白玉碗装苏糕鲍螺四座;五、六、七、八路则用青白玉碗摆设膳食四十品。此外,有些大宴还附设专供观赏的“看席”或“香盘”,配置花碟彩拼、造型点心和工艺大菜,流光溢彩,富丽堂皇。

(三)规模不断扩大

最早的祭宴,高级的只有牛羊豕三牲;有名的“周代八珍”,也不过六菜二饭而已。春秋时期“礼崩乐坏”,士大夫搞起“味列九鼎”;发展到动荡的战国,楚王大宴就增加到二十多种佳肴了。秦汉时期,规模渐大,翦伯赞教授考证说:“当其宴赏群臣之时,则庭实千品,旨酒万锺,列金罍(léi),班玉觞,御以嘉珍,

---

[1] 杜莉,姚辉.中国饮食文化.北京:旅游教育出版社,2005:132。

飨(xiǎng)以太牢。管弦钟鼓,异音齐鸣,九功八佾,同时并舞。”降及隋唐,继续升级。唐中宗时期,韦巨源“烧尾宴”的主要菜品就有58道;南宋佞臣张俊为了接驾,居然创造出一天摆宴250种菜点的记录。唐宋御宴,不仅菜多,桌次也多,赴宴者常是数百,还有多种大型歌舞杂技助兴,服务人员往往数千。元朝时期,相对来说,宴席要简单些,但这只是暂时现象。明朝朱元璋一统天下,歌舞升平,宴席再度膨胀。清代,“计酒席之丰俭”,“更以碗碟之多寡别之”,所以全龙席、全凤席、全虎席、全麟席多为三五十道;而号称“屠龙之技”的全牛席、全羊席,则有七八十道。在各种名贵宴席之中,“大烧烤”跃居首位,这便是名贯中西的满汉燕翅烧烤全席。

(四)食序基本相同

从古到今,宴席的食序基本上都是一酒、二菜、三汤、四饭、五水果。不过,荤素菜式的组合,走菜程序的编排以及进餐节奏的掌握,可谓变化万千,既有官场上的十六碟八簋四点心,也有民间的三蒸九扣十大件,有依据主要菜品而称的“烧烤席”、“燕菜席”、“鱼翅席”、“鱼唇席”、“海参席”、“三丝席”、“广肚席”等,也有以盘碗数量多少而为名的如“十六碟、八大八小;十二碟、六大六小”,“八碟、四小四大”,“十大件、八大吃、十六菜、八大碗”等。还有令人眼花缭乱的各式全席,各地名席,各种酒宴和四时菜单,其类别之多,拼配之巧,变化之奇完全可与乐曲、绘画、建筑媲美。但不论如何变,都是突出酒的地位,形成无酒不成席的传统,即先上冷碟是劝酒,次上热菜是佐酒,辅以甜食是解酒,酒备菜是醒酒,席间饮酒多,吃菜也多,调味一般偏淡,而且松脆香酥的菜肴与清淡的素食、汤品均占一定的比例。至于饭点、更是少而精,仅仅起压酒的作用而已。

(五)礼仪贯穿宴席的发展全过程

宴席礼仪包括席礼、茶规、酒礼、宴乐及整个宴席进程中的各项礼仪规定,在古代宴席的各种礼制中,座次礼节是食礼的重要内容之一,也是明确尊卑等级的一种重要手段,最能表现宴饮者的高下尊卑,席置、坐法、席层等无不受到严格的礼制限定。早在三代时,人们即于宴饮活动中明确了席位的尊卑问题。隋唐后,桌椅出现并迅速普及,人们改席地而坐为垂足而坐,但宴饮座制的朝向末变。时至今天,座制礼仪的等级色彩已消失,繁杂的座制细节也有不少被简化。但必要的礼节、礼貌在今天的宴会上仍被人们重视。此外,今天的宴会座次安排也有些变化,一般宴席用的是圆桌,重要客人往往都安排于面朝门的席位,主人面对客人落座,如此安排是从古时演化而来。

(六)宴席的发展受制于政治、经济、文化

政治、经济、文化发展的不平衡使不同朝代的宴席都有个兴衰的过程,如汉初宴饮较为简单,后来国力殷实,宴乐又蓬勃兴起,并且注重规范礼仪。再如清朝,努尔哈赤、皇太极时期经济乏馈,宴无定制,顺治、康熙时国家初建、处于草创;到乾隆时期,国家聚集了大量的财富,宫廷礼仪制度日益完备,使得皇帝在经济文化方面投入更多的精力,而清代宫廷宴席也在此时达到顶峰。嘉庆以后,内忧外患,军费开支增加、国力削弱。皇帝无暇顾及宴席礼仪制度,清代宫廷宴席走向衰落。[1]

第三节　宴席食品的基本格局

一、宴席食品的基本构成

宴席食品格局,是指构成宴席食品的基本结构模式。现代中式宴席食品的构成模式有多种,但通常都包括冷菜、热炒菜、大菜、甜菜、汤品、饭菜、茶酒、点心和水果等。这些食品又大体上分为三个批次,有计划按比例地依次入席。

(一)冷菜和酒水

1. 冷菜

冷菜习惯上称冷盘(又称冷碟、冷荤、冷盆、冷拼),形式有单盘、双拼、三拼、什锦拼盘或花拼带围碟等。它一般配置4道,也有5～12道,乃至24道的。其荤素用料为2∶1,烹制常用卤、冻、熏、拌、炝、腌、醉、酿、白煮、挂霜等法,讲究刀面和装盘,要求质精形美,小巧玲珑,能起到诱发食欲,导入佳境的作用。

2. 酒水

"无酒不成席"。酒在宴席中左右着菜品的组配,应当依据宴席规格与宾主嗜好灵活择用,该高则高,该低则低。宴席中的酒又称"酒水",一般要配2～5种,白酒、黄酒、果酒、啤酒、清凉饮料、果汁和矿泉水兼而有之,可视节令和客人情况酌定,原则是保证重点,兼顾其他,力求达到人人满意。而用酒的关键又是协调,如本地菜配本地酒,风味菜配本地酒,名菜配名酒等,不必舍近求远、一概要求用名酒。例如湖北选用"白云边",安徽选用"古井贡酒",山西选用"汾酒",同样可使席面生色。

(二)热炒菜和大菜

1. 热炒菜

炒热菜又称"行件",通常为4～6道,在冷菜和大菜之间起承上启下的作用。它主要采用煎、炒、爆、熘、炸、烹、贴的方法制作,现烹现吃,一热三鲜。热炒多系"抢火菜",要在手艺上显功夫,以色艳味美、鲜香爽口者为佳。其量不宜太

[1] 朱良银. 筵席指南. 北京:人民军医出版社,1991:8－10。

多,以防喧宾夺主。

2. **大菜**

大菜亦称“行菜”、“正菜”、“主菜”,是宴席的台柱,多为5~8道,有时也有10道、12道乃至16道的。大菜中包括头菜、荤素大菜、甜食和汤品四项。

(1)头菜。头菜即是首菜——宴席中最好的菜品,常用山珍海味和名蔬佳果配制,或扒,或酿,整只整块、整条置于大盆、大碗、大盘之中率先上席。对头菜要求香酥、爽脆、鲜嫩、肥美,在质与量上必须超过所有菜品,使其发挥领衔压阵,统帅全局的作用。

(2)荤素大菜。一般包括肉菜、禽蛋菜、鱼鲜菜和瓜蔬菜,大都选用本地应时当令的名特物料,用烧、焖、蒸、焗、炸、熏、氽等技法制成。它们紧随头菜,映衬头菜,既要与头菜相配,又不得盖压头菜。

(3)甜食。甜食通常1~2道,个别大宴也有4~8道的,品种可干、可稀,冷热随季节变化,原料多为果蔬,亦可用菌耳或肉蛋,制法有拔丝、蜜汁、挂霜、糖水、煨炖、蒸酿等,其作用是调换口味,解腻醒酒。

(4)汤品。汤品按浓淡程度,有纯汤、清汤、浓汤、汤菜和乡土汤之别;按入席顺序,则分为首汤、二汤、配汤和座汤。首汤又称开席汤,这是岭南的风俗;二汤紧随头菜;配汤跟着荤素大菜;座汤置于大菜的末座,要求质数最好。宴席的汤可制成羹、粥、乳、汁、或清澈如水,或浓酽似奶,或肥润,或香鲜,工艺要求甚高,故有“唱戏行腔,做席靠汤”之说。宴席的汤需要提前用鸡、鸭、鱼、肉精料反复调制,冬季的座汤常用火锅或边炉替代。

总之,上述四种大菜在通席中的地位举足轻重,一桌宴席办得好坏,关键就在于几种大菜是否能发挥“台柱子”的作用。

(三)饭菜、点心、果品

1. **饭菜**

饭菜是宴席中最后上的便菜,也称“香食”,是供下饭用的,或2或4,或6或8,以素为主,兼及荤鲜,也可精选名特酱菜和泡菜替代,用小碟盛装,刻意求精,可以给赴宴者留下口角吟香、口味无穷的余韵。

2. **点心**

点心随大菜、汤品或饭菜入席,咸带咸,甜带甜,可分着上,也可齐上。品种包括有糕、饼、酥、卷、皮、片、包、饺、面、点、饭、粥、奶、羹,少则1~2道,多为4~8道,最多可达几十个品种。宴席点心要求精致、小巧,并且要求造型,每件不超过100克为宜,越小越好,其数量每人平均100克就可以了,如果准备多了既影响质量,又造成不必要的浪费。

3. **果品**

果品主要用鲜果,也可用干果、果干、果脯或蜜饯,多为双色或4样,常见的名称有四鲜果、四酥仁、四脯干、四蜜饯、四茶点、四香碗、四甜品、四手碟等，应该选用时令佳果和优质品种，一般要求削皮、去核、切片、插签，摆成图案。置入细瓷小碟。其功用是解腻、消食。在我国蜜饯有南北路之分，南方人配福建或广东蜜饯为好，北方人配北京果脯为好。

此外，通常应备有1～2种茶，供客人选用。茶须名茶，茶具力求古雅。上茶应在开席前和撤席后，在休息间品尝。

宴席是一个统一的整体，它的三大部分应当干枝分明，匀称协调，在配菜时应注意冷盘、热炒菜、大菜、点心、甜菜等的成本在整个宴席成本中的比重，以保持整个宴席中各类菜肴质量的均衡，以防止冷盘过分好，热菜过分差或相反的现象出现。

二、宴席食品的上席程序

中餐宴席的款式虽多，但从食序来看，几乎都是一酒二菜三汤四点五果六茶；从菜品的地位来看，又是全桌菜中突出热菜，热菜中突出大菜，大菜中突出头菜；从排列顺序来看，多是以酒为引导，遵循着“因酒布菜”的原则。中餐宴席的结构基本上都是由冷碟烟酒、热炒大菜、饭点茶果三大部分组成。但上菜的顺序常是“因地而异”，陈光新教授曾将其分类归并为如下四种类型。

（一）北方型

北方型包括华北、东北、西北等地。其上菜程序大体上是：冷荤（有时也带果碟等）→热菜（以大件带熘炒的形式编排）→汤点（以面食为主体）的形式。例如沈阳鹿鸣春饭店的外事宴席、张作霖的五十大寿席、北京全聚德的便宴、西安八景宴均是如此。北方型的酒宴格局大都比较朴实，菜名一目了然，数量上也因需而定，注重实效，不一定都要追求“吉数”和讲究单双，反映了中原大地饮食文化特色：古朴、自然、大方、庄重。

（二）西南型

西南型主要是云、贵、川三省。其上菜程序多为：冷菜（彩盘带单碟）→热菜（一般没有热炒与大菜之分）→小吃（1～4道）→饭菜（以小炒或泡菜为主）→水果（多用当地名品）。像重庆颐之时饭店的展销宴席、香港锦江春川菜馆的高级宴席、成都天府酒家的高级宴席、云南的鸡棕席都循此例。西南型的酒宴格局往往带有浓厚的民间生活气息，菜品简易醒目，注重乡土风味。突出当地的名特原料，装盘也较丰满，大多席面物美价廉，颇耐品尝。

（三）华东型

如上海、江苏、浙江、安徽，还有湖北、湖南等地。上菜程序一般是：冷碟（大都成双数）→热炒（也是双数）→大菜（包括头菜、二汤、荤素大菜、甜品和座汤）→饭点（米食、面食兼备）→茶果（数目视席面规格而定）。例如南京玄武湖白苑餐厅全鱼席、上海扬州饭店酒宴、武汉老会宾楼迎宾席，长沙风味宴席都是此类编排。华东宴席格局比较注重情韵和文采，菜品秀丽，讲究层次，突出鱼米之乡的特点，烹调精细，并时常融注诗情画意与典故传说。

（四）华南型

华南型主要是广东与广西，福建和台湾也受其影响。上菜程序是：开席汤→冷盘→大菜→热荤→饭点→（米食为主，面食为辅）→茶果。例如广州排溪酒家宴席、香港的潮州风味席菜、桂林的外事宴席、福州的民味全席等，大体上都属此类型。华南型的酒宴格局与热带气候相适应，菜名艳美，用料珍奇，席面精巧，档次一般偏高，讲究"吉利"与时序，服务更系上乘，商品经济的特征最为明显。

以上四种宴席格局，分别反映出黄河、辽河、长江、珠江流域的食风与食礼。它们和我国四大菜系的辐射区域基本上是一致的，从中也可看出酒宴与菜系之间的密切的依附关系。

附："汪辜会谈"佳肴名称表情谊

1993 年 4 月 27 日，大陆海协会会长汪道涵特意假座新加坡董宫酒店，宴请台湾海基会董事长辜振甫及其一行。董宫酒店得知将为海峡两岸同胞承办盛大酒会后，立即进行了精心的准备。在新颖别致的菜单上列着九道菜："情同手足"（乳猪与膳片）、"龙族一脉"（乳酪龙虾）、"琵琶琴瑟"（琵琶雪蛤膏）、"喜庆团圆"（董宫鲍翅）、"万寿无疆"（宫燕炖双皮奶）、"三元及第"（海鲜鱼圆汤）、"兄弟之谊"（木瓜素菜）、"燕语华堂"（荷叶饭）、"前程似锦"（水果拼盘）。这张别出心裁的菜谱把大陆、台湾两岸同胞欢聚、骨肉情深的气氛一层一层烘托出来，侍者端出菜肴并一一解释时，不禁令主客兴趣与食欲俱增。

宴会后，两岸出席宴会的 22 个人，全部在菜单上签名留念，两老还在菜单上题字。汪道涵写道：佳肴佳会，手足之情。辜振甫在同一张菜单回应：但知春意发，谁知岁寒心。台湾海基会秘书长说道；"我们又签署了一份共同文件。"

第四节　宴席的种类与名品

一、宴席的主要种类

自古至今，中国出现了难以记数的宴席，种类和名品十分繁多，并且始终处于变化之中，几乎没有统一、固定的划分方式与标准。下表对宴席的主要种类做一粗略的划分。

宴席的分类

划分依据		宴席举例
以所使用的原料划分	以头菜或主菜的原料划分	燕窝席、鱼翅席、海参席、熊掌席、三蛇席、鲍鱼席、鱼肚席等
	以烹制的原料类型（一大类原料为主）划分	素菜席、菌笋席、花果席、山珍席、海味席、水鲜席等
	以主要用料（一种原料为主）划分	全羊席、全猪席、全牛席、全鸭席、全鸡席、豆腐席、刀鱼席、全鱼席、蛇宴、蟹宴、饺子宴等
	以名特原料划分	长江三鲜宴、长白山珍宴、三头宴、黄河金鲤宴、广州三蛇宴、昆明鸡土从宴等
	以八珍划分	草八珍席、禽八珍席、山八珍席、水八珍席等
	以原料等级、档次划分	特级宴席、高级宴席、中级宴席、普通宴席等
以风味特色划分	以地方风味划分	川菜席、鲁菜席、粤菜席、淮扬席、京菜席、湘菜席等
	以民族风味划分	汉席、满席、满汉席、维吾尔族风味宴席、朝鲜族风味宴席、蒙古族全羊席、朝鲜族狗肉宴、白族乳扇宴等
	以补体养生内容划分	彭祖养生宴、延年益寿宴、如皋长寿宴等
	以时令季节划分	春令宴席、夏季宴席、秋令宴席、冬令宴席、端午宴、中秋宴、除夕宴等
以历史文化划分	以风景名胜划分	春江花月宴、长安八景宴、洞庭君山宴、羊城八景宴、西湖十景宴等
	以文化名城划分	洛阳水席、荆州楚菜席、开封宋菜席、成都田席等
	以文化人名划分	明代洪武宴、乾隆御宴、东坡宴、宫保席、谭家席、大千席等
	以仿古宴席划分	西安的“仿唐宴”，杭州的“仿宋宴”，北京的“仿膳菜”，曲阜的“孔府宴”，南京的“随园菜”，扬州的“红楼宴”，徐州的“金瓶梅宴”，山东的“齐民大宴”等
	以成语、历史典故划分	八仙过海席、项羽鸿门宴、醉翁亭宴等
	以良好的愿望划分	万寿无疆宴、龙凤呈祥席等
	以席面布置划分	孔雀开屏席、万紫千红席、百鸟朝凤席、返璞归真席等
	借用数字划分	双六席（六碟六盘）、三八席（八碟八盘八大碗）、三蒸九扣席、四喜四全席、四六席、五子登科席（五种山珍组成）、五福捧寿席、六六大顺席、七星席、八八席、八仙过海席（八种海味组成）、九九上寿席、十大碗席等、三扣九蒸席、川菜十字席、吴中第一席、江淮第一宴等
	以设宴的目的划分	盛世庆功宴、花甲大宴、百岁盛宴等

二、古典宴席赏析

(一)登峰造极的满汉全席

在中国宴会发展史上,将不同民族的美食大宴融合在一起的,首推清代的满汉全席。这也是清代多民族共融共处、相互促进政治格局,最通俗而又最有效的表达形式。

关于满汉全席的起因,目前说法不一。有人说,乾隆下诏允许汉菜进入御膳,然后圈定宫廷的108道名菜编成;有人说御膳房将各地进贡的佳肴和各民族的美馔加以筛选,由食官汇集而成;有的说它是《调鼎集》中满汉菜式的进一步扩充;有人说它受《随园食单》中“满汉席”三字的启发而演绎出来,但都论据不足。有一点研究者们承认,中国古典式宴席发展到清代,已登峰造极。

现今能见到最早的满汉席菜单载入李斗的《扬州画舫录》中。后来各地在扬州满汉席基础上创造出川式、粤式、晋式、豫式、鄂式、苏式、大连式、港式等满汉席,使它更为多彩多姿。

由于满汉全席产生与发展的特殊性,使得它只有通行的基本格局,却没有全国统一的席单。满汉全席的基本格局是由红白烧烤菜构成的四红四白,但其具体品种和其他菜点、小吃、茶酒饮料等在不同时期、不同地区、不同场合都有所不同,数量最多的可达200余种,最少的仅有30多种。尽管如此,大多满汉全席仍然具有相同的以下几个主要特点。

(1)规格高,菜式多,宴聚时间相当长。满汉全席被视为“宴席中之无上之品”,故而不仅赴宴者身份显贵,并且厅堂装饰、器物配用、菜品质量、服务接待也都是超一流的。其菜式少则50余道,多则200来品,通常情况下是取108这个神秘的吉数,由高装、四大件、八大件、十六碗、四红、四白、点心、随饭碗、随饭碟、面饭、茶果等部分构成。还由于菜式多,宴饮中的间歇也多,吃上几组菜就撤台休息玩乐一番,然后再上席去。因此,有的席面须分3餐,有的要持续两天,还有的整整需要3天9餐方能吃完。

(2)原料广,工艺精,南北名肴汇一席。从用料看,满汉全席集山珍海味于一席。从山珍的熊掌、驼峰、麒面、果狸,到燕窝、鱼翅、鲍鱼、海参,还有虫草、竹荪、猴头、鸡棕、金龟、玉鳖、飞龙、雪蛤以及名蔬佳果、珍谷良豆,可谓飞潜动植,应有尽有。从工艺看,煎、炒、爆、熘、烧、煮、炖、焖,蒸、烩、炸、烤,腌、卤、醉、熏,厨界的十八般武艺,无所不陈;并且刀工、组配、火候、调味、装盘、造型,均是一菜一格,百肴百味。从菜式看,汉族、满族、蒙古族、藏族等,东、西、南、北、中,均有最知名的美味被选收进来,频频亮相,好似中华美食汇展的橱窗,可使客人足不出户便吃遍天下。

(3)礼仪重,程式严,强调气势和文采。它大多用于“新亲上门,上司入境”,

“非特大庆典不设”。开宴时，列队迎宾，大张鼓乐，“配上椅披、桌裙、插屏、香案”，餐具皆为金银玉牙珍宝精瓷所制，争奇斗妍。正因如此，官绅人家迎待贵客无不倾其所有，以大开满汉全席为荣；豪商大贾也以此席亮富斗富，求得尊荣心理的满足。

(4)席套席，菜带菜，燕、翅、猪、鸭扛大旗。满汉全席的席谱一般都是按照大席套小席的格式来设计，即先将所有菜品分门别类，有机地组成若干个小、精、全的“袖珍席”，再将这些“袖珍席”按一定的顺序串联起来，分层划段，依次推出。从整体看，它像一支连续推进的行军方阵，全体菜式井然有序；从局部看，各个方阵结构严密，彼此可以相对独立。所谓“菜带菜”，是指每一小席中常以一道名贵大菜领衔，跟上相应的辅佐菜点，主行宾从，烘云托月。同时主菜与辅菜的搭配，讲究协调、自然，均衡、精妙。同时受满族和蒙古族王公的口味嗜好和当时的饮食审美观念所制约，燕窝、鱼翅、乳猪、肥鸭四道珍馐，通常居于全席的“帅位”，统领着各小席的主菜及全部菜品。❶

(二)气势恢宏的千叟宴

千叟宴也是我国很有名的宴席，自清朝始，宴请的宾客主要是休政(退休)的文武官员和各省的有关官员及一些皇亲国戚。这些人的年龄都在60岁以上，每次人数在2000~5000人之间。

据学者统计，清代千叟宴一共举行过四次，其中康熙朝代两次，即康熙五十二年(公元1713年)三月，康熙六十年(公元1721年)正月；乾隆朝代两次，即乾隆五十年(公元1785年)正月，乾隆六十年(公元1795年)归政后，于次年正月再度开千叟宴，也是最后一次千叟宴。

千叟宴十分隆重，宴前数月，皇帝就要下旨，令宫廷各衙门的官员和工匠进行种种准备：老叟们出入的宫门要重新装修，御膳房要增添新的炊具、餐具、饮具及膳桌、坐垫等，宴席中的各种主副食品、酒等更要四处采办。开宴当日，各位老叟按品位高低，顺序入席，餐桌、餐具和菜肴根据官阶的不同，有明显的区别。例如乾隆五十年正月初六第三次千叟宴，一等桌(王公、一二品大臣、外国使节等)的膳品是火锅两个(银、锡火锅各一个)，猪肉片一盘，羊肉片一盘，鹿尾烧鹿肉一盘，煺羊肉乌义一盘，荤菜四碗，蒸食寿意一盘，炉食寿意一盘，螺蛳合小菜二盘。次等桌(三品以下官员)每桌火锅两个(铜制)，猪肉片一盘，煺羊肉片一盘，烧狗肉一盘，蒸食寿意一盘，炉食寿意一盘，螺蛳合小菜二盘。宴会的程序是进茶、赐酒、赐馔、戏班献歌舞……宴毕，管宴的大臣还要代皇帝向众叟赐诗刻、如意、寿杖、朝柱、缯绮、貂皮、文玩、银牌等。而乾隆六十一年(即嘉庆元年)，嘉庆即位，乾隆做了太上皇，宫中举行了盛况空前的“千叟宴”，据说，当时动用火锅

---

❶ 陈光新．满汉全席的魅力．烹调知识，1994(7)。

竟达1550只,成为古今最盛大的“火锅宴”。

(三)菜名风雅的全羊席

全羊席是以羊的全部身体为主要原料烹制而成的宴席,最早出现在东北、西北地区的满族、蒙古族等少数民族之中。宋朝洪皓《松漠纪闻》记载:“金人旧俗,凡宰羊但食肉,贵人享重客间,兼皮以进,曰全羊。”全羊席盛行于清代康熙年间。民国时的《奉天通志》记载,当时东北的一些少数民族“富人享客,或食全羊,即宴席间不设杂肴,惟羊是需,除精肉外,如头、蹄、腑以及尾、舌兼簋并进,尽量而止”。汉族在继承唐朝“浑羊殁忽”的基础上吸收少数民族烹饪羊肉的技法,也制作出全羊席。至今,全羊席的烹饪技术已越来越高,入席菜点也非常多。

全羊席有多种格局,最特别的是当今东北地区的全羊席,常用菜品有108个,分成三组,每组36个分别由6个冷菜、6个大菜、24个熘炒菜组成,用料从羊头到羊尾,风味各不相同。“全羊席”菜名都非常别致,菜名均不露“羊”字,如以羊眼做的菜名为“玉珠顶”,以羊脑做的菜名为“烩白云”,以羊百叶做的菜名为“素菊花”等。同时,以不同部位的羊肉做的菜都有不同的名称,如“樱桃红腐”、“清炖百合”、“酥烧枇杷”、“五香兰肘”,还有“吉祥如意”、“满堂五福”等祝福吉祥的菜名。

“全羊席”不仅菜名高雅、菜品丰盛,形、色、香、味俱备,煎、烹、炸、爆、煮、蒸、炖俱全,而且上菜的程序也非常独特,必须是以羊头菜为首,菜品上桌按四四盘碗编组,辅以诸色点心及各道主食,使“全羊席”不但色香味美、营养丰富,也极显高贵与丰盛,极俱民族风味。袁枚在《随园食单》中说“全羊法有七十二种”,并且认为:“此屠龙之技,家厨难学。”如今,全羊席的入席品种已超过三百,如以羊头为主料,可以制作二十余种菜肴;以羊尾为主料,可以制作十余种菜肴;以羊肉为主料,可以制作上百种菜肴,其中仿制的燕窝、鱼肚、鱼翅等菜肴制作难度非常大。

(四)金榜题名的科举宴

科举考试是中国封建社会选拔官吏的一种考试制度,它始于隋炀帝大业四年(公元607年),一直沿袭到清光绪三十一年(公元1905年),历时1300多年。为了笼络天下士人通过科举考试,踏上仕途为统治者效劳,古代科举制度还组织顺利通过科举考试的士子参加由官方、朝廷主办的盛大庆祝宴会,以示恩典,这就是我国古代著名的科举四宴。

由于科举制度自唐代以来,分设文武两科,故四宴中鹿鸣宴、琼林宴为文科宴,鹰扬宴、会武宴为武科宴。

1. 鹿鸣宴

“鹿鸣宴”是为乡试后新科举人而设的宴会。起于唐代,明清沿用,因为宴会上要唱《诗经小雅》中的“鹿鸣”之诗:“悠悠鹿鸣”。故而取名为“鹿鸣宴”,有祝贺之意。此宴设于乡试放榜次日，宴有地方官吏主持，宴请之人除新科举子外，还有内外帘官（考场工作人员）等。据《新唐书选举志》记载："每岁仲冬，州、县、馆、监举其成者送之尚书省……试已，长吏以乡饮酒礼，会属僚，设宾主，陈俎豆，备管弦，牲用少牢，歌《鹿鸣》之诗，因与耆艾叙长少焉。"

2. 琼林宴

"琼林宴"是为殿试后新科进士举行的宴会，始于宋代。宋太祖规定，在殿试后由皇帝宣布登科进士的名次，并赐宴庆贺。由于赐宴都是在著名的琼林苑举行——"琼林苑"是设在宋京汴京（今开封）城西的皇家花园——宋徽宗政和二年（1112年）以前，在琼林苑宴请新及第的进士，故该宴有"琼林宴"之称。《宋史乐志四》记载："政和二年，赐贡士闻喜于辟雍，仍用雅乐，罢琼林苑宴。"所以政和二年以后，又改称"闻喜宴"。元、明、清三代，又称"恩荣宴"。虽名称不同，其仪式内容大致不变，仍可统称"琼林宴"。据载，辽也曾设宴招待新科进士，地点在内果园或礼部，但也沿袭宋人，称之为"琼林宴"。

3. 鹰扬宴

"鹰扬宴"是武科考乡试放榜后而设的宴会。清制，武乡试放榜后，考官和考中武举者要共同参宴庆贺，其宴称"鹰扬宴"。清吴荣光《吾学录贡举》记载："武乡试揭晓翼日，燕（宴）监射主考执事各官及武举于顺天府，曰鹰扬燕（宴），仪与鹿鸣燕（宴）同。"所谓"鹰扬"，乃是威武如鹰之飞扬之意，取自《诗经》"维师尚父，时维鹰扬（意为颂扬太公望的威德如鹰之飞扬）"之句。鹰扬既是对新科武举人的勉励，又是考官们的自诩。

4. 会武宴

"会武宴"是武科考殿试放榜后举行的宴会。古代科举，自唐开始，武科殿试放榜后都要在兵部为武科新进士举行宴会，以示庆贺，名曰"会武宴"。这在清吴荣光的《吾学录贡举》中也有记载："《通礼》武殿试传胪后，燕（宴）有事各官暨诸进士于兵部，曰会武燕（宴）。"清梁章钜《浪迹丛谈武生武举》也云："文称鹿鸣宴，武称鹰扬宴，人皆知之；文进士称恩荣宴，而武进士称会武宴，则罕有知者。"武科殿试不同于武科乡试，故会武宴的规模比鹰扬宴要气派得多，排场浩大，群英聚会，盛况空前。

（五）独具风味的洛阳水席

洛阳水席，来自民间，是洛阳一带特有的传统名吃。酸辣味殊，清爽利口。唐代武则天时，将洛阳水席旨进皇宫，加上山珍海味，制成宫廷宴席，又从宫廷传回民间。遂形成特有的风味。因仿制官府宴席的制作方法，故又称官场席。

所谓"水席"有两个含义：一是全部热菜皆有汤—汤汤水水；二是热菜吃完一道，撤后再上一道，像流水一样不断地更新。全席共设24道菜，包括8个冷盘、4个大件、8个中件、4个压桌菜，冷热、荤素、甜咸、酸辣兼而有之。上菜顺序极为考究,先上8个冷盘作为下酒菜,每碟是荤素三拼,一共16样;待客人酒过三巡再上热菜:首先上4大件热菜,每上1道跟上2道中件(也称陪衬菜或调味菜),美其名曰"带子上朝";最后上4道压桌菜,其中有1道鸡蛋汤,又称送客汤,以示全席已经上满。热菜上桌必以汤水佐味,鸡鸭鱼肉、鲜货、菌类、时蔬无不入馔,丝、片、条、块、丁,煎炒烹炸烧,变化无穷。

附:洛阳燕菜

有一次女皇武则天来到洛阳,设下了"水席"大宴,文武群臣无不叫绝。随后洛阳"水席"成了宫廷宴席。值得一提的是洛阳"水席"头道大菜名为"燕菜",实不同一般,那是用大白萝卜为主料做的。为何普通萝卜能登大雅之堂呢?原来有一年秋天,洛阳东地里长出三尺长的巨型萝卜。民间把该萝卜以"吉祥物"进献女皇。武则天非常高兴,特命厨师做菜。厨子明知萝卜平常,却又不敢违旨,便着实动了一番脑筋:把萝卜进行精细加工处理,多配名贵的海味山珍后做成一道羹肴送到女皇面前。武则天入口果然感到鲜美无比,风味独特。她重赏了御厨,并赐名为"假燕菜",可与"燕窝菜"同列首席。后来人们把"假燕菜"改名为"洛阳燕菜"。时隔几百年,"洛阳燕菜"名气越来越大,还成为"水席"之首。

1973年加拿大总理来华访问时,周恩来总理陪同贵宾参观龙门石窟,并品尝了"洛阳燕菜"。客人们大开眼界,赞不绝口。有趣的是燕菜上面漂浮着一只活灵活现的雕花"洛阳牡丹"。周总理向客人介绍说:"洛阳牡丹甲天下,菜里也开花了。"客人们个个跷起大拇指,表示赞叹和钦佩。

◎本章小结

本章主要介绍了宴席的概念、特点和作用,讲述了宴席的起源和发展,分析了宴席食品的基本构成和上席程序,列举了宴席的主要种类和名品。

◎思考与练习

1. 宴席有哪些独特的社会作用?影响中国历史的宴席有哪些?
2. 当地宴席有哪些独特的风俗习惯?
3. 中西宴席有什么不同?为什么说宴席是饮食文化的综合体现?
4. 查找古代有关"宴游"的文献资料,谈谈对现代旅游有什么启示?
5. 分组讨论20世纪以来我国宴席的发展状况,分析其现状及发展对策。

第九章　饮食器具文化

本章内容： 饮食器具的起源、形成与发展
饮食器具的等级化和社会价值
美食与美器的搭配

教学要求： 了解饮食器具的起源、形成与发展，理解饮食器具的等级化和社会价值，知道饮食中的营养素及其作用，掌握美食与美器的搭配原则。

教学课时： 2课时

第一节　饮食器具的起源、形成与发展

一、饮食器具的起源

火的使用，是人类社会能够进入熟食发展阶段的前提，也是促使人类去发明制作各种饮食器具的根本原因。在人类学会用火熟食的最初阶段，我们的祖先那时并没有什么成型的固定餐具、炊具可用，也不懂什么翻勺、抖勺、干煸、水爆、焦熘和白扒……而只知道把猎获的野味放到火上去直接烧烤，并利用自然界中的树枝、木棍等，来作为烧烤与摄取肉食的器具使用，以防被火灼伤。当初人们用以熟食的那一堆堆的篝火，以及在自然界中取之不尽、用之不竭的那些树枝和木棍，是当今所使用的各种炉灶与筷子、餐叉、烤肉炙子等饮食器具的鼻祖，人类的饮食器具也正是起源于当初的那些篝火、树枝和木棍，是由最初人们使用这些天然物作为熟食器具的实践中，逐步发展演变而来的。最初问世的烤肉，是在我们祖先尚无锅可用的情况下，才不得已而为之的。只有当人类发明了锅、碗等餐具之后，饮食器具才开始形成，人类的饮食烹饪方法也才获得发展。

二、饮食器具的形成

从利用自然物到学会制作饮食器具，是一个巨大的历史飞跃，这是人类从最初利用自然物的实践过程中，经过了上百万年的发展孕育，直到新石器时代进入了原始农业经济的历史发展阶段，当人们过上了以农为业的定居生活，发明了制陶术，出现了制作陶器、骨器和磨制石器的各种原始手工业的生产后，才使饮食器具的诞生具备了必要的条件与可能。而其中制陶术的发明，则是锅、碗之类的餐具、炊具得以初步形成的关键。

关于陶器的发明，中国古代有各种传说，如黄帝制陶、神农制陶等，但是实际上，陶器是先民们在长期的实践中逐步创造出来的。他们通过无数次的实践发现，被火烧过的黏土会变成坚硬的泥块，其形状与火烧前完全一样，而且不会熔散，于是人们就试着在荆条筐的外面抹上厚厚的泥，风干后放入火堆里烧，当取出来时荆条已化为灰烬，剩下的便是形状与荆条筐相同的坚硬之物了。这就是最早的陶器，出现在新石器时代。

据考古发现，新石器时代早期的裴李岗文化遗址、磁山文化遗址等出土的陶器都比较原始，陶质较疏松，形状较简单；到后期的龙山文化时，制陶技术明显提高，陶器生产有了很大发展。

陶器的产生和制陶业的兴起，在中国饮食文化史上具有划时代的意义。人们用陶器来盛装食物，便有了盛具和饮食器具；用陶器加热制熟食物，便产生了炊具。由于陶器拥有远胜于石材的传热力和较高的耐火性，可以在其中加水煮熟食物，于是出现了今人所称的具有完备意义的烹饪。

三、饮食器具的发展和演变

(一)璀璨的中国古代陶器

中国制作陶器的历史超过了一万年。新石器时代古老的先民,将司空见惯的黏土经过一系列复杂的运作,造出一种新的物质——陶器,从此改善了人类的生活。此后,陶器执著地伴随着我们的祖先,涉过岁月的长河,来到我们生活的新世纪。中国古代陶器留给人类的是一份无可替代的优秀历史文化遗产。今天我们在博物馆里看到的古陶器,大都来自新石器时代的红山文化、大汶口文化、河姆渡文化、半坡文化等遗址。

最初的陶器功能极为简单,形制极其简陋,世界各地几乎皆为罐形,这种器物,既可烹饪,又可盛食,还能储藏食物,一物多用,自然赢得先民们的青睐。然而,我们的祖先很快就不在满足于已有的成绩,开始推陈出新。从陶罐中最新演化的是"釜",釜与罐的区别,主要在于器物的底部,罐为平底,取其安放平稳。釜为圆底或尖圆底,取其烹煮时便于集中火力。釜的出现,标志着专门炊具的诞生。圆底的釜重心不稳,在烹饪和安放时,常常需要在釜底填上石块作支架。日久天长,带支架的釜——鼎问世了。当人们从增加受热面积提高热效率出发,将鼎的三个实心足改为空心时,鬲(lì)也就出现了。

罐的问世,宣告了"汙(wū)尊而抔(póu)"时代的终结。人们就无须局限于池塘河边进食,以双手掬水解渴了。从此可以提着罐子随心所欲地选择进食场所。炊食器共于一体的时代很快结束了,传说帝尧时"啜(chuò)土鉶(xíng),饭土甌(guǐ)",用陶瓶饮水,用陶篮吃饭,比起在釜、鬲中就食当然雅致多了。

在我国新石器时代出现的陶制饮食器具,不但有罐、釜、鼎、鬲、甑(zèng)、甗(yǎn)、鬶(guī)、斝(jiǎ)以及烤箅等多种具有不同形制和用途的锅类炊具,同时还先后出现了碗、钵、盂(yú)、盆、簋(guǐ)、豆、盘等可供盛放饭、菜用的多种餐具。按照这些陶制炊具的功能及用途的不同,大致可划分为以下四类。

第一类是以水作为炊具中的传热介质,适合烹煮食物用的炊具。例如陶制的罐、釜、鼎、鬲、鬶、斝等,可以用来烧水、煮粥、烹羹或炖肉。

第二类是以蒸汽作为传热介质,用以蒸熟食品的炊具,如陶甑、陶甗等。其中陶甑的形状,很像一个底部被钻有若干透孔的陶盆。它的用途相当于"蒸笼",可用釜、鬲、鼎等把水烧沸,将甑置于其上使蒸汽透过底部穿孔,将甑内的食物蒸熟。它为我国古代最早出现的"笼屉"。陶甗,是将陶甑与陶鼎、陶同等制作成联结在一起的形制,也就是最初的蒸锅。

第三类是通过炊具的自身传热,间接用火来烙制食品的炊具。例如在河南省荥阳县出土于仰韶文化晚期遗址中的陶鏊(ào),为一圆形的烤盘,在其周围附有3~4个扁宽形足,可在其底部用火加热,将盘上的食品烙熟。现代人们烙饼用的饼铛，与摊煎饼用的铁鏊子，即由这种陶鏊发展而来。

第四类是直接用火烧烤食物用的炊具。例如陶制的烤箅，有圆形和长方形两种形制。圆形烤箅中间都有若干镂孔；长方形者很像近代的炉箅，中间由若干根箅条组成。如1976年在上海市青浦县松泽遗址中出土的一件长方形烤箅，中间共有陶制的箅条5根，在与其相连的两端各置一陶鼻儿可供提取。将烤箅置于火上，火焰即可通过镂孔或箅条间的缝隙，把置于烤箅之上的食物烤熟。其功能与如今用铁丝编制或以熟铁制作的烤肉炙子相同，当为最初的烤肉器具。

（二）风靡三代的青铜食器

原始社会末期，人类在青铜冶炼方面的技术突破，使历史进入了青铜时代。伴随着时代的飞跃，饮食器具发生着巨大的变化，对社会底层的百姓而言，陶器仍然是主要的生活用品。而在奴隶主贵族阶层，则开始掀起了疯狂追求青铜器的旋风，大有全面取代陶器的趋势。这股旋风的起因也与陶器本身的弱点——不能受冲击、易破碎、温差过大易爆裂、只能水煮、不能油烹等有关，但更主要的原因可能是在于因当时受冶炼技术的限制，青铜数量稀少，贵族们将拥有青铜器作为贵族身份的象征趋之若骛，而对于价格低廉虽有弱点但也有显著优点的陶器却不屑一顾。

夏商周三代，青铜饮食器具盛行一时，品种名目繁多，主要可分为食器、酒器、水器三大类。

食器又可分为炊器、盛食器和取食器，一般形制及用途如下：

鼎：烹煮或盛放鱼肉。形状大多为圆形腹，口沿或颈上有两耳，三足，也有四足的方形鼎。

鬲：煮饭熬粥，器身自底部向上逐渐敞开，形若漏斗。

甗：蒸食物用。上部为甑，下部为鬲。

簋：盛饭用。一般为圆腹，敞口，圈足，有耳。

簠（fǔ）：盛食物用。长方形，敞口，有四个短足，加盖。

盨（xǔ）：盛食物用。椭圆形，有耳，圈足，加盖。

豆：盛肉酱或调味品。上部为盘，下部为长把圈足。

匕：舀取食物的匙子。匕体一般为椭圆形，有柄。

酒器主要为饮酒器——爵、角、斝、觚（gū）；盛酒器——尊、卣（yǒu）、盉（hé）、方彝。

爵：前有流，即倾酒的流槽；流与杯口之际有两注，后有尖锐状尾、中为杯，一侧有柄，下有三足。

角：与爵相似，但无流和注。

斝：圆口，三足。

觚：圆形细长身，喇叭形大口，侈口，细腰，圈足外撇。抓身下腹部常有一段凸起，于近圈足处用两段靡棱作为装饰。

尊、卣：扁圆、短颈、带盖、鼓腹、圈足，有提梁。还有少数为直筒形、方形和圆形，还有动物形状的鸟兽卣。

盉：圆腹，带盖，前有流，下设三足或四足。

方彝：长方形，上腹略收，长方形圈足。体、足四角与中部各有一条扉棱。有盖，兽面也有与体对应的扉棱。

水器分为盛水器和注水器，其形制为：

匜（yí）：盥洗用具。贮水后倾水。形椭长，有足，前有向外伸出的嘴，后有扳手，有的带盖。

盘：盛水器。圆形，浅腹，有圈足。也可用于接水。进食前或进食中与匜配合作为盥洗器，用于洗手。

盂：盛水或盛饭用。敞口，深腹，圈足，有耳。

壶：盛水或盛酒器。有方形和圆形。

罍（léi）：盛水或盛酒器。有方形和圆形，方形罍宽肩，圆形罍大腹。

瓶：盛水或盛酒器。国腹，圈足。

青铜饮食器具，种类繁多，造型别致，沉静古穆，珍品无数，不胜枚举。其最具有历史价值的是携刻在上面的文字，又称铭文，这不仅是研究汉字起源和发展的珍贵资料，也是研究先秦历史第一手材料。另外，青铜饮食器上有造型各异、千姿百态的纹饰，如云雷纹、圈带纹、凤鸟纹、龙纹、象绞、虎纹、夔纹等，可能寓含着许多古老的信息。

附：青铜冰鉴

青铜饮食器具中，最令人惊讶的可能要算冰鉴。这是一种在夏天制作冷食、冷次的器具。考古发掘出土的冰鉴，以吴王夫差鉴和曾侯乙鉴最为著名。

吴王夫差鉴形如大缸，平底。器腹两侧有龙头状兽耳，两耳间的口沿旁有小龙攀缘器口，作探水状。通体饰繁密的蛟龙纹三周。器内壁有铭文两行十三字，记吴王夫差用青铜作此鉴，为吴王夫差宫廷中御用之物。

曾侯乙冰鉴由两件容器套叠而成。外器称鉴，内器称钫。全器呈方形，长宽皆 76 厘米，高 61.5 厘米。鉴身遍饰精细花纹，鉴身四角各有一条拱曲上跃的苍龙做耳，鉴的底部四角下各有一头怪兽，以前肢和胸部承托着冰鉴。不少部件系各自分别铸出，然后或用榫卯或用锡焊与鉴体联结。鉴身还饰有蟠虺、勾连、卷云、盘龙等图案，华美古朴，给人以浑然一体、玲俄透彻之感。鉴内的钫是一个四方形的大铜壶，可容众多食物或饮料。冰放在鉴的四周，紧贴着钫；达到制冷的效果。此鉴可容冰块约 5 万余克。冰块融化后流到钫的下面，为了防止钫浮上来，鉴底下专门设有 3 个挂钩与钫底的孔洞相连。冰鉴出土时，鉴内置有一把长柄铜勺，想为舀冷饮而设。此鉴制造于公元前 5 世纪，距今已有 2400 多年。

(三)昙花一现的漆器时期

在人类历史上发展并使用天然漆大概是中国人的独创了。漆器具有比青铜器、陶器优越得多的实用和审美方面的特点——轻便、耐用、防腐蚀、可以彩绘装饰等。漆器作为饮食器皿,早在六七千年前的河姆渡文化时期便已出现,此时就已制造了漆碗。到了春秋战国时期,作为饮食器皿的漆皿在许多生活领域逐渐取代了青铜器皿。漆器作为高级餐具(漆器不能作为炊具),流行于楚、汉、魏、晋时期的上层统治阶级日常生活之中,而以西汉为最。

我国先秦的漆器以楚墓出土最多。漆器的胎骨有木、竹、皮、夹纻、藤、积竹等多种。漆器具主要有装食物的碗、豆、盒、盘;舀汤的勺;夹菜的筷;放食具的案、几;装水的桶;盥洗匜以及酒器等;漆器中也出过一些精品,其材质之好,设计之巧,制作之精,型制之美,完全称得上是精制的工艺品。扬州城北邗江县境内湖场乡战国墓出土的漆器,有两件是夹纻漆盘,还有一些为鎏金铜托漆杯。当时的漆器价格昂贵,特别是鎏金和镶嵌的漆器,非贵族之家是不可能拥有的。

马王堆汉墓中出土的漆筷,因为得益于漆的保护,保存了2000年之久。漆筷色彩鲜艳,图案优美,经42道工艺制造,仅上漆就有7次之多。每次漆后都以高温蒸过,故经得起滚水沸汤。

漆器在三国以后逐渐销声匿迹,可谓昙花一现。这一方面是不敌瓷器的进攻,另一方面漆器成本太高,工艺复杂;使用时禁忌太多,忌盐,忌莼菜,忌螃蟹,一不小心,漆层就会破坏,显得陈旧不堪。民间对漆器兴趣减退,转而青睐瓷器。

(四)长盛不衰的瓷器食具

瓷器是中国古代的伟大发明。关于瓷器的历史,目前结论虽然还不一致,但普遍的意见认为可以追溯到3000多年前的商代,那时已经诞生了原始青瓷。这种原始瓷器刚从陶器中分离出来,还带有许多陶器的痕迹,但已具有瓷器的特征:经高温焙烧而成,胎体坚固细密,断面基本不吸水,敲之会发出清脆的金属声音。而陶器则胎质粗松,断面吸水率高、原始青瓷制作还相当草率,质地粗糙,釉色不稳定,质量远远不及后来的瓷器。但由于与陶器相比,坚硬耐用,釉面光亮,不易污染而受欢迎。上海博物馆藏战国原始青瓷龙首鼎,釉色青黄,鼎身四周刻画弦纹,斜线纹及涡纹,鼎口一面饰长颈龙首,另一面是小兽形尾,有长方形立耳,下为3只矮兽足,造型已相当精致。

原始青瓷经过1000多年发展,到东汉晚期才摆脱了原始状态,胎体的瓷化程度接近了现代瓷器的水平,逐渐进入成熟阶段。此时还创制出白瓷,发展十分迅速,到唐朝时形成了青瓷和白瓷并驾齐驱的局面。青瓷以南方的越窑最为著名,白瓷推北方的邢窑独占鳌头。一青一白,遥相辉映,陶瓷史上称“南青北白”。

宋代是瓷器发展高峰,百花争艳,名窑辈出,品种繁多,除青、白瓷外,黑釉、青白釉、彩绘瓷纷纷兴起，定、汝、官、哥、钧五大名窑各领风骚，产品风格独特，呈现一派欣欣向荣的局面。

元代青花瓷器在中国陶瓷史上占重要地位。装饰特点是层次多，画面满，从器口直到器足，满饰各种花纹，但层次清楚，繁而不乱。纹饰种类繁多，有人物故事、松竹梅、龙凤、花鸟、水禽、瓜果、游鱼等。有的产品还同时用青花和釉里红进行装饰，极为华丽美观。河北省保定曾经出土的元代青花釉里红镂雕花卉纹狮钮盖罐，制作精湛，颜色艳丽，极其珍贵。

明代景德镇的青花、彩瓷、颜色釉瓷均称天下无双，景德镇获瓷都之称。青花瓷胎质洁白细腻，釉层晶莹肥厚。此时还创制青花五彩瓷器；系用红、黄、绿、褐、紫等釉上彩和釉下青花相结合，特色是色彩浓艳，花纹瑰丽。明代中后期，五彩瓷器精品迭出，成为中国彩瓷史上新阶段。五彩瓷器可分为以红、绿、黄为主的纯粹釉上五彩和以釉下的青花结合釉上的红、绿、黄彩的春花五彩，明万历五彩云龙纹盖罐，是五彩瓷器中的佳品，其以釉下青花和釉上红、绿彩绘成龙纹，大红大绿对比强烈，彩色浓重，效果鲜明。

清代的康熙、雍正、乾隆三朝制瓷业臻于鼎盛，达到历史最高水平，进入黄金时代。这时期的瓷器，胎质缜密，釉质细润，无论釉上彩、釉下彩及色釉，皆缤纷灿烂。鲜艳纯净的青花、绚丽多姿的五彩、红艳夺目的铜红釉，崭露头角的粉彩和珐琅彩，均取得重大成就，青花瓷器绘画精细，题材广泛、画面宏大。往往用整幅山水、历史人物故事、耕织图、花鸟图案装饰瓷器。品种有白地青花、豆青地青花、洒蓝地青花、青花黄彩、青花矾红等。五彩除红、绿、赭、紫等色外，还发明了釉上蓝彩和黑彩，又加入金彩，艳丽夺目，色彩可多达十数种以上。此时还烧制一种将红釉、青釉、钧釉、哥釉等几种颜色釉和青花、五彩、粉彩、斗彩等不同的彩绘装饰集于一身的多彩釉器物，体现了巧夺天工的工艺水平，反映制瓷和绘瓷技艺已达到炉火纯青的完美境界。

乾隆以后，我国制瓷业盛极而衰，民国以后更是江河日下。但是瓷器由于价廉物美，始终在饮食器具中唱主角地位。而历代瓷匠的精致产品，成为中外艺术鉴赏家和收藏家苦心寻觅的宝物，为中华文化添加了灿烂夺目的光辉。

第二节 饮食器具的等级化和社会价值

饮食器具除了具有实用价值之外，还有着不可估量的艺术欣赏价值、文物价值、历史资料价值，其精美者，一杯一盏往往价值连城，尤以古代餐具为最。因此，对中国饮食器具的研究，实际上是对中国文化中一个极其重要的组成部分的研究。

一、饮食器具的等级化

饮食器具最初的功能是辅助人类进食,这是人人所需的。但在阶级社会里,饮食器具上凝结着更加深刻的社会内容,统治阶级将自己的意志强加到饮食器具上,对某一部分饮食器具赋予特别神圣和高贵的意义,从而使饮食器具逸出了自身的领域而人格化、等级化,如同阶级社会里的人一样分出“贵贱有等,上下有别”的特殊等级,严格规定社会各阶层所使用的器具,这种鸿沟甚至不是金钱所能逾越的。

统治阶级把自己喜爱的东西列为肉脔(luán),不容百姓染指,最早领受统治阶级“恩泽”的是青铜鼎。这种式样最普通的器具被赋予极其神圣而庄严的光环。《史记·封禅书》记载:“禹收九牧之金铸九鼎,皆尝亨觞(shāng)上帝鬼神。”觞,烹煮,特指烹煮牲畜而祭祀。“鼎,所以为天下贵者,以其神器。”从此,原为炊具的鼎,性质和功能发生了根本的变化,成为奴隶主阶级维护礼乐制度的礼器。鼎象征着国家政权,所谓“器之重者莫如鼎”,王位继承,以鼎相传。朝代更替,以鼎转移。“桀有乱德,鼎迁于殷”。“商纣暴虐,鼎迁于周”。周成王建东都洛邑,“定鼎于郏鄏”。楚庄王觊觎天子宝位,别有用心地向周天子的使臣打听九件周鼎的大小和重量,遭到使臣的警告。“周德虽衰,天命未改,鼎之轻重,未可问也”。

春秋以后,随着新兴地主阶级登上政治舞台,周天子的权威受到严重挑战,礼崩乐坏,僭(jiàn)越行为层出不穷。不少诸侯国君在举行宫会时,也享受起九鼎来了。有的甚至死后,仍要享受天子之礼。春秋晚期的蔡侯墓就使用了九鼎,战国时期中山国王也以九鼎陪葬。至于中下层社会随意添鼎的事情就更多了。鼎多了就滥,滥了就贬值。随着奴隶制度的衰落,曾经散放过神圣光辉的青铜鼎终于逐渐黯然失色,退出了政治舞台。贵族阶层也不再以使用青铜饮食器具为尊贵了。

封建社会仍然是一个等级社会,在饮食器具的使用上依然存在许多超经济强制。唐朝时,黄金餐具为皇室专用,民间如造金银器具为违法。唐玄宗在一次御宴上,心血来潮,突招宰相宋璟至面前,将手中金筷赐给他。宋璟起初愕然,不敢接。唐玄宗解释说,“非赐汝金,盖赐卿以箸,表卿之直耳”。宋璟方磕头谢恩。

宋朝对御宴的制度有详细规定。据《梦粱录》记载:“御宴酒盏皆屈卮,如菜碗样,有把手。殿上纯金,殿下纯银。食器皆金棱漆碗碟。御厨制造宴殿食味,并御茶床看食,看菜,匙箸、盐碟、醋樽,及宰臣、亲王看食,看菜,并殿下两朵庑看盘,环饼、油饼、枣塔,俱遵国初之礼在,累朝不敢易之。”

清朝康熙、雍正、乾隆时代,以珐琅质加樟脑油调和而成的彩料烧制出来的瓷器称珐琅彩瓷器。这种瓷器,直至清朝覆灭,始终秘藏于宫中,系专门供皇帝和后妃们观赏的御用品。乾隆皇帝弘历曾特别强调,“庶民弗得一窥也。”连王公大臣也不赏赐。皇帝自己不惜工本制造各种御用品,对民间却横加压制。雍正皇帝登基之初,在上谕中斥责两淮盐商“饮食器具备求工巧”,“宴会戏游殆无虚日”,甚至“悍奴豪仆服食起居同于仕宦。”皇帝警告说,今后如果继续骄奢淫逸,必从重究治。

二、饮食器具的实用与审美特征

现代饮食器具具有鲜明的特质,它属于设计文化和饮食文化结合成的一种新的文化现象,有着特定的功利属性。作为现代饮食器具,它的造型意识、加工手段、材料运用必须满足现代人使用的要求,同时还要适应人们的审美习惯,因此,形成了独立的审美特征。其主要表现在以下方面。

(一)材质美

科学技术的发展,为饮食器具开拓了宽广的前景。采用现代工艺技术和新材料,制作出了花色品种繁多的现代饮食器具,如水晶玻璃、搪瓷、塑料、金属等饮食器皿,构成了饮食器具丰富多彩的艺术风格,其发展逐步趋向标准化、通用化。

饮食器具在我国有着丰富的遗产和优良传统,随着社会主义经济的不断发展,人民生活水平的不断提高,人们的审美情趣也发生了改变,从而出现了能反映现代风尚的、多种多样的饮食器具。它们无论在造型设计意识,还是装饰风格方面,都已适应了现代社会人们的审美要求。例如追求富丽堂皇风格的仿金、银饮食器具;追求简朴、大方风格的不锈钢饮食器具等,在传统的基础上有了很大发展,呈现出了现代饮食器皿的繁荣景象,可以说它们是劳动人民智慧创造的结晶。

(二)功能美

由于现代人审美要求的不断提高,要求在使用饮食器具的同时获取美的享受。现代饮食器具表现出了高度审美功能和明确的使用功能的完美结合,加强了对造型现代意识的设计处理,并力求通过运用美学和实践结合的原则来增强其造型的生动感,达到良好的功能性和艺术美感的和谐统一,这也是现代饮食器具的一个发展方面。

附:中国饮食器具之美

中国饮食器具之美,美在质、美在形、美在装饰、美在与馔品的和谐。中国古代食具主要包括陶器、瓷器、铜器、金银器、玉器、漆器、玻璃器几个大的类别。彩陶的粗犷之美,瓷器的清雅之美,铜器的庄重之美,漆器的透逸之美,金银器的辉煌之美,玻璃器的亮丽之美,都曾给使用它的人以美好的享受,而且是美食之外的又一种美的享受。

美器之美还不仅限于器物本身的质、形、饰，而且表现在它的组合之美，它与菜肴的匹配之美。

周代的列鼎，汉代的套杯，孔府的满汉全席银餐具，都体现一种组合美。孔府专为举行高级筵宴的满汉全席银餐具，一套总数为404件，可上菜196道。这套餐具部分为仿古器皿，部分为仿食料形状的器皿。器皿的装饰也极考究，嵌镶有玉石、翡翠、玛瑙、珊瑚等，刻有各种花卉图案，有的还镌有诗词和吉言文字，更显高雅不凡。

孔府的满汉全席餐具，按照四四制格局设置，分小餐具、水餐具、火餐具、点心盒几个部分。美器与美食的和谐，是饮食美学的最高境界。杜甫《丽人行》中"紫驼之峰出翠釜，水晶之盘行素鳞；犀筋厌饫久未下，鸾刀缕切空纷纶"的诗句，同时吟咏了美食美器，烘托出食美器美的高雅境界。

三、饮食器具的社会价值

(一) 艺术价值

全国乃至全世界的所有大历史博物馆中有品级的藏品，多是与饮食有关的饮食器具。在我国，由远古的石磨，到夏商周三代的青铜器，唐代的三彩陶器，光耀世界的宋、明、清瓷器，这些绝代的珍品，一半以上是饮食器具或与饮食文化有关的艺术品。

(二) 历史价值

饮食器具涵载了大量的历史资料，填补了许多历史研究的空白。作为人类饮食文化重要组成部分的食具文化，与其他文化一样，内容广泛，内涵深邃。不应小看了锅碗瓢盆、瓶坛灶罐，它涵盖了我国近万年来社会发展中的人文历史、科学技术、风俗礼仪、伦理美学等多方面珍贵信息。它不仅是人们生活中的必需品，而且也是耐储存的、耐欣赏的、"过硬"的、"直观"的历史档案。这些数千年前的食具不但在科学技术、美学文化上给我们现代人以启迪，而且在历史研究上也为我们提供了许多珍贵的、无可辩驳的第一手历史资料，填补了我国史学研究中的许多空白。

例如著名的虢(guó)季子白盘，不但铜盘铸造精美，而且盘底有111个俊美的铭文，记录了季子奉周王之命，攻打当时北方的少数民族玁狁(xiǎn yǔn)并取得胜利的史实。还有，在河北省平山县中山国王墓中出土的青铜鼎、青铜壶的铭文中看到：当时夹处于燕、赵、韩、魏等大国之间的小国——中山国，是一个短命的国家，仅在《战国策》和《左传》中有少量记载，过去史学界对它了解甚少。但它也曾有过辉煌和强盛，它曾和齐国一起出兵征伐过燕国，并取得全胜的战果。这段历史，两千多年来一直鲜为人知，直到清代道光年间一系列文物出土，人们才知道这段史实。这些青铜礼器上的铭文为我们保留了可靠的第一手史料，对历史研究者是一极大的贡献。另外，从商王武丁的妃子"妇好"墓中出土的大量青铜器铭文上得知：妇好不但是商王极其宠爱的妃子，而且是一位能征惯战的女将军，为国家立下赫赫战功，并且生前一定很喜欢喝酒。因此，通过传世或古代窖藏及古墓中出土的大量的各种材质炊食器具，我们可以解读出各个时代的烹饪技术、饮食文化发展概况，同时也发掘出当时的生产技术、审美观念、风俗习惯等社会发展史料，具有极高的学术价值和社会价值，被历代视为珍宝。

因为我国有文字史资料近五千年，而出土的一些陶制钵、釜却告诉我们：中华先人在万年以前已经知道用火来改变物质的化学性质，制造出多种食器，形象地告诉我们当时人们的科学思维能力和生产技术水平。这些食器的陶片是我们了解史前社会状况的珍贵资料。而青铜器上的铭文、金银瓷器上的花纹图案所携带的历史信息更是人所共知。例如我们可以从一只唐代的"舞马衔杯银皮囊壶"上看出许多历史问题：唐代与北方、西方等少数民族交往密切、文化交流普遍，用实物形象的记载，印证了文字记载的史料。因当时没有图画，更无影像记载盛唐时期的一些有意义的庆典场面，使我们无法理解《新唐书・礼乐志》、《明皇杂录》及描写唐玄宗千秋宴的《舞马乐府》。《舞马词》等文献诗歌所描述的实况。而从这只银壶上可以直观地看到当时"舞马"的风采和"屈膝衔杯赴节，倾心献寿无疆"的高超技艺。

（三）科技价值

食器是中国科学技术和生产水平发展的时代缩影，直观的教具。从远古到今天，食器的生产代表了时代科学技术的发展水平。人类最早发明的工具都是围绕饮食的目的而产生。陶器的发明，青铜器、瓷器的出现，最初的目的都是为了饮食，无论从什么地方"发掘"出来的铝碗，你一定不会把它错定为明代以前的。所以，每件食器都是与同时代的生产力发展水平相同步的。即使今天的食器，也用上了时代的最尖端的科学技术。

（四）文化价值

食器所携带的文化内涵可直观地告诉我们各个时代的人文理念和社会风尚。夏商时代青铜器上诡异的纹饰反映出了人们敬神畏鬼的思想。"刖足守门鬲"上砍去双足的奴隶，说明当时以残酷为乐的奴隶主们的变态心理。商代的许多酒具铸成枭鸟形，而周代以后就几乎绝迹，说明在商代人们还没有"夜猫子进宅，坏事带来"的想法。宋代天目瓷的黑茶盏，也折射出士人斗茶的风气。所以，从食器文化可了解不同时代人们的潮流和时尚。

附：成都川菜博物馆

成都川菜博物馆位于郫县古城镇，占地约四十亩，投资近亿元、藏品数千件，是世界唯一以菜系文化为陈列内容的主题博物馆。博物馆内分典藏馆、互动演示馆、品茗休闲馆、灶王祠、川菜原料加工工具展示区等。该博物馆面积12000

平方米,展出了从战国至现代的3000多件川菜饮食器皿,这些藏品在使用功能上可分为煮食器、盛食器、酒器、用餐器、茶具,从材质上可分为青铜、牙骨、陶、瓷、铁器、木、竹等。另外,藏品中还包括了与川菜有关的文字介绍和书籍、图稿等。

第三节 美食与美器的搭配

清代美食家袁枚对于食与器的关系有很精辟的见解。他在《随园食单》中认为:“古语云,美食不如美器。斯语是也。然宣、成、嘉、万窑器太贵,颇愁损伤,不如竟用御窑,已觉雅丽。惟是宜碗者碗,宜盘者盘,宜大者大,宜小者小,参错其间,方觉生色。若板板于十碗八盘之说,便嫌笨俗。大抵物贵者器宜大,物贱者器宜小。煎炒宜盘,汤羹宜碗,煎炒宜铁锅,煨煮宜砂罐。”寥寥数语,竟也具有普遍的指导意义。然而历史毕竟演进了一百余年,美食如何配用美器的原则比起当年来毕竟是更加具体和发展了。

一、根据菜肴的特点选择器具

菜肴干湿程度不同,盛器也不同。干菜一般用平盘或碟;煎、炒、炸、爆等无芡汁或虽有芡但无汤或汤不多的菜肴用平盘;汤汁较多的烩、炖、氽等菜肴则用汤盆或碗。

二、菜肴的形状须和器皿相统一

菜肴的形状不一,有的圆润饱满,有的丝条均匀,有的片块整齐,有的还专门制出特殊的造型。器皿的形,可以起到补充加强菜肴“形”的效果的作用。应当把两者看做是一个不可分割的整体,针对菜肴的形状选择最能表现其特色的器具,收到烘托的效果。例如鱼类菜,特别是呈长条状的整鱼,适宜配用长盘。如果装在大碗中,好端端的一条鱼,弯曲着身子搁在碗里,头和尾巴高高地伸到碗外,给人的感觉就不自在。丸子类的菜,宜配用圆盘;滑炒鸡丝等菜还是用条形盘为宜。有的菜肴还用梅花形、扇形、叶形、瓜形、佛手形等特殊造型的餐具,如荷花鸡丝,用几片荷花瓣作边饰,鸡丝构成荷花图案,器皿是绿色的荷花形,食与器都表现出荷花的意境。

三、菜肴的数量须和器皿的大小相适应

数量多的菜肴用较大的盛器,数量小的菜肴用较小的盛器。装盘时应装在中心位置,不要散到盘子边沿。装碗时菜肴一般占据碗的容积的80%~90%,汤汁不能涨到碗沿,更不能溢出碗外。装全鱼整鸡、整鸭等整形菜时,器皿更须

注意留有余地,鱼装在盘中,应不露头尾。有些菜肴数量虽不多,但由于拼装造型修饰的需要,应留出足够的空间。例如油爆鱿鱼卷,由于该菜色感不强,有的厨师加入绿色和深黄色来加强效果,这时的盘子就要大许多。可以用腰盘装菜,盘的一半位置放鱿鱼卷,剩下的一半面积装上芹菜叶,仿照鱿鱼触腕,拼成放射状,然后在鱿鱼卷和芹菜之间放上一朵刻制出来的盛开的菊花。这样浅黄色的鱿鱼卷,如鱿鱼的躯干,深黄色的菊瓣,如鱿鱼的头部,而碧绿的芹菜又如鱿鱼的几对触腕,配上盘子周围浅蓝色的花纹,如在水中蠕蠕而动,颇具情趣。如果局促于一个小盘中,就趣味索然了。

四、器皿的色泽须和菜肴的颜色相协调

器皿和菜肴颜色搭配得好与坏,效果差异很大。韭黄炒鸡蛋放入淡紫色的盘中,红烧鲤鱼放在淡绿色的盘中,虾仁炒青放入淡咖啡色的盘中,色彩对比鲜明,菜肴显得清爽可口。水晶肘子是一道名贵菜,放入翠绿色盘中,晶莹鲜嫩令人食欲倍增。装在白盘子中,如果联想到尸肉,立刻就难以入口。红花须要绿叶配。这种衬托关系是依据色彩的原理决定的。一般讲,红色配淡蓝色,黄色配青紫色,绿色配玫瑰绿色,橙色配青色效果不错。也有人认为,可把菜分成淡色菜和深色菜两类,淡色菜配深色器皿,深色菜配淡色器皿。白玉鸡脯、滑炒鸡丝等菜肴,洁白朴素,须配青花或者红花瓷等色调深的盘子,也可以选用带有彩色图画者。而酱汁鱼块、熘腰花等色泽较深的菜肴,则宜选用白色或浅色的盘碟。有些厨师还认为,色泽较深的菜肴,色调比较低沉,如果用传统的青花瓷盘盛装,冷上加冷,会起干扰作用,抑制食欲。

五、餐具的档次须和菜肴的价值相配合

有些菜肴原料贵,价格高,盛装的器具也应精致。特别对于饭店来说,有的菜价格很高,盛装的器具却很平常,有时还只能归入粗劣一类。或者虽用比较精致的瓷器装,却常带有豁口的,这就破坏了气氛。特别是造型菜、精雕细刻,着意装饰,虽为欣赏而作。盛器粗劣,岂不大煞风景。

◎本章小结

饮食是人类生活的第一需要,而饮食器具则是饮食的必备用具。饮食器具的出现,是人类历史发展到一定阶段的产物,与人类生产、生活的进步密切相关。它们尽管是物质形态的一种存在,我们却不能仅仅把它们看做是物质文化的东西,因为它们往往包含着重要的精神文化的内容。璀璨的中国古代陶器、风靡三代的青铜食器、昙花一现的漆器时期、长盛不衰的瓷器食具、中华瑰宝之金银器,除了具有实用价值之外,还有着不可估量的艺术欣赏价值、文物价值、历史资料价值,其精美者,一杯一盏往往价值连城,尤以古代餐具为最。

◎思考与练习

1. 如何开发饮食器具旅游文化资源?
2. 简述炉灶与炊具的发展演变历史。
3. 中国餐具是如何发展与演变的?
4. 中国筷子文化的历史发展有什么特征?正确使用筷子有什么意义?
5. 饮食器具有哪些社会价值,如何理解"食美不如器美"?

◎实践作业

组织学生分组参观本地博物馆或考古遗址,让学生对各类饮食器具有直观的了解。

第十章　饮食保健文化

本章内容： 饮食保健文化的主要概念
饮食保健文化的起源和发展
传统饮食保健的观念和法则
饮食营养与健康

教学要求： 了解饮食保健文化的主要概念以及饮食保健文化的起源和发展，理解中国传统饮食保健文化的观念和法则，知道饮食中的营养素及其作用，掌握合理营养与平衡膳食的方法和意义，了解食物的性能及应用，清楚《中国居民膳食指南（2007）》的内容。

教学课时： 4 课时

第一节 饮食保健文化的主要概念

保健,是指保养身体,增进健康,防治疾病以及为此所采取的综合性措施。饮食保健就是通过饮食来保养身体,增进健康,防治疾病。饮食保健文化的内容十分丰富,主要概念有食养、食疗、食补、食忌和药膳等。

一、食养和食疗

(一)食养

食养即饮食养生,它以正常人体为研究对象,包括不同体质、不同年龄、不同性别的饮食养生,不同季节、不同区域的饮食养生,不同职业人群的饮食养生,提高人体适应外部特殊环境能力的饮食养生等,进而达到预防疾病、强身健体。延年益寿的目的。食养的内容不仅十分丰富,而且应用性也很强,如聪耳、明目、固齿、乌发、养颜、益智、安神、壮阳、益寿等,这对提高人体的健康素质和生存质量都具有十分重要的意义。

(二)食疗

食疗,又称食治,即饮食治疗,它是以疾病为研究对象,包括不同疾病的饮食治疗,具有安全无毒、副作用小、简便易行、行之有效、易为人们认识和接受的特点。特别是对一些慢性疾病、孕期疾病、小儿疾病及老年性疾病等方面,更是具有不可替代的治疗作用。即使是那些以药物治疗为主的疾病,也需要食疗的配合和支持。食疗的内容也同样十分丰富,在历史上它更多是融合在本草学、方剂学和临证学各科之中,成为中医学治疗疾病的重要手段和特色之一。

食养与食疗虽然研究对象不同,但对食物性能的基本认识在很多方面是相同的,如食物的性味、归经及作用等,再加上在实际生活中人体的病与不病在很多情况下又是难以截然区别的,因此,食养与食疗在实际应用过程中,在很多情况下又是紧密结合在一起的。所以,我们从食养与食疗的目的都是保持与增进人体健康这一立场出发,将传统的食养与食疗的内容结合在一起,统称为中医饮食保健学。

二、食补与食忌

(一)食补

所谓食补,是指利用饮食物补益人体的气血阴阳以及津液和肾精,扶助正气,主要用于正常人的日常饮食养生和虚弱病证的饮食治疗,是食养和食疗的重要内容之一。在食养上,主要是通过食补来扶助正气,进而达到增强体质、延年益寿的目的。但在具体应用时还应考虑到个体体质存在着的气、血、阴、阳以及津液和肾精偏虚的不同情况,采用相应的食补方法。例如气虚体质的人在平衡膳食的基础上,主要选用补气的方法等,应避免食补在日常养生上的盲目和滥用。此外，食补的方法还有峻补、缓补、平补、清补、温补等的不同，应根据个体的具体情况加以确定。在食疗上，食补还应区别正虚与邪实的不同情况进行选用。

（二）食忌

食忌，亦称饮食禁忌，俗称忌口、禁口、食禁，是指根据养生或食疗的需要，避免或禁止食用某些对养生或食疗不利的饮食物，是食养和食疗的一个重要内容。食忌具有十分丰富的内容，是历代养生与食疗保健实践经验的总结。它强调了对饮食物认识的两点论，即既重视各种饮食物对人体的养生保健作用，又注意到各种饮食物对人体养生或食疗不利的一面，也即饮食物的宜与忌。正如《金匮要略》所指出的那样："所食之味，有与病相宜，有与身为害。若得宜则益体，害则成疾。"《备急千金要方》更进一步指出："安生之本，必资于食。不知食宜者，不足以生存也。"由此，在选择适宜的饮食物进行食养或食疗的同时，还重视避免或禁止食用某些对养生或食疗不利的饮食物。应该强调的是，食忌是有条件的。就一般而言，即是饮食物就具有可食性，它只是在一定的条件下才构成了食忌。例如只有在阴虚内热体质或阳盛体质的条件下，羊肉等属于热性的饮食物才构成了阴虚内热体质或阳盛体质人的食忌；再如疮疡病人与发物禁忌等，也是在一定的条件下才成立的。食忌概括起来主要有发物禁忌、体质禁忌、疾病禁忌、食物配伍禁忌、服药食忌、妊娠禁忌、时令禁忌等。

此外，关于食物的外用，如牛乳外用能美容，醋洗能治疗烫火伤、含漱能治疗牙齿疼痛，鳝鱼血外敷能祛风活血、治疗口眼歪斜（颜面神经麻痹），蛋黄油外敷能治疗烧伤、皮肤湿疹、麻风溃疡等，属于食物疗法的范畴。

附：花疗歌

花卉飘香齐争艳，生活园圃来装点。朵朵鲜花疗疾病，四性五味任君选。
杏花味苦可温补，梨花润燥可化痰。食用桃花能美容，清心降火吃榆钱。
兰花去腻清肺热，梅花解郁能疏肝。止血收敛数玫瑰，平肝降压有牡丹。
清暑止血食荷花，桂花暖胃又散寒。烫伤调经选月季，合欢花儿助君眠。
长发香肌茉莉花，腊梅止咳又化痰。醒脑安神夜来香，健胃止呕葛花餐。
痔疮便血槐花验，白菊明目又平肝。白茅花治鼻出血，冬花镇咳又平喘。
妇女停经选红花，月经疼痛有凤仙。咽喉肿痛皮生疮，银花野菊山茶煎。
鼻炎服用辛夷花，金银花蕾治黄疸。茄花清热治牙痛，石榴花治中耳炎。
水仙花瓣治惊风，韭花温中开胃田。芝麻花治粉刺好，绣球花止疟疾验。
百合润肺又止咳，迎春清肿可发汗。治疗中风圣诞花，芍药敛阴又柔肝。
参花泡茶可醒脑，丁香花治气管炎。木槿凉血治痢疾，柳絮散疼治牙痈。
清热消肿南瓜花，昙花煎服结核安。肿毒恶疮食芙蓉，治疗呃逆柿花煎。
楝花外用杀蚤虱，菱花止血最效验。劝君对症用鲜花，健康长寿乐无边。

三、药膳

药膳是在中医药“辨证施治”的理论指导下，将中药与食物搭配起来，用传统的饮食烹调技术和现代加工方法，制成的色、香、味、形俱佳的食品。

药膳，不能简单地理解为用药做成的膳食。很多食物有药物的作用，很多中药有营养的作用。药膳一般来说既具保健效用，又具营养效用。药膳具备一般食品的色、香、味、形，同面点、粥饭、菜肴一样，便于人们食用。药膳同时还具有保健和治疗作用，它与一般膳食不同，药膳特别强调中药和食物的调配。这里所指的调配，并不是简单地将中药和食物相加，更不是随意凑合在一起，而是应用中医学、中药学、烹饪学、营养学、治疗学、养生学等多学科的学识，只有既懂中医药性，又懂饮食原理，才能调配出高水平的药膳食品。

药膳与普通食品有很多共同的作用，药膳迎合人们“喜于食，厌于药”的天性，是充分发挥了中药性能的美味佳肴。民谚有“是药三分毒”的说法，所以药膳中的中草药作为药物，应针对人们的个体病情不同、体能不同而有选择地使用。“中药无毒副作用”的流言是不确切的。药膳做到了药借食味、食助药性，相辅相成，变“良药苦口”为“良药可口”，是充分发挥了中药性能的美味佳肴。

药膳的应用一定要讲究针对性，不能泛滥使用。药膳的应用范围是有限制的，即一种配方的药膳制品只适用于相应的特定人群(如人参酒主要以体弱的中老年男性人群饮用较适合)，应辨病配膳。由于施用药膳所需的医学知识多，故一般宜在医生或专业药膳师的指导下进行。药膳的优点在于其主要原料是日常食物，适合人体自然状态，即便是药效暂时不明显，也不会有大害，最适用于大众保健。

第二节　饮食保健文化的起源和发展

一、饮食保健文化的起源

(一)自从有了人类，就有了饮食保健活动

饮食是人类赖以生存的物质基础，也是人类保健的第一需要。从历史上来看，饮食保健活动是随着人类的诞生而产生的。尽管最初的人类饮食保健活动主要表现为“茹毛饮血”和“生吞活剥”，但从其根本意义上来看，仍然属于养生保健活动，在于维持生存的需要，在于“疗饥”，由此产生了最初的食疗，并在“疗饥”的基础上发展到“疗病”。从某种意义上来说，这与近代利用饮食物来治疗营养不良性疾病是相一致的。只不过最初的饮食保健活动是最原始的状态

而已。

(二)用火熟食是人类饮食保健史上的一大飞跃

上古时代,火的发明和在烹饪上的应用,是人类进化和发展史上的里程碑。在饮食保健上,用火熟食增进了人们的食欲,缩短了食物的消化过程,提高了食物的利用率,加速了脑髓的发达,增强了体质,促进了人类的进化。同时,由于燔生为熟,还起到了消毒灭虫、防止胃肠道疾病和寄生虫病的作用。不仅如此,火的使用,还产生了烹饪,扩大了食物的来源,促进了饮食保健的发展,对中药炮制及剂型发展产生重要意义。

(三)酒的发明是对饮食保健的一大贡献

早在公元前21世纪的夏代,我国就已能人工造酒。酒既是一种饮料,又对人体具有多种医疗保健作用,也可作为一种食疗药物,是食药兼用之品。它能通血脉、行药势、御寒气。同时,以酒作为一种溶剂,还产生了以酒为剂型的药酒或保健用酒。将各种中药放入酒中浸制,可借助酒的通行血脉之性以增强药势,使药力能迅速通达全身,故又有“酒为百药之长”之称。药酒的出现,进一步丰富了饮食保健的内容和手段,是中国古代的一大发明创造。

二、饮食保健文化的发展

中国饮食保健文化在漫长的历史发展过程中,先后经历了西周至秦汉时期(理论体系初步形成时期)、晋唐时期(食养、食疗广泛实践和经验的积累以及食疗水平的提高时期)宋元时期(理论到实践的进一步丰富和完善时期)、明清时期(食疗本草学的发展和饮食保健学日渐成熟时期)。

(一)西周至秦汉时期

西周至秦汉时期,由于社会生产力有了较大的提高,促进了科学文化的发展。饮食保健也在长期实践经验的积累上,逐步开始从理论上加以总结。这一时期,随着本草学的发展、中医理论体系的初步形成和辨证施治医疗实践原则的确立等,饮食保健理论体系的雏形也初步显现,从而为此后饮食保健文化的发展奠定了基础。此外,在当时的医政制度上还出现了专门的“食医”,对推动饮食保健的发展起到了积极的作用。这一时期的代表性著作主要有《黄帝内经》、《神农本草经》和《伤寒杂病论》。

(二)晋唐时期

晋唐时期,饮食保健文化在前代初步形成的理论认识的指导下,食养、食疗实践和经验的积累更为广泛和丰富,特别是对一些营养缺乏性疾病的认识和治疗取得了较大的成就,进一步丰富了饮食保健文化的内容。与此同时,在理论总结上,食疗开始逐渐从各门学科中分化出来,出现了专门论述食疗的专卷以及在本草学中出现了系统总结食疗食物的专门著作,反映了对食疗的研究已达到了相当的水平，并标志着食疗专门研究的开始。这一时期的主要著作有《备急千金要方》、《食疗本草》、《食医心鉴》等。此外，有关食疗的大量内容还散见于其他有关文献中，如《太平圣惠方》、《圣济总录》、《日用本草》等。

（三）宋元时期

宋元时期，饮食保健文化得到进一步的发展和完善，并相继出现了一些学术水平较高、影响较大的代表性著作，主要有《寿亲养老新书》、《饮膳正要》等。另外，有关食疗的大量内容还散见于其他有关文献中，如《太平圣惠方》、《圣济总录》、《日用本草》等。

（四）明清时期

饮食保健文化发展到明清时期，较唐宋以前又有了明显的提高，特别是在丰富食养和食疗实践经验、野生食物资源的开发以及重视饮食保健的普及等方面，都大大超过了前代。这一时期的有关饮食保健方面的文献，特别是在食物本草方面，有许多专著刊行，如《食物本草》、《随息居饮食谱》、《调疾饮食辩》等。此外，《医学衷中参西录》、《老老恒言》等著作中，对临证食疗实践和老年饮食保健方面有较多的论述；宋代林洪的《山家清供》、元代贾铭的《饮食须知》、清代黄云鹄的《粥谱》、清代朱本中的《饮食须知》等文献中，也有有关饮食保健学方面内容的记载。

第三节　传统饮食保健的观念和法则

一、传统饮食保健的主要观念

中国饮食保健以中医学理论为指导，具有自身独特的理论体系。这一理论体系具有三个方面的特点，一是整体饮食保健观，二是辨体与辨证施膳饮食保健观，三是脾胃为本饮食保健观。

（一）整体饮食保健观

人体是以五脏为中心的有机整体以及人与自然界相统一的整体观，是中医学的基本特点之一。饮食保健文化将中医学的整体观念贯穿于自身的理论体系中，并用于指导饮食保健的实践。

首先，人体是由脏腑、经络、五官、五体、九窍等组织器官所组成的。这些组织器官虽各有其不同的功能，但它们都不是孤立存在的。作为人体整个生命活动的一个组成部分，脏与脏之间、脏与腑之间、脏与五官之间等，在生理上是相互联系的，在病理情况下又是相互影响的，从而构成了机体的完整性。而在机体的这种完整性中，又是以五脏为中心，并通过经络系统把六腑、五官、五体、九窍等全身组织器官联系为一个有机的整体而实现的。如补肝以明目，补肾以壮骨、养心以安神、补肾以乌发等,都是人体整体现在饮食保健学中的具体体现。

其次,人与自然界的统一性。人类生活在自然界中,自然界存在着人类赖以生存的物质条件。同时,自然界的各种变化又可在不同程度上直接或间接地影响人体的生理或病理变化,如四时气候的变化,地域环境差别等对人体的影响。这种强调人与自然界的密切联系,强调人的功能活动受自然环境影响,人体功能与自然界的变化相对应的关系,又称之为“天人相应”或“天人观”。在人对自然界的能动作用上,饮食保健发挥着重要的作用。这不仅是指饮食是人类赖以生存的物质基础,更是指通过饮食保健的能动作用,可以进一步增进人体的健康,提高人类适应自然界的能力。

(二)辨体与辨证施膳饮食保健观

辨体施膳是饮食养生的基本原则。体,即体质,是指人体由于受到先天禀赋和后天各种因素的影响,在其生、长、壮、老过程中所表现出来的机体在形态结构、生理功能和适应能力上综合的、相对稳定的特殊性。从中医学的立场出发,这种特殊性包含了人体正气的盛衰、抗邪能力和适应外界能力的强弱等。体质不仅反映了人体的健康水平,而且不同的体质对各种致病因素的易感性、患病后的病变类型及其发展规律也会产生一定的影响。所谓辨体,就是指根据个体的生理表现和体征,并结合先天禀赋、年龄、性别、饮食起居及天时、地理、社会环境等方面的因素,通过分析和综合,概括、判断为某种类型的体质。施膳,则是根据辨体的结果,确定相应的食养原则,并依据原则选择相应的食物,再按照配方的原则,制订相应的食谱,以达到改善体质、增进健康的目的。辨体是确定饮食养生的前提和依据,施膳是制订养生的原则,并具体实施的过程。辨体和施膳就是认识个体体质和通过饮食达到增进健康目的的过程。它强调了个体体质的特殊性,增强了饮食养生的个体针对性,因而也就提高了饮食养生的效果,是中医学理论在饮食养生中的具体应用,也是指导饮食养生的基本原则。

辨证施膳是饮食治疗的基本原则。证,即征候,是指机体在疾病发展过程中的某一阶段的病理概况。它包括了病变的部位、原因、性质以及邪正之间的关系,反映了疾病发展过程中某一阶段病理变化的本质,因而它也就成为中医学认识疾病的一种独特的方法。所谓辨证,就是根据疾病的病理表现和体征,通过分析和综合,概括、判断为某种性质的证。施膳,则是根据辨证的结果,确定相应的食疗方法及食疗食物和配方。与辨体施膳一样,辨证施膳的过程就是食疗上认识疾病和治疗疾病的过程,是中医学理论在饮食治疗中的具体应用,也是指导饮食治疗的基本原则。

(三)脾胃为本饮食保健观

中国饮食保健十分重视脾胃的重要作用,认为脾胃为饮食营养之本,并由此产生了“脾胃为后天之本”的观点。在日常饮食生活中,应重视保护脾胃的功能，养成科学的饮食习惯。包括食疗食物的选择、食疗配方的组成、烹调加工方法的选择及饮食禁忌等。

二、食养与食疗基本法则

（一）扶正祛邪

扶正祛邪是指扶助正气，祛除邪气。人体健康和疾病都关系到正气与邪气两个方面。若正气允盛，能抵御邪气侵犯，则身体健康；若正气不足，不能抵御邪气侵犯，则导致疾病的发生。既病之后，正气与邪气之间的对立和斗争，又决定着疾病的进退。扶助正气有助于祛邪；祛除邪气能使邪去正安，有利于正气的恢复；正邪兼顾，能够调整正虚邪恋引起的复杂情况。

（二）调整阴阳

人体健康从根本上来说是阴阳保持相对平衡的结果，而阴阳的相对平衡遭到破坏又是导致疾病发生的主要原因。在正常情况下，调整阴阳的目的在于保持或促进阴阳的平衡。在疾病发生后，调整阴阳的目的则在于恢复阴阳的相对平衡。调整阴阳的方法根据阴阳出现偏盛、偏衰的情况，分别采用泻其偏盛、补其偏衰的方法。

（三）调整脏腑功能

人体是以脏腑为核心的有机整体。脏腑功能及其相互关系的协调是人体健康的基础。相反，脏腑功能的异常及其相互间关系的失调又是疾病发生的病理基础。调整脏腑功能对于正常人来说，在于增强脏腑功能及促进脏腑间相互关系的协调。在疾病情况下，调整脏腑功能则在于纠正脏腑功能的异常及相互关系的失调。它包括调整脏腑自身的功能和调整脏腑间相互关系两个方面。

（四）调理气血

气血是构成人体和维持人体生命活动的物质基础。但它在体内必须保持运行通畅才能发挥其生理效应，表现出健康的生命活动。反之，气血运行失常，又构成疾病的病理基础，故食养和食疗都应注重调理气血。

调理气血是建立在扶正（补气、补血）基础之上的，主要有行气、活血和止血。在正常情况下，行气和活血在于保持气血运行的通畅。在疾病情况下，除了应根据气血运行不畅，出现气滞和血淤，分别采用行气和活血的食物外，气血运行失常还可表现为另外一种情况，即出血，则宜用止血的食物。此外，气血的运行还受到食物寒、热性质的影响，具有寒凝热行的特点，故调畅气血宜用温热性食物，止血宜用寒凉性食物。

（五）因时、因地、因人制宜

由于季节气候、地理区域对机体生理和病理的影响以及个体体质差异、性别、差异、年龄差异等，在饮食养生上还必须考虑上述不同情况，区别对待，采取相应的食养方法,才能进一步提高养生的效果。

第四节 饮食营养与健康

一、饮食中的营养素

人体为了维持正常生理、生化、免疫功能以及生长发育、代谢、修补组织等生命活动而摄取和利用食物中营养素的综合过程,称为营养。人体需要的营养素主要有:蛋白质、脂肪、碳水化合物、无机盐、维生素和水等六类,通常称为六大营养,它们都存在于食物中,是人体不可缺少的物质。营养素在体内主要有三方面的功能:第一,作为能源物质,供给人体所需要的能量;第二,供给身体生长、发育和修补组织所需要的原料;第三,调节生理功能。各类营养素在人体内都有其主要生理功能,又有非主要功能。各类营养素之间相互联系,相互配合,错综复杂地维护着人体一切生理活动的正常进行。

(一)碳水化合物

碳水化合物由碳、氢、氧三种元素组成,其中氢、氧之间的比例同水一样,因此称碳水化合物。它在人体内的功能主要是供给热量,构成机体组织,帮助脂肪氧化和节省蛋白质,保护肝脏和解毒。一般认为每日需糖量平均以占热能供给量的60% ~70%为宜。成年人中轻体力劳动者每人每天约需要400~450克,重体力劳动者约为500~600克。

碳水化合物的食物来源主要是植物性食品,如谷类、豆类、薯类、根茎类。其中含有大量的淀粉和少量的单糖、双糖,蜂蜜中含量也很多。蔬菜和水果除含少量的单糖外还是膳食纤维的主要来源。此外,动物性食品中的乳类、肝类也是碳水合化物的来源之一。

(二)脂类

脂类是脂肪和类脂的总称,是生物体内不溶于水而溶于有机溶剂的一类化合物。食物中脂类95%是脂肪,5%是其他脂类。人体内储存的脂类中,脂肪高达99%。脂类的生理功能是:构成身体组织细胞,供给能量和储存能量,提供必需氨基酸,促进脂溶性维生素的吸收,保护机体,滋润皮肤等。膳食中脂类的摄入不足直接影响人体健康。

膳食中的脂肪主要来自植物性和动物性两类食物。植物性脂肪的来源,如菜子、花生、大豆、芝麻、玉米、棉籽、核桃和其他果仁以及麦、胚、米糠等;动物性脂肪的来源,如猪油、牛油、鱼油、奶油、蛋黄油和畜类油等。

(三)蛋白质

蛋白质是结构复杂的一类有机化合物,是人体必需的营养素,它与生命的产生、存在、活动、消亡都有着十分密切的关系。蛋白质是生命的基础，没有蛋白质就没有生命。我国的膳食蛋白质的来源主要从肉类、蛋类、奶类、鱼类、豆类、硬果类、薯类、蔬菜及谷类等食物中取得。谷类食品蛋白质的含量虽然不高，但谷类食品每日摄入量大，成为主食，成年人每日摄入量一般约为 500 克左右，于是，谷类蛋白质几乎占我国居民膳食蛋白质的 60% ~70%。因此，谷类蛋白质是膳食蛋白质的重要来源，但由于谷类蛋白质多为不完全蛋白质，所以要适当增加动物和大豆蛋白质的比例，以补其缺乏和不足。

(四)无机盐

人体内元素除碳、氢、氧、氮以有机化合物形成存在外，其余各种元素统称无机盐。人体内无机盐的总重量虽然仅占人体重量的 4%，需要量也不像蛋白质、脂类、碳水化合物那样多，但它们也是人体需要的一类重要营养素。人体内的无机盐有 50 多种，其中有 20 多种为人体所必需的。一般将含量占人体重量 0.01% 以上的元素称为常量元素，如钙、镁、钾、钠、磷、硫等；含量占人体重量 0.01% 以下的元素，以微克计算，这类元素成为微量元素，其中有 14 种目前已被公认为必需微量元素，即铁、碘、铜、锌、锰、硒、铬、锡、硅、氟钴、钒、钼、镍等。

无机盐在人体内的主要生理功能是构成身体组织成分和调节生理功能。无机盐广泛存在于动物、植物食品中，人体需要量少，只要注意荤素调配、粮菜混食，粗细粮搭配，膳食多样化，避免偏食，一般不易造成缺乏。但在特殊的生理条件下或膳食调配不当，或生活环境特殊等则易引起缺乏。经研究和调查，我国的膳食中缺乏的主要是钙、铁；地方病区域以缺碘、硒较多，儿童缺锌较为普遍。

(五)维生素

维生素是一类结构不同的低分子有机化合物，是人体绝对不可少的一类营养素。在机体内它们既不能产生能量，也不是构成组织的原料，人体对其需要量也很少，但对于维持人体正常生长发育和调节生理机能却起着十分重要的作用。因为大多数维生素是机体酶胸中辅酶的组成成分，这类物质由于在人体内不能合成或合成量不足，不能充分满足机体需要，所以必须经常由食物供给。当膳食中长期缺乏某种维生素或供给量不足时，都将引起新陈代谢紊乱而发生病态反应，进而产生维生素缺乏症；长期轻度缺乏维生素，可使劳动能力下降和降低对传染病的抵抗能力。

按溶解性不同，维生素可分为脂溶性和水溶性两大类。脂溶性维生素包括维生素 A、维生素 D、维生素 E、维生素 K，它们不溶于水，而溶于脂类及脂肪溶剂，随脂类吸收而吸收。脂类吸收障碍可导致相应的缺乏症。水溶性维生素包括 B 族维生素和维生素 C。

(六)水

水是一切生命赖以存在的基础，对人体也一样。因此，水是人体最为重要的营养素。与其他营养素相比,人体在缺水时对生理功能的影响会更大。水的主要生理功能是:参与构成组织,参与人体内物质代谢,调节体温,润滑作用等。人体在正常情况下,经皮肤、呼吸道以及以尿和粪的形式,从体内排出一定数量的水分,因此应当补充相应数量的水,每人每天排出的水和摄入的水必须保持基本相等,这称为“水平衡”。

二、合理营养与平衡膳食

(一)合理营养

合理营养,就是合理地掌握膳食中各种食物的数量、质量及比例搭配,以及卫生质量要求,并通过烹调加工来改进膳食,使之适应人体的消化机能和感官需要,从而使人体的营养生理需要与人体通过膳食摄入的各种营养物质之间建立起平衡关系。

人体每天对各种营养素的要求有一个最低需求,如果长期需求不足,就会阻碍生长发育,使得身体瘦弱,矮小或畸形;虚弱无力,精神不振,易于疲劳,对外界环境条件的适应能力差,降低对疾病的抵抗力;甚至过早衰老,减短寿命。反之,如果长期营养过剩,对人体健康也是不利的。例如糖类和脂肪摄入量长期超过正常需求时,多余的热能就会转化为体脂储存于体内,导致身体过于肥胖,这样不仅会增加心、肺负担,降低工作效率,甚至可能诱发高血压、冠心病、糖尿病。可见,要保证人体的正常发育和健康,除了防病治病和体育锻炼等外,合理营养也是至关重要的。

合理营养的基本要求是:充分供给人们劳动和生活过程所消耗的能量和营养;食物必须对人体无毒害,符合食品卫生标准;经过选配加工,使食物易于消化吸收,减少营养损失;膳食多样化,并具有良好的感官性状和一定的饱腹感;建立合理的膳食制度和良好的进食环境。

(二)平衡膳食

平衡膳食,就是为人体提供足够数量的热能和适当比例的各类营养素,以保持人体新陈代谢的供需平衡,并通过合理的原料选择和合理烹调、合理编制食谱和合理的膳食制度,使膳食感官性状良好,膳食品种多样化,并合乎食品营养卫生标准,以适合人体的生理和心理需要,达到合理营养的目的。平衡膳食的具体措施包括食品原料的选择、膳食的调配和食谱的编制、合理的食品烹调加工等。

三、中国居民膳食指南

(一)中国膳食指南的变迁

我国的饮食文化源远流长,千百年来凝集了诸多宝贵的膳食营养观念。我国政府于 1989 年首次发布了《中国居民膳食指南》,在 1997 年 4 月,再次发布了修改后的新的膳食指南。近年来我国城乡居民的膳食状况明显改善,儿童青少年平均身高增加,营养不良患病率下降。但在贫困农村,仍存在着营养不足的问题。同时,我国居民膳食结构及生活方式也发生了重要变化,与之相关的慢性非传染性疾病,如肥胖、高血压、糖尿病、血脂异常等患病率增加,已成为威胁国民健康的突出问题。为给居民提供最根本、准确的健康膳食信息,指导居民合理营养、保持健康,中国营养学会受卫生部委托于 2006 年成立了《中国居民膳食指南》修订专家委员会,对中国营养学会 1997 年发布的《中国居民膳食指南》进行修订。经过多次论证、修改,并广泛征求相关领域专家、机构和企业的意见,最终形成了《中国居民膳食指南(2007)》(以下简称《指南》),于 2007 年 9 月由中国营养学会理事会扩大会议通过。2008 年 1 月 15 日,卫生部公布了《中国居民膳食指南(2007)》。

(二)《中国居民膳食指南(2007)》简介

1.《指南》主体框架

《中国居民膳食指南(2007)》是根据营养学原理,紧密结合我国居民膳食消费和营养状况的实际情况制定的,是指导广大居民实践平衡膳食,获得合理营养的科学文件。其目的是帮助我国居民合理选择食物,并进行适量的身体活动,以改善人们的营养和健康状况,减少或预防慢性疾病的发生,提高国民的健康素质。

《指南》由一般人群膳食指南、特定人群膳食指南和平衡膳食宝塔三部分组成。

(1)一般人群膳食指南。适合于 6 岁以上的正常人群,共有 10 条内容:①食物多样,谷类为主,粗细搭配;②多吃蔬菜水果和薯类;③每天吃奶类、大豆或其制品;④常吃适量的鱼、禽、蛋和瘦肉;⑤减少烹调油用量,吃清淡少盐膳食;⑥食不过量,天天运动,保持健康体重;⑦三餐分配要合理,零食要适当;⑧每天足量饮水,合理选择饮料,如饮酒应限量;⑨吃新鲜卫生的食物。每个条目下均设有对条目中心内容进行阐述的提要和对条目涉及的有关名词、概念以及常见问题进行科学解释的说明。部分条目还附有参考资料。

(2)特定人群膳食指南。特定人群膳食指南是根据各人群的生理特点及其对膳食营养需要而制定的。特定人群包括孕妇、乳母、婴幼儿、学龄前儿童、儿童青少年和老年人群。其中 6 岁以上各特定人群的膳食指南是在一般人群膳食指南 10 条的基础上进行增补形成的。

(3)平衡膳食宝塔。《中国居民平衡膳食宝塔》(以下简称《膳食宝塔》)直观展示了每日应摄入的食物种类、合理数量及适宜的身体活动量。《膳食宝塔》的使用说明中还增加了食物同类互换的品种以及各类食物量化的图片,为居民合理调配膳食提供了可操作性指导。

膳食宝塔共分五层，包含每天应摄入的主要食物种类。膳食宝塔利用各层位置和面积的不同反映了各类食物在膳食中的地位和应占的比重。谷类食物位居底层，每人每天应摄入250~400克；蔬菜和水果居第二层，每天应摄入300~500克和200~400克；鱼、禽、肉、蛋等动物性食物位于第三层，每天应摄入125~225克（鱼虾类50~100克，畜、禽肉50~75克，蛋类25~50克）；奶类和豆类食物合居第四层，每天应吃相当于鲜奶300克的奶类及奶制品和相当于干豆30~50克的大豆及制品。第五层塔顶是烹调油和食盐，每天烹调油不超过25克或30克，食盐不超过6克。由于我国居民现在平均糖摄入量不多，对健康的影响不大，故膳食宝塔没有建议食糖的摄入量，但多吃糖有增加龋齿的危险，儿童、青少年不应吃太多的糖和含糖高的食品及饮料。饮酒的问题在《指南》中也有说明。

新膳食宝塔增加了水和身体活动的形象，强调足量饮水和增加身体活动的重要性。水是膳食的重要组成部分，是一切生命必需的物质，其需要量主要受年龄、环境温度、身体活动等因素影响。在温和气候条件下生活的轻体力活动成年人每日至少饮水1200毫升；在高温或强体力劳动条件下应适当增加。饮水不足或过多都会对人体健康带来危害。饮水应少量多次，要主动，不应感到口渴时再喝水。目前我国大多数成年人身体活动不足或缺乏体育锻炼，应改变久坐少动的不良生活方式，养成天天运动的习惯，坚持每天多做一些消耗体力的活动。建议成年人每天进行累计相当于步行6000步以上的身体活动，如果身体条件允许，最好进行30分钟中等强度的运动。

2.《指南》的特色

《指南》是根据营养学原理，紧密结合我国居民膳食消费和营养状况的实际情况，特别是最近的全国居民营养与健康调查的数据及资料而制定的，是指导广大居民实践平衡膳食，获得合理营养的科学文件。其目的是帮助我国居民合理选择食物，并进行适量的身体活动，以改善人们的营养和健康状况，减少或预防慢性疾病的发生，提高国民的健康素质。《中国居民膳食指南（2007）》继承和发展了《中国居民膳食指南（1997）》的主要内容，并进一步完善和发展了一般人群膳食指南和特定人群膳食指南的内容，理顺了条目顺序，在坚持以科学为依据的基础上，突出了针对性和实用性；内容更加丰富通俗，表现形式不拘一格，科学诠释当前居民在合理膳食上的误区和难题，主要特色有以下六点：

（1）新增加了“三餐分配要合理，零食要适当”和“每天足量饮水，合理选择饮料”两个条目，将饮水、零食及饮料这些与健康密切相关的膳食内容引入到中国居民膳食指南中，使内涵更加丰富全面。

（2）在“食不过量，天天运动，保持健康体重”条目下和膳食宝塔中明确提出“建议成年人每天进行累计相当于步行6000步以上的身体活动”，为指导居民天天运动提供了参照标准。

(3)提出更具体的量化指标。例如在“粗细搭配”的内容中“建议每天最好能吃50克以上的粗粮”;在“如饮酒应限量”的内容中明确“建议成年男性一天饮用酒的酒精量不超过25克,成年女性一天饮用酒的酒精量不超过15克。”

(4)在坚持“合理营养,平衡膳食”的理念下,注重慢性病的预防。在一般人群膳食指南中有两条是针对慢性病的预防的,即“减少烹调油用量,吃清淡少盐膳食”和“食不过量,天天运动,保持健康体重”。其他8条的内容中也都有相关慢性病预防的内容。

(5)表现形式不拘一格,科学诠释居民对膳食认识的误区和难题。《指南》在形式上增加了说明和参考资料,对条目涉及的有关名词、概念以及常见问题进行科学的解释,有助于对条目的深入理解和实践;采用问答形式,解答膳食中常见问题和居民对营养认识的误区;有更多提供丰富科学信息的图表;对专业术语予以通俗解释,对于营养学界前沿新观念和新发现,给出了参考资料作为佐证,既满足了专业人士对指南理解,又能满足广大居民在生活中实践《指南》。

(6)各特定人群膳食指南内容更加丰富和具体。在1997年的膳食指南中,针对婴儿的条目只有“鼓励母乳喂养”和“母乳喂养4个月后逐步添加辅助食品”及不足900字的描述。在新《指南》中,婴儿又细分为0~6月龄婴儿和6月龄~12月龄婴儿。0~6月龄婴儿膳食指南条目增加到6条,有近7000字的描述,并提供了身长和体重增长参考曲线。

合理营养是健康的物质基础,而平衡膳食又是合理营养的根本途径。根据《指南》的条目并参照膳食宝塔的内容来安排日常饮食和身体活动是通往健康的光明之路。

◎本章小结

我国饮食保健文化历史悠久,内容丰富,主要涉及食养、食疗、食补、食忌和药膳等。传统饮食保健的观念是整体饮食、辨体与辨证施膳、脾胃为本,基本法则是扶上祛邪。调整阴阳、调整脏腑功能、调理气血和三因制宜。传统饮食保健文化与现代营养学密切相关,了解食物的性能及应用、做到合理营养和平衡膳食,对健康来说非常重要。

◎思考与练习

1. 试论饮食营养与健康的关系。
2. 如何开发饮食保健文化旅游资源?
3. 简述中国传统饮食保健文化与现代营养学的关系。
4. 四季养生与食疗关系密切,请查阅相关饮食文化资料写成报告,并分小组讨论人体健康与季节和食疗养生的关系。

第十一章　饮食文化代表人物

本章内容： 中国餐饮业祖师爷
中国古代厨师
饮食文化历史名人和美食家

教学要求： 了解中国饮食文化主要代表人物，理解祭拜餐饮业祖师爷的价值，清楚部分历史文化名人在饮食中的传说与典故，正确认识厨师的社会地位，并能开发本地饮食文化名人旅游资源。

教学课时： 4 课时

第一节　中国饮食业祖师爷

各行各业都有它们的主管——祖师爷。祖师爷的确定也需要具备这样或那样的条件：或是某种技艺的发明创造者，或是对一行业的形成有过重大贡献的人，或是某位历史名人曾做过某种行业，或是某位先人与某一行业有关。

中国饮食业祖师爷中，以厨艺业为首要。因各类饮食的原料及相关行业，都先由厨艺业引申，其祖师爷的重要性自不待言。关于祖师爷的说法也多种多样，以下举要者简介。

一、中国烹饪厨艺业祖师爷

（一）食治养生的祖师爷——彭祖

尧舜时代的彭祖不仅精于烹调技艺，而且懂得食治养生，修身养性，因此他被称为我国的养生鼻祖。彭祖善于制作野鸡羹，因此受到了尧帝的赏识被封于彭城，建立大彭氏国（也就是今天的徐州）。

彭祖是上古传说中的人物。原名钱铿，是颛顼帝的后代，为陆终氏所生。东晋葛洪著《神仙传》里说："彭祖是神仙，彭祖者，帝颛顼之玄孙也，殷末以七百六十七岁而不衰老。少好恬静，不恤世务，不营名誉，不饰车服，唯以养生治身为事。王闻之，以为大夫，常称疾闲居，不与政事。善于补导之术，服水桂、云母粉……"徐州一带有不少关于他的古迹，还流传着这样的诗文："雍巫善味祖彭铿，三访求师古彭城"，说易牙的调味技术是向彭祖学习的。每年农历六月十五，苏、鲁、豫、皖等地的厨师都要到彭祖祠上香膜拜，并摆摊献艺。

（二）调和鼎鼐的祖师爷——伊尹

伊尹是夏朝末年的人，后为商朝宰相。《墨子·尚贤》《吕氏春秋·本味》等载，有莘氏的女子把在空桑中得到的婴儿献给君王，君王命一个厨师抚养他。这位厨师给他取名挚，又名阿衡，即是后来的伊尹，并言传身教，使他精通烹饪。他长大后，作为有莘氏女儿陪嫁的佣人，到了商汤那里。他背着鼎，抱着砧板，去给商汤烹饪了"鹄羹"等美味佳肴，并且用烹饪技术理论作比喻，详细地向商汤阐述了治国之道，深得赞赏，因而被任命为宰相。他出身庖人，在烹饪技术理论上立论精辟，又有治国的政治才能，被后世尊为"烹饪之圣"。

附：河南商丘旅游景点——伊尹墓

伊尹死后葬于商丘，其墓位于虞城县西南20公里的魏崮堆村。墓高3米，周长46米。坟墓四周有高大的古柏180余棵。其中有鸟柏一株，枝叶酷似鸟形，据说其年轮花纹也为鸟形，甚为罕见。墓前伊尹祠，原有祭殿、卷栅、钟楼、配房、大门、围墙等，现仅存两座大殿和花戏楼。每逢农历二月二、四月八、九月九，邻近几省的乡民前来赶庙会，人流如云，热闹非常。伊尹墓园的主要景点有伊尹墓殿、伊尹墓夫人殿、圣母姑殿、伊尹墓、伊尹柏林、花戏楼等。

(三)厨艺精湛的祖师爷——易牙

易牙是春秋时代齐桓公宠幸的近臣，专管料理齐桓公的饮食，由于他擅长于调味，加上善于逢迎，所以很得齐桓公的欢心。《管子·小称篇》记载："夫易牙以调味事公，公曰：'唯蒸婴儿之未尝。'于是蒸其首子而献之。"易牙为了满足齐桓公的口腹之欲，竟然将自己的长子蒸了，这在今天当然是天理难容，可是在当时的社会背景下，易牙不烹就是不忠，而且还必遭杀身之祸，所以我们如果把这事放到当时的社会环境下，那就不难理解了。

易牙有"天下第一名厨"的美誉，他不仅知味，而且善于辨味。孟子曰："至于味，天下期于易牙。"《列子·说符》记载："白公问曰：'若石水投水，何如？'孔子曰：'吴之善没者能取之。'曰：'若以水投水，何如？'孔子曰：'淄渑之合，易牙尝而知之。'"把两条河流里的水混合在一起，易牙也是一尝便知，可见易牙辨味之准。

(四)献身于真理的祖师爷——詹王

詹王，相传是唐朝烹饪技艺高超的御厨，姓詹。一天，皇帝问他："普天之下，什么最好吃？"这位忠厚老实的厨师回答道："盐味最美。"皇帝听了勃然大怒，认为盐是最普通的东西，天天都在吃，没什么稀奇珍美的，是厨师在戏弄自己不懂饮食之道，就下令把姓詹的厨师推出斩首。詹厨死后，御膳房的其他厨师听说皇帝忌盐，怕再犯欺君之罪，在烹制菜肴时都不敢放盐了。皇帝连续吃了许多天无盐的菜肴，不仅感到索然无味，而且全身无力，精神萎靡。究其原因，才知是缺盐的缘故。皇帝因此翻然醒悟，知道自己错杀了詹厨，便追封詹厨为王，自己退位十天(每年农历八月十三日至八月二十二日)，让百姓祭祀悼念他。后来，湖北、四川等地的许多厨师把詹王尊为祖师，并在每年的农历八月十三举行詹王会，缅怀先贤，交友联谊。

二、中国造酒业祖师爷

(一)仪狄

据《世本》、《吕氏春秋》、《战国策》等先秦典籍记载，仪狄是夏禹时代司掌造酒的官员，相传是我国最早的酿酒人，女性。公元前二世纪史书《吕氏春秋》云："仪狄造酒"。《战国策·魏策二》记载："昔者帝女令仪狄作酒而美，进之禹，禹饮而甘之，遂疏仪狄，绝旨酒，曰：'后世必有以酒亡其国者。'"汉许慎在《说文解字·酒字条》中，也有同样的说法。大致意思是夏禹叫仪狄去酿酒，仪狄经过一番努力后，酿出味道很好的美酒，就进献给夏禹，夏禹喝了，觉得确实美好。关于仪狄造酒的说法，在《太平御览》中也说："仪狄始作酒醪，变五味。"

(二)杜康

据民间传说和历史资料记载，杜康又名少康，夏朝人，是中国历史上第一个奴隶制国家夏朝的第五位国王，据《史记·夏本纪》及其他历史文献记载，在夏朝第四位国王帝相在位的时候，发生了一次政变，帝相被杀，那时帝相的妻子后缗氏已身怀有孕，逃到娘家“虞”这个地方，生下了儿子，因希望他能像爷爷仲康一样有所作为，所以，取名少康。少年的杜康以放牧为生，带的饭食挂在树上，常常忘了吃。一段时间后，少康发现挂在树上的剩饭变了味，产生的汁水竟甘美异常，这引起了他的兴趣，就反复地研究思索，终于发现了自然发酵的原理，遂有意识地进行效仿，并不断改进，终于形成了一套完整的酿酒工艺，从而奠定了杜康中国酿酒业开山鼻祖的地位，其所造之酒也被命名为“杜康酒”。

附：汝阳旅游——杜康仙庄

杜康仙庄占地250亩，由香醇园、杜康祠、酒文化博览中心三大景区组成，其中千年酒树、杜康墓等酒文化自然景观14处，七贤圣景、知恩亭等酒文化人文景观35处，在杜康仙庄，你可以看到“一里百泉”、“千年酒龟”、“贵妃沐浴”、“樱园梅香”、“桑涧飞瀑”等景观；又可以到“酒功馆”、“酒过馆”体味关于酒的功过故事；还可以参观中国第一个酒文化博物馆，了解中国酒文化的博大精深；还可以漫步碑廊，欣赏中外名人的书画精品。遍游杜康仙庄，你就像解读了一部酒文化的史书。

三、中国制茶业祖师爷

中国制茶业祖师爷是陆羽。陆羽（733—804），字鸿渐，号竟陵子、桑苎翁，唐复州竟陵（今湖北天门）人。《新唐书·陆羽传》记载，陆羽是一个孤儿，唐开元二十三年（公元735年）被竟陵龙盖寺的智积禅师收养，教他研习佛法，但他偏好儒家经典，后来偷偷逃离寺院，浪迹天涯。他几乎走遍当时著名的产茶地，收集采茶、制茶的各种资料，并且钻研烹茶用水之道，成为烹茶高手，最后在湖州完成了亘古未有的《茶经》，到贞元末年（公元804年）辞世。由于对中国茶业和世界茶业发展作出了卓越贡献，被誉为“茶仙”，尊为“茶圣”，祀为“茶神”。

现天门市还有不少与陆羽有关的遗迹。“古雁桥”，传说是当年大雁庇护陆羽的地方。镇北门有一座“三眼井”，曾是陆羽煮茶取水处。井台旁边有一块后人立的石碑“唐处士陆鸿渐小像碑”，碑上刻着陆羽坐着品茶的情景，颇有韵味。陆羽亭建于清朝，后毁于兵燹。中华人民共和国成立后，重建为双层木质结构，呈六角形，精巧典雅。置身其间，抚亭浥泉，品茗饮茶，令人流连陶醉。位于竟陵西湖之滨的陆羽纪念馆，包括陆羽故居、纪念陆羽的古迹、陆羽茶事活动等建筑群，游览该馆，可以获得陆羽事迹和传说的许多信息。

四、中国糕饼业祖师爷

(一)馒头行业祖师——诸葛亮

诸葛亮(181—234),字孔明,琅琊郡阳都(今山东省沂南县)人,三国时期蜀汉重要大臣,名士司马徽称其为伏龙,与凤雏庞统齐名。据晋人笔记记载,“馒头”一词出自三国蜀汉诸葛亮之手。时诸葛亮率军南渡泸水以讨孟获。根据当地的习俗,大军渡江之前必须以人头祭祀河神。诸葛亮遂命人以白面裹肉蒸熟,代替人头投入江中。诸葛将其命名为“瞒头”,即欺瞒河神之假头之意(一说命名为“蛮头”,蛮人之头之意)。因此,诸葛亮被糕饼行业奉为祖师爷。我国台湾糕饼业依此于每年中秋后祭拜诸葛亮在天之灵,求他保佑糕饼同行年年生意兴隆,月饼销售大增。据《上海的传说》中记载:诸葛亮是南翔镇小笼馒头的祖师爷,做南翔小笼馒头的名师刘龙,就是依照祖师爷设计的模样做小笼馒头的。

(二)糕点业的祖师——雷祖闻仲

北京糕饼业者并不供奉诸葛亮,却是供奉九天应元雷声普化天尊,也就是《封神演义》里的闻仲闻太师。雷祖闻仲间太师的诞辰即北京糕饼业祭拜祖师的日期为农历六月二十四日。

京式糕点中有一种太师饼,据说这种饼是商朝纣王的太师闻仲发明的。武王伐纣,纣王派太师闻仲率兵抵御,闻仲制作了一种甜味糕饼,作为行军干粮。后来这种饼传到民间,就被称为太师饼。闻仲也因此被糕点业供奉为祖师。当然,闻仲制作太师饼只是传说而已,无可稽考。不过太师饼却一直为人喜爱,京式糕点八大件中就有太师饼。其馅有枣泥、豆沙或白糖等。现在有的糕点店把太师饼写成太史饼,“太史”当为“太师”之误。

附:中国饮食业的祖师爷

烹饪厨艺业:燧人氏、伏羲氏、神农氏、黄帝、灶君、彭祖、伊尹、易牙、詹王。

造酒业:仪狄、杜康。

制茶业:陆羽。

糕饼业:诸葛亮、雪祖闻仲。

豆腐业:刘安、杜康妹妹、乐毅、孙膑、庞涓、关羽。

粮食业:神农氏、雷祖、蒋相公、范蠡。

酿醋业:醋姑、姜太公、帝予(黑塔)。

制盐业:夙沙、胶鬲、管仲、盐姥、詹打鱼、增头神、蚩尤、关羽、葛洪、张飞、张道陵、十二玉女、开山姥姥、牧羊女、金川神、梅泽神、扶嘉、杨伯起、僧一新、艾谭惠孟四神、井口土地、颜三土地、炎帝。

酱园业:蔡邕、颜真卿、刘邦、酱祖、醋姑。

豆豉业:樊少翁、康伯。

屠宰内铺业:真武大帝、樊哙、张飞、刘备、关公、平天大帝、火神。

火腿业:宗泽。

蛋商业:太乙真人。

鱼鲜海货业:拉踏张。

制糖及卖糖业:雷祖、杜康仙娘、鲁班、老君、土地神、赵昂、刘伯温、史太奈、女娲、卖糖孝子。

蜜饯业:扶桑。

酸梅汤贩售业:朱元璋。

干果业:关公。

资料来源:潘江东. 中国餐饮业祖师爷. 南方日报出版社,2002。

第二节　中国古代厨师

一、中国古代厨师称谓

厨师者,厨事之师也。厨师可以说是人类社会最古老的职业了。人类离不开饮食,饮食离不开厨师。厨师与广大群众一道创造了饮食文化,同时也为厨师自身的名称纳入饮食文化奠定了基础。人类文化始于饮食,最初的文字——甲骨文,便是反映人类饮食生活的。

自周代至春秋,厨师的别名五花八门:庖人、膳夫、兽人、渔人、酒人、浆人、腊人、鳖人、盐人、鸡人……不一而足。如果按照工作的部门,厨师计有八路“兵马”:御厨、衙厨、肆厨、家厨、寺厨、船厨、军厨、俗厨。每一路“兵马”,又有若干分支,如古代军营又称军厨为炊家子、炊子、伙夫、火头军;在宗教寺观,又称寺厨为僧厨、道厨、饭头、菜头;在肆厨当中,厨师的别名当是最高雅的了,称为当局、铛头、着案、师公、量酒博士等。

自古至今,人们对厨师褒贬不一:褒者称其为天厨、鼎俎家、菜将军、调味大师;贬者称其为庖奴、厨下儿、灶下养、油头。粗略估计,厨师的雅号诨名居然有120种之多,可谓雄居百业之首!

二、中国古代名厨

我国历代技术高超的厨师很多,但是见诸文字记载的却是凤毛麟角,寥寥无几。这主要是旧社会反动统治阶级鄙视“饮食之人”,另一方面厨师们又大多数被剥夺了学文化的权利,自己能动笔的很少。这样许多优秀厨师的名字就被埋没了,绝大多数成了“无名英雄”。历代名厨师人数虽不多,但却是当时的优秀代表,从不同的角度为丰富我国的饮食文化遗产宝库作出了自己的贡献。他们之中，有的是职业厨师，有的是家庭妇女，有的先从事庖厨事业后来成为治国安邦的政治家，有的属于宫廷御厨，有的属于官府廨（xiè）厨；有的属于寺院香积，有的属于酒楼食肆，有的流动卖艺，有的自己开店。他们在不同时期，从不同的角度，都为中国饮食文化这座大花园灌溉过自己的心血与汗水。历史上有关著名厨师的详细资料很少，大多为零星记载，如伊尹、易牙、太和公、膳祖、梵正、刘娘、宋五嫂、董小宛、萧美人、王小余等。

（一）膳祖

膳祖是唐穆宗时丞相段文昌的家厨。段文昌是著名的美食家，他将府中的厨房命名为"炼珍堂"，把出差在外时用的厨房称"行珍馆"，而膳祖就负责炼珍堂和行珍馆的厨务。每天吃什么菜肴、怎样制作，都由她安排、指挥。她在其家事厨40余年，培养了不少技艺高超的厨师，并且挑选9人传授了绝技。因为她言传身教、诲人不倦，人们尊敬她，不直呼其名，而称为膳祖。

（二）梵正

梵正是五代时尼姑、著名女厨师，也是我国大型风景花色拼盘的创始人。梵正烹制的菜肴十分精美。据北宋人陶谷的《清异录》记载："比丘尼梵正，庖制精巧。用鲊脍、脯、盐酱瓜蔬菜，黄赤杂色，斗成景物。若坐及二十人，则人装一景，合成辋川图小样。"就是说梵正曾经用腌鱼、炖肉、肉丝、肉脯、肉蓉、酱瓜、菜蔬等，黄红色彩相杂制成景物拼盘。如果座上有20位客人，她就每人做一只风景盘，而20只盘子合起来，就成了王维辋川别墅的图景模型，称"辋川图小样"，将菜肴与造型艺术融于一体，菜中有山水，盘中溢诗歌，"秀色可餐"。

（三）宋五嫂

南宋年间宋五嫂，是从河南开封逃难至杭州的一位女厨师，因丈夫姓宋排行老五，人们就称她为宋五嫂。当时从北方逃难来杭州的中原人很多，有官有民，大家思乡难归，很想尝点乡味以解乡思。宋五嫂家卖的鱼羹，正是传统汴京风味，颇能招徕异乡之客。有一日高宗赵构也闻名品尝，特派太监来，叫宋五嫂做了鱼羹送进宫，连皇帝都爱吃。此后，宋嫂鱼羹身价百倍，名声大振。方恒泰《西湖》诗云："小泊湖边五柳居，当筵举网得鲜鱼。味酸最爱银刀桧，河鲤河鲂总不如。"他称赞的五柳居醋鱼，有人说即是当年的宋嫂鱼羹。

（四）曹顶

曹顶（1514—1557）是明代嘉靖年间通州余西（江苏南通市）人，当时我国沿海地区倭寇为患，嘉靖三十二年（公元1553年）曹顶应募御倭。翌年，有三千倭寇进犯通州城，曹顶率领五百水兵与倭激战二十余日，冲锋陷阵斩倭首几百余级，身被数十创（《清光绪通州志·人物志·忠节传》）。朝廷论功行赏，他辞官不受，解甲回乡以做刀切面为生。他退伍不退志，嘉靖三十六年四月，倭寇再犯通州，曹顶偕守军与倭寇在城北五十里作战，乘胜追击至单家店（今平潮镇），因天雨泥淖，马蹶壕堑遇难于赍志桥畔，时年44岁。

附：曹顶与南通跳面

南通跳面，又称“曹顶面”、“切面”或“小刀面”。由于加工工艺讲究，外观粗细均匀，条长爽滑，柔韧有筋，因而久煮不煳。食时，韧而不硬，耐嚼有味。倘若配以各种不同的浇头，佐以酱油、猪油、味精等拌炒，味道特别可口。南通跳面，作为面点上品，载誉已久。

“切面”何时成为“跳面”？相传与抗倭英雄曹顶有关。据说，在明朝嘉靖年间，曹顶于城山路旁开设个面食店，主营面条。当时，狼山香火鼎盛，四方香客云集。去狼山必经城山路过，因此，此店生意极为兴隆。曹顶起早带晚，全凭双手擀面，尽管忙得精疲力竭，仍然供不应求。曹顶边擀面，边思考，如何多出面条，而又不花多大力，以满足食客的要求。有一次他回家，看到一村民在铡草喂牛。这事启发了他，终于想出一个妙法：在特制的矮桌上，系上一根牢固的麻绳扣，擀面杖在绳扣里，这样，举手轻轻揉面，随着麻绳晃动的惯力，身体随之边揉边跳，擀面速度大大加快。由于面团经压制，面筋产生，使面条极为韧性，条条不断，吃起来别有风味。一天，一位顾客吃得特别高兴，问：“此面叫什么名称？”曹顶灵机一动，含笑答道：“跳面。”

为了纪念这位民族英雄，南通人将“跳面”称为“曹顶面”。

（五）王小余

王小余是清朝乾隆年间袁枚的家厨。王小余是一位烹饪专家，有高明的技艺，也有丰富的理论经验。他敬业、守职，厨艺精、厨德高。他事厨时，选料“必亲市物”，观察火候“雀立不转目”，调味“未尝见染指之试”，但主客品尝其制作的菜肴时“欲吞其器”。他精湛的厨艺，除了娴熟、准确的操作外，还表现在对技艺诀窍的领会和把握上。他对于烹饪技术颇有研究，曾发表过一系列的高见，这些技术上真知灼见，对袁枚很有影响。袁枚的《随园食单》有很多篇幅得力于王小余的卓越见解。王小余在袁家干了十年。死后，袁枚为了纪念这位优秀厨师，专门写了一篇《厨者王小余传》。

附：厨师为什么要戴白高帽

据说，200多年以前，法国有位名厨叫安德范·克莱姆。他是十八世纪巴黎一家著名餐馆的高级主厨。安德范性格开朗风趣且很幽默，又爱出风头。一天晚上，他看见餐厅里有位顾客头上戴了一顶白色高帽，款式新颖奇特，引起全馆人的注目，便刻意效仿，立即定制了一顶高白帽，而且比那位顾客的还高出许多。他戴着这顶白色高帽，十分得意，在厨房里进进出出，果然引起所有顾客的注意。很多人感到新鲜好奇，纷纷赶来光顾这间餐馆。这一效应竟成为轰动一时的新闻，使餐馆的生意越来越兴隆。后来，巴黎许多餐馆的老板都注意到了这顶白色高帽的吸引力，也纷纷为自己的厨师定制同样的白高帽。

久而久之,这白色高帽便成了厨师的一种象征和标志,演变到如今,几乎世界各地的厨师都普遍戴上了这白色的帽子。白色高帽便成了厨师维护食品卫生的工作帽。

第三节　饮食文化历史名人和美食家

一、饮食文化历史名人

对众多人来说,“名人”之义是不难理解的;名人者,因其有名望也。然而细究起来,“名人”的含义则十分丰富。马克思是名人,爱因斯坦是名人,希特勒也是名人。因此,一个人如属“名人”之列,其第一个标准就是他(她)的名字能被他人在一定范围内传播。基于这个标准,进而得出“名人”的第二标准,即大凡名人总在某一方面有特殊之处,否则其名就不可能引人注意,广为传播。因此,所谓“名人”,主要是指那些在某一领域中对社会的发展起到较大的作用,从而在人们心中留下深刻印象的人。人总是生活在一定的社会中,并因其社会利益、从事的职业等归属于不同的社会群体。具体的“名人”就不可避免地时时打上所归属的群体或阶级的烙印。

名人也是人,和普通人一样要食人间烟火。但由于名人身份不同,所以名人和饮食之间便有了许多说不完、道不尽的趣闻轶事。设想一下,如果我们的历史上没有那么多名人,我们的食品会不会减色许多呢?像粽子这种极为普通的食品,若未与苦苦探求真理的屈原、未与他那“虽九死而不悔”的勇敢的战斗精神和他最终“怀沙而自沉”的悲壮行为联系在一起,那么也就绝不会成为风靡全国的食品,而流传两千年之久。又如茴香豆、油豆腐,原是浙江绍兴最普通的食物,就因为在鲁迅的《阿Q正传》、《孔乙己》、《在酒楼上》等名篇中出现过,便成为人们到绍兴旅游几乎必买的食品了。四川的文君酒必使人联想到卓文君与司马相如私奔到成都后当垆卖酒的风流韵事,松江的鲈鱼脍和莼菜羹则令人想起久居北方的张翰深沉的乡思。饮茶必推崇陆鸿渐,喝酒定要倾慕李太白。这一切都是中国饮食所独具的文化色彩,外国就没有“歌德牛排”和“普希金鱼子酱”之类,这也是中国饮食富于经久不衰的魅力的原因之一。

下面,再举几个与名人饮食有关的趣事。

(一)名人金口价百倍

公元前135年(西汉建元六年),汉武帝刘彻派使臣唐蒙出使南越(今广州),在南越王的宴席上,唐蒙尝到了今仁怀一带产的历史名酒——枸酱酒。为取悦汉武帝,唐蒙绕道鳛部,即现在的仁怀一带,取枸酱酒献给武帝。武帝饮后,觉得甘美异常,赞其“甘美”,故有“唐蒙饮枸酱而使西域”之说。汉武帝金口一尝,立即钦为贡酒。枸酱酒顿时身价百倍。清朝时王致和官运不通,就做起豆腐生意来。后来他做的豆腐被慈禧太后偶然尝到,慈禧一称赞,竟成了御品,王致和从此生意兴隆,财源滚滚。

(二)饮食癖好百千态

在饮食上,名人各有癖好。明代戚继光喜吃猪头,在他戍守关外时,为了过一过猪头瘾,不惜派快马手长驱北京的抄手胡同,专买那里的华家猪头。刘邦爱吃凉皮子。刘邦封汉王时在汉中吃当地的凉皮子就吃上了瘾。当了皇上后,还不忘记要吃汉中的凉皮。据说有人因给刘邦进贡凉皮还被升了官。咸丰皇帝爱吃凉粉。咸丰十年的一天,咸丰走出宫门在大街吃了两碗凉粉,觉得味道极佳,竟把卖凉粉的请到宫里住了一月,传授制作凉粉的技艺。还有,慈禧饮茶成癖,李鸿章爱吃咸菜,郑板桥爱吃狗肉,魏征爱吃芹菜等。

(三)名特风味名人创

"涮羊肉"是名特风味。但能流传下来却和忽必烈有关。700 年前,元世祖忽必烈率军征途中,想吃草原美味"清炖羊肉"。随军厨师马上宰羊剔肉,不料敌情突发,做"炖羊肉"来不及了,厨师忙将羊肉切成薄片,放在锅里一搅和就捞出来,放点调料送了上去。忽必烈饥不择食,吃罢迎敌并获全胜,还朝后命厨师如法炮制,并建议放了许多佐料,群臣吃后赞不绝口。忽必烈赐名"涮羊肉"。

"金华火腿"是宋代名将宗泽发明的。宗泽是主战派,因打仗连连得胜,百姓抬着肥猪慰问,一时猪肉多得吃不了,宗泽就命人将猪腿割下,腌制起来。由于腌制的猪腿又湿又重,行军携带不便,所以常常把它们在太阳底下晒一晒,挂在风中晾干,日子一久,猪腿肉红得如火,大家都叫它"火腿"。

(四)名菜沾了名人光

"西施舌"是杭州名点,因美女西施而得名,形似西施娇小的舌头,皎洁清香甜润可口。"昭君皮子"是甘肃人夏日常食的酿皮子,据说王昭君出塞后吃不惯面食,厨师遂将面粉分离成淀粉和面筋。用淀粉制面条,昭君十分爱吃。"贵妃鸡"是上海川味名菜,借用杨贵妃酒醉百花亭的故事命名。"汉宫藏娇"原名"泥鳅钻豆腐"是江西名菜,以豆腐形容貂婵之纯,以泥鳅比作董卓奸猾。

(五)百代习俗怀念情

公元前 514 年,吴王让伍子胥督建王城。吴王之子夫差继位后听信谗言,杀了伍子胥。子胥临死前对部下说:我死后若国家有难,民众没粮吃,就到城门墙下挖地三尺,可找到吃的东西。后来越国进攻吴国,城中军民断粮,伍子胥的部下就带领军民在象门城下挖地,果然挖出许多可以充饥的"城砖",原来"城砖"是糯米粉压成的,这是伍子胥生前设下的"积粮防急"之计,吴国军民就靠这些城砖渡过了难关。此后每逢过年,吴国百姓都要压制类似"城砖"的年糕,纪念伍子胥。像这类情况还有很多,如吃粽子纪念屈原,吃腊八粥纪念佛祖,吃馄饨纪念盘古等。

二、美食家

赵荣光先生说，美食家是以快乐的人生态度对食品进行艺术赏析、美学品味，并从事理想食事探究的人。美食家既有丰富生动的美食实践与物质享受，又有深刻独到的经验与艺术觉悟，是物质与精神谐调、生理与心理融洽的食生活美的探索者与创造者。[1] 在中国历史上，曾经有一大批懂吃、会吃的美食家。他们或者提出自己的饮食主张，或者记述、赞美和品评各地的物产、食俗、菜点等，对饮食文化的发展作出了宝贵的贡献。著名的有春秋战国时期的孔子、孟子、庄子、老子、屈原，汉魏南北朝的司马迁、枚乘、扬雄、潘岳、左思、常璩等，唐宋时期的李白、杜甫、白居易、苏易简、欧阳修、苏轼、黄庭坚、陆游、范成大，元明清时期的倪瓒、韩奕、杨慎、徐渭、张岱、袁枚、李渔、李调元、曹雪芹等，实在是十分繁多。这里仅简要介绍其中的几位。

（一）苏轼

苏轼（1037—1101）北宋四川眉山人，字子瞻，又字和仲，号“东坡居士”，谥号文忠，享年66岁。20岁考中进士，做官多年，但沉浮不定。他是北宋时期著名的文学家、书画家，在饮食烹饪上有极高造诣，对后世影响很大。如今，传统名菜中有以“东坡”命名的，如东坡肘子、东坡豆腐、东坡墨鱼，甚至筵宴、餐厅也有称东坡宴、东坡餐厅的。

苏轼一生喜好饮食，几乎每到一地，都要品尝该地风味菜肴，并且将所吃菜肴写入诗中。他的足迹遍及东西南北，吃过各地的风味食品，因此他写的饮食诗文也非常多，较详细地记下了宋代许多地方菜肴和饮食风貌。苏轼不仅好吃，而且懂吃、会吃，还亲自动手和教人烹饪美食。他在黄州时，看到当地猪肉价廉物美，而百姓因不懂怎样做才好吃而很少吃，便写了《猪肉颂》：“黄州好猪肉，价贱如粪土。富者不肯吃，贫者不解煮。净洗锅，少著水，柴头罨烟焰不起。待他自熟莫催他，火候足时他自美。”将烧炖猪肉的方法明白地表达了出来。后世据此文归纳出烧肉的13字用火经，并以此制作出“东坡肉”这款名菜。苏轼亲手创制了不少菜肴和美酒。例如他创制了两种有名的羹，一种是用蔓菁、萝卜制成，一种是以荠菜为主料烹制的荠糁，当时人和后人分别将这两种羹都取名为“东坡羹”；他酿制的酒则有蜜酒、桂酒、天一酒等，供客人品尝。可以说，苏轼的一生不仅是文学家的一生，也完全称得上是美食家的一生。

（二）陆游

陆游（1125—1210），字务观，号放翁，越州山阴（今浙江绍兴）人。他曾在四

---

[1] 赵荣光，谢定源. 中国饮食文化概论. 北京：中国轻工业出版社，2000：298。

川宦游近10年,足迹几乎遍及四川各地。四川丰富的物产,淳朴的民俗,众多的佳肴和美丽的山川,使他把四川作为了第二故乡。

在陆游的诗篇中,着力描绘和赞美了当时四川众多菜点品种。例如他在《饭罢戏作》诗中言:"东门买彘骨,醯酱点橙薤。蒸鸡最知名,美不数鱼蟹。"彘骨,即指猪排骨,用它蘸上加有橙汁、薤泥的醯酱食用,是一道很好的菜肴。蒸鸡也是当时的名菜,发展至今四川出现有荷叶粉蒸鸡、旱蒸灯笼鸡、贝母清蒸鸡、八宝蒸鸡等菜肴。其《薏苡》诗咏道:"初游唐安饭薏米,炊成不减雕胡美。大如芡实白如玉,滑欲流匙香满屋。"薏米,在唐宋时期四川已普遍用它做饭食,非常香美、珍贵,唐代韦巨源的《烧尾宴食单》记载它是用来献给皇帝享用的。此外,陆游的诗篇还描写和记载了四川美酒与一些菜肴的制法。例如描写的美酒有郫筒酒、鹅黄酒、琥珀酒、玻璃春、临邛酒等。其《思蜀》诗说:"未死旧游如可继,典衣犹拟醉郫筒。"即使典当衣服也要痛饮郫筒酒,可见它非常诱人。其《饭罢示邻曲》:"山翁今日自治厨,佳肴不似出贫居。白鹅炙美加椒后,锦雉羹香下豉初。"烧白鹅要用花椒调味,烹野鸡羹要加豆豉,这便是烹制的窍门和方法。陆游用他的诗记录和描绘宋代四川菜肴、饭品、酒类等众多的饮食风貌,组成了一幅宋代四川饮食烹饪图画。

(三)郑板桥

郑板桥即郑燮(1693—1765),清代著名画家,字克柔,号板桥,江苏兴化人。乾隆元年进士,曾任山东范县、潍县知县,因以赈贫忤上司,被罢官,此后居扬州卖画。郑板桥是"扬州八怪"的代表,他的画常以兰竹石为主题,表现他孤傲、清逸、淡泊、脱俗的情操。"三绝诗书画,一官归去来",是他一生最好的概括。

郑板桥也是美食家。他参加过卢雅雨举办的"红桥修禊",写下"张筵赌酒还通夕,策马登山直到巅"、"日日红桥斗酒卮,家家桃李艳芳姿;诗人千古风骚在,写出幽怀几砚间"的诗句,品尝过一些淮扬大宴名菜。金农说他"风流雅谑,每逢酒天花地间,各持研笺执扇,求其笑写一竿,墨渍污襟袖,亦不惜也。"

同他的哲学观、美学观一脉相承,郑板桥有自己的饮食观。主要是儒雅超逸,韵溢品高;师法自然,返璞归真;取材广泛,清新鲜活。他主张"白菜腌菹,红盐煮豆,儒家风味孤清"。他崇尚"左竿一壶酒,右竿一尾鱼,烹鱼煮酒恣谈谑……"的生活。他提倡田园清供之味,赞扬"江南大好秋蔬菜,紫笋红菱煮鲫鱼""三冬菜偏饶味,九熟樱桃最有名"。他认为原料要就地取材,讲究鲜活,"卖取青钱沽酒得,乱摊荷叶摆鲜鱼。湖上买鱼鱼最美,煮鱼便是湖中水"。郑板桥日常饮食返璞归真,"瓦壶天水菊花茶,青菜萝卜糙子饭"。

郑板桥喜食狗肉,还加姜少许。他说:"姜者,食物中之秀味,狗肉则为至味,亦神味也。"郑板桥在山东做官时,曾给李鱓写信,怀念扬州应时鲜鱼佳蔬,表示"神魂系之""唯有莼鲈堪漫吃,下官亦为啖鱼回"。

郑板桥继承唐代诗人王维传统，主张超凡脱俗，在青山绿水间，品茗尝鲜，饮酒啜蔬，对坐长谈，不作应酬，风流自在。

附：郑板桥巧宴贪吃知府

八怪之一郑板桥在范县当知县时，知府来巡视。这位知府是一位有名的“美食家”，对吃有一肚子的学问，也非常讲究，不管到什么地方，吃什么都要事先征得他的同意。这一天，司厨问郑板桥拿什么菜招待知府，郑板桥挥笔写下了“四菜一汤”——“四菜”是“青龙卧沙滩，白皮颜又煽，一青拌二白，油酥天鹅蛋”。一汤是“门泊东吴万里船”。郑板桥还面授机宜，令其报给知府。

知府看过呈上来的菜单，满心欢喜，认为尽管样数不多，可都是没有品尝过的新鲜佳肴，遂吩咐下去，照此做。待酒饭端上来以后，知府却眉头紧皱，脸上“晴转阴”，原来“青龙卧沙滩”是麻汁黄瓜，“白皮颜又煽”是酸醋浇粉皮，“一青拌二白”是小葱拌豆腐，“油酥天鹅蛋”是油炸黄豆粒，“门泊东吴万里船”则是一碗鸡蛋汤，上面还漂着半个蛋壳。贪吃知府看了半天，无法下筷，郑板桥却在一边连连相让，弄得知府不好发作，只得作罢。

（四）袁枚

袁枚(1716—1797)，清代诗人，字子才，号简斋，晚年自号仓山居士，随园主人，随园老人。钱塘(今浙江杭州)人。袁枚是乾隆、嘉庆时期代表诗人之一，与赵翼、蒋士铨合称为“乾隆三大家”。乾隆四年(公元1739年)进士，授翰林院庶吉士。乾隆七年外调做官，曾任江宁、上元等地知县，政声好，很得当时总督尹继善的赏识。三十三岁父亲亡故，辞官养母，在江宁(南京)购置隋氏废园，改名“随园”，筑室定居，世称随园先生。自此，他就在这里过了近50年的闲适生活，从事诗文著述，编诗话发现人才，奖掖后进，为当时诗坛所宗。他一生喜好美食，深入研究饮食烹饪之道，成就卓著。

他对中国饮食烹饪的贡献主要有三个方面。一是使烹饪工艺经验上升为技术理论。在他所著的《随园食单》中，20须知、14戒全面地总结了历代的烹饪经验，从正反两个方面提出了完整而系统的烹饪技术理论，其内容包括馔肴烹制工艺和品尝的全过程。二是真实地记载了清朝部分流行的菜肴，客观地反映了当时我饮食烹饪发展水平。《随园食单》中记载了清朝流行的333种菜肴各地尤其是以南方为主的菜点和茶酒。在整理、记录这些菜谱时，他几乎探讨了当时我国各个类别的菜点，并用其理论对菜点进行严格选择，指出原料来源、制作过程、成菜特色及用途等，具有极强的借鉴作用。三是通过各种方法培训厨师，提高从业人员素质。袁枚之所以能品尝到众多的美味，进而总结出系统的烹饪技术理论，其中一个重要的原因是有厨艺高超的家厨和家人。但是，一个优秀的厨师不是天生的，也不常见。他说“居今之世，三君易得，八厨难求”，因此十分重视培训厨师。他或者派厨师外出学习，“执弟子之礼”；或者用轿子请厨师到家中传授；甚至自己去访求菜肴烹饪方法，然后让家厨和家人试制，再亲自指导和训练，“其佳者，必指示其所以能佳之由；其劣者，必寻求其所以致劣之故”。同时，对厨师的评价非常客观，反对过分表扬，认为厨师只有谦虚、知道不足才能进步。正是他的正确培养和引导，才使其家厨几乎都身怀绝技，使王小余视他为难得的知味之人，共同成就了饮食烹饪史上的“高山流水”佳话。

（五）林语堂

林语堂（1895—1976），福建龙溪（现福建漳州）人。原名和乐，后改玉堂，又改语堂。笔名毛驴、宰予、岂青等，中国当代著名学者，文学家，语言学家。

林语堂也是一位杰出的美食家。他自诩为“伊壁鸠鲁派的信徒”，极喜饕餮而食。他在《生活的艺术》书中提到“如若一个人能在清晨未起身时，很清醒的屈指算一算，一生当中究竟有几件东西使他得到真正的享受，则他一定将以食品为第一。所以倘要试验一个人是否聪明，只要去看他家中的食品是否精美，便能知道了。”在《吾国与吾民》书中他说：“凡属地球上可吃的东西，我们都吃。我们也吃蟹，出于爱好，我们也吃树皮草根，出于必要”、“人世间倘任何事情值得吾人的慎重行事者，那不是宗教，也不是学问，而是‘吃’。吾们曾公开宣称‘吃’为人生少数乐事之一。”

林语堂对饮食特别讲究，他说：“在充分的睡眠和享受后一杯香醇的咖啡，会让人乐观积极”，“爱国不等于你对小时候吃的东西的一种眷念，人们对饮食都有一种乡愁。”夫人廖翠凤出生富贵家庭，女儿林太乙回忆厦门家里常吃的美食，如炒米粉、红烧猪脚、厦门薄饼（润饼）等，吃薄饼好像手里捧着一份白纱包的礼物。一口咬下去，有扁鱼的酥脆，花生末的干爽，芫荽的清凉，虎苔的甘香，中心的料子香喷喷，热腾腾，湿湿油油烂烂，各种味道已融合在一起，实在过瘾。

林语堂的食物哲学大概可归纳为三事，即新鲜、可口和火候适宜。吃含露的鲜莲，吃季节时令食品，红色的鱼较不腥，柿子要吃有点脆，略带有水分的，好吃的蔬菜和鱼不能放进冰箱，食物的色香味中香味是不容易保存的。“不懂得买鲜食品的主妇，是不懂美食的”，饮食中采买的功力是最重要的。谈到饮茶，林语堂认为喝茶的友伴不可多，“饮茶以客少为贵，众则喧，喧则雅趣乏矣。独啜曰幽，二客曰胜，三四曰趣，五六曰汛，七八曰施。”

“能吃就是福”，对于很多人来说，生活中若不能享受美食，那生活将黯淡无光彩没有任何意义。享受美食的那种喜悦，不光是用舌尖、味蕾简单地描述过去，而是心灵上的一种飨宴，一种发自内心的喜悦感。林语堂说：“若要得到男人的心要从肚子做起”。

◎本章小结

中国饮食业的祖师爷是中国饮食文化的代表人物，如彭祖、伊尹、易牙、詹王、仪狄、杜康、陆羽等，他们之中有的就是名厨、美食家。我国历代技术高超的厨师很多，但是见诸文字记载的却是凤毛麟角，寥寥无几。他们之中，有的是职业厨师，有的是家庭妇女，有的先从事庖厨事业后来成为治国安邦的政治家，有的属于宫廷御厨，有的属于官府廨厨；有的属于寺院香积，有的属于酒楼食肆，有的流动卖艺，有的自己开店。在中国历史上，也曾经有一大批懂吃、会吃的美食家，苏轼、袁枚、李渔、曹雪芹等。他们在不同时期，从不同的角度，都为中国饮食文化这座大花园灌溉过自己的心血与汗水。

◎思考与练习

1. 祭拜餐饮业祖师爷有什么价值？

2. 当地有哪些历史文化名人，他们饮食上有无传说与典故？如何开发饮食文化名人旅游资源？

3. 您如何理解古代厨师的社会地位，您对当代厨师这一职业有何看法？

4. 什么是美食家，您认为标准美食家的标准应有哪些？

5. 除了教材中讲到的以外，您还了解哪些有关餐饮业祖师爷的说法，了解哪些饮食文化历史名人和美食家？

第十二章　饮食风俗文化

本章内容： 饮食风俗概述
居家日常饮食习俗
年节饮食习俗
人生礼仪食俗
少数民族食俗

教学要求： 理解饮食风俗的概念与特征，了解日常居家食俗、年节食俗、人生礼仪食俗、宗教食俗的基本内容和少数民族饮食风俗的主要特点，认识饮食风俗中的良俗和陋俗。

教学课时： 6课时

第一节　饮食风俗概述

一、饮食风俗的定义

（一）风俗

风俗是特定社会文化区域内历代人们共同遵守的行为模式或规范。它起源于人类社会群体生活的需要，在特定的民族、时代和地域中不断形成、扩大和演变，为民众的日常生活服务。《诗经·关雎序》言："美教化，移风俗。"《汉书·地理志》云："凡民禀五常之性，而有刚柔缓急音声不同，系水土之风气，故谓之风；好恶取舍动静无常，随君上之情欲，故谓之俗。是解风俗之事也。风与俗对则小别，散则义通。"也就是说，风是指由自然条件不同形成的习尚，俗是指由社会环境不同形成的习尚；如果二者分开使用则意义相通。

风俗存在于古今中外社会生活的各个方面，包括生产消费风俗、社会风情风俗、精神信仰风俗和文化游乐风俗四种类型。风俗是在一定自然条件和社会条件下形成的，有着经济、政治、地缘、宗教、民族、语言等诸多方面的因素。它不仅在人类社会的发展中起着承前启后的作用，而且在今天的社会主义物质文明和精神文明建设中，大多具有积极作用。

（二）饮食风俗

饮食风俗，亦称饮食民俗或食俗、食风，是人类饮食文化中的社会性规定和约定俗成的社会行为。饮食风俗，是诸多风俗中最活跃、最持久、最有特色、最具群众性和生命力的一个重要分支。饮食风俗为惯常行为，且与社会关系上的种种结构分不开。

中国饮食风俗出现很早，原始社会中已有它的许多痕迹。后来，历代的风物志、风俗志、风土志、风俗画、地方志、行业志，以及正史、野史、笔记小说与文学艺术作品中，对此均有生动的反映。它是构成中国饮食文化的基本要素，对中华民族心理和性格的形成有着潜移默化的巨大影响。

二、饮食风俗的成因和表现形式

（一）饮食风俗的成因

1. 经济原因

食俗虽然是文化现象，但其孕育和演变无疑会受到社会生产力发展水平的制约。也就是说，有什么样的物质生产基础，便会产生相应的膳食结构、肴馔风格和饮食习俗。如元谋猿人茹毛饮血，北京猿人火炙石像，山顶洞人捕捞鱼鲜，河姆渡人食用五谷，周代天子钟鸣鼎食，汉朝侯王珍爱漆器，明清时期火锅大盛，现今风行电器炊具，便是如此。

2. 政治原因

食俗经常受政治形势的支配，尤其是当权者的好恶与施政方针，往往会左右民间食俗风尚的兴衰。例如唐代禁食鲤鱼，元代羊馔遍及全国，明代时兴八仙桌宴客之风，清代王公以吃御赐的“福肉”和烤鸭为荣，上行下效，一时蔚然成风。再如古代崇奉用稀异的山珍海味进补，现今流行绿色食品、黑色食品、花卉食品和昆虫食品，也都与政策的引导不无关联。

3. 地缘和气候原因

食俗对自然环境有很强的依附性，地理条件、气候差异和农业生产布局的不同，常常造成食性上的区别。例如北人重麦、南人重稻；西北迎宾用牛羊、东南待客用鱼虾；还有东淡、西浓、南甜、北咸的地域口味嗜好，以及春酸、夏苦、秋辛、冬咸的季节调味规律，均与就地取食、因时制菜的生存习性相一致。

附：中国人的口味歌

安徽甜，河北咸，福建浙江咸又甜；宁夏，河南，陕西，青海，甘肃，又辣又甜外加咸；
山西醋，山东盐，东北三省咸带酸；赣黔两湖辣子蒜；又麻又辣数四川；
广东鲜，江苏清，少数民族不一般。因人而异多实践，巧调能和百人愿。

4. 宗教和民族原因

“民俗是退化的宗教”，不少食俗正是从原始信仰膜拜或现代宗教的某些教义、仪式演化而来。同时，受民族起源和英雄传说的影响、民族生活和生产方式的制约、民族礼仪和文化艺术的积淀、民族性格和心理感情的表露，又使许多食俗带有鲜明的“个性特征”，显得多彩多姿。例如蒙古族以白马奶为贵，壮族新年喝泉水，傣寨中的缅寺“过午不食”，满族祀神举办“大祭食肉会”，土家族“过赶年”，汉族团年饭重“全鱼”等，皆源于此。

5. 语言文字原因

语言文字既是人们交流思想的工具，又是食俗世代传承的媒介，还是风俗的表现形式之一。例如饮食业行话、店名、菜名与席名，饮馔歌谣和名师雅号，不少菜点的掌故传闻，还有涉馔的文学艺术作品以及活跃在社会上的各种饮馔语汇，无不具有这一属性。随着这类语言文字的广泛传播，它所体现的食俗自然也就深入人心。❶

三、饮食风俗的特征和功能

（一）饮食风俗的特征

1. 鲜明的地域性、民族性

中华民族有几千年的文明史，其独特的地理环境、历史传统、文化氛围和心

❶ 陈光新. 中国饮食民俗初探. 民俗研究，1995(2)。

理素质,造就了中国饮食风俗鲜明的地域特色和民族特色。

2. 一定的阶层性

几千年的封建社会,给传统饮食风俗打上了鲜明的烙印。就多数饮食风俗来说,都是劳动人民创造的,含有勤劳勇敢、淳厚朴素等因素,同时也有一些饮食风俗事项为上层社会所特有,如贵族、官僚的宴饮、游猎等场合所流行的或闲逸、或癫狂、或颓废的习俗等。

3. 浓厚的封建性

由于我国长期处于封建社会,封建的思想意识、礼乐制度无孔不入地影响到各类饮食风俗,使之带有浓厚的封建色彩。例如我国几千年来禁忌男女同席吃饭,否则就是犯了"男女授受不亲"之忌。

附:中国饮食风俗中的良俗和陋俗

中国饮食风俗同其他风俗一样,也有良俗、俗信、迷信之分。

"良俗"是指对社会发展和人民生活有积极影响,在历史上起过进步作用,至今仍有良效的食俗,如日定三餐、熟食为主、荤素调配、食有定量之类。它适应今天的国情,有利于保障人民身体健康,应当继承发扬。

"俗信"系由原始信仰崇拜或古代迷信意识转化而来的合理食俗,如三月三吃鸡蛋、五月五包粽子、六月六熬羊肉、九月九蒸花糕等。此类食俗有益无害,且能增添生活的色彩和节日气氛,需要保留。

"迷信"是因为相信星占、符咒、巫蛊、风水、命相、鬼神等愚昧活动而诱发的食俗,像求神水、孕妇不许吃兔肉、结婚不能吃梨等。很显然,这是封建社会遗留的陈迹,群众抛弃它们还得有一个过程。

(二)饮食风俗的功能

1. 凝聚功能

文化具有凝聚力,这种凝聚力存在于同一种文化的人之中。饮食风俗作为文化的一部分,也具有凝聚力。信仰或崇拜同一神灵的人们之间,具有很强的凝聚力。例如祭祀灶神,将祭同一灶神的若干家庭凝聚起来;祭祀祖先,加强了该祖各支子孙之间的凝聚力。

2. 纪念功能

饮食风俗首先表现为纪念功能。例如端午节吃粽子是为了纪念屈原,寒食节吃凉食是为了纪念介子推等。

3. 教育功能

丰富多彩的食俗事象,不仅可以传授生产技能与生活知识(如采集食料、制作炊具、学习烹调、料理家务),而且可以帮助后代了解社会、了解世界,学会生存的本领,能够在社会上自立、自强。通过食俗活动的潜移默化进行传统教育,还能增强民族自豪感和民族自信心,形成良好的民族心理和民族性格。我国许多少数民族团结互助、豪爽待客的民风，在很大程度上都与食俗的长久熏陶有关。

4. 实用功能

饮食风俗的实用功能，指它在日常生活中对社会生产、生活所能起到的较直接的作用。例如婚礼中的聘礼需要食物，结婚宴席，生子报喜送红蛋等。

5. 娱乐功能

许多食俗都与社交、欢聚、游乐、竞技相结合，带有浓厚的娱乐性。特别是年节文化食俗、人生礼仪食俗、公关礼仪食俗和少数民族食俗，多以社群形式出现，表现了健康向上的审美观念，洋溢着活泼欢快的情调，从中可以获取乐趣，调节个人的物质生活与精神生活。[1]

四、饮食风俗的内容

饮食风俗的内容繁杂广泛，归纳起来，大致包括三个方面：一是属于物质系统的，如食物的种类、食法及其来历，不同地区和民族的饮食结构，日常饮食、节令饮食、仪礼饮食的特殊讲究等以及食物生产交易方面的习俗；二是属于行为系统的，如岁时节令方面的饮食风俗、家族和亲族方面的饮食习俗、人生礼仪方面的饮食习俗等；三是属于观念系统的，如信仰方面的饮食风俗等。为了便于学习，我们将中国饮食风俗分为居家日常饮食习俗、年节饮食习俗、人生仪礼食俗、宗教信仰食俗、饮食市场食俗、地方风情食俗、少数民族食俗等既有联系又各成体系的类型。

第二节 居家日常饮食习俗

居家日常饮食习俗即家庭的饮食习惯。每个家庭的三餐调配、四季食谱、祖传名菜、养生方法、口味偏好等，均与各自不同的经济来源、文化素质、家风家教和生活惯制相关。

一、居家日常饮食习俗的基本特征

我国每个家庭的生活方式虽然林林总总、千差万别，家庭日常食俗存在着地区、阶层、民族等方面的差异，但也有一些共同的特征。

（一）日定三餐，素食为主

从餐制看，由于多数家庭秉承“日出而作，日入而息”的古训，还不习惯夜生活，故而一日三餐为全国通制，当然也有例外。从膳食结构看，从古至今我国家

---

[1] 陈忠明. 饮食风俗. 北京：中国纺织出版社，2008：3。

庭基本上沿袭“三多三少”的传统。即主副食组合中，谷食多，菜食少；菜食用料中，蔬菜多，肉品少；肉品选用上，猪肉多，其他少。这与我国的农业生产模式和中医“得谷吉昌”理论有关。以植物性食料为主体，是中国居家饮膳的突出特征之一。

（二）主妇操持，全家协同

我国自古便有妇女主持家中饮食的传统，这一状况现今并无多大改变，只是由于绝大多数主妇参加了工作和协助务农，将“专厨”变成“兼厨”而已。主妇值厨一般只抓三件事：采购、定食谱、掌勺，扮演的是“厨师长”的角色。而家庭其他成员，则在主妇指挥下，干着力所能及的辅助活。这种协同，能充分利用各成员的空闲时间，相应减轻主妇的负担，还可互相照应，嘘寒问暖，增强情感的交流。

（三）洁净精细，统筹兼顾

家庭饮食，历来注重洁净。厨房常扫，灶台勤抹，盘碗多洗，饭菜卫生，并且大都养成良好的饮食习惯，极少出现食物中毒的情况。家庭饮膳，还很注意应时当令，主辅调配，粗料细作，综合利用；三盘两碟，分量尽管不多，却很精细。不少能干的主妇，还擅长调制方便小菜，随食随取，经济实惠。有些经济宽裕的大家庭，更不乏祖传的风味名食，这都是上几辈人的杰作，百年相传，以其浓郁的亲情加深着成员对家庭的眷恋。

（四）天伦之乐，情融意浓

家庭聚餐有一种宽松自由的气氛。大家辛苦做，快活吃，爱坐哪里坐哪里，想吃什么吃什么，丝毫不受繁文缛节的束缚。家庭聚餐彼此有谦让的心态，成员到齐才开饭，不挑不拣不抱怨。你推我让，好一点的食品多数分给老人和孩子，洋溢着暖烘烘、热融融的骨肉之情。[1]

二、居家日常食俗的魅力

家庭膳食主要是供家庭成员日常食用，故而它既是家族摄生、人丁兴旺的保证，又是家庭和睦、亲情浓郁的象征；不仅具有宽松自由的气氛，谦让爱护的心态，而且似田园诗，如风俗画，有人情味，有向心力。每到家庭吃饭的时刻，男女老少团团围坐，欢声笑语此起彼伏，一股人间的至爱真情回荡在房舍之中，天伦之乐，温暖襟怀。这种浓郁的亲情是任何高档宴会上都难见到的；哪怕是吃萝卜白菜、杂面窝头，喝野菜稀饭，也使人感到比龙肝凤髓、狮乳豹胎还香。这就是家庭日常食俗的魅力所在。

---

❶ 任百尊. 中国食经. 上海：上海文化出版社，1999：739。

第三节　年节饮食习俗

年节是有固定庆贺时间,有特定主题与活动方式,有较多人参加、世代传承的社会活动日。年节饮食习俗,即年节期间饮食方面具有传统文化色彩的风俗事象,主要包括节庆食品和饮宴风尚。

一、年节饮食习俗的主要类型

年节饮食习俗的涵盖面大,类型众多。例如以时代划分的有传统节庆食俗和现代节庆食俗;以民族划分的有汉族节庆食俗和少数民族节庆食俗;以季节划分的有春令、夏令、秋令、冬令节庆食俗;以性质划分的有历法推定食俗、农事调适食俗、宗教起源食俗、祖灵祭祀食俗、历史纪念食俗、民族传说食俗、社交娱乐食俗等。

(一)汉族主要节庆食俗

1. 春令节庆食俗

(1)春节。春节一般指除夕和正月初一。但在民间,传统意义上的春节是指从腊月初八的腊祭或腊月二十三或二十四的祭灶,一直到正月十五,其中以除夕和正月初一为高潮。节日期间,人们互相拜年,有放爆竹、喝元宝茶、喝春酒、吃年糕、吃饺子、吃元宵等风俗。

除夕,又称"大年三十"。这一天,民间家家户户要吃年饭,又称年夜饭、宿岁饭、团圆饭。年饭与平时吃饭不同:一是全家团聚;二是夜间吃年饭(黎明或晚上),取一家人团聚不被人打扰之意;三是食品丰富、种类繁多,荤素菜肴齐备,席中一定要有酒有鱼,取喜庆吉祥、年年有余(鱼)之意。中原及北方广大地区还在除夕吃饺子,在包饺子时,要往其中置钱、糖、枣等。并且各有寓意,如吃枣寓意早得子,有钱的饺子象征发财致富,有糖的饺子象征生活甜如蜜。

现今春节食俗有一些变化:一是时兴上餐馆吃年夜饭;二是利用春节假期出外观光,品尝各地名食;三是青年人在春节期间举行"家庭冷餐会",自娱自乐;四是兄弟姐妹较多的大家庭,各人自带食品,集中到某一家过年;五是退休的老人在春节千里探亲,与远方的亲朋相聚。这都说明春节食俗也是随着时代的步伐而不断更新的。

(2)元宵节。正月十五日为元宵节。元宵节的食俗主要是吃团圆饼和元宵。民间相传,元宵起源于春秋时期的楚昭王。某个正月十五日,楚昭王经过长江,见江面有漂浮物,为一种外白内红的甜美食物。楚昭王请教孔子,孔子说"此浮萍果也,得之主复兴之兆"。吃元宵暗寓团圆、平安、吉利、美满之意,寄托了人们对未来生活的美好愿望。元宵古名汤团、汤丸、圆子、浮圆子;因与"袁消"同音,1913 年被袁世凯更名为"汤圆"。

(3)清明节。清明节的主要活动是寒食、扫墓,其次有农夫春耕、文人踏青、仕女郊游、儿童戴柳,以及斗鸡、拔河、打马球、荡秋千、放风筝等文体活动,亲近大自然。在饮食方面则是吃冷菜、喝凉粥,用面粉和枣泥制成“枣锢飞燕”插在门楣(名“子推燕”),互相赠送“画卵”(绘有彩色图画的鸡蛋),并举行野宴,品尝青粳饭、桃花粥、子推饼、醴酪、馓子、糗粉、凌饧等节令食品。现今清明习俗依然,但亦有变化:一是不再“寒食”、“禁火”;二是清明及其前三天和后四天,主要是上坟扫墓;三是野宴多以“春游”的形式进行,时间上与扫墓错开;四是宴谱多为方便食品,如香肠、烧鸡、咸蛋、面包、啤酒、饮料之类。

2. 夏令节庆食俗

(1)浴佛节。浴佛节又称浴佛会、龙华会、放生会、灌佛节、佛诞节、成道节、乌饭节、求佛水或舍缘豆,是汉族、傣族、藏族、蒙古族、彝族、苗族、壮族等民族的佛教徒,为纪念释迦牟尼生日和成道日(四月初八)而举办的盛大宗教庆贺活动,由汉代至今流传于全国各地城乡。浴佛节的食俗,在汉魏六朝时主要是各寺庙亦为善男信女设斋席,主食必是“乌饭”(因采梧桐叶染饭,使之青亮有光而得名)。此饭不仅供吃,还可带回馈赠亲友,意为分享佛的恩赐,祛病延年。而刚嫁女的人家,要把乌饭和小鸡送给新婿吃,目的在于添福添寿,子孙满堂。现今江、浙、闽、台等地“吃乌饭”的习俗也由此而来。明清时的浴佛节食俗增加了舍缘豆、禁屠宰、施斋饭等名目。浴佛会置备的款待香客的斋席则称“浴佛宴”。

(2)端午节。端午节为农历五月初五。晋周处《风土记》记载:“仲夏端午,烹鹜角黍,端,始也。谓五月初五也。又以菰叶裹黏米煮熟,谓之角黍。”角黍就是粽子。周处,就是那个杀蛟龙的宜兴人。端午节吃粽子,一说是为了纪念屈原,一说是为了纪念伍子胥。除了吃粽子外,江南还有吃“五黄”的习俗。所谓“五黄”,黄酒(雄黄酒)、黄鱼、黄鳝、黄瓜和蛋黄。在古人看来,五月是恶月,吃这些东西主要是为了辟邪去毒,祛病驱瘟。

3. 秋令节庆食俗

(1)七夕节。乞巧节又称女儿节、七夕节、双七节、香桥会或巧节会,是流传于全国各地的传统文化节日,时在农历七月初七之夜。据传该夜牛郎织女在天河相会,少女向其乞求巧智,故而得名。乞巧节的食俗主要体现在“巧果宴”上。此宴多由花糕、花点和花瓜、花果组成。前两种又称“乞巧果子”,有麦面、米面做的,有豆面、薯面做的,皆呈飞禽走兽、奇花异果、珍宝玩物形态,五光十色,玲珑剔透;后两种即是“瓜果切雕”,在各种时鲜瓜果(如西瓜、蜜桃、香蕉、苹果、雅梨、脆藕、紫菱、金瓜之类)上镂刻出吉祥图案或祝颂文字,用以点缀节日气氛。巧果宴主要用于祭祀,当夜陈列在庭院之中,一方面向天孙织女星表示虔诚的敬意,一方面展示少女的慧心巧手,并乞求天神指点技艺。祭祀完毕,供品可以自食,也可馈赠小姊妹或亲属。

(2)中秋节。中秋节的主要节日食品是月饼。月饼成为中秋节的主要节日食品大约在元明时代。相传元朝末年,人们不堪忍受残酷统治,朱元璋想乘机发动起义。为了统一行动,有人献计:将起义时间写在纸条上,藏入月饼中,人们在互赠月饼之时便得知。于是,起义得以成功,最终推翻了元朝统治。这一传说表明,中秋吃月饼的习俗在元朝已很普及。月饼至少已有两重意义:一是形如圆月,用以祭拜月神,表达对大自然的感激之情;二是饼为圆形,象征团圆,寄托人们对家庭团圆、生活幸福的祈求与渴望。正因为月饼蕴含了丰富的文化底蕴,才在以后的岁月里有了极大的发展。

(3)重阳节。因为是农历九月九日,人们把"九"作为阳数之极,所以也称重阳节。重阳节正值秋收完毕,谷物入仓,水果鲜美,鱼蟹肥硕,秋高气爽,风光宜人。民间有登高、赏菊、饮酒、吃重阳糕的习俗。重阳节尤受文人墨客的喜爱,每到这一天文人雅士都要相聚一起举办文会宴,佳肴美食,赋诗唱和,畅饮通宵。

4. 冬令节庆食俗

(1)冬至节。冬至节亦称交冬、冬节、亚岁、一阳节、贺冬节或长至节,时在农历十一月,是我国重要的传统文化节日之一,民间有"冬至大如年"之说。冬至节的食俗主要是喝米酒、吃长线面、吃冬至肉、吃饺子、吃馄饨、吃冬至团等。我国的台湾地区在冬至日吃"圆仔汤"。

(2)腊八节。农历腊月初八为传统的腊八节。按照民间传统习惯,家家户户都要煮食腊八粥。因为腊八粥象征着五谷丰登,有的还要往果树上涂一点,"大树小树吃腊八,来年多结大疙瘩。"我国各地有关腊八粥的传说不尽相同。

附:腊八粥的由来

据传,释迦牟尼本是王子,他曾游遍印度的名山大川,寻长老,访异人,苦修行。一天,他来到一片茫茫无际的荒漠,又饥又渴,终于不支倒地。这时,一位善良的牧羊姑娘正好路过,见此情况便忙将随身所带的杂饭与泉水煮成粥,喂给他吃。释迦牟尼醒来后,很快恢复元气,谢过牧女,继续前进,以坚韧的毅力苦行六年,终于在十二月初八得道成佛。

从此以后,每逢腊月初八,各佛寺都要取来白米,熬成热粥效法牧女,供奉佛祖,并诵经演法,喝"腊八粥"以示纪念。后来,官府、民间争相效法,广为流传。到了清朝,此风俗更为盛行,届时合家聚食,而且腊八粥花样争奇竞巧,品种繁多。北方人喜欢用红米、赤小豆、枣、薏米、莲子、桂圆、核桃仁、黄豆、松子等原料煮成甜腊八粥;而南方人则爱用大米、花生、黄豆、蚕豆、芋艿、荸荠、栗子、白果加蔬菜、肉丁和麻油煮咸味腊八粥;西北地区在粥内还要加入羊肉。

腊八粥不仅是一种美味的节令佳品,而且有很高的食疗价值,有益气调中,养脾益胃,消渴除烦的功用。

(二)少数民族主要节庆食俗

我国有55个少数民族,他们的农祀节会、纪庆节日、交游节日加在一起多达

270余种,而大部分节日都有相应的节日食俗文化。下面简要介绍几个影响较大、特色突出的节日及其食俗。

1. 泼水节

泼水节,是傣族最隆重而盛大的传统节日,因人们在节日期间相互泼水祝福而得名。节日期间,美食是少不了的。人们通常要摆宴席,宴请僧人和亲友,除酒、菜要丰盛外,还有许多傣族风味小吃。其中,毫咯素、毫火和毫烙粉是这时家家必做、人人爱吃的品种。毫咯素是将糯米舂细,加红糖及一种叫“咯素”的香花拌匀,用芭蕉叶包裹后蒸制而成。毫火是将蒸熟的糯米舂好,加红糖并制成圆片,晒干后用火焙烤或油炸,香脆可口。毫烙粉,是用一种名叫“烙粉”的黄色香花与糯米一切浸泡后蒸制成饭,色黄、香甜。

2. 雪顿节

藏族人历史悠久的重要节日就是雪顿节,时间在藏历七月一日。雪顿是藏语的音译,意思是酸奶宴。雪顿节,就是喝酸奶的节日。后来,它逐渐演变成以演藏戏为主,所以又称做藏戏节。在节日里,拉萨附近的藏族人身穿鲜艳的节日服装,带着帐篷、青稞酒、酥油茶及其他节日食品,来到罗布林卡,欢度节日。人们载歌载舞,观看藏戏,敬青稞酒,喝酥油茶,纵情欢乐,热闹非凡。

3. 火把节

火把节是彝族、白族、傈僳族、纳西族、拉祜族等少数民族传统节日,因以点燃火把为节日活动的中心内容而得名,时间多在农历六月初或二十四日、二十五日,一般延续三天。节日期间人们要杀猪、宰牛,祭祀祖先神灵,有的地区还要抱着鸡到田间祭祀田公、地母,然后相互宴饮,吃坨坨肉,喝转转酒,共同祝愿五谷丰登。

二、年节饮食习俗的文化特征

(一)多元复合

首先,参加者不仅人数众多,而且涉及社会各层面。每逢年节,无论城乡,官民、贫富、老少都要进行各色各式的饮食文化活动。其次,它往往融合了农事、娱乐、饮食、交际、信仰等多种功能。第三,各种文化相互交融,年节饮食文化中融入了农耕文化、原始宗教文化、佛教文化和道教文化等,令节日食品、节日文化变得丰富多彩。第四,节日食品百种千名、传说多种多样、食礼五彩缤纷。例如腊八节的起源有十多种说法,腊八粥的配方多达百余种,端午节的二十多种传说均与相应的节食(粽子、雄黄酒、咸蛋、龟肉汤等)有关。

(二)崇祖好祀

由于中国传统农耕社会的孤立闭塞性,在科技不发达的古代,人们对大自然极易产生敬畏;再加上宗教信仰的桎梏,统治者装神造神的愚弄,古人更是虔信万物有灵；加之中国人有崇祖好祀的传统，因此民间常把美好的愿望寄托在年节的祭祖和铺张上面，以乞上苍保佑与神灵的庇护。每逢年节，人们特意烹制专门的美味佳肴，以示对祖先神灵的虔诚祭祀，同时对现存长者毕恭毕敬，以示敬诚。

（三）讲求功利

人们在节日中的饮食活动无不透着趋利避害的功利性。如过年要吃年糕，寓年年高，吃鱼，寓年年有余；正月十五吃元宵，象征团圆美满；端午节吃粽子、咸蛋以强身，求子；中秋节吃月饼寓示团圆，“摸秋送瓜”以求子；灶王节供灶糖为的是灶王爷“上天言好事，下界保平安（回宫降吉祥）”，以求来年风调雨顺；除夕吃团年饭以示一家人团圆、幸福美满。一些祭祖活动也是为了神灵的庇护，以求一家老少平安。

（四）不同平常

古代中国普通居民的饮食水平是相当低下的，平日很少吃荤。节日饮食相对充裕得多，是各家饮食生活水平所能达到的高或最高水准。另外，人们在过节时的心态和举动与平时不同，如过年允许小孩喝酒、老人簪花，团年饭可以大吃大喝，而且提倡剩饭，这些在平时是不正常的，但在年节却视为合理。

（五）区域差异

不同地区、不同民族，都有自己独特的节日。例如北方有填仓节、龙头节等饮食文化活动而为南方少见，南方盛行的春社饮食文化活动在北方却不流行。同一节日的饮食文化活动在不同地区也有不小的差异。

（六）功能显著

传统节日有显著的社会功能。人们通过宴饮以及一系列节日活动，可以加强亲族间的联系，调节人际关系；整合社群及社会集团的意识，使部族团结一致，提高生存竞争能力；调节和改善饮食生活；提供择偶机会；促进商品经济发展；不断改进菜品制作质量等。[1]

三、年节饮食习俗的成因

（一）农事活动的调适

古时年节的划定，多以一个完整的农事活动为周期，春种、夏作、秋收、冬藏，显示出很强的节奏感。一些大的农事活动之间常有长短不等的休整，人们便因时制宜，安排某些节日和节食，用以调剂生活。

（二）祭祀典礼的传承

祭祀系指供奉神鬼、精灵、图腾、先祖的仪式（如壮族三月三祭神农），目的是缅怀英烈，乞求庇护，维系家族繁衍，使良好的祖风长传。祭品常以“纳福”的

---

[1] 赵荣光，谢定源. 饮食文化概论. 北京：中国轻工业出版社，2000：144－146。

形式与祭者分享，久之则转化为食俗。

（三）宗教活动的熏染

举凡宗教，都有特定的教团、法器、仪仗、教服、执事人员和节日（如浴佛节、开斋节），有时还备有食品，按教规享用。随着时间的推移，约定俗成，这也形成某种食风。

（四）神话传说的积淀

神话传说是先民对世界起源、大自然、社会生活的原始认识。它多借助丰富的想象将自然力拟人化，表现人们对理念的执著追求。许多神话及其派生的年节中，都涉及饮食，如冬至吃馄饨等。

（五）对英雄人物的追念

各朝各代都有一批保国忠良、抗暴豪杰、文艺大师和能工巧匠，深受后人崇拜。如云南通海地区蒙古族工匠农历四月初二纪念祖师鲁班，届时相聚，焚香礼拜，通宵宴乐，世代相袭，形成特异的食俗。

（六）社交游乐的需要

社交游乐包括访亲会友、歌舞择偶、走街逛会、游山玩水、竞技搏击、娱乐杂兴等，多在农闲进行。为了使之名正言顺，古人也将其敷演成节日，并推出相应的食品。例如傣族泼水节吃“毫头”之类。

第四节　人生礼仪食俗

人生礼仪又称个人生活礼仪，它是指人的一生中，在不同生活与年龄的重要阶段，所举行的不同仪式和礼节。在人生礼仪活动中逐渐形成了一系列饮食习俗。我国的人生仪礼主要有诞生礼、成年礼、婚嫁礼、寿庆礼、丧葬礼等。

一、人生礼仪食俗的基本特点

（一）遍邀至亲好友参加

至亲包括父系血亲和母系姻亲中的主要人物，好友包括平素交往密切者以及有某种特殊关系的人员，如产婆、启蒙老师、媒人、点主者（为死者神主牌位点字之人，通常由社会名流充当）。

（二）宾客必备盛礼祝贺（或悼念）

礼品包括钱财与物品两种，视关系的亲密程度而定厚薄，视不同的仪礼而定品种。有时主人家还有回赠，如礼馍、红蛋、喜糖、寿糕之类。

（三）主家循例大张宴席

或在院内搭棚设席，或包租餐馆宴客。席单编排很有讲究，如喜事成双，丧事选单，庆婚重八，贺寿须九；菜名也要应时应景，注重口彩和忌讳，习用“全家福”、“喜相逢”、“龙凤呈祥”、“寿比南山”之类；餐具强调色泽，婚席多用红，丧席多用白，洗儿宴用明黄，敬老宴用金边粉彩；按长幼尊卑、亲疏内外排定座次；饮酒有酒规，上菜有程序。

总之，人生仪礼食俗是寓礼于仪，寓教于食，以欢腾、热闹为前提，以红火、风光为满足。❶

二、人生礼仪食俗的主要内容

（一）诞生食俗

1. 三朝酒

在中国古代，婴儿诞生的第三天要举行仪式及庆贺宴会（有些地方是十天），孩子的外婆与亲友常带着鸡、鸡蛋、红糖、醪糟等食品前来参加，北方人还要拿用麦草火烤好的“锅盔”。洗儿时，常在浴盆中放喜蛋、银钱等物，并用蛋在婴儿头上摩擦，以求不长疮疖。然后举行宴会，主食是吃长面，共享欢乐。在汉族地区，孩子的父母面对前来祝贺的亲友，总是会请他们品尝醪糟蛋或红蛋。而在少数民族地区则有所不同，如侗族讲究“三朝喜庆送酸宴”，即孩子出生后的三天，也可以是五天或七天，外婆或祖母邀请亲友一起聚会吃酸宴。宴会上所有的食品都是腌制的，有酸猪肉、酸鱼、酸鸡、酸鸭等荤酸菜，也有酸青菜、酸豆角、酸辣椒、酸黄瓜等素酸菜。

2. 满月酒

婴儿满月时也要举行宴会，称为“满月酒”。宴会的宾客是孩子的外婆及其他亲友，其规格和档次视经济条件而定。在汉族地区，有的富贵人家还于此日设“堂会”表演歌舞，花费极大，“做一次满月，等于娶半个媳妇”。而在一些少数民族地区，也有做“满月酒”的习俗。例如白族在婴儿满月时，孩子的外婆及其他亲友总要带上一篮子鸡蛋作为礼物去探望，而孩子的父母或祖母则会用红糖鸡蛋和八大碗招待宾客。做“满月酒”的一个重要目的都是希望孩子能健康成长。在大西北的敦煌地区到了婴儿满100天时还要举行宴会，称为“百日酒”，象征和祝愿孩子能长命百岁。

3. 周岁宴

当孩子满一周岁时，许多地方则要举行“抓周”礼，以孩子抓取之物来预测其性情、志向、职业、前途等。这种习俗至今仍然存在。孩子周岁庆宴又称“过岁岁”，看重的是亲友们的欢乐与亲情，也是联系亲朋好友的一项重要活动。

（二）成年礼食俗

成年礼又称丁礼或冠礼、笄（jī）礼。成年礼食俗系指从入学启蒙开始到成

---

❶ 任百尊．中国食经．上海：上海文化出版社，1999：741。

年定亲为止的整个阶段内的饮食风俗习惯。成年礼的仪式许多，如启蒙礼、割礼、十岁礼、生肖一巡礼、冠礼、笄礼、穿裤礼、换裙礼、染齿礼、文身礼、盘髻礼、上头礼，还有开锁、拔袋、庆号、还愿、度戒、过劫狩猎、赛跑等，都是使孩童逐步脱离“奶腥味”而向“大人”靠拢，并为谈婚论嫁作准备，因此其食俗大多带有喜庆色彩，并有不同的寓意。但由于社会变革等原因，汉族地区带有封建色彩的成年礼在清末已基本取消，少数民族地区目前依然保留着它的一部分习俗。

1. 启蒙酒

启蒙酒即小儿入学时设置的庆贺宴席。据《浙江风俗简志》记载，这种宴席要备猪肝、小鲤鱼、汤团等“十味发菜”，名为“十魁”，由老学生伴新学生共食。然后跪拜孔圣人和塾师，上供送礼，家长另设盛宴款待蒙师和族长。

2. 十岁礼

十岁礼又称“剪尾巴”、“小成年”，有“过九不过十”之说。意为早一点过十岁，可以使孩子少淘气，早懂事，独立生活，领悟世情。其席面多为“十大碗”的格局，常上什锦菜、什锦汤、什锦果与什锦点，还辅以插满彩烛的裱花大蛋糕，小寿星坐上席，接受长辈和小朋友的礼物与祝福。

3. 冠礼席和笄礼席

“冠礼”是古代汉族男子 20 岁时举行的束发戴帽成人仪式，“笄礼”是古代汉族女子 15 岁时举行的盘头插簪成人仪式。这都表示孩子长大，可以议定婚事，成家立业了。届时父母遍邀亲朋，大张宴席。

（三）婚嫁礼的食俗

从时间看，婚嫁礼食俗持续很长，从择偶开始到回门为止，一般都需两三年，如果能举行“花烛重圆宴”，那就有六十多年。其间的各个阶段，都有名目众多的饮食礼俗。例如相亲有“相亲宴”、“换盅酒”，定亲有“下财礼宴”、“传红酒”，定亲有“追节礼”、“花园酒”和嫁女前夕的“姑娘宴”、“花枝会”、“女儿酒”、“花棚酒”、“倒箱会”、“花夜宴”，迎娶当天有“催妆宴”、“改辫宴”、“求骨宴”、“发轿酒”、“告祖席”、“千年饭”、“木雁礼”和“宴全村，洞房坐福有“暖房宴”、“馆饭”、“贺郎席”、“洞房十二碗”、“吃结房圆”和“吃子孙饽饽”，新婚次日有“新亲宴”和“新妇宴”，回门有“会郎宴”和“回门酒”，新婚十天有“十朝饭”，新婚一月有“满月会亲席”等。民间早就有“无宴不成婚”、“无酒不嫁女”之说。

从形式看，各民族的婚嫁礼食俗也百花齐放，各有自己的特色。例如哈尼族是一个鸡蛋、一瓶酒提亲；东乡族则由厨师陪伴新郎上门；侗族娶媳妇是吃腌制十多年的酸草鱼；蒙古族却是让新姑爷去啃难啃的羊喉结等。这些食俗反映出各民族的婚姻观与生活审美观，有着积极向上的意义。婚嫁礼食俗大多幽默、诙谐、欢腾、火爆，有“不闹不发”、“大闹大发”之说。

从内容看，婚席菜品数量应为双数，最好是扣八、扣十，如四喜四全席、六六大顺席、八八大发席、十全十美席之类。菜名宜用吉语，如“鸳鸯戏水”（双鲫鱼汆汤）、“鹊度银桥”（鹌鹑蛋炒绿豆芽）、“凤入罗帏”（网油烤母鸡）、“早生贵子”（红枣莲子桂圆花生羹），以烘托喜庆的气氛，寄寓美好的祝愿。餐具应选用红色、金色的圆盘、圆碗，用红桌布和红漆筷，配红色果酒；忌讳摔破餐具、茶具、酒具或锅具。水果宜上干果，如核桃、花生、桂圆、红枣，或者是鲜果中的石榴、西瓜、杨梅、蜜桃，这都是庆婚的吉庆食品。忌用梨（与“离”同音）与橘子（要一瓣瓣分开）。

（四）寿庆食俗

出生之日是人生旅途的起点，生日的周年纪念可以记录一个人在生活道路上所经历过的大事与收获。因此，人们习惯于在这一天邀约亲友举行庆贺活动，是为“过生日”、“做寿”。民间习俗中对婴儿和老年两个阶段的诞辰，尤为重视；并且年龄身份不同，“做寿”的次数和规模也各异。一般而言，三十岁以上，逢十的大寿比较重要；但实际做寿时不是30岁、40岁、50岁、60岁，而是29岁、39岁、49岁、59岁，这便是“做九不做十”之说，避讳“十全为满，满则招损”。中国古代将福、禄、寿、喜、财列为“五福”，其中“寿”最为重要，人们一直在寻求、实践长寿之道，探索长寿之术。还创造出寿桃、寿面、寿龟、寿果、寿幢、寿烛、寿伞、寿杖等贺礼；制作出“而立席”、“不惑席”、“天命席”、“花甲席”、“古稀席”、“耄耋（mào dié）席”、“期颐席”等酒宴，供祝寿用。寿宴菜品多扣“九”、“八”，如“九九寿席”、“八仙菜”。菜名讲究，如“八仙过海”、“三星聚会”、“福如东海”、“白云青松”。在寿宴上一般不宜多上鱼菜，因为容易使老人产生“多余”的联想；而西瓜盅、冬瓜盅之类也是犯忌的，因为“盅”与“终”谐音。

（五）丧葬礼食俗

丧葬礼食俗系指丧礼、葬礼、服孝礼期间祭奠死者、约制亲属和招待宾客的饮食风俗习惯。丧葬仪礼，是人生最后一项“通过仪礼”，也是最后一项“脱离仪式”。居丧之家，家人的饮食多有一些礼制加以约束，还有一些斋戒要求。到清代，早期的一些严格的斋戒礼仪虽渐至简约，但许多遇丧之家的饮食生活仍有一些特殊要求，茹斋蔬食的大有人在。而吊丧的宾客往往较少受限制。吃丧饭一般不喝酒，即使主人备酒，客人也不能闹酒，不能谈笑风生，否则与丧事悲哀的气氛不合，而被视为对主家不尊重。当然，居丧期间丧家的饮食，不同时期不同地区也有所差异。

第五节　少数民族食俗

少数民族食俗是指各有师承、缘由与情致，分别流传在55个少数民族内部的特殊饮食习惯。我国的少数民族众多，近1亿人口，分布在500万平方公里的国土上，他们的族源与名称、历史与演变、居住区的特点与居住情况、生产方式与生活习性、语言与文字都不一样，各有独自的膳食结构、烹调工艺体系、饮食好恶及食礼食风，“个性”异常分明。但它又常同年节文化食俗、居家饮膳食俗、人生仪礼食俗、饮食市场食俗、宗教信仰食俗以及某些海外食俗交叉、相通，或相互影响、相互交融。同时，有些少数民族（如满族、壮族、土家族）长期与汉族同处，在食俗上互相影响；有些少数民族（如朝鲜族、蒙古族）的活动区域和邻国接壤，在食俗上也有与邻近国家一致之处。还因为少数民族有大杂居、小聚居、交错居的特点，故而相邻近的几个民族食俗比较接近（如白族和傣族），居住较分散的民族其内部的膳食差异也很大（如内蒙古的蒙古族和云南的蒙古族）。再加上有的民族食俗历史的烙印较深，有的民族食俗现代的成分居多，有的民族食俗较为稳固，有的民族食俗经常变异，所以很难用一个统一的模式对其进行分析与归纳。而且由于教材篇幅所限，这里难以逐一叙述。下面仅就个别少数民族的主要食俗作以简要介绍。

一、蒙古族饮食风俗

蒙古族牧民一日食三餐，每餐都离不开奶与肉。以奶为原料制成的食品，蒙古语称“查干伊得”，意为圣洁、纯净的食品，即“白食”；以肉类为原料制成的食品，蒙古语称“乌兰伊得”，意为“红食”。蒙古族除食用最常见的牛奶外，还食用羊奶、马奶、鹿奶和骆驼奶，其中少部分作为鲜奶饮料，大部分加工成奶制品。

蒙古族人民对客人敬酒、敬茶是很有讲究的。遇到尊贵客人时，敬酒要实行“德吉拉”礼节：主人拿来一瓶酒，酒瓶口上糊有酥油，先由上座客人用右手指蘸瓶口上的酥油往额头上一抹，客人依次抹完，主人才拿杯子斟酒敬客。客人这时一边饮酒，一边说些吉祥话或唱歌。牧民招待客人喝茶称“浅乌”，当主人给客人敬茶时说声“浅乌”，客人如客气说不喝，主人则以为客人不喝或不好喝，就不再给了。因此，客人要遵照蒙古族的习惯，主人敬茶时要少喝点，停会儿再喝，不必客气。此外，敬客人酸奶子时，主人要放在客座中间，先由长者端起来喝，碗内喝完，主人再斟满，依次轮番饮用。但第二次轮饮时要表演一个文艺节目，之后主客才共同进餐。

蒙古族人民吃肉不剔骨，招待客人时，羊肉要敬献一条琵琶骨，配上四条长肋骨；牛肉要敬献一只脊椎骨，配上半节肋骨和一段肥肠。姑娘出嫁时，要煮羊胸脯吃，表示送行，而羊的小腿骨、下巴、脖子肉则是留给晚辈的。蒙古族人民在入冬之后要集中宰杀一批牲畜，冷藏或者晾干，直吃到来年夏初，而夏季则多吃羊肉，也就是“汤羊”。

二、藏族饮食风俗

大部分藏族日食三餐，但在农忙或劳动强度较大时有日食四餐、五餐、六餐的习惯。藏族一般以糌粑为主食,食用时,要拌上浓茶,若再加上奶茶、酥油、“曲拉”(即奶渣,是打出酥油后的奶子经熬好后晾干而成,若用酸奶或甜奶熬制则更香美)、糖等一起食用则更香甜可口,糌粑被誉称为藏族的“方便面”。四川一些地区的藏族还常食“足玛”(即蕨麻,俗称人参果)、“炸绿子”以及用小麦、青稞去麸和牛肉、牛骨入锅熬成的粥。青海、甘肃的藏族也食烙薄饼和用沸水加面搅成的“搅团”,还喜食用酥油、红糖和奶渣做成的“推”。

藏族喜饮奶、酥油茶及青稞酒。藏族民众普遍信奉藏传佛教,藏历年“洛萨节”(汉族新年)是最大的节日,届时,家家都要用酥油炸绿子,酿青稞酒。初一,年迈长者先起床从外边打回第一桶“吉祥水”;全家人按长幼排座,边吃食品边相互祝福;长辈先逐次祝大家“扎西德勒”(吉祥如意),晚辈回敬“扎西德勒彭松错”(吉祥如意,功德圆满);之后,吃酥油熟人参果,并互敬青稞酒。云南的藏族,除夕家家吃一种类似饺子的面团。在面团里分别包入石子、辣椒、木炭、羊毛,且各有说法。比如吃到包石子的面团,说明在新的一年里他心肠硬;而吃到包羊毛的面团,则表示他心肠软。

三、壮族食俗

壮族习惯于日食三餐,有的也吃四餐,即在中、晚餐中间加一小餐,早、午餐比较简单,一般吃稀饭,晚餐为正餐,多吃干饭,菜肴也较为丰富。大米、玉米是壮族的主食,肉食主要为猪、牛、羊、鸡、鸭、鹅等,有些地区还酷爱吃狗肉。壮族多自酿米酒、红薯酒和木薯酒。壮族的节日与汉族有许多相同之处,以春节为重。

壮族好客,凡有客至,必定热情接待。平时即有相互做客的习惯,比如一家杀猪,均请全村各户来一人,共吃一餐。招待客人的餐桌上务必备酒,方显隆重。敬酒的习俗为“喝交杯”,其实并不用杯,而是用白瓷汤匙。两人从酒碗中各舀一匙,相互交饮,眼睛真诚地望着对方,壮族宴席实行男女分席,一般不排座次,不论辈分大小,均可同桌。按规矩,即使是吃奶的婴儿,凡入席即算一座,有一份菜,由家长代为收存,用干净的阔叶片包好带回家,意为平等相待,每次夹菜,都要由一席之主先夹最好的送到客人碗碟里,其他人才能下筷。

少数民族的食俗多姿多彩,如土家族过“赶年”,高山族爱“围炉”,蒙古族新春“半月不撤席”,哈萨克族“宰羊先问客”,纳西族喜欢举办“街心酒宴”,满族正月要请“食神”,舍族娶亲常由厨师“对歌点灶火”,景颇族婚席后必给来宾赠送“礼篮”,鄂伦春族迎宾大摆“狗子宴”,侗族大庆又是巧烹“酸鱼席”;再如仙佬族的“吃虫节”,布依族的“撵山礼”,瑶族“吃笑酒”,黎族“射牛腿”,怒族烤“石板粑粑”,藏族做“河曲大饼”,哈萨克族用皮囊酿制“速成马奶酒”,京族男女谈恋爱“以歌代言吁食寄情”等,无不都是纯朴民风的展示,饮馔美学的升华。

◎本章小结

饮食风俗是人类饮食文化中的社会性规定和约定俗成的社会行为。饮食风俗具有鲜明的地域性、民族性，一定的阶层性以及浓厚的封建性。饮食风俗的形成，既有经济、政治、地缘、气候方面的原因，也有宗教、民族原因和语言文字方面的原因。饮食风俗具有凝聚功能、纪念功能、教育功能、实用功能、娱乐功能，其内容繁杂广泛，归纳起来，主要有居家日常饮食习俗、年节饮食习俗、人生仪礼食俗、宗教信仰食俗、饮食市场食俗、地方风情食俗、少数民族食俗等。中国饮食风俗是中国悠久文化的一个重要方面，它与其他文化一道在规范和调节中国民众生活的过程中发挥重要作用。

◎思考与练习

1. 举例说明中国饮食风俗的特征和功能。
2. 谈谈中国传统节日中的饮食现象和积淀的文化内涵。
3. 查阅资料，了解本教材未介绍的少数民族的饮食风俗。
4. 了解中外饮食风俗，对做好旅游工作有什么意义？
5. 结合生活实际谈谈哪些食俗是积极健康，需要提倡的？哪些是不良食俗，甚至是迷信、恶俗，需要批判的？如何“入乡随俗”、“移风易俗”？

第十三章 饮食礼仪文化

本章内容： 饮食礼仪的概念和功能
中国古代饮食礼仪
现代饮食礼仪

教学要求： 了解饮食礼仪的定义、起源，理解饮食礼仪的原则和功能，知道中国古代饮食礼仪的表现形式、作用、属性和种类，掌握必要的现代饮食礼仪知识，塑造良好的饮食礼仪形象，提高自身的修养。

教学课时： 6课时

第一节 饮食礼仪的概念和功能

一、饮食礼仪的概念

饮食礼仪,简称食礼,是人们在饮食活动中应当遵循的道德规范与行为准则。其内涵极为丰富,不仅包括人们在饮食活动中的礼貌、礼节、仪表,有时还表现为一定的仪式。

礼貌是指人们在相互交往过程中以庄严和顺之仪容表示敬重和友善的行为方式,它是一种使自己和别人都感到愉悦的行为举止和内在修养。在餐饮活动中,待人处事要文雅有礼,言谈举止要恭谨谦虚。礼貌是文明行为的起码要求,是餐饮礼仪的基础。礼节是指待人接物的行为规矩,是礼貌的具体表现方式,包括待人接物、应对进退的方式,招呼和致意的形式,宴请场合的仪表、举止、风度等。礼节是人与人之间不成文的"法",是人们在社会交往中必须遵循的表示礼仪的一种惯用形式。仪表是指人的外表,包括仪容、举止、表情、谈吐、服饰和个人卫生等,是餐饮礼仪的重要组成部分。仪式则是礼的秩序形式,即为表示敬意或隆重,而在一定场合举行的、具有专门程序的规范化的活动,如婚宴、国宴、招待会等。

总之,作为"礼"的组成部分,食礼是筵宴方面的社会规范与典章制度,是餐饮活动中的文明教养与交际准则,是一个人在饮食活动中仪表、风度、神态、气质的生动体现。

二、饮食礼仪的功能

饮食,既催生人类文明,又展现人类文明。饮食礼仪之所以被提倡,之所以受到社会各界的普遍重视,主要是因为它具有多重重要的功能,既有助于个人,又有助于社会。

(一)塑造良好形象,提高自身修养

"形象"一词的本意,是指能引起人的思想或感情活动的具体形状或姿态,在社交中则是指参与交往的主客双方在对方心目中的总的评价和基本印象。在餐桌上,有时我们是以个人身份去赴宴,此时表现的纯粹是个人形象;有时则是以个人形式代表组织或单位去赴宴,此时表现的则是组织或单位的形象;而有时一个人的言谈举止则被外界视为一个民族、一个国家的形象。所以,欧洲旅游总会制定的旅游者应遵循的九条基本准则中第一条就这样写道:"你不要忘记,你在自己的国度里不过是成千上万同胞中一名普通公民,而在国外你就是'西班牙人'或'法国人'。你的言谈举止决定着他国人士对你的国家的评价。"不管以什么身份,只要具有良好的饮食礼仪,应对进退,表现不俗,自然会塑造出良好的个人或组织形象。

在饮食活动中，礼仪往往是衡量一个人文明程度的准绳。它不仅反映着一个人的交际技巧与应变能力，而且还反映着——个人的气质风度、阅历见识、道德情操、精神风貌。因此，在这个意义上，完全可以说饮食礼仪即教养的表现。有道德才能高尚，有教养才能文明。这也就是说，通过一个人对饮食礼仪运用的程度，可以察知其教养的高低、文明的程度和道德的水准。由此可见，学习饮食礼仪，运用饮食礼仪，有助于提高个人的修养，有助于“用高尚的精神塑造人”，真正提高个人的文明程度。

（二）协调人际关系，净化社会风气

饮食活动是人际关系的润滑剂和调节器。由于饮食礼仪的基本原则是敬人律己，真诚友善，因而它能联络人们相互间的感情，架设友谊的桥梁，协调各种人际关系，营造一个和谐友善的社交氛围；也有助于建立和发展人与人之间相互尊重和友好合作的新型关系。即使在人与人之间发生了某种不快、误会和碰撞时，通过一句礼貌用语，一个礼仪形式，便会化干戈为玉帛，重新获得彼此的理解和尊重；在饮食活动中初次相遇的陌生人，只要礼节周全，也会成为一见如故的知心朋友。

荀子说：“人无礼则不生，事无礼则不成，国无礼则不宁。”遵守饮食礼仪，应用饮食礼仪，有助于净化社会的空气，提升个人乃至全社会的精神品位，有助于促进社会文明。

（三）沟通有益信息，扩大视野和圈子

在当今社会，由于大众传播媒体的发达，各种信息的传播频率空前迅速，日益广泛。尽管如此，餐桌上的信息沟通仍具有大众媒体所不能替代的作用。而且餐桌上沟通的信息往往更生动、给人的印象更深刻、更富有启发性。饮食礼仪是一种行之有效的沟通技巧，要从餐桌上获得更多的有益信息，就得熟悉饮食礼仪，用饮食礼仪的相关行为规范指导自己的交际活动，更好地向交往对象表达自己尊重、友善之意，以增进彼此之间的了解与信任。

（四）适应全球一体化的需要，加强对外交往

随着中国对外开放和经济发展不断深入，中外交流日益频繁，饮食礼仪已成为我国人民走向世界、与世界交往的名片。作为我国公民，一方面要了解和掌握我国优秀的饮食礼仪文化传统，在涉外宴请中，展示中国人民的精神风貌，加深与世界各国人民的友谊与交流。同时，也要广泛吸收各国的饮食礼仪文化的优秀成果，逐步形成一套与世界各国礼仪接轨的现代替饮礼仪，以适应与世界扩大交往的需要。

（五）展示素质才华，有助事业成功

餐桌可以展示一个人的素质的才华，人们常常根据对方的外貌、举止、友情、谈吐、服饰和应对进退等表面特征，给对方做出初步的评价和形成某种印象。这种印象往往使人产生某种心理定势，对人际交往的成败绝续和人际关系融洽与否起着重要作用。

第二节　中国古代饮食礼仪

一、古代饮食礼仪的表现形式和作用

古代饮食礼仪，则是指古代社会各阶层人士在餐饮、筵宴活动中，因儒家文化熏陶和风俗习惯影响而形成、被朝廷礼法和社会道德所承认、为大众共同遵守的礼仪制度；它主要反映在祭神祀祖、重教养老、宫廷宴享、官场酬酢、行帮聚会和民间交际等方面。[1]

（一）古代饮食礼仪的表现形式

古代食礼的表现形式有四：一为祭祀，即用酒食声乐礼拜鬼神，以求庇护和降福；二为筵宴，这是因为礼仪和习俗的需要而举行的聚餐，其核心是餐室装潢、美馔陈设和热情接待；三为食品馈赠，即以食品作为礼品，表示敬重与友情；四为个人食礼修养，主要是在饮宴场所立身处事的基本素质和谈吐应对的交际能力，包括仪容服饰、待人接物、谈话艺术、文明就餐等。

简言之，食礼要围绕着“吃喝”二字来展开，食中藏教，食中藏礼，食中藏情，食中藏乐。这涉及礼宴的筹划、宾客的邀请、场景的布置、器物的准备、菜点的制作、席间的接待、做客的修养、待客的礼仪等诸项内容，均有约定俗成的要求以及丰富的物质产品与精神产品，并构成中国饮食文化的深刻内涵。

（二）古代饮食礼仪的地位和作用

首先，它是“治乱之本”，既是区分君臣、树立君的绝对权威的政治制度，又是区分父子、树立父亲绝对权威的宗族制度可以维护封建宗法统治。

其次，它是一种道德修养，旨在使人“居处恭”、“执事敬”、“与人忠”、“贵者敬”、“贱者惠”、“老者孝”、“幼者慈”、“隆师而亲友”，完善德行。

第三，它可以形成许多重大的仪典，如敬鬼神的“吉礼”、哀邦国的“凶礼”、亲诸侯的“宾礼”、诛不虔的“军礼”、合婚好的“嘉礼”，使国家政事规范化。

第四，部分食礼演变成饮食习俗后，成为不成文的法律和无形的道义力量，一方面左右老百姓的日常生活，一方面又为他们的社会交际提供方便，并且在调节人际关系、规范个人行为、培养个人品德、净化社会风气中，都有一定的积极意义。

---

[1] 陈光新．古代食礼的属性．中国烹饪，1997(1)。

二、古代饮食礼仪的种类

古代食礼的种类很多,基本上可以归并为六大类,即祭神祀祖食礼、重教养老食礼、宫廷宴享食礼、官场酬酢食礼、行帮聚会食礼、民间交际食等。这里仅简单介绍以下三种。

(一)重教食礼

重教食礼曾被立为国策,它包括祭孔与尊师两个方面。祭孔食礼是封建时代统治者和读书人定期用酒肉、野蔬祭祀伟大思想家、教育家、儒家学派创始人——孔子的仪典。它多在宫廷、官府和各类学校中举行,有“先师诞”、“丁祭”、“释奠礼”、“释菜礼”等形式,绵延两千余年,还影响到东亚、东南亚、南亚的一些国家和地区,是中国饮食文化和教育礼俗的重要内容之一。至于尊师食礼,兴于西周,流传百代而不衰。其名目有“束脩”、“释菜”、“延师礼”、“侍师礼”、“敬师宴”、“谢师宴”、“上学酒”、“下学酒”、“三节两寿”、“文昌宫会酒”、“校友会”等。

(二)敬贤食礼

敬贤食礼是古代朝廷荐举人才、选拔官吏的一种饮食礼制。它主要通过飨燕养老、招贤养士、颁赐酒食、簪花传胪等形式,储备人才或褒奖贤俊,造成“学而优则仕”的荣誉感,在社会上起到“唯才是举”的舆论导向作用,鼓励士子读书报国。这是重教食礼的补充和深化,目的是维护封建统治机器的正常运转,保证国家的长治久安。

古代的敬贤食礼依循时代的变化而变化,常有新意。像虞舜时代的“燕礼”,便是部落联盟为年老退职的卿士举办的敬老宴。汉魏的敬贤食礼,可以以刘邦的“大风宴”和曹操的“横槊赋诗宴”为代表。前者是汉高祖的省亲敬祖大席,因其宴间有120名小童高唱《大风歌》而得名。它表现出“威加海内兮归故乡”的刘邦,对人才的渴念——“安得猛士兮守四方”。后者是赤壁之战前夕曹操在江北水寨上举行的誓师宴。唐宋两朝,则有宴请岁贡、举人的“鹿鸣宴”和在玉津御国比武后赏赐武魁的“射弓宴”,文武相映生辉。入明,朱元璋又出新花样,下令在秦淮河畔修起“鹤鸣”、“醉仙”等15座名楼,“令民设酒肆其间,以接四方宾旅”,同时在楼中举办御赐文会,笼络人才。这便是“诏出金钱送酒垆,倚楼盛会集文儒,江头鱼藻新开宴,苑外莺花又赐脯”的求贤食礼。清季则重视殿试后的“簪花传胪”。敬贤食礼中最为著称的,当数起自西周、迄于清末、流行全国各地、为耆老贤能和秀才举人举办的“乡饮酒礼”。

附:乡饮酒礼

乡饮酒礼是古代嘉礼的一种,也是汉族的一种宴饮风俗。起源于上古氏族社会之集体活动,《吕氏春秋》认为是古时乡人因时而聚会,在举行射礼之前的宴饮仪式。

周代时，以致仕之卿大夫为乡饮酒礼的主持人，贤者为宾，其次为介，又其次为众人。仪式严格区分尊卑长幼，升降拜答，俱有规定，见载于《仪礼》等儒家经典。当时，此会也有举荐贤能之士以献王室的意义，一般于正月吉日举行。

汉以后郡县往于学校中行其礼，皇帝则于辟雍中行之。实行科举制度以后，则以州县长官为主人，为贡士饯行时亦行乡饮酒礼。

明代，京师及州县以下，令民间以百家为一会，以里长或粮长主之，坐席时，以善恶分列三等，不许混淆，以此作为实行封建道德教育的手段之一。

《礼记·射义》："乡饮酒之礼者，所以明长幼之序也。"宋王溥《唐会要·乡饮酒》："开元六年七月十三日，初颁乡饮酒礼于天下，令牧宰每年至十二月行之……各备礼仪，准令式行礼，稍加劝奖，以示风俗。"《渊鉴类函·礼仪·乡饮酒》："汉永平二年，郡县行乡饮酒于学校，祀先圣先师周公、孔子、牲以犬。"《清史稿·礼志八》："雍正初元，谕：乡饮酒礼所以敬老尊是非曲直，厥制甚古，顺天府行礼日，礼部长官监视以为常。"

（三）养老食礼

敬老、养老是人类讴歌的永恒主题。但在中国古代，它却展示出两种不同的情趣。帝王将相和墨客骚人往往多是"雅庆"，或是朝廷操办盛大的敬老嘉会（如清廷"千叟宴"），或是文士私人邀约的敬老文会（如白居易举办的"九老会"）。它们都以尊老敬贤为宗旨，注意良好的社会效应；重视人选的代表性和权威性，严格按礼仪程序组织；温文尔雅，精致华美，诗酒唱和，弦乐飞扬。至于士农工商和市井小民则偏重于"戏闹"，或是为结婚60周年的老夫妻再举行一次幽默别致的婚礼（如台州的"重圆花烛宴"），或是请老人穿上寿衣、坐在寿棺前接受子孙亲友的祝福，操办风趣的红白喜宴（如陕北的"合木庆寿宴"）。这是寓庄于谐，变"死"为生，通过博闹宴乐而表达健康长寿的企盼。它们均带有"冲喜"的性质，反映出平民百姓的礼乐观和生死观，更具有人情味和孝顺心。❶

附：儒家食礼

儒家食礼是指在儒家文化影响下，在餐饮过程中渗透着儒学特有的"仁"、"义"、"礼"、"信"等思想内容的相关礼仪与文化规范，具体表现为国家大典、礼节交际、民风民俗等。作为一种特殊的文化形态，在具体的相关活动中，儒家食礼既具有物质特性，又与"仁"、"义"、"信"、"诚"等儒家思想相通，在具体的文化活动中，实现互通和谐、情境交融的目的。

儒家食礼不单作为一种固态的文化传统存在于典籍之中，其生命力更多地体现在人们的日常生活之中，依靠隐性的文化力量，推动着民众的一种民间化的

---

❶ 陈光新. 中国古代的重教、敬贤、养老食礼. 中国烹饪研究，1996(4)。

文化认同。

三、中国古代饮食礼仪制度的文化气质

在早期儒家思想和政权设计中，礼仪制度使社会各阶级、各集团“贵贱有等，长幼有差，贫富轻重皆有称者也”，进而成为统治者治理天下的方法与手段。在各种礼仪制度中，饮食礼仪制度于周初在政治、伦理、礼乐精神、宗教诸方面定型成比较突出、稳定的文化气质，深深影响着中国人的饮食活动达几千年。

（一）敬德贵民的政治文化

中国早期文化中的“德”，具体内容大都体现于政治领域。在君主制下，政治道德当然首先是君主个人的道德品行与规范。周初，人们对前代君主在饮食活动中的种种不德表现有着深刻理解和认识。周人把殷商亡国原因直接归结于殷人嗜酒的不德之风，认识到君主个人德行对维持政治稳定的重要意义。因此，必须使君主制下的规范约束诉诸道德的力量，对前代遗留的嗜酒之风首先加以控制。

如果说自周以降，饮食礼制加大了对酒的控制，重在敬德；那么食礼所倡导的俭食非奢则是立足于贵民。周初人们节制饮食的要求出于对放纵饮食的普遍反感，由一种自发行为而约定俗成；春秋以后的饮食礼制真正形成的一种道德力量，则是经过春秋战国时思想家们所倡导的。在以后历代天子王侯中，这种食制的影响力很强，反映在政治方面的文化气质就显得相当突出。

（二）孝亲尊老的伦理文化

在古人饮食礼制中，“恭”、“让”的具体德行，更显示出亲睦九族，协和万邦的价值取向，它构成了古代饮食礼制的又一个重要文化气质。

中国古代最早也最突出的伦理规范就是“孝亲”。“善父母为孝”，父母为“亲”，所以善待父母的孝包含着事亲和爱亲。而日常饮食行为是体现孝亲的最佳形式，孝亲行为方式也就成为饮食礼制的重要内容之一。

在宗法制度下，孝亲与尊老养老之间有着内在联系，因此，人们将孝亲推及尊老养老。和孝亲一样，尊老养老在日常饮食活动中也形成了一系列的礼仪制度。饮食活动的孝亲尊老制度促成了睦族合邦的文化气质，“内者宗族，外者乡里，皆得而俱饮食之，虽使鬼神诚亡，此犹可以合欢聚众，娶亲于乡里。”（《墨子·明鬼》）族人聚饮合欢，本是宗法制度下的产物，溯古甚远。至春秋以降，这种“和亲”内容已变得不简单了，其中除宗教意识，还有就是政治目的，即稳定民心，强化社会秩序，形成一个长幼有序、孝亲尊老、层层隶属、等级森严的社会体系。

（三）文质彬彬的礼乐文化

在古代，“乐”本是“礼”的组成部分，分而言之，有礼有乐，合而言之，礼中有

乐。《周礼》载大司徒用十二种方式教育人民时就有“以乐礼教和,则民不乖”之说,这里的“和”是说音乐能求得人与人之间的妥协中和,使社会各阶级亲睦和爱,这样就能使在宗法封建制度下用“礼”所昭示的尊卑亲琉贵贱长幼男女之序的差异和对立,通过“乐”的作用调和起来。这种制约疏导作用,在饮食礼仪制度中展示得最充分完美,食礼因之增添了一种文质彬彬的礼乐文化气质。

周人所谓的“乐”,往往指音乐、舞蹈、诗歌结合的艺术形式。后人在饮食中常举乐而歌之,一方面是“侑食”之需,另一方面旨在体现“为政之美”。“乐”可移风易俗,起到教化人民作用。大量史实表明:宴饮作乐兴舞吟诗游戏者,都是“君子”即贵族,也只有他们才有此条件。在这种环境中,饮者不仅要遵循饮食过程的繁文缛节,其语言交流也必须温文尔雅。周、汉两朝,人们以引用《诗》句表达思想情感为自得。至晋以后,人们饮酒作诗,猜谜行令,“乐”的成分大大超过了“礼”,而文质彬彬的饮食风度一直是人们所提倡和追求的,这也是后来产生文人饮食之特殊文化现象的重要原因。

(四)尊天事祖的神秘文化

在先民的宗教意识中,“神嗜饮食”(《诗·小雅·楚茨》),先民“投其所好”,备以丰盛的美馔佳肴敬献天神。所献食品是否丰盛,所列礼器(考古发掘表明,绝大多数礼器为饪食器、食器和酒器)是否考究,是否合乎礼的规范,是先民始终慎重对待的问题。周代以降,在人们祭祀活动中,饮食仪节成为一个重要环节。每年祭祀中,为农业而举行的祭祀仪式就占去相当的部分。

在日常饮食活动中,人们尊天事祖的心态也时有体现。古人进餐前有个重要礼节,就是向先祖尽祭食之礼,“主人迎客祭,祭食,祭所先进,肴之序,遍祭之。”食前祭祖仪节颇似西方人的餐前祷告,但有质的不同,西方人的餐前祷告是把祈求或报答恩典寄于上帝,几乎没有人间烟火的味道;而中国人的餐前祭食是报祖念本,它与治世之道和教人好礼从善密不可分,其内容是现实的,其心态是朴实的。

先民重视祭礼有益于稳固统治者的政治地位。由于统治者自命“天子”,故他们很需要通过各种环境、渠道和手段渲染出一种“君权神授”的气氛,以达到春风化雨、深入民心的效果。祭礼是最有效的方法,通过向天神或祖先敬献美食美饮,沟通神人之间的感情,使臣吏庶民对天子帝王受命于天和神圣不可冒犯深信不疑。而饮食礼仪的神秘气质又无不蕴藏着先民的礼乐精神。作为礼仪制度的一个重要内容——尊卑贵贱长幼之序,又无不在宴饮过程中的祭食仪节得以充分完善的体现。食礼中的祭祀仪节除了人神沟通之目的,还有就是由神及人,使人具有内在的道德风范和好礼从善的欲求,进而形成一个上自天子下至庶人层层隶属的统治形态。

中国古代饮食礼仪制度较集中地反映出先民的饮食风貌,体现出其特有的文化气质，在世界文化遗产中独树一帜，推动了人类文明的历史进程。在中国周边一些国家和地区中，至今还保留着中国部分古代食制的遗风，足见中国古代食制对世界文明的积极影响。[1]

第三节　现代饮食礼仪

现代饮食礼仪在文明程度不断提高的过程中，随着历史的发展，千百年的演变，有些礼仪被淘汰，有些被融合、更新，逐步形成大家普遍认同的一套礼仪文化习俗，这些习俗是古代饮食礼仪的继承和发展。现代饮食礼仪因宴席的性质、目的而不同，但是总体来看，逐渐简化为主人与客人的礼仪文化。

一、坐有坐相

在中华民族礼仪要求中，“站有站相，坐有坐相”是对一个人行为举止最基本的要求。在公众场合吃饭时的坐姿、座次也体现一个人社交礼仪的修养。正确、端庄、优美的坐姿不仅给人以文雅、稳重、大方的感觉，而且也是展现一个人气质和修养的重要形式。

（一）宾主落座的位置

正式宴会，一般都事先安排座次，以便参加宴会者入席时井然有序，同时也是对客人的一种礼貌。这时，桌子上要摆桌次牌和姓名标志牌。非正式的宴会，只安排部分人的桌次和席位，其他客人仅安排桌次，甚至完全不预先排定，但通常就座也要有上下之分。

1. 单桌宴席的席位安排

（1）主人席位的确定。第一主人（正主人）的席位一般面对宴会厅的入口处，以便环视整个宴席的进展情况。第二主人（副主人）位设于正主人位的对面，正副主人位与桌中心呈一条直线相对。

（2）宾客席位的安排。第一客人（主宾）位应设于主人位的右侧，第二客人（副主宾）位应设于副主人位的右侧，使主宾位与副主宾位呈相对式；第三客人位与第四客人位分别在主人位与副主人位的左侧，也呈相对式。如主宾、副主宾均偕伴侣出席时，此席位则分别为伴侣席位；主宾与副主宾位的右侧分别为翻译席位；第三客人与第四客人位的左侧分别为陪同席位。

在国际交往中，安排席位遇到特殊情况也可以灵活，如主宾身份高于主人，为表示对宾客的尊敬，可把主宾安排在主人席位上，而主人则坐在主宾的席位上。主宾有伴侣参加宴会，而主人的伴侣未能出席时，可以请身份相当者坐在副

[1] 马健鹰．中国古代饮食礼仪制度的文化气质．扬州大学学报·人文社会科学版，1997(4)。

主人位或者将主人夫妇安排在主宾一侧。

2. 多桌宴席的席位安排

当某一个餐厅由一家单位举办多桌宴会时,首先要确定主桌,然后再确定主位。主桌位置的确定十分重要。确定主桌的位置要视餐厅结构、门的朝向、主体墙面(或背景搞面)等因素而定。

一般情况下,主桌台面设在面对大门、背靠主体墙面(指装有壁画或加以特殊装饰布置、较为醒目的墙面)的位置,但不是所有的主体墙面都是面对大门的,有的餐厅大门开在侧边,这时,主桌应以主体墙面为土,放在背靠主体墙面的位置。

确定了主桌席面以后,主人席位也是根据主桌的确认方法来设定的。一般情况下,主人席就是一席中正对大门、背靠有特殊装饰的主体墙面的一个席位。但有些餐厅的门不是正开,此时,主人席要以背靠主体墙面的位置为准。即使有的餐厅门是正门,但装饰特殊的主体墙面不与正门相对,此时应根据实际情况以主体墙面为主要参照物,确定主人席位。其他桌的主人席位应与主桌主人呈对面式或侧对式。根据习惯,桌次高低以离桌远近而定,右高左低。

(二)入座礼仪

入座又称就座、落座,即人们坐到座位上的具体行动。在参加宴请时,入座要讲究顺序,礼让尊长,注意方位,从左入座,背对坐椅,落座轻稳。就是说,在社交和公务场合,若与他人一起入座时,应礼貌地邀请对方首先就座或与对方同时就座,不可抢先坐下。入座时,要注意方位,分清座次的尊卑,主动把上座,如面门的座位、居中的座位、右侧的座位、舒适的座位让给尊长。就座时要留意从坐椅自身的左侧入座,这是就座的一种礼貌。同别人对面就座时,要以自己的背部接近坐椅,右脚向后撤,使腿肚贴到坐椅边,再轻稳坐下,勿使出声。如女士穿裙子入座时,应将裙子后片拢一下,以免裙底"走光"。

(三)在餐桌上应保持良好的坐姿

坐在餐桌上的时候,身体应保持挺直,两脚齐放在地板上。当然,这并不是要求在餐桌上必须像军校的学生一般,坐得像枪杆一样笔直,不过也不可能像布娃娃一样,弯腰驼背地瘫在座位上。

用餐时,上臂和背部要靠到椅背,腹部和桌子保持约一个拳头的距离。两脚交叉的坐姿最好避免。在上菜空档,把一只手或两只手的手肘撑在桌面上,并无伤大雅,因为这是正在热烈与人交谈的人自然而然会摆出来的姿势。不过,吃东西时,手肘最好还是要离开桌面。如果两个胳膊不顾一切地往外张开,使得左右两边的同席者感到不便,这样是很不礼貌的。

暂停用餐时,双手如何摆放可以有多种选择。你可能喜欢把双手放在桌面上,以手腕底部抵住桌子边缘;或者你可能喜欢把手放在桌面下的膝盖上。双手保持静止不动,不管怎样,可能比用手去拨弄盘中的食物,或玩弄头发要好得多了。

在餐宴进行当中,当有客人晚到时,若是女性,则在场的所有男士应该起立欢迎,而女士不需起立。若迟到者为男性,则男士也不必起立相迎,但来人若为长辈或德高望重的男士,在场男士仍需起立相迎,以示对对方的尊重。

二、吃有吃相

(一)吃相的重要性

1. 吃相反映一个人的教养程度

吃相是在饮食过程中,能够反映人的思想道德、文化素养、生存状态、社会需求等精神和物质活动的表象。从某种意义上讲,懂不懂吃的礼仪能反映出一个人的教养程度。通常说一个人的吃相怎样怎样,不外乎褒义和贬义,比如褒义的有温文尔雅、谦虚礼让、尊老爱幼、先人后己等;贬义的有狼吞虎咽、囫囵吞枣、饥不择食、先下手为强等。这说明通过吃相来褒贬、观察、评价一个人,都是利用了人性的自然表露,所以吃相是一种人性,人性有多么微妙、多么复杂、多么蹊跷、吃相就随之微妙、复杂、蹊跷。

现在已经有许多行政事业和企业单位在招聘人员的时候采取了先请入围应聘者吃饭、考官在旁边竖耳倾听的办法,为了阻止狼吞虎咽者混进本单位而严防死守!

2. 吃相会影响经济建设和投资环境

吃相问题也是影响经济建设、影响投资环境的政治问题。据报道,某地《关于进一步改善我市投资环境的若干意见》里指出,我国加入 WTO 以后,我们在生活方式的许多方面也要与国际接轨。由于取得了良好的效果,该文件将要被作为先进经验而在全国各地普遍推广——该文件提到了吃饭问题,对本国公民在与外国人一起就餐的时候保持良好形象等问题提出了明确要求。文件指出,凡本县公民在涉外饭店就餐时,不得划拳猜令、高声喧哗,吃饭喝汤时不得发出响声,以免外商对我县之投资环境产生不良印象,从而为本地投资环境建设作出贡献。

3. 吃相还会造成重大社会影响

在历史上,有一种情况是以吃相来实现某种目的的,把吃相作为表现工具,造成重大社会影响,从而使社会重新认识一个人。例如战国时期,赵国和秦国打仗,赵国输得找不到人才,只好招廉颇老将,可特使郭开被秦国收买了,回禀赵王是说廉颇倒是挺能吃的,一斗米,三升饭,可就是一饭三遗矢,这不是造谣诬蔑么！彻底毁了廉颇的吃相,那谁还敢用廉颇啊。瞧,颠覆一个国家太容易了,只需诋毁个别重要人物的吃相就可以了。

(二)餐具与吃相

1. 餐巾礼仪

餐巾又名口布、茶巾、席巾、花巾等。它是酒席上专用的保洁方巾。将餐巾折成各种花型,插在酒杯里供人欣赏,已成为一种通行的台面摆设。

(1)餐巾的作用。餐巾不仅具有保洁作用、美化作用,还能区分主客关系、传播与融洽主客关系。

(2)使用餐巾的礼仪。餐巾要放在腿上。从餐桌上拿起餐巾,先对折,再将褶线朝向自己,摊在腿上。绝不能把餐巾抖开,如围兜般围在桌上,或塞在领口。而把餐巾的一角塞进口袋眼或腰带里,也是错误的方法。假如衣服的质地较滑,餐巾容易滑落,那应该以较不醒目的方法,将餐巾的一角塞进腰带里,或左右两端塞在大腿下。

在正式宴会上,客人需待主人先拿起餐巾时,自己方可拿起餐巾。反客为主的做法是失礼的。如果一打开餐巾或拿起餐巾纸,就揩擦自己的杯盏刀叉,实际上是对餐厅(在家里则对主人)卫生工作的不信任,这是很不礼貌的行为。

餐巾当然是为了预防调味汁滴落,弄脏衣物。但是,最主要的还是用来擦拭嘴巴。吃了油腻的食物后满嘴油渍,若以这副尊容与人说话,委实不雅。况且喝酒时还会把油渍留在玻璃杯上,更是难看。至于口红也是同样要用餐巾略擦一擦,避免唇印沾在酒杯上。

2. 筷子礼仪

筷子是中国人的终身好伙伴,在中国几千年的饮食文化中,用筷子形成了基本的规则和礼仪。

(1)席间摆筷子的礼仪。筷子是成双成对出现的,同一餐桌上应使用等长、同色、同质的筷子,摆放时应将它们摆整齐,不要一根长一根短,一头大一头小,更不可一根横放一根竖放或交叉摆放。筷子摆放时应小头向里,搁在筷架上或放在自己的菜盘上,大头与桌沿并齐。席间要暂时放下筷子时,应按开始摆放的样式摆放好。

(2)规范的执筷姿势。握筷子时,一般用右手握筷子。若左右手不分,在就餐或取菜时会出现筷子“打架”现象。握筷子的位置要适中,不可握得过高或过低。规范的执筷姿势的取位处,以成人为例,一般应是拇指捏按点在上距筷头(顶)约占筷长1/3(或略少于1/3)处为宜。这样既看起来雅观大方,又便于筷子的适当张合使用。正确的执筷姿势应是五指协调并用。工作时,由拇指做对掌运动压向另三指而使筷巧妙地对食物实施夹、拨、挑、分、搅、拌、刺、剥、剃、切、拆、折、撕、捞、卷、托、放、压、穿、运等灵活精确的动作。

(3)席间使用筷子的礼仪。客人拿筷子要轻拿轻放,切不可随便扔掷,更不能在菜上来前用筷子敲击桌碗。因为中国人认为用筷子敲碗、碟是乞丐要饭的方式。我国有“杆不出栏,筷不出缘”说法,席间不用筷子时,应将其对成一般齐,放在自己的味碟上面,或放在自己的杯子右侧,不可架在公用菜盘上或搁在邻座宾客面前。

(4)用筷子夹菜的礼仪。吃饭时,须等坐正主人位置的人动第一筷后,众人才能跟着各动其筷。注意夹菜时要一次成功,即入即出,进退有序,筷子不宜与食物接触时间过长。不要从碗里挑菜拣食,不要用筷子来撕口中的鱼肉,更不能用筷子当叉来戳食菜肴。中国人喜欢多人自一大盘菜中取食,在夹菜时,要注意避开其他客人的筷子,免得伸到盘内时与别人的筷子相交叉。不要伸胳膊去夹取对面较远的菜肴,这是失礼的表现。在餐桌上谈话时要放下筷子,决不可用筷子做手势,举筷在别人面前指来划去,使筷子在餐桌上乱舞,这是粗鲁和缺乏教养的表现。

3. 使用调羹的礼仪

(1)手持调羹的方式。调羹也是常用的餐具,它同使用筷子一样,也有一定的讲究。使用调羹时,右手持调羹的柄端,食指在上,按住调羹的柄,拇指和中指在下支撑。有的同学持调羹的方式是拇指在上,按住调羹的柄,食指和中指在下支撑,这是不正确的。

(2)使用调羹的注意事项。使用调羹,主要是喝汤,有时也可以用调羹盛装滑溜的食物。尤其是在喝汤时,要注意不要将调羹碰碗、盘发出声响。从外向里舀(吃西餐则应从内往外舀),调羹就口的程度,要以不离碗、盘正面为限,切不可使汤滴在碗、盘的外面。不要以口对着热汤吹气。有时端上桌的汤很烫,这时,应先少舀些汤尝一尝。如果太烫,可将汤倒入碗里用调羹慢慢地舀一舀,等汤稍许降温时,再一口一口地喝。不要将汤碗直接就口。当汤碗里的汤将喝尽时,应用左手端碗,将汤碗稍为侧转,再以右手持调羹舀汤。不要将汤碗端起来,一饮而尽,这样做不符合餐桌礼仪的要求。

三、品饮之道

俗话说,酒有酒礼,茶有茶道。中国人所以把喝酒、饮茶看成艺术,就在于在礼节、环境等各处无不讲究协调,喝酒、饮茶和环境、地点都要有和谐的美学意境。

(一)用餐饮酒礼仪

中国酒文化历经数千载而不衰。早就有以酒代“久”、“有”、“寿”之内涵,不论是喜庆宴席、亲朋往来,还是逢年过节、日常家宴人们都要举杯畅饮,以增添一些喜庆气氛。同时由于酒有一种微妙的“神奇”作用,酒可以成为人类的朋友,也可以成为人类的敌人,就看如何运用它。运用得好,酒能在许多场合使朋友间更融洽、陌生人之间不拘束。

1. 斟酒的礼仪

(1)斟酒的顺序。第一次斟酒时,做主人的可以亲自为所有客人倒酒,不过记住,依逆时钟方向进行,从坐在左侧的客人开始,最后才轮到主人自己。客人喝完一杯后,可以请坐在你对面的人(也就是二主人)帮忙为他附近的人添酒。如果你同时准备了红酒和白酒,请把两种酒瓶分放在桌了两端。绝对不要让客人用同一个杯子喝两种酒,这是基本礼貌。

按国际惯例,服务员顺序应从男主人右侧的女宾或男主宾开始,接着是男主人,由此自右向左方向进行。如宴会规格较高,须由两人担任服务,其中一人按上述顺序开始,至女主人或第二主人右侧的宾客为止;另一侍应人员从女主人或第二主人开始,依次向右,至前一侍者开始的邻座为止。在国际礼仪中,客人绝不可亲自倒酒,而由主人和侍者来负责斟酒。

(2)接受斟酒的礼仪。宴席上斟酒时,接受斟酒者一般应起身或俯身,以手扶杯或作欲扶杯状,以示感谢或恭敬。接受斟酒时,酒杯置于桌上原处即可,你只要对斟酒者微笑致意,便符合礼仪了。对于拒绝斟酒的人,斟酒者(尤其是斟酒的主人)应该持理解和宽容的态度,而不应该强人所难。

(3)拒绝饮酒的礼仪。在宴席上,如果确实不会喝酒或由于种种原因不打算喝酒的人,通常可以采取以下办法:主动地要一些非酒类饮料,如汽水、果汁、矿泉水或白开水等,并说明不饮酒的原因;让斟酒者在自己杯子里少许斟上一点,但尽可以不喝。因为一般情形下,杯中酒是可以不喝的;当斟酒者向自己杯子里斟酒时,用手轻轻敲击酒杯的边缘,意思是:我不喝酒,谢谢;当斟酒工作是由侍者来服务时,你可轻声告诉他:“我已经够了”,“不用了,谢谢”。而不是动手把杯子挪开,或捂住杯口,这样会引人侧目。

2. 敬酒的礼仪

(1)敬酒的顺序。在正式宴席上,一般先由主人向列席的来宾或客人敬酒,会饮酒的人则回敬一杯。如果宴席规模较大,主人则应依次到各桌敬酒,而各桌可由一位代表到主人所在的餐桌上回敬。向外宾敬酒时,应按礼宾顺序由主人首先向主宾敬酒。而在国外正式宴席上,通常由男主人首先举杯敬酒,并请客人们共同举杯。一般情形下,客人、长辈、女士不宜首先向主人、晚辈、男士敬酒。

(2)敬酒的姿势。敬酒时,上身挺直,双腿站稳。需干杯时,应按礼宾顺序由主人与主宾先干杯。正式宴会上,女士一般不宜首先提出为主人、上级、长辈、男士的健康干杯。劝酒要适可而止,尤其在国际交际场合,不宜劝酒。切忌饮酒过量,以控制在本人酒量的1/3为宜。

(3)敬酒的态度。敬酒时态度要热情、大方,应起立举杯并且目视对方,而且整个敬酒过程中都不应将目光移开。敬酒要适可而止,见好就收。因为在很多情况下,敬酒就意味着干杯,意味着将杯中酒喝干。有些人借敬酒之名,行灌醉别人之实,甚至偷偷在别人饮料中倒上烈性酒,还说什么“感情浅,舔一舔,感情深,一口闷”,这些都是有违礼仪要求的。

(4)祝酒的技巧。并非所有宴会均有祝酒程序。需要祝酒则应了解宴请性质,为何人、何事祝酒,以及对方祝酒习惯,使祝酒的片言只语不失高雅并有针对性。碰杯时,主人和主宾先碰,人多时可同时举杯示意,以不交叉碰为宜。碰杯时要双目平视对方致意,一般视对方的眼鼻组成的三角区为佳。宴会上的相互敬酒,可以活跃气氛,但要适度,不要勉强他人,本人应控制酒量,如不会饮酒,可事先言明喝饮料,切不可因饮酒过多而失言、失态。

在仪式场合,通常会有一位酒司仪,如果没有,组委会主席,会在就餐结束,开始发言前,致必要的祝酒词。在不太正式的场合,可以在葡萄酒和香槟酒上来之后,就提议祝酒。祝酒者并不必要把酒杯里的酒喝干。每次喝一小口足矣。

3. 饮酒的礼仪

喝酒中也能反映出一个人的格调、品位和文明程度。有些人喝酒时,举起酒杯看也不看,便一饮而尽,甚至任凭酒水顺着嘴角往下流,显得极其狼狈、粗俗不堪。而会喝酒的人则截然不同,他们懂得怎样品酒并且懂得怎样喝酒。

(1)适量饮酒。了解自己的酒量是一件很必要的事,否则很可能在不觉间做出失态的事。每个人的酒量是不同的,即使同一个人在一天的早晚,心情或饱饿不同之下也会改变。食物是最好的酒底子,所以赴宴之前,最好先吃点点心,免得空肚子灌酒,容易酒醉失态。

知道自己确实的酒量后,喝起来还最好打个八折,不要自信心过强,硬要喝个十足才罢手,到那时候恐怕想罢手也不能了。自己还应该明白,喝哪些酒更容易醉倒;混合两种以上的酒在一席之间喝下肚,自己的胃会如何反应。

(2)随和宽容。随和是饮酒第一要紧的礼貌。如果主人有各种牌子的酒,你可以选自己喜欢的酒喝。有些人非哪一种酒不喝,身为客人竟向主人要求喝某种牌子的酒,也许他自以为如此才表示内行,其实是不懂礼貌。因为请你喝酒的人并不是开酒店的,如果你要的酒他正好没有,岂不令人困窘?这一点尤其是在别人家里便餐或喝酒时要记住。若是在大旅馆里或其他有酒吧的公共场合,如是两三人随便喝点酒,各人可选自己喜欢的酒喝;如果是宴会,也只有很熟的朋友间才可以指定你要喝的酒。

(3)喝酒的速度。喝酒的速度尽可能地不要超过你的主人。仰起脖子,一口气把一杯酒倒进喉管去是很难看的姿态。鸡尾酒也不适合干杯,慢慢喝总比快喝要安全,尤其加了冰块的酒,喝得愈慢酒愈淡,慢喝也是很聪明的防醉办法。尤其是女子要慢慢地喝,免得被人看成酒鬼。酒能品最好,灌总是不雅的。

(二)以茶待客的礼仪

我国历来就有“客来敬茶”的民俗。早在3000多年前的周朝,茶已被奉为礼品与贡品。到两晋、南北朝时,客来敬茶已经成为人际交往的社交礼仪。颜真卿《春夜啜茶联句》中有“泛花邀坐客,代饮引清言”。唐代刘贞亮赞美“茶有十德”,认为饮茶除了可健身外,还能“以茶表敬意”、“以茶可雅心”、“以茶可行道”。当今社会,客来敬茶更成为人们日常社交和家庭生活中普遍的往来礼仪。

1. 选茶的礼仪

按习惯茶一般可以分为五大类,即红茶、绿茶、乌龙茶、花茶、紧压花茶。各类茶都具有与众不同的特色,而不同的人往往对茶又有着各不相同的爱好。以茶待客,当然应该投客人所好。所以沏茶之前,最好先征求客人的意见,根据客人的爱好或要求来选茶。

2. 装茶的礼仪

所谓装茶,指的是向客人的杯(碗)中放入茶叶。装茶礼仪主要涉及两个问题。一是茶具必须完好、清洁。一套完整的茶具,一般包括茶杯(碗)、茶托和茶盘等物。当然,由于具体条件的限制,有些时候往往没有茶托或茶盘。完好指的是每一样茶具都不能有破损,清洁指的是每一样茶具都要洗净,茶杯或茶碗中的茶垢一定要擦掉洗净。二是装茶之前要先洗手。因为装茶是需要用手来操作的,将手洗干净,不但是卫生的需要,更是对客人的尊重。装茶时应用茶匙,即便洗过手了也不应该用手去抓茶叶。

3. 上茶的礼仪

上茶时可由主人向客人献茶,也可由工作人员或服务人员直接向客人上茶。主人向客人献茶时,应起身,用双手将茶杯(碗)递给客人,同时道一声“请”。客人亦应起身,用双手接过茶杯(碗),同时道一声“谢谢”。

工作人员或服务人员上茶时,一定要注意上茶的先后顺序。在客人男主人之间,要先给客人上茶;在客人与客人之间,要先给主宾上茶。

有两位以上客人时,用茶盘端出的茶色要均匀,并要左手捧着茶盘底部,右手扶着茶盘的边缘,如有茶点心,应放在客人的右前方,茶杯应摆在点心右边。上茶时应以右手端茶,从客人的右方奉上,并面带微笑,眼睛注视对方。

4. 斟茶的礼仪

所谓斟茶,指的是往茶杯(碗)中加入沸水。它可以是开始沏茶时加入沸水,也可以是初次沏茶之后间隔一段时间再往茶杯(碗)中添上或续上沸水。而无论是哪种情况,都一定不能将水斟满。因为中国人待客的常礼是“浅茶满酒”、“酒满茶半”。奉茶时应注意,茶不要太满,以八分满为宜。如果斟满杯(碗),则有厌客或逐客之嫌。

不斟满很快就喝完了怎么办呢?那就勤斟茶好了。事实上,真正欢迎客人的主人是很注意勤斟茶的，而且一般是客人喝了几口马上就给斟上，绝不会等到客人杯(碗)中茶叶"见天"。

在斟茶过程中，作为客人应该有所示意，或起身或欠欠身，或用弯曲的食指或中指轻轻敲打桌面，轻轻敲击三下，以示谢意，这叫"金鸡三点头"。要是细究的话，食指和中指应该是弯曲起来在桌面叩击。斟茶时客人视若无睹或无动于衷，都是不合礼仪的。

5. 劝茶的礼仪

以茶待客时，通常是一边饮茶一边叙谈。这中间，主人可以而且也应当适时地向客人劝茶。劝茶时态度要热情，而且要注意免生误解。中国过去曾有以再三请茶暗示客人应该告辞的做法。因此，以茶招待老年人或海外华人时，不要一而再、再而三地劝对方饮茶。

6. 饮茶的礼仪

俗话说，吃有吃相，睡有睡相，饮茶也是一样。无论客人、主人，饮茶时都应慢慢地一小口一小口地细心品尝，切忌大口大口地吞咽茶水，或者喝得咕噜咕噜直响。如此饮茶，不但暴露出饮茶者满脸蠢相，而且也会对旁人造成影响。《红楼梦》中妙玉说："一杯为品，二杯即是解渴的蠢物，三杯便是饮牛饮骡了"。明人许次料说："一壶之茶只堪再巡，初巡鲜美，再则甘醇，三巡意欲尽矣"。

此外，饮茶时如遇水面有漂浮的茶叶，可用茶杯(腕)盖将其轻轻拂去，或用嘴将其轻轻吹开。切不可用手将其捞出，又随手扔在地上。

(三)品饮咖啡的礼仪

1. 上咖啡的方式

晚宴咖啡应该用小咖啡杯装，底下垫咖啡碟，并附一个小咖啡匙。主人应事先通知服务员在用餐处或另一个房间上咖啡。

若在用餐处喝咖啡，主人或服务员应倒好咖啡再把咖啡杯连碟子放在客人席位桌面的右侧，小匙摆在碟上右端。倒咖啡或送咖啡应像倒酒和其他饮料一样，站在客人右手边进行，然后从客人左手边端上装奶精和糖的托盘。

另一种上咖啡的方式是，把放咖啡杯、咖啡碟、一组咖啡匙、咖啡壶、糖和奶精罐的托盘摆在主人面前，由主人为客人服务。

若在另一房间用咖啡，服务员可以先把咖啡倒好放在一个大托盘里，让客人自己加奶精或糖。另一种做法是把包括咖啡壶、杯子、碟、啡匙、糖和奶精罐的托盘放在沙发前的咖啡桌上，主人坐在沙发上为客人服务。客人来拿咖啡时，主人应该问他加多少糖或奶精，然后依正确方式把咖啡杯递给客人。

2. 杯碟的使用有讲究

盛放咖啡的杯碟一般都是特制的，这种杯子的杯耳较小，手指无法穿过去。但即使用杯耳较大的杯子，也不要将手指穿过杯耳端杯子。咖啡杯应放在自己的面前或右侧,杯耳指向右方。

咖啡杯的正确拿法,应是拇指和食指捏住杯耳将杯子端起。喝咖啡时,用右手拿着咖啡杯耳,左手轻轻托着咖啡碟,慢慢地移向嘴边轻辍,不可发出响声。不要满把握杯、大口吞咽,或俯首去吸咖啡。若遇到一些不方便的情况。例如,坐在远离桌子的沙发上,不便双手端着咖啡饮用,此时可用左手将咖啡碟置于齐胸的位置,用右手端着咖啡杯饮用。饮毕,应立即将咖啡杯置于咖啡碟中,不可将二者分别放置。添加咖啡时,不要把咖啡杯从咖啡碟中拿起来。

3. 咖啡匙的使用

咖啡匙是专门用来搅拌咖啡的,搅过咖啡的匙,上面都会沾有咖啡,应轻轻顺着杯子的内缘将汁液擦掉,绝不能拿起匙甩动,或用舌头舔咖啡匙。用过的匙最好放在托盘的内侧,以免端起咖啡杯时碰落。不要用咖啡匙舀着咖啡一匙一匙地喝,也不要用咖啡匙来捣碎杯中的方糖。

标准的搅拌手法是将咖啡匙立于咖啡杯中央,先顺时针由内向外划圈,到杯壁再由外向内逆时针划圈至中央,然后重复同样的手法。这种方法令咖啡浓淡均匀。

4. 闻香品咖啡

一般来说,趁热品尝主人为你端上来的咖啡,是喝咖啡的基本礼节。但你应注意,喝咖啡不能像喝白开水一样,一口气把一杯都喝完,而且喝咖啡也不像喝茶或果汁,可以连续喝几杯,那样,主人会笑话你老土或认为你失礼的。

一杯咖啡端到面前,先不要急于喝,应该像品茶或品酒那样,有个循序渐进的过程,以达到放松、提神和享受的目的。一个品尝咖啡的行家里手,一定会在咖啡端上来的那一刻,首先体会一下那扑鼻而来的浓香。对着咖啡杯深深地吸一口气,所有的妙处都在这里了。先闻其香,然后吹开咖啡油再轻啜一小口,这便是咖啡的原味,之后再随个人喜好加入糖、奶。

加糖要轻。给咖啡加糖时,有两种情况:一种是加砂糖,可用咖啡匙舀取,直接加入杯内,同时,为避免咖啡溅出,添加时位置应尽量低;另一种是加方糖,可先用糖夹子把方糖夹在咖啡碟的近身一侧,再用咖啡匙把方糖加在杯子里。如果用糖夹子或手把方糖放入杯中,可能会使咖啡溅出,弄脏衣服或台布,是极不礼貌的行为。

喝咖啡时,有时可以吃一些点心,但不要一手端着咖啡杯,一手拿着点心,吃一口喝一口地交替进行。喝咖啡时应当放下点心,吃点心时则应放下咖啡杯,否则易给人一种贪婪的印象,而且吃相也不文雅。

另外,与他人一起喝咖啡时,切记不要为他人加糖,不知道别人的口味而随便为人加糖是不礼貌的。

四、席间交谈

当您参加宴会时,尽管食物和酒非常重要,但实际上它们都是一种陪衬,而宴会的核心是谈话。因为,谈话能使各方面因素融为一体,结出友谊的硕果。所以,良好的餐桌礼仪,意味着既掌握吃喝技巧,又精于交谈,从而使宴会达到预期的结果。

无论是赴宴会,还是赴招待会,“吃饭当哑巴”这句俗话是不适用的。人们通常把联系工作、拉家常、谈古论今、结识新交看得比饭食本身更重要。这一点是我们和外国人士共通的。餐桌上绝不可金口难开,枯坐一隅。美国礼仪之后蒲爱梅说:“礼仪有一条不可破坏的规矩是你必须与席上你的邻席谈话。”

(一)席间交谈技巧

1. 喜欢别人是成功交谈的核心

你喜欢他人吗?如果你回答“是”,你就已经占有成功的先机。喜欢别人是成功交谈的核心,如果你发现对方为人和善、乐于助人、诙谐幽默或见多识广,你肯定希望和他交谈。对方对此也会有所察觉,并乐于与你交谈。这样你和他们就建立了联系。

2. 充满自信

如果你在交谈中倍感自信时,与别人的交谈就会更容易、更愉快。无论是业务联系,还是私人交往,这种态度都会助你成功。

对你的交谈能力充满自信能帮助你成为更优秀的经理、主管、老板和同事。这的确值得一试。这对你没有坏处!

3. 谈对方感兴趣的话题

在人际交往中,要赢得他人的好感,使交际能够顺利进行,一个重要的秘诀就是谈对方感兴趣的话题。由于大多数人都只喜欢谈自己感兴趣的话题,因而当一小部分人能克制自己而去关心别人,能抛开自己的话题而去谈别人感兴趣的话题时,他就能轻易获得成功。

别人感兴趣的话题一般是对方经历中最辉煌的事情,最精彩的得意之作,对方的优点和特长、对方的孩子等。因此,在交往之前,应先了解一些对方的基本情况,以便能有的放矢,更快地找到对方的兴趣点。当一时找不到对方感兴趣的话题时,可从身边的小事谈起,不要认为小事不值一提,不要自视清高。

4. 耐心倾听对方

在交谈中重要的是倾听对方的谈话,从蛛丝马迹中找到线索,并利用这些线索使对方主动打好话匣子,积极参与交谈。在交谈时以意想不到的方式将相关事物联系起来,发现自己和别人的相似之处。

用心去听并不是让你一言不发,恰当的时候,要用适当的语言来激发他继续讲下去。

(二)席间交谈的原则

1. 众欢同乐,切忌私语

大多数酒宴宾客都较多,所以应尽量多谈论一些大部分人能够参与的话题,得到多数人的认同。因为个人的兴趣爱好、知识面不同,所以话题尽量不要太偏,避免唯我独尊,天南海北,神侃无边,出现跑题现象,而忽略了众人。特别是尽量不要与人贴耳小声私语,给别人一种神秘感,往往会产生"就你俩好"的嫉妒心理,影响酒宴氛围。切勿形成小圈圈,社交的目的就是让大家彼此认识、彼此熟悉,若是你只和自己熟识的人交谈,不但无法达到交友的目的,也会令人讨厌,若有这种情形发生,不妨借去倒酒、上洗手间的方式脱离小团体,再伺机和其他人士交谈。

2. 求同存异,避免冲突

餐桌上的交谈不是演讲,并非一定要幽默高雅、语惊四座,重要的是保持双方谈话的共同兴趣。在与人交谈时,还要学会求同存异,避免冲突;学会聆听和沉默,对别人多肯定少否定。

3. 语言得当,诙谐幽默

酒桌上可以显示出一个人的才华、学识、修养和交际风度,有时一句诙谐幽默的语言,会给客人留下很深的印象,使人无形中对你产生好感。所以,应该知道什么时候该说什么话,语言得当,诙谐幽默很关键。

4. 把握好交谈时机

宴请中谈论商务时,如果和客人不很熟,吃饭前人没来齐时,就先把事情谈了。这样做的好处是让人家吃得心里踏实。如果和客人较熟,而且也不是什么复杂的事,只是表个态,就不要在吃的时候说,而是到最后送客时顺口说一声"帮我办一下"就行了。当然,一切要以尊重客人的要求为前提。

"接风"的宴会,不要在席间过多地谈及商务方面的事情,以免引起对方的不满或猜测。正确的做法是,在进餐的开始或席间,多谈论一些问候语、表示欢迎的寒暄语、本地的风土人情及一般情况,以增进彼此的了解和友谊。在宴会接近尾声时,逐渐地把话题引向有关日程安排,或征求对方的意见,或由双方商定。

举行工作餐时,讲究的是办事与吃饭两不耽误。所以,在为时不多的进餐期间,宾主双方所拟议进行的有关实质性问题的交谈,通常开始得宜早不宜晚。不要一直等到大家吃饱喝足了,方才正式开始交谈。那样一来,时间往往不太够用。依照商务礼仪的规定,待主宾用毕主菜之后,主人便可以暗示对方交谈能够开始了。此刻,主人说一声"大家谈一谈吧",道一句"向您请教一件事情",皆可作为交谈的正式开始。在点菜后、上菜前,亦可开始正式交谈。

5. 笑闹有节制

用餐中少不了会谈天说地,在高兴之余,切忌乱拍桌面,或以筷子敲击杯碗唱和起来,或是高声划起酒拳来。定要记住,谈话宜小声,笑闹也需节制,因为餐厅是公共场合,要尊重他人的权益,换个角度看,也是尊重自己。

附:一封特殊的谈话食谱

(一)基本原料

语词:我们所有人都有。

态度:只要积极主动。

真诚:大剂量。

活泼:各种味道都来一点儿。

(二)做法

聆听:掌握判断。

烹制:一句话,如“我有兴趣对你的产品做出评估”。

配料:注意言辞中稍有停顿。

点缀:用表示肯定的词,如“的确如此”。

文火炖:时间长一些。

换个说法:“怎样才能得到贵公司产品的相关资料呢?”

加点调料:一个问号。

(三)要做到既往不咎

掺入:一句短评,如“今年的销路甚至比去年的还要好”。

点缀:一个微笑。

加点调料:一点启示,如“我更看好新的产品线,因为它是以年轻人为主体的”。

不要刺激对方的神经。

加入:一个感叹句,如“销路多好啊!”

溢美的话不必过多〔过多则有虚假之嫌〕。

不要粉碎别人的希望和梦想。

勾芡:来一点惊奇。

将原料混合到一起,用文火炖,使其成为凝胶状。

味道:需要品尝。

五、离席和结账

(一)离席的礼节

1. 中途离席的技巧

常见一场宴会进行得正热烈的时候,因为有人想离开,而引起众人一哄而散的结果,使主办人急得真跳脚。欲避免这种煞风景的后果,当你要中途离开时,一定要掌握一些技巧。

参加宴会或与人约好一起吃饭,迟到和早退都是十分不恰当的事,迟到既浪费了别人的时间,又得让人饿着肚子等待。早退则影响别人的兴致,但如果必须提早,要懂得掌握适当的时机并说些告辞的话。

当有人离席时,整个气氛势必会受影响,谈话也会被迫中止转而将视线集中在要离席的人身上。所以告辞时机的选择一定要注意，不要在大家谈天正热烈时或重要的事情还未宣布前就离开，最好的时机是在大家都用餐完毕的时候。而接下来则有一些动作一定要记得做。

席间不要不辞而别，非要离开不可时，则要对旁边的人说一声。如果有急事，需要马上离开餐桌时，就要告知主人，并向同桌人表示歉意，最好等到绝大多数人用餐完毕后再离开。散席时要伴随主人的寒暄退席，临别时要向主人道谢和称赞一番，以示满意。在离开时，还应主动地同送客人的主人握手，再次表示感谢。

客人不得中途退席，如确有急事，要向主人说明原因，表示歉意，同时要向其他客人示意，方可离席。客人餐毕，一般不要离席，应等其他客人吃完。

2. 宴请结束时离席

(1)结束的时间。一般宴会，女主人(或男主人)把餐巾放在桌子上或者从餐桌旁站起身来——这就表明，宴会结束了。只有看到这种信号以后，宾客才可以把自己的餐巾放下，站起身来。

出席鸡尾酒会的客人应按请帖上写明的时间起身告辞。如果接到的是口头邀请(因此没有说明时间)，则应该认为酒会将进行两个小时。如果有一位客人迟迟不走，而女主人又另有晚餐之约，那她就应该婉转说明。确实，她别无良策。也许，她可以友好地说："我得跟您分手了，因为我不得不……"

正餐之后的酒会的告辞时间按常识而定，如果酒会不是在周末举行，那就意味着告辞时间应在晚间十一时至午夜之间。若是周末，则可更晚一些。除非客人是主人的亲密朋友，一般都不应在酒会的最后阶段还心安理得地坐在那里。

进行工作餐，必须注意适可而止。依照常规，拟议的问题一旦谈妥，工作餐即可告终。在一般情况下，宾主双方均可首先提议终止用餐。主人将餐巾放回餐桌之上，或是吩咐侍者来为自己结账；客人长时间地默默无语，或是反复地看表，都是在向对方发出"用餐可以到此结束"的信号。只是在此问题上，主人往往需要负起更大的责任。尤其是在客人需要"赶点"去忙别的事情，或者宾主双方接下来还有其他事要办时，主人更是应当掌握好时间，使工作餐适时地宣告结束。

(2)离席礼节。注意先后。离席时让身份高者、年长者和妇女先走，贵宾一般是第一位告辞的人。身份同等可同时离座。

起身轻稳。离开餐桌时，不应把坐椅拉开就走，而应把椅子再挪回原处。男士应该帮助身边的女士移开坐椅，然后再把坐椅放回餐桌边。要注意，有些餐厅比较拥挤，椅背紧靠，牵一发动全身，贸然起身，或使手提包、衣服等掉得满地，或是碰到人，打翻茶水、菜肴，失礼又尴尬！所以动作要缓慢轻稳，不能猛起猛出，最好不发出声响。

自左离开。同入座一样，坚持“左人左出”，礼貌如一。

站好再走。离座要自然稳当，右脚向后收半步，然后起立，起立后右脚与左脚并齐，再从容移步。站好再走是动作稳健的体现，而匆忙离去或跌跌撞撞，则是举止轻浮的表现。

(3)热情话别。当宾客酒足饭饱时，应及时向主人表示感谢与道别，使宴会得以及时结束，个别宾客因贪杯而拖延不散，或余兴未尽而迟迟不起是失礼的。

在宴会结束时，应热情与主人话别，感谢主人的热情款待，也要与其他认识的客人道别。

在所有各种(除了最大型的)酒会上，离开之前都应向女主人当面致谢，这是礼貌。倘若你因故而不得不早一些告辞，则致谢时不能引人注目，以免使其他客人认为他们也该走了。

参加了一次鸡尾酒会或非正式的正餐后的酒会之后，并无绝对必要向女主人写信致谢，但这样做总是可嘉的，正因为并非必要，所以尤其可嘉。如果女主人是一位好朋友，那么可以在第二天上午和她通一个电话，既向她祝贺酒会的成功，又可使她消除对酒会结果的担忧。如果她还在担忧的话。这也是无拘无束地讨论各种成功细节的一个绝好机会。

除了宴会结束时应向主人致谢之外，如果主人收到一封以夫妇俩人名义合写的致谢信，很可能会把这看做一种特别礼貌地表示而铭记在心。根据传统，这封致谢信要写给女主人，但若男女主人都是你的挚友则致谢信应写给他们两人。如果女主人是你的一位亲密朋友，也可以在第二天打电话向她致谢，而不用写信。通常致谢信由妻子代表夫妇俩写出。散席时，客人要向主人等致谢意，然后握手告别，并与其他客人告别。

(二)结账的礼仪

中国人要面子，总不想在别人面前表现出自己的窘迫，无论是否拥有百万家资，都争着交费。有钱的总会率先掏出钱来，而没钱的则会伺机而动。可以说中国人餐毕，经常会出现抢着付账的场面，拉扯之间，发生翻脸的事时有所闻。如果有心要付账，宜找个时机，悄悄去结账，或暗示服务员将账单送到面前来，否则只有领主人盛情，另找机会再回报。实际上，付账也可以显示一个人的礼仪和风度。

1. 结账的方法

通常说来，用餐完毕准备离去时，要利用服务人员经过你身边的机会，轻声唤住他，很有礼貌的告诉他：“请帮我们结账。”如果一时没有服务人员走近，不妨耐心地多等一两分钟。

结账时，主人千万不要高声呼唤服务员，或吹口哨，敲打餐具，这会使你显得没有教养,甚至会让餐厅的管理人员误会,以为招待不周。另外,坐在你餐桌四周其他桌的客人,他们也是消费者,如果你大声吼叫,就会影响其他人用餐的情趣与安宁。

如果你等买单已经等了半个钟头,那就尽管站起身来穿上外套。马上就会有服务人员主动现身。

一般来说,买单应该坐在自己位子上买。因为跑到柜台前面掏出钱来结账,既不雅观,也不合乎餐厅礼节的规定。特殊情况下,做东者应当先与侍者通通气,独自前往收款台结账,或是在自己送别客人之后,再回过头来结账。尽量不要让服务员当着客人们的面口头报账,更不能让侍者将账单不明主次地递到客人的手里,以免造成客人的尴尬。

账单算好交来时,主人要迅速拿起来看数目,不要让客人知道数目。你有权用足够的时间复核一下账单数目。但不要一项项地念出来,并加加减减一番,使客人觉得你有些吝啬、不爽快。最好的办法是:预先估计一下吃了多少东西,心中有了一个大概的数目,当账单交来时,看看差不多就迅速付款好了。这样一则可避免账单有误时吃亏,二则看起来很大方。如果账单上的数目果然开多了,主人有权请服务员重新核算一下。

当服务员送来账单,经你查对无误而准备付账时,你要把钱放在结账的夹子或盘子中,再用账单将钱盖住。这样做的目的,主要在于不使客人看到你所付的金额,以免引起对方的尴尬。

总而言之,我们在餐厅用餐完毕之后,服务员送来账单,如表示"哪一位结账",即意味着除了主人之外,不愿让其他人过目账单。因此客人不看账单,不问付账的金额,乃是餐桌上最基本的礼貌。

付完账,不必急着离开,可以逗留一会儿,再聊聊天,吸支香烟或喝杯茶。但如果当时餐厅很忙,或者时间已经很晚,而你们又是最后一批客人时,那还是早走为宜。离开餐厅前,如果席中有男女主人的话,应由女主人用征求意见的语气对客人说:"我们现在走好吗?"如果席中只有男主人的话,男主人一旦站起来了,这就意味着可以走了。如果一对男女去餐厅,离开时服务员不在,男士应协助女士穿上外套,并在前面开路。出门时要让女士先行,除非外面太黑或正在下雨,男士要先到外面撑开雨伞。如果有服务员招待的话,男士要走在女士后面,不管在餐厅内外,都把开路和开伞的责任交给服务员。

2. 结账的注意事项

(1)别忘带足现金。人们现在越来越习惯于刷卡消费,但中国的很多餐厅都还是收现金,所以千万别忘了带足现金,以免尴尬。万一发生这种情况,尽量不要让被请的人觉察你身上的钱不够,可以找借口让他们先行离开,再打电话让朋友或家人送钱来,否则客人会误会你请客的心不诚。

(2)对侍者的态度。我们总是强调“顾客是上帝”,但“上帝”要有“上帝”的风度,不要以“上帝”的身份对侍者大呼小叫。当然餐厅一定要培训出机灵、周到的侍者,否则不再会有回头客。

(3)核对账单再付款。餐罢结账,是一定要看账单的。看账单的目的,先找自己所点的菜是不是都上齐了,然后再检查每道菜的单价和菜单所列是否相符,以及总金额外是否有误。等一切确认无误,才掏钱或信用卡付账。别人既不会认为这样做是小气,服务人员也将顾客的此举视为理所当然。因此为了避免吃亏起见,买单付账时,最好应先检查账单。倘若发现其中计算有误,可先招呼附近的服务人员前来,轻声地告诉他哪些地方算得可能有误差,请他帮你到柜台再查核一下。直到所有疑点都弄清楚了,再付账不迟。

在某些状况下,账单和你的消费有时会有很大的出入,这时候你不应口气不好地一味指责服务人员,因为账算错,不一定是他们的责任。你可以委婉地请服务人员帮你到柜台更正。倘若心中实在不痛快,顶多以后不来这家餐厅用餐就是了。

(4)谨防买单陷阱。消费者在酒店用餐时,点菜前一定要详细咨询折扣,特别是特价菜及河海鲜更要注意;买单时,别忘看价格;买单后别忘索取发票,一旦发生纠纷,方便维权。

◎本章小结

饮食礼仪是人们在饮食活动中应当遵循的道德规范与行为准则。它之所以受到社会各界的普遍重视,主要是因为它具有多重重要的功能,既有助于个人,又有助于社会。中国古代食礼繁琐多样,主要有重教食礼、敬贤食礼、养老食礼。儒家思想源远流长,儒家食礼也因之延续,表现出特有的文化魅力。现代饮食礼仪是古代饮食礼仪的继承和发展,主要内容包括坐有坐相、吃有吃相、品饮之道、席间交谈、离席和结账等方面。学习饮食礼仪知识,有助于塑造自身形象,提高自身修养。

◎思考与练习

1. “饮食礼仪不仅是我国人民走向世界、与世界交往的名片,同时也是投资环境、国家形象的重要组成部分。”您如何理解这句话?

2. 为什么说“夫礼之初,始诸饮食”?简述饮食礼仪和饮食风俗的关系?

3. 简述孔子的饮食思想对中国饮食礼仪文化的影响。

4. 您如何理解饺子既是“民俗食品”、“礼仪食品”也是“国民食品”?

5. 查阅资料,说明“忽略礼仪细节让中国人在国外旅游形象‘打折’”。如何在大学生中进行饮食礼仪教育?

◎实践作业

学生分组练习在参加宴请时邀约、入座、吃菜、敬酒、喝茶、席间交谈、离席和结账等方面的礼仪。

国外饮食文化

第十四章　国外饮食文化概述

本章内容： 欧洲饮食文化（法国、意大利、英国、俄罗斯、德国、土耳其）

亚洲饮食文化（日本、韩国、泰国、印度、越南）

美洲饮食文化（美国、墨西哥、巴西）

教学要求： 了解国外一些在饮食文化上特色鲜明的国家饮食文化特点、饮食习俗，和这些国家有代表性的特色饮食。

教学课时： 4 课时

第一节 欧洲饮食文化

一、法国饮食文化

（一）法国饮食文化历史与发展

作为世界三大烹饪王国之一，法国的饮食文化非常悠久。但法国饮食真正的发展是在16世纪亨利二世迎娶了意大利公主后，随着公主嫁到法国，意大利文艺复兴时期盛行的烹调技艺、烹饪原料以及华丽的餐桌装饰艺术也被带到了法国宫廷，使法国饮食在追求豪华、注重排场、烹调技术等方面迅速推进，并开始繁荣起来。路易十四开始，法国饮食又获得了一次飞跃的机缘。随着法国国力的上升，以及路易十四自己也爱好奢华，法国菜从精致、美味发展到豪华、奢侈，宫廷餐宴排场盛大，菜肴品种繁多，豪华的程度已经成为了欧洲各国之冠。路易十四还开始培养自己的本土厨师以摆脱对意大利人的依赖，他举办全国性的烹饪大赛，获胜者会被招入凡尔赛宫授予"全法国第一食神"的功勋奖，这就是泉蓝带奖，至今这个大奖依然是全法国厨师、乃至全世界厨师梦寐以求的殊荣。之后的路易十五更是在此之上将法国菜进一步发扬光大，法国饮食的品种和品质大幅度提高，并从注重排场转移到注重食物小巧精致、品种不断创新上，法国饮食逐渐在制作、分类、上菜方式和就餐礼仪等方面自成体系。厨师的社会地位也随之大为提高，厨师成为一项既高尚又富于艺术性的职业。在法国大革命后，宫廷豪华饮食逐渐走向民间，成为大多法国阶层都能享受到的佳肴。之后，拿破仑率军南征北战，法国美食随着拿破仑的大军传至各国，法国厨师也被各国聘请，法国菜的影响力传播到了欧洲各个角落，登上了"西餐之王"的宝座。精美的菜品、高超的烹饪技艺以及华丽的就餐风格让人们惊叹于法国饮食的华美，法国饮食以精致、浪漫、豪华、品味征服了世界，从而奠定了法国美食的世界地位。随着时代前进的步伐，法国饮食也不断地发生着变化。19世纪末，法国菜烹饪革命的代表人物艾斯科菲，针对传统的大排场法国菜提出"高雅的简单"的主张，并且简化菜单，合理调整菜点分量，创制了许多新名菜，提升菜点的装饰艺术，为法国菜的发展做出了重大贡献。近年来，法国菜不断地精益求精，并将以往的古典菜肴推向所谓的新菜烹调法，并相互运用，调制更讲究风味、天然性、技巧性、装饰性以及颜色的搭配。

目前，法国菜在制成品上的最大特点是有三种不同的风味流派并存：一是古典法国菜派系。它起源于法国大革命前，是皇胄贵族中流行的菜肴，对烹调的要求十分严格，从选料到最后的装盘都要求完美无缺。二是家常法国菜派系。它源于法国平民的传统烹调方式，选料新鲜，做法简单。三是新派法国菜派系。它起源于20世纪70年代，在烹调上着重原汁原味、材料新鲜，口味比较清淡。

（二）法国饮食文化特点

1. 选料广泛、讲究

一般来说西餐在选料上的局限性较大，而法国菜的选料却很广泛，如常选用稀有的名贵原料，如蜗牛、青蛙、鹅肝、黑菌、鱼子酱等，还喜欢用各种野味，如鸽子、鹌鹑、斑鸠、鹿、野兔等，在普通原料上较偏好牛肉、小牛肉、羊肉、家禽、海鲜、蔬菜、田螺等，各种动物的肝、心、肠也可入肴；而且在选料上很精细，极重视原料素材的新鲜上等，善于使用新鲜的季节性原料，力求将原料最自然、最美好的味道呈现给食客。

2. 讲究菜的鲜嫩

法国人崇尚食物新鲜、讲究鲜嫩和原味，比较爱吃半熟或生的食物，要求菜肴水分充足，质地鲜嫩，如牛排一般只要求三四成熟，烤牛肉、烤羊腿只需七八成熟，海鲜烹调时须熟度适当，不可过熟，而牡蛎加上柠檬汁则完全生食。

3. 注重原汁原味和调味汁的做法

法国菜的精神就在于突出食物的原汁原味，而不是烹调出的味道。沙司的使用以不破坏食材原味为前提，好的沙司可提升食物本身的风味、口感，而且讲究不同的菜配用不同的沙司，如做牛肉菜肴用牛骨汤汁，做鱼类菜肴用鱼骨汤汁，做羊肉菜肴要用羊骨汤汁，目的是把主料的原味带出来。有些汤汁要煮 8 个小时以上，使菜肴具有原汁原味的特点。

4. 喜用酒和香料调味

法国盛产酒类，所以烹调中也非常注重酒的使用，喜欢用酒调味，不同的菜点用不同的酒，有严格的规定，而且用量较大，如制作甜菜和点心常用朗姆酒，海鲜用白兰地酒和白葡萄酒，牛排使用红葡萄酒等。除了酒类，法国菜里还要加入各种香料，如大蒜头、欧芹、迷迭香、塔立刚、百里香、茴香、赛杰等。各种香料有独特的香味，放入不同的菜肴中，就形成了不同的风味。法国菜对香料的运用也有规定，什么菜放多少、什么样的香料，都有一定的比例。可以说，酒类和香料是组成法国菜的两大重要特色。

5. 注重酒水与菜肴的搭配

法国人在用餐时对喝什么酒配什么菜非常讲究

如香槟和白葡萄酒适合作饭前开胃酒，冷餐和汤可以用白葡萄酒或玫瑰红葡萄酒佐之，白葡萄酒可配沙拉、鹅肝、海鲜等菜肴，红葡萄酒配火腿、牛排、家禽和野味等红肉类菜肴，味浓的奶酪就红酒，味淡的奶酪用白葡萄酒，最后吃甜点时喝甜味白葡萄酒。

6. 进餐充满情调

法国人对饮食艺术有极高的品味，他们认为，美食不仅是一种享受，更是一种艺术。所以他们不仅对菜式的精致苛求之极，而且对饮食的礼仪、环境和情调的讲究更胜一筹。除了对食物讲究色香味外,还特别追求进餐时的情调,比如精美的餐具、幽幽的烛光、典雅的环境以及周到的法式餐厅服务,这一切都使品尝法国饮食充满了艺术情调和美的享受,衬托出了法国菜高贵的气质。

(三)法国特色饮食

1. 面包

面包是法国人的基本主食,83%的法国人每天都吃面包,长棍面包是法国最普通、最常见的面包,占面包消费总量的80%,法国每年约消耗长棍面包100亿根。无论是清晨面包店前排起的长队,还是大街上手拿面包大口啃食的行人,以及傍晚时分夹着长棍面包行色匆匆的归家人,都是极富法国特色的风景。法国面包品种有150多种,其中有一类是以牛角面包为代表的奶油面包卷,法国人称之为维也纳甜面包。

2. 蜗牛

提起法国菜,就不能不提法国蜗牛。法国人一直将食用蜗牛视为时髦和富裕的象征,每逢喜庆节日,家宴上的第一道冷菜就是蜗牛。据说法国人每年要吃掉三亿多只蜗牛,由于生产数量有限,蜗牛在法国变得愈发名贵,成为有钱人在隆重场合才能享受的佳肴,并升级成为法国的“国菜”。蜗牛营养丰富,极具药用价值,享有“肉中黄金”之誉。在众多食用蜗牛的国家中,法国蜗牛最有名气。

3. 鹅肝

鹅肝被誉为世界三大美味珍馐之一,在法式套餐中往往以头牌的身份出现,在西方有“贵族食品”之称。其质地细嫩、风味鲜美、浓香奇特、入口即化、余味无穷,成为法国一道久负盛名的传统名菜和国宝级的美食。由于鹅肝是比较高贵、正式的法式菜肴,最好是配全麦面包吃,而且面包里还要嵌有核桃仁。鹅肝酱也是法国最著名的饮食,是极好的佐餐佳品,法国是世界上最大的鹅肝酱生产国和消耗国,鹅肝酱已经成为法国饮食文化的象征。

4. 黑菌

黑菌又名块菌,是法餐中的又一经典美食代表。天然黑菌在烹饪界中有“黑钻石”之美称。而法国天然黑菌的珍贵程度可与黄金等价,即法国人常说的“一克黑菌一克金”,可见其珍贵和稀有。用黑菌烹调出的佳肴,既味鲜又极富营养,还是较为稀有的珍品。黑菌是法国鹅肝的绝顶搭配。

5. 奶酪

法国奶酪闻名于世,法国人的餐桌上绝对少不了它,尤其在晚餐中,奶酪被称为主菜和甜点间的秘密武器,如果没有奶酪,那么这餐宴席的档次就大打折扣了。法国有句谚语:如果哪天少了奶酪,哪天就没了阳光。现在法国生产的奶酪品种已超过400种,居世界第一,一年里每天都可以吃到不一样的奶酪,法国也是全世界奶酪消费最多的国家,奶酪和葡萄酒是法国饮食文化中最为经典的元素。

6. 葡萄酒

葡萄酒是法国饮食的一大特色，甚至有人说葡萄酒是法国饮食的灵魂。法国葡萄酒世界闻名，最珍贵的、最高质量的葡萄酒都来自于法国，法国葡萄酒的种类有红葡萄酒、白葡萄酒、香槟酒和白兰地。大多法国葡萄酒以产地命名，法国葡萄酒久负盛名的六大产地是：西南部的波尔多地区（波尔多地区由于生产的葡萄酒品质优良，被喻为世界葡萄酒宝库）、西东部的勃艮第地区、东北部的香槟区和阿尔萨斯地区以及横跨法国北部的卢瓦尔河谷。其中，香槟区是法国最早的葡萄酒法定产区，只有在这里生产酿造的气泡葡萄酒才能叫"香槟酒"，除此之外，全世界任何地方出品的同类型酒只能叫起泡酒。

附：西餐的概念

"西餐"是中国人民和部分其他东方国家或地区的人民对西方各国菜点的统称，广义上讲，也可以说是对西方餐饮文化的统称。

所谓"西方"习惯上是指欧洲国家和地区，以及由这些国家和地区为主要移民的北美洲、南美洲和大洋洲的广大区域，西餐主要是指以上区域的餐饮文化。

随着东西方文化的不断撞击、渗透与交融，东方人民逐渐了解到西餐中各个菜式的不同风味特点，开始区别对待了，一些星级较高的饭店都分别开设了法式餐厅、意式餐厅等，"西餐"作为一个笼统的概念逐渐趋于淡化，但西方餐饮文化作为一个整体概念还会继续存在的。

二、意大利饮食文化

(一) 意大利饮食文化历史

在古代，意大利菜是西餐中历史最悠久、最杰出的风味流派，也可以说是欧洲烹饪的鼻祖。意大利的菜源自古罗马帝国宫廷，有着浓郁的文艺复兴时代佛罗伦萨的膳食情韵，在世界上享有很高的声誉，并且在15世纪以前就拥有了独特的饮食风格。在文艺复兴时期，意大利的烹饪艺术家充分展现出自己的才华，不仅制作出品种丰富、样式多变的菜肴，也制作出了以通心粉和比萨为代表的众多面食，并最终形成了意大利饮食独有的古朴风格，强调选料新鲜、烹饪方法简洁，注重原汁原味、菜式传统且有浓厚的家庭风味。用最简单的烹饪工艺制作出最精美、最丰富的菜点，成为意大利人对美食的理解与追求。[1] 意大利烹饪繁荣兴盛的局面，强烈地影响着其他西方国家，随着意大利公主嫁给法国亨利二世，作为陪嫁的30名厨师把意大利先进的烹饪方法和新的原料带到法国，极大地影响和促进了法国烹饪的发展。意大利烹饪这种繁荣兴盛的局面保持到16世纪

---

[1] 杜莉，孙俊秀．西方饮食文化．北京：中国轻工业出版社，2006：96。

末，以后它在保持自己特色与风格的基础上进入了长时间的平稳发展时期，欧洲烹饪的领导地位也由法国占据了。

（二）意大利饮食文化特点

与法国菜相比，意大利饮食烹调简单、自然、质朴。虽然意大利菜比较简单，但是对菜的质量也是很有讲究的，各种菜都具有自己独特的味道。意大利大多数的母亲会在周日做手擀的意大利面及调味酱，并留待冬天享用。一直以来意大利菜都被认为有“妈妈的味道”，是因为意大利的妇女总是以自己庭院栽种的青菜、养的鸡、捕获的猎物，再加上母亲的爱，来烹煮出人间美食。

1. 食品原料多样化

意大利菜多以海鲜、蔬菜、谷类、水果、奶酪和畜肉等为主要原料，最常用的蔬菜有西红柿、白菜、胡萝卜、龙须菜、莴苣、土豆、蘑菇等，制法常用煎、炒、炸、煮、红烩或红焖，喜加蒜茸和干辣椒，略带小辣。意大利北部地区的烹调方法与法国菜相近，多用奶油、鲜奶，肉食比较多；而且靠近阿尔卑斯山，所以原料多用山区特有的野菜、香菇、松露等。南部气候较热，而且三面环海，故食海鲜以及西红柿、橄榄油。而西西里岛南部的菜肴基本属于阿拉伯风味。

2. 突出食物的本味

意大利菜最为注重原料的本质、本色，成品力求保持原汁原味。通常将主要材料或裹或腌，或煎或烤，再与配料一起烹煮，从而使菜肴的口味异常出色，缔造出层次分明的多重口感。意大利菜肴对火候极为讲究，很多菜肴要求烹制成六七成熟，而有的则要求鲜嫩带血，例如佛罗伦萨牛排、安格斯嫩牛扒等名菜。米饭、面条和通心粉则要求有一定硬度。意大利菜有醇浓、香鲜、断生、原汁、微辣、硬韧的12字特色。

3. 谷物品种丰富

意大利人善做面、饭类制品，几乎每餐必做，而且品种多样，风味各异。目前意大利面食已闻名世界，仅面条的种类就有几百个品种，面条的做法也有多种，在外形、颜色、口味的做法上是多姿多彩的。意大利面分为线状、颗粒状、中空状和空心花式状四个大类，用面粉加鸡蛋、番茄、菠菜或其他辅料经机器加工制成。其中最著名的是通心粉、蚬壳粉、蝴蝶结粉、鱼茸螺蛳粉、青豆汤粉和番茄酱粉，有白、红、黄、绿诸种颜色。这些粉大都煮熟后有咬劲，佐以各色佐料，馨香可口。意大利人还喜食意式馄饨、意式饺子、意式薄饼和米饭，意大利的米饭品种很丰富，口感硬，别有风味。

4. 调味直接、简单

意大利菜在调味上的特点是大量使用橄榄油与醋，因为意大利盛产优质的橄榄油与醋。橄榄油占有重要地位，不仅用它炸食品，而且还用以制备所有调料。意大利菜在烹煮过程中非常喜欢用蒜、葱、番茄酱、干酪，讲究制作沙司。大部分沙司的主要成分为番茄、干蘑菇等,另外也常用酒类、柠檬、奶酪、香草、红花、牛至(小叶薄荷)等调味。

5. 讲究酒水与菜肴的搭配

吃意大利菜一定要佐以葡萄酒(Vino),否则就是美中不足了。因为酒能够带出并增添食品的口感和美味。饭前饮用较淡的开胃酒;沙拉、汤及海鲜搭配白葡萄酒或玫瑰酒;食用肉类时饮用红酒;而饭后则饮用少许白兰地或甜酒类。自古以来,意大利就是葡萄酒产地。从生产量来看,每年意大利和法国竞争世界之冠;而在出口量方面,意大利则保持世界第一。意大利南北地形狭长,气候差异大,因此生产的葡萄酒,种类繁多、风味各异。“皮埃蒙特”在意大利语中意为“山脚”,它位于阿尔卑斯山脚下,邻近法国,气候既适合种植葡萄也适合酿造葡萄酒。这里不仅酿造了大量的DOC级葡萄酒(意大利葡萄酒管制法),也生产DOG级葡萄酒(G代表“保证”其为顶级葡萄酒),因此被视为意大利高级葡萄酒产地。

(三)意大利特色饮食

1. 比萨饼

比萨饼是一种由特殊的饼底、乳酪、酱汁和馅料做成的具有意大利风味的食品。上等的比萨饼必须具备四个特质:新鲜饼底、上等芝士、顶级比萨酱和新鲜的馅料。饼底一定要现做,面粉一般选用春冬两季的甲级小麦研磨而成,这样做成的饼底才会外层香脆、内层松软。纯正乳酪是比萨饼的灵魂,正宗的比萨饼一般都选用富含蛋白质、维生素、矿物质和钙质及低卡路里的莫扎里拉(Mozzarella)芝士。人们习惯将比萨饼折起来,拿在手上吃,这便成为现在鉴定比萨饼手工优劣的依据之一。比萨饼必须软硬适中,即使将其折叠起来,外层也不会破裂。

2. 意大利面条

外国游客心目中象征着意大利的食品是意大利面条。意大利面条一般是用优质的专用硬粒小麦面粉和鸡蛋等为原料加工制成的面条,具有高密度、高蛋白质、高筋度等特点,其制成的意大利面通体呈黄色,耐煮、口感好,因此,正宗的原料是意大利面条具有上好口感的重要条件。意大利面条形状各异,色彩丰富、品种繁多,数量种类之多据说至少有500种,再配上酱汁的组合变化,可做出上千种的意大利面料理。意大利面的酱料基本来说可分为红酱和白酱,红酱是用番茄为底的红色酱汁,白酱则是由面粉、牛奶及奶油为底的白酱汁,此外还有用橄榄油调味的面和用香草类调配的香草酱。这些酱汁还能搭配上海鲜、牛肉、蔬菜,或者单纯配上香料,变化成各种不同的口味。

3. 提拉米苏

提拉米苏是意大利最著名的甜点,是一种带咖啡酒味儿的多层次蛋糕地道的意大利马士卡彭(Mascarpone)软质芝士、松软轻柔的手指蛋糕、浓醇的意式Espresso浓缩咖啡与醇厚的意大利烈酒Marsala,上头再洒一层薄薄的苦香不甜的可可粉。吃到嘴里有芝士与鲜奶油的清爽奶香、蛋与糖的甜润、手指饼干的绵细、咖啡的苦甘、朱古力的馥郁和酒香的醇美,那种清凉、细腻和柔滑可使人错综复杂的口感体验演绎到极致。

4. 冰淇淋

冰淇淋是意大利人的发明,并在16世纪由西西里岛的一位教士改良,完善了它的制作技术,直到今天,西西里岛的冰淇淋被认为是意大利最好的冰淇淋。因此,意大利人认为“意大利面食和冰淇淋是意大利为世界食物所提供的最大贡献”。意大利冰淇淋无论是口感、原料、配方及制作工艺都是世界上最独到最奇特的,它入口香滑绵密,如“丝绸”一般的柔顺浓郁。

三、英国饮食文化

(一)英国饮食文化历史

公元1066年,法国诺曼底公爵继承了英国王位,带来了法国和意大利的饮食文化,为英国菜的发展打下了基础。11~13世纪,由于十字军东征带回了大量香料,使英国菜也像意大利菜、法国菜一样经常使用香料和其他调味品。14世纪时,英国宫廷的宴会崇尚豪华、气派,其规模和华丽程度已到相当水平。16~17世纪,英国烹饪形成了自己的特色,出现两种风格并存的局面:上层社会的烹饪以法国菜极其精美的风格为主;中下层社会尤其是下层社会的烹饪则更多地沿袭和推崇英国古老的传统,讲究简朴和实惠,不是按照名厨的菜谱做菜,而是按照家常菜烹制的习惯,做简单的烤肉、布丁和馅饼,初步形成了简约的烹饪风格,强调简单而有效地使用优质原料,并尽可能地保持其原有的品质和滋味。[1] 17世纪随着工业革命的到来,食品加工技术的改进使工业化食品成为英国简约风格的重要体现,也成为英国烹饪的重要组成部分。

(二)英国饮食文化特点

由于受地理及自然条件所限,英国的农业不是很发达,粮食每年都要进口,而且英国人也不像法国人那样崇尚美食,因此英国菜相对来说比较简单,英国人也常自嘲不精于烹调,但英国传统早餐却比较丰富,世界闻名,素有“big breakfast”的美称,包括面包、咸猪肉、香肠、煎鸡蛋、麦片、蘑菇菜、烤菜豆、果酱、咖啡、茶、果汁等。英式下午茶也是格外的丰盛和精致,晚餐是一天中最丰富、最讲究的一餐,并对用餐时的服饰、座次、用餐方式等都有严格的规定,而且持续的时间也很长,晚餐对英国人来说也是生活品位的重要组成部分。

1. 选料局限

英国菜选料比较简单,虽是岛国、海域广阔,可是由于过去英国沿岸的海域

[1] 杜莉,孙俊秀. 西方饮食文化. 北京:中国轻工业出版社,2006:101。

捕捞过度，使海鲜产量大为减少，导致价格昂贵，所以英国人很少吃海鲜，比较偏爱牛肉、羊肉、禽类和蔬菜等，蔬菜品种繁多，像卷心菜、新鲜豌豆、土豆、胡萝卜等，但英国的蔬菜大都是从荷兰、比利时、西班牙等国进口的。

2. 口味清淡、原汁原味

简单而有效地使用优质原料，并尽可能保持其原有的质地和风味是英国菜的重要特色。英国菜的烹调对原料的取舍不多，一般用单一的原料制作，要求厨师不加配料，要保持菜式的原汁原味。英国菜有“家庭美肴”之称，英国烹饪法根植于家常菜肴，因此只有原料是家生、家养、家制时，菜肴才能达到满意的效果。

3. 烹调简单、富有特色

英国菜烹调相对来说比较简单，配菜也比较简单，香草与酒的使用较少，常用的烹调方法有煮、烩 、烤、煎、蒸等。各种调味品如盐、胡椒粉、沙拉酱、芥末、辣酱油、番茄少司等大都放在餐桌上，人们可以根据自己的口味来进行调味。

4. 爱好喝茶

除了中国人，英国可算得上是世界上最爱喝茶的民族了。据统计，平均每个英国人每天喝茶 4 杯以上，其中 96% 为袋泡茶。英国人每天喝茶的次数很多，按时间分有晨茶、上午茶、下午茶、晚茶和饭后茶。如按茶的“内容”来分，有加牛奶的茶和清茶。其中优雅自在的下午茶文化，成为正统的英国红茶文化，茶叶的冲泡方式、茶具的品质、丰盛的茶点被视为喝下午茶的基本要素。英国人还十分重视喝茶的艺术，从沏茶、喝茶到收茶具都有严格的规定，而且茶具也十分讲究，有陶瓷的、不锈钢的或白银制成的茶具。

(三)英国传统食品

1. 派

“派”是英国传统的食品。现代的“派”是由派皮及馅两部分组成的一种甜点心，在各种西点中有独特风味。传说“派”是从古代的撒克逊人所吃的装有羊肉的“哈基斯”演变而来。这种“哈基斯”就是类似香肠的食物，它是将肉和谷物类混合后，装在羊的胃袋里，然后将其煮熟。这种食物在当时是人们保存食物的重要方法。后来由于小麦等谷类的增产，就改用由奶油和面粉揉制成的派皮，用来取代羊的胃袋。

2. 布丁

“布丁”是另一种英国的传统食品，是从古代用来表示掺有血的香肠的“布段”所演变而来的。布丁的正式出现，是在 16 世纪伊丽莎白一世时代，它是肉汁、果汁、水果干及面粉一起调配制成的。17 和 18 世纪的布丁是用蛋、牛奶以及面粉为材料来制作的。

附：三明治的起源

三明治是一种深受欢迎的方便食物，其发明者是一位伯爵。在 18 世纪，英国的第四代三明治伯爵是一个嗜赌如命的赌鬼。他在赌博时甚至顾不得去吃饭,往往让家人为他准备几片熟肉夹在两片面包中,一面吃,一面赌。此后以他名字命名的夹肉面包——三明治就成为大众食品了。

四、俄罗斯饮食文化

俄罗斯横跨欧亚大陆,地域广阔,人口大部分居住在欧洲。因而其饮食文化更多地接受了欧洲大陆的影响,呈现出欧洲大陆饮食文化的基本特征,到了近代,在饮食文化方面,俄罗斯贵族比较崇尚法国,所以俄罗斯菜受法国菜影响较大,同时也吸收了意大利、奥地利、匈牙利等国菜式的特点。

(一)俄罗斯饮食文化特点

1. 传统饮食简单朴素

因为气候寒冷,俄罗斯人可用的食材算不得丰富,以面包为主食,以肉类、牛奶、奶酪、香肠、鱼类、禽蛋和块茎类的蔬菜如圆白菜、葱头、胡萝卜、土豆和甜菜等为副食。肉类以牛羊肉为主,猪肉次之,但非得要烧得熟透才吃。

2. 讲究量大实惠,油大味厚

由于俄罗斯大部分地区气候比较寒冷,人们需要较高的热能,所以传统的俄罗斯菜量大、油重,许多菜做完后要浇上少量黄油,部分汤菜上面也有浮油。俄罗斯菜口味浓厚,酸、甜、咸、微辣各味俱全,在烹调中多用酸奶油、奶渣、柠檬、辣椒、酸黄瓜、洋葱、白塔油、小茴香、香叶作调味料,并喜欢吃大蒜、葱头。烹调方法多用煎、煮、焗、炸、串烤和红烩。

3. 冷菜丰富多样

俄罗斯冷菜包括沙拉、酸黄瓜、酸白菜、各种香肠、火腿、鱼冻、腌青鱼、鱼子酱等,一次家宴往往要上近十个品种的冷菜,其中鱼子酱颇负盛名。冷菜在烹调上要比一般的热菜口味重一些,并富有刺激性,这样以便于促进食欲。调味上突出俄罗斯菜的特点,酸、甜、辣、咸、烟熏,有些海鲜是冷食的,要突出鲜来。

4. 日常饮食必备汤

在俄罗斯,人们午餐、晚餐必喝汤,汤的种类繁多、制作技巧千变万化,俄罗斯的汤类是除冷菜外的第一道菜,能起到润喉和促进食欲作用。一般在汤后再吃其他菜。俄式汤可分为清汤、菜汤和红菜汤、米面汤、鱼汤、蘑菇汤、奶汤、冷汤、水果汤及其他汤。其中“红菜汤”是一道有名的风味。

(二)俄罗斯特色饮食

1. 黑面包

黑面包是俄罗斯人餐桌上的主食,口感有点酸又有点咸,俄罗斯人几乎可以每天三餐顿顿吃黑面包。烤黑面包是件很费工夫的事情,光和面、发酵就需要两天时间,做好的面包坯子放入俄式烤炉中用文火焖烤,出炉时面包底部能敲得梆棒响,色泽黑光油亮,切开香软可口,而且不掉渣,这才是黑面包中的上品。由于制作工艺复杂,所以俄罗斯主妇们一般都是到面包房去买。有一种称“波罗金诺”是黑面包中的极品,烤制这种面包用一种独特的配方,就是在黑麦面粉中加入天然香料籽,这种面包颜色黑黄,奇香扑鼻,并成为价格不菲的名牌食品。在俄语中,“面包加盐”是最珍贵的食物,具有非常重要的象征意义。面包代表富裕与丰收,盐则有避邪之说(俄罗斯人对盐十分崇拜,并视盐为珍宝和祭祀用的供品)。在每餐开始和结束的时候,大家都会吃上一片蘸着少许食盐的面包,以示吉祥。

2. **红菜汤**

红菜汤又名罗宋汤。顾名思义,红菜汤是由红菜为主要配料,同时以牛肉带骨熬制而成,最为地道,也很费时,需要烹制两三个小时。原料有带骨牛肉、土豆、红菜头、圆白菜、西红柿酱、大蒜、胡萝卜、洋葱、黑胡椒、桂树叶、盐。红菜汤是俄餐中最大众化的美食,几乎家家都会做红菜汤,当然每个人的做法都会融入一些自己的风格。

3. **鱼子酱**

鱼子酱是俄罗斯人餐桌上的最奢侈的享受,严格来说,只有鲟鱼卵才可称为鱼子酱,其中以产于接壤伊朗和俄罗斯里海的鱼子酱质量最佳。黑黑的鱼子酱在过去是皇室里的佳肴,即使在 20 世纪 50 年代黑鱼子酱产量比现在高出 10 倍,对俄罗斯人来说吃一片抹黑鱼子酱和黄油的面包也是难得的享受。上佳的鱼子酱颗粒饱满圆滑,色泽透明清亮。甚至微微泛着金黄的光泽,因此人们也习惯了将鱼子酱比喻作“黑色的黄金”。吃的时候将鱼子酱放在装着冰的小巧器皿里,使其保持品质鲜美,同时可根据个人口味配上不同的辅料。最经典和大众的辅料是配上黄油和烘烤的白面包。至于在饮料方面,伏特加或是香槟都是可以更好品味鱼子酱的上乘之品。

4. **伏特加酒**

伏特加酒与白兰地和威士忌一起,同为世界三大烈酒。伏特加源于俄文的“生命之水”一词,约 14 世纪开始成为俄罗斯传统饮用的蒸馏酒。伏特加酒以谷物或马铃薯为原料,经过蒸馏制成高达 95°的酒精,再用蒸馏水淡化至 40°～60°,并经过活性炭过滤,使酒质更加晶莹澄澈,无色且清淡爽口,使人感到不甜、不苦、不涩,除酒香外,几乎没有其他香味,只有烈焰般的刺激,形成伏特加酒独具一格的特色。俄罗斯人喜欢喝冰镇的伏特加,而且不管多大的酒杯都喜欢一饮而尽,然后再喝一口果汁或矿泉水,喝酒时不太吃菜,只是吃一些简单的香肠和酸黄瓜。

5. **红茶**

俄罗斯人饮茶的历史虽不算太长,但茶在俄罗斯饮食文化中却占有重要位置。俄罗斯人不但喜欢饮茶,而且逐步创造并拥有了自己独特的茶文化。喝茶时,常伴以大盘小碟的蛋糕、烤饼、馅饼、甜面包、饼干、糖块、果酱、蜂蜜等“茶点”,而且喝茶则常常为三餐外的垫补或往往就替代了三餐中之一餐。俄罗斯人酷爱红茶,从饮茶的味道看,更喜欢喝甜茶,喝红茶时习惯于加糖、柠檬片,有时也加牛奶。因而,在俄罗斯的茶文化中糖和茶密不可分,人们用糖茶来表示对主人热情款待的谢意。俄罗斯人喝茶时必不可少的茶具称为茶炊。茶炊通常为铜制的,为了保持铜制品的光泽,在用完后主人会给茶炊罩上专门用丝绒布缝制的套或蒙上罩布。茶炊的外形也多样化,有球形、桶形、花瓶状、小酒杯形、罐形以及一些呈不规则形状的茶炊。

五、德国饮食文化

德国位于欧洲中部,所以德国饮食受到许多邻国的影响,但是又有自己的特点,既不像法国菜那样加工细腻,也不像美国菜那样清淡,在西餐中以经济实惠而著称。它在原料上较多地食用猪肉,口味以酸、咸为主,调味较为浓重,菜肴分量足,酸白菜使用非常普遍,经常用来做配菜。

(一)德国饮食文化特点

1. 追求实惠营养

不同的国家有着不同的饮食习惯,有种说法非常形象,“法国人是夸奖着厨师的技艺吃,英国人注意着礼节吃,德国人考虑着营养吃,意大利人痛痛快快地吃……”这一语道破了德国人的饮食观念,他们注重食物的热量,肉食占据了一日三餐的主导地位,也注重蔬菜的摄入,食用生菜较多,特别是多种多样的白菜和土豆。焖酸白菜非常普及,而小香肠焖酸白菜举世闻名。

2. 面包食用量大

德国人是世界上吃面包最多的民族之一,德国人认为面包是营养最丰富、最利于健康的天然食品。面包主要在早餐食用,吃面包要抹上一层黄油,配上干酪和果酱,加上香肠或火腿一起食用。在面包的生产方面,德国也可称得上是质量和数量的世界冠军,每天出炉的各种各样的面包就有一千五百多种。德国的面包有用精粉做的,也有用黑麦、燕麦、精粉与杂粮掺和在一起的混合面做的。

3. 猪肉消费多

德国是一个“大块吃肉,大口喝酒”的民族,人均每年的猪肉消耗量为 65 千克,居世界首位;由于偏好猪肉,大部分有名的德国菜都是猪肉制品。

4. 营养全面、丰盛的早餐

德国人最讲究、最丰盛的不是午餐、晚餐,而是早餐。在旅馆或政府机构的餐厅,早餐大都是自助形式,不仅品种繁多,且色香味俱佳,营养非常全面。而在普通百姓家,早餐的内容一般是饮料包括咖啡、茶、各种果汁、牛奶等,主食为各种面包,以及与面包相配的黄油、干酪、蜂蜜和家庭主妇自酿的果酱,外加香肠和火腿,品种丰富。

5. **爱好土豆**

德国人非常爱吃土豆,无论是数量还是吃法都在世界上首屈一指,一日三餐至少两餐吃土豆。面对共30多种马铃薯,讲究精确的德国人硬是将每一种马铃薯区分出适合的烹调方式,不仅伴随不同的主菜作为配菜,还自成一格烹调出许多美味的乡村佳肴,将土豆做得十分可口。烹饪时还在土豆中加入各种佐料、黄油、果酱、咖喱粉、色拉油和肉丝、青菜,水果等。

(二)德国特色饮食

1. **脆皮猪肘**(Schweinshaxe)

脆皮猪肘是德国巴伐利亚州传统美食之一,它皮脆肉嫩,呈金黄色,脆而不干的外皮最具嚼劲,需与饱满入味的猪肉共同咀嚼。因为脆皮猪肘是很油腻的菜肴,一般要配上酸白菜和扮演主食角色的奶油土豆泥,酸白菜能降低菜肴的油腻感,让每一口都能保持鲜嫩的美味,因此酸白菜与德国猪肘可谓形影不离。吃脆皮猪肘时最重要的是再喝上一杯地道的德国巴伐利亚啤酒,因为酒精有化解脂肪的能力,多喝啤酒有着帮助消化的作用。

2. **啤酒**

德国啤酒质优味醇、品种多样,在世界各地享有盛誉。德国是啤酒生产大国,其啤酒产量居世界前列。德国也是世界上啤酒消耗量最大的国家,每年每人的消费量平均在130升左右。德国啤酒的品种极其繁多,共有5000多种,因为德国各地都有自己生产的当地啤酒。大致上德国啤酒可以分为白啤酒、清啤酒、黑啤酒、科什啤酒、出口啤酒和无酒精啤酒六大类。

3. **香肠、火腿**

德国食品最有名的是香肠及火腿,香肠种类起码有1500种以上,制作原料除多用猪肉外,还有牛肉、蔬菜、牛奶和洋葱末,甚至于猪和牛的内脏、舌头等,另外再加入盐、胡椒及豆蔻等香料。德国近乎一半的肉类是以香肠的形式消耗的。德国香肠的吃法繁多,不仅可直接水煮、油煎或烧烤,同时也可以做成沙拉、汤、热食、甚至生吃。大多香肠是以地区命名,表示添加了该地区特有的调味香料,同时也最能显现出香肠的风味,如图林根的烤香肠、纽伦堡香肠和法兰克福香肠。最出名的咖喱香肠来自柏林,香肠被切成细薄片,抹上调味西红柿酱,再撒上薄薄一层咖喱粉,又香又鲜。德国的火腿一般分为腌制、煮制、熏制,最有名的"黑森林火腿"可以切得跟纸一样薄,味道奇香无比。

附:慕尼黑啤酒节

慕尼黑啤酒节是世界上规模最大的啤酒节之一。慕尼黑啤酒节可以追溯到1810年。当年巴伐利亚加冕王子路德维希和特蕾瑟公主于10月完婚,人们聚集到慕尼黑城外的大草坪上，唱歌、跳舞、观看赛马和痛饮啤酒。从此，这个深受欢迎的活动便被延续下来，流传至今，每年9月的第三个星期六至10月第一个星期日就固定成为啤酒节。历史上，除因战争和霍乱中断外，慕尼黑啤酒节到2008年已整整举办了175届了。啤酒节每年可吸引大约600万游客，消费啤酒超过600万升，吃掉近50万根烤肠和5万多只烤猪腿。

六、土耳其饮食文化

土耳其地跨欧亚大陆，地理位置十分特殊。历史上曾有许多文明在这块土地上驻留。土耳其人来到之后，吸收了当地的饮食文化。尤其是奥斯曼土耳其人曾经建立的跨亚欧非三大洲的帝国，也使得土耳其饮食文化融合了各地特色。可以说历史丰富了土耳其菜系，使之成为世界上知名的菜系之一。土耳其菜肴以其种类繁多、美味益寿而著称，与法国菜、中国菜同时并列为世界三大美食。

（一）土耳其饮食文化特点

1. 重视原料新鲜和健康

土耳其人以面为主食，喜欢吃各种形式的大饼和面包。肉类、蔬菜和豆类是土耳其菜的主要原料，而肉类以牛、羊、鸡为主。喜用番茄、青椒、酸奶和香料，菜肴味道浓烈鲜香。土耳其国内种植着各种各样的水果、蔬菜，又由于土耳其三面环海，盛产多种鱼类。所以，土耳其菜全部使用新鲜的原料制成。

2. 讲究菜肴的原汁原味

土耳其菜讲究菜肴的鲜、脆、嫩，注重烹调技法和质量。主要烹调方法是炖、煮、烤，体现菜肴的原汁原味。调料爱用橄榄油、玉米油、蒜、糖、胡椒等。

3. 爱喝葡萄酒和茶

葡萄酒和茶是土耳其饮食文化的一种体现。土耳其人不可一日无茶，不可一日少于十杯茶。土耳其人爱喝茶的习惯源自中国，所以土耳其语的茶也叫cha。人类种植葡萄和酿葡萄始于土耳其，其中卡帕多起亚地区产的葡萄是最有名的，佐餐来杯酒是当地人的饮食习惯。

（二）土耳其特色饮食

1. 卡八

在土耳其，各种烤肉料理都称为“卡八”。土耳其烤肉是利用十余种调料对牛、羊、鸡等清真肉类进行浸泡腌制后，采用旋转式烤肉机电加热烤熟后从烤肉柱上一片片削下，佐以沙拉菜、配料装入特制的面饼中食用。土耳其烤肉最大特点是现场制作，可视性极强，边转边削边吃。

2. 沙拉特

土耳其是肉食者的天堂，蔬菜也鲜美，代表性的季节沙拉“萨拉特”，用的都是新鲜的蔬菜，如红薯、小黄瓜等，再淋上土耳其自产的优质橄榄油，清脆爽口；

土耳其的番茄特别好吃，多汁又软硬适度，吃多少个都不腻，是土耳其的首选蔬果。

第二节　亚洲饮食文化

一、日本饮食文化

日本菜按日本人的习惯称为“日本料理”。按照字面的含义来讲，就是把料配好的意思。日本料理独特风味的形成同其岛国的地理环境及东方传统文化是分不开的，日本四面环海，有得天独厚的新鲜海产，日本人的饮食按东方人的饮食习惯，素有主食与副食之分。主食以米饭、面条为主；副食多为新鲜鱼虾等海产，常配以日本酒。日本人自称为“彻底的食鱼民族”，超过大米的消耗量。自古以来，日本料理就被称为“五味五色五法之菜”。“五味”是指甜、酸、辣、苦、咸；“五色”是指白、黄、红、青、黑；“五法”则是指生、煮、烤、炸、蒸的烹调法。清淡、不油腻、精致、营养、着重视觉、味觉与器皿之搭配，是日本料理的特色。可见，日本饮食是精工细作的菜肴。

（一）日本料理的种类

日本料理在形式上主要分为三类：本膳料理、怀石料理和会席料理。

1. 本膳料理

本膳料理是一种传统的正式日本料理，将菜放在有脚的托盘上使用。现在正式的“本膳料理”已不多见，只出现在少数的正式场合，如婚丧喜庆、成年仪式和祭奠宴会上，属红白喜事所用的仪式料理。一般分三菜一汤、五菜二汤、七菜三汤。烹调时注重色、香、味的调和，亦会做成一定图形以示吉利，用膳时也要讲究一定的规矩。

2. 怀石料理

在各类日本传统料理中，怀石料理的品质、价格、地位均属最高等级。怀石料理，最早是从日本京都的寺庙中传出来，有一批修行中的僧人，在戒规下清心少食，吃得十分简单清淡，但却有些饥饿难耐，于是想到将温暖的石头抱在怀中，以抵挡些许饥饿感，因此有了“怀石”的名称。后来发展为少吃一些起到“温石”的效果，演变到后来，怀石料理将最初简单清淡、追求食物原味精髓的精神传了下来，发展出一套精致讲究的用餐规矩，从器皿到摆盘都充满禅意及气氛。怀石料理讲究环境的幽静、料理的简单和雅致，最不可少的菜式包括一汤三菜，汤即日本独有的酱汤，三菜即生鱼片、煮炖菜和烧烤菜。

3. 会席料理

会席料理也被称为宴会料理，会席料理不像本膳及怀石料理那么严谨，吃法较为自由，除注重美味以外，以较轻松的方式享用宴会料理。

（二）日本饮食文化的特点

1. 原料新鲜、季节性强，以海味和蔬菜为主

日本菜的原料强调要保证新鲜度，什么季节要有什么季节的蔬菜和鱼。其中蔬菜以各种芋头、小茄子、萝卜、豆角等为主。鱼类的季节性也很强。人们可以在不同的季节吃到不同种类的鲜鱼。例如春季吃鲷鱼，初夏吃松鱼，盛夏吃鳗鱼，初秋吃鲭花鱼，秋吃刀鱼，深秋吃鲑鱼，冬天吃鲥鱼和海豚。肉类以牛肉为主，其次是鸡肉和猪肉，但猪肉是较少用的。另外，使用蘑菇的品种比较多。

2. 烹制方法简单，保持原味清淡不腻

日本菜在烹制上主要保持菜的本身味道，其中很多菜以生吃为主。在做法上也多以煮、烤、蒸为主，带油的菜极少。煮法上火力也都以微火慢慢煮，似开不开，而且烹制的时间长。在加味的方法上大都以先放糖、味淋酒，后放酱油、盐，因糖和酒不但起调节口味的作用，而且还能维护蔬菜里的各种营养成分。味精也尽量少放。

3. 配料讲究，加工精细

日本菜在做菜上大都以木鱼花汤为主，极少使用水。因此，日菜的烹调木鱼花汤是很重要的，就如同中餐的鸡汤，西餐的牛肉汤一样重要。所以高级菜品都是用木鱼花汤和清酒为主，而且清酒的使用量也是很大的。日本菜使用的酱油有三种，即淡口、浓口、重口。淡口即色浅一点，浓口即一般酱油，重口颜色深而口味上甜一点。日本菜使用的大酱也是多种多样的，一般早餐用信州大酱或白大酱做酱汤，午晚用赤大酱做酱汤。

4. 讲究色彩的搭配和摆放的艺术化

日本菜的拼摆独具一格，多喜欢摆成山、川、船、岛等形状，有高有低，层次分明。一份拼摆得法的日餐菜点，犹如一件艺术佳作。日本菜的刀法和切出的形状与中餐、西餐不同。日本菜的加工多采用带棱角、直线条的刀法，尽量保持食品原有的形状和色泽，同时还要根据不同的季节使用不同的原料。用不同季节的树叶、松枝或鲜花点缀，既丰富了色彩，又加强了季节感。同时，拼摆的数量一般用单数，多采用三种、五种、七种，各种菜点要摆成三角形。在菜的拼摆颜色上要注意红、黄、绿、白、黑协调。在口味上要注意酸、甜、咸、辣、苦的搭配。

5. 餐具精美

日本菜除了在原料加工、刀法、拼摆上有独特之处外，餐具也多种多样，可以说日本餐的餐具形状比别的国家多，有些盘子是按照不同的季节和不同的菜名而使用的。多采用花形、树叶形、水果形、长方形、方形、或一些仿古制品的竹篮、小筐等。因此，没有日本餐的餐具就难以体现出品尝日本菜的气氛。精美的餐

具使人在用餐时，不仅满足了饮食要求，还仿佛又欣赏了一件件艺术品，得到一种美的享受。

(三)日本特色饮食

1. 寿司

寿司是日本料理中独具特色的一种食品，日本人常说“有鱼的地方就有寿司”。所谓寿司是指在拌过醋的饭内加进生鱼片及其他材料的食物。寿司的种类以制作方式来分，可分为将醋饭与生鱼片、海鲜或其他材料一起巧手捏塑而成的“握寿司”、包卷成筒形再切片的“卷寿司”、以木盒层叠压制而成的“押寿司”以及直接将生鱼与其他材料铺于白饭上的“散寿司”。值得一提的是，制作乡土寿司是日本冠婚葬祭等活动不可缺少的组成部分，它包括捏制、模具压制和散制等。日本的乡土寿司都要使用当地盛产的海产品，在家庭中制作。由于这种寿司充满乡土气息，所以被喻为“家乡的美味”。

2. 刺身

“刺身”即生鱼片，是将新鲜的鱼或是贝肉，依照适当的刀法切成，享用时佐以酱油与绿色芥末调和之沾酱的一种生食料理。日本国宴或平民请客以招待刺身为最高礼节。

3. 天妇罗

天妇罗是在油炸前先调味、挂糊，然后用油炸熟，并可以直接食用的油炸食品。先用面粉、鸡蛋与水和成浆，将新鲜的鱼虾和时令蔬菜裹上浆放入油锅炸成金黄色，吃时蘸酱油和萝卜泥调成的汁，鲜嫩美味，香而不腻。

附：日本清酒

清酒又称日本酒，是借鉴中国黄酒的酿造法而发展起来的日本国酒，但却有别于中国的黄酒。该酒色泽呈淡黄色或无色，清亮透明，芳香宜人，口味纯正，绵柔爽口，其酸、甜、苦、涩、辣诸味谐调，酒精含量在15%以上，含多种氨基酸、维生素，是营养丰富的饮料酒。

正宗清酒的制作工艺十分考究，精选的大米要经过磨皮，使大米精白，浸渍时吸收水分快，而且容易蒸熟；发酵时又分成前、后发酵两个阶段；杀菌处理在装瓶前、后各进行一次，以确保酒的保质期；勾兑酒液时注重规格和标准。目前，日本市场上出现的新型清酒，有用葡萄酒酵母酿制美味清酒，用稞麦酿制高香型清酒，用膨化精米酿制优质的清酒，用紫色甘薯生产红色的清酒，利用米胚芽酿制的清酒、低醇清酒、发泡型清酒、低糖清酒等。

日本清酒是典型的日本文化，有这么一说，每年成人节(1月15日)，日本年满20周岁的男女都穿上华丽庄重的服饰，所谓男着吴服，女穿和服，与三五同龄好友共赴神社祭拜，然后饮上一杯淡淡的清酒(据日本法律规定不到成年不能饮酒)，在神社前合照一张饮酒的照片。此节日的程序一直延至今日不改，由此可见清酒在日本人心目中的地位。

日本清酒品牌众多,上善如水、赤磐雄町、久保田万寿、千寿等是成功人士的首选,因而价格也较高;玉乃光、醉;乙吟酿、朝香大吟酿、万寿纯米吟酿、菊源氏等价格适中,很受白领的青睐;菊正宗、美少年、日本盛、朝香等走平民化路线,特别被一般家庭所推崇。

二、韩国饮食文化

韩国由于地理位置和气候的原因,其饮食有着十分鲜明的特点。韩国人对饮食很讲究,有"食为五福之一"的说法。韩国菜的特点是"五味五色",即由甜、酸、苦、辣、咸五味和红、白、黑、绿、黄五色调和而成。韩国人的日常饮食是米饭、泡菜、大酱、辣椒酱、咸菜、八珍菜和大酱汤。韩国饮食的主要特点是:高蛋白、多蔬菜、喜清淡、忌油腻,味觉以凉辣为主。

(一)韩国饮食文化特点

1. 以粮谷类为主食

韩国人自古以来把米饭当作主食,为增加营养也有时添加豆类、栗子、高粱、红豆、大麦和谷物等。粥的种类也很多,根据添加材料不同而定名,有添加米、红豆、南瓜、鲍鱼、人参、蔬菜、鸡肉、蘑菇、黄豆芽等做成的。

2. 喜爱喝汤

汤是韩国人饮食中的重要组成部分,是就餐时所不可缺少的,种类很多,主要有大酱汤、狗肉汤等。韩国人习惯吃饭时先喝口汤或先将汤匙放汤里蘸一下,称"蘸调匙"。韩食中的汤用蔬菜、山菜、肉鱼、大酱、咸盐、味素等各种材料制作。用酱油调咸淡的称清汤,用大酱调咸淡的称大酱汤;先清炖,然后再调咸淡的称清炖汤。

3. 菜肴清淡,少油腻

韩国菜肴以炖煮和烤制为主,基本上不做炒菜,口味比较清淡,少油腻,蔬菜以生食为主,用凉拌的方式做成。韩国人喜欢吃牛肉、鸡肉和鱼,不喜欢吃羊肉、鸭肉以及油腻的食物。狗肉是他们喜欢吃的肉食之一。

4. 善于使用各种调料

在药食同源的饮食观念下,韩国人将生姜、桂皮、艾蒿、五味子、枸杞子、沙参、桔梗、木瓜、石榴、柚子、人参等药材广泛用于饮食的烹调上。因此有参鸡汤、艾糕、沙参、凉拌菜等各种食物,也有生姜茶、人参茶、木瓜茶、柚子茶、枸杞子茶、决明子茶等多种饮料。调料和香料在韩国也称为药念。韩国菜中使用的基本调料有盐、酱油、辣椒酱、黄酱、醋和糖等,人们一直认为葱、蒜、生姜、辣椒、香油、芝麻、芥末、胡椒等香料有着药性,所以经常使用。韩国菜与其他国家的饮食菜肴相比,烹制任何一道菜都至少要放五六种佐料,因而颇具特色。韩国人爱吃辣椒,家常菜里几乎全放辣椒,辣椒面、辣椒酱是平时不可缺少的调味料。

5. 发酵食品丰富

爱吃发酵食品是韩国人一个很突出的饮食特点。韩国发酵食品的首要代表就是泡菜,泡菜的口味据说有百种以上,原料除了大白菜外,还有萝卜、黄瓜等。除了泡菜最重要的发酵食品就是大酱、酱油和辣椒酱了,无论什么菜里都可以找到它们的影子,特别是在做排骨汤和烧带鱼、牛肉时。韩国人喜爱的大酱汤就是把大酱和辣椒酱、辣椒粉混合后加肉、豆腐、蔬菜或海带长时间炖煮以后制成的。韩国还有很多特色地方饮食都是发酵制成的。

附:韩国的泡菜文化

泡菜是韩国最主要的菜肴之一,而且韩国泡菜的种类和美味的丰富,绝对超出了一般外国人尤其是那些没有到过韩国的人的想象。由于韩国所处地理位置的冬季寒冷、漫长,所以在韩国的古代,泡菜在腌制过程中产生的大量乳酸菌,是韩国人从食品中取得必要营养的一种途径。最初的泡菜只是用盐来腌制蔬菜,到16~17世纪,从国外传来的辣椒使泡菜的制作出现了革命性的变化。由于韩国海多,辣椒去除了用鱼类制作泡菜的腥味,所以被当作香料使用,从此开始诞生了种类数不胜数的韩国泡菜。目前韩国的泡菜正在大举进军亚洲市场,在北京和广州已建有合资厂,其最终目标是占领国际市场。

(二)韩国特色饮食

1. 冷面

冷面是韩国特有的食物,韩国冷面主要有“带汤冷面”和“干拌冷面”两种。“面”有以荞麦为原料制成的平壤式冷面,也有以马铃薯为原料制成的咸兴式冷面。面上加的配料大多以肉类、生鱼片、蔬菜或水煮蛋为主。带汤的冷面是将面泡在放凉的牛肉清汤里,放入切得很薄的牛肉和腌制的青菜一起食用;干拌冷面是放一些腌制的青菜和很辣的辣椒酱一起跟面凉拌着吃。

2. 拌饭

韩国拌饭是韩国料理中的又一特色,其中“石锅拌饭”是韩国独有的食谱。“石锅拌饭”是把黄豆芽等蔬菜、肉类、鸡蛋(生鸡蛋)和各种佐料放在白米饭上,然后盛在滚烫的石锅(形如大碗)内,再加上韩国辣椒酱,搅拌后食用,其不但味道鲜美,而且形式独特,由于石锅很烫,锅底会留下一层锅巴,因为有多种材料的混合,锅巴更是可口无比。

3. 米糕

糯米糕在韩国传统饮食中可称得上是节日食品的台柱子,吃米糕在韩国几乎是和吃谷物的历史一样长。韩国人在生日、回家、孩子的百天和周岁、结婚、祭祀时,都会制作糕饼祈求平安。春节或中秋节等节日也制作节日糕饼,节日送礼不能缺了米糕,尤其送娘家礼中不能缺,据说米糕里还含有诚心、爱心和孝心的含义。搬家的时候,还有做米糕分给邻居的习俗。

4. 韩国烧烤

韩国烧烤主要以牛肉为主,牛里脊、牛排、牛舌、牛腰,还有海鲜、生鱼片等都是韩国烧烤的美味,尤以烤牛里脊和烤牛排最有名。韩国烧烤分两种烤法:一种是将事先煨好的肉放在铁条钉成的平板上,下面用柴烤;另一种是在厚铁锅里煎。不管怎么样的方式,肉料都会事先抹上油。刷油是为了在烤制时肉与烤盘不会粘连。最后加些葱丝,蘸些麻油和韩国酱料,再用生菜将熟肉包起来吃,味道醇香扑鼻,肉质鲜美爽嫩。

三、泰国饮食文化

泰国是临海的热带国家,土地肥沃,不仅栽种出丰富的稻米和蔬菜,更孕育出品种繁多的水果,因三面环海,海鲜产品丰富,为世界第一产虾大国,海味成为泰餐一大特色。泰国人主食是米饭,泰国大米晶莹剔透,蒸熟后有一种特殊的香味,是世界稻米中的珍品。副食主要是鱼和蔬菜,餐后点心通常是时令水果或用面粉、鸡蛋、椰奶、棕榈糖做成的各式甜点。

(一)泰国饮食文化的特点

1. 使用海鲜、蔬菜较多

泰国是一个临海的热带国家,绿色蔬菜、海鲜、水果极其丰富。因此,泰国菜用料主要以海鲜(鱼、虾、蟹)、水果、蔬菜为主。

2. 调料独特

泰国菜的特点是酸辣,开胃,其调料很独特,有很多调料是东南亚甚至是泰国特有的。最常用的调料有泰国朝天椒、泰国柠檬、咖喱酱、柠檬草、虾酱、鱼酱、柠檬叶、香茅等。泰国朝天椒是一种虽小但极辣的辣椒。据说,泰国朝天椒是世界上最辣的辣椒。泰国柠檬是一种东南亚特有的调味水果,味道和个体都有别于美国口味略甜的柠檬,而泰国柠檬个小、味酸、香味浓郁,往往使闻过它香味的人终身难忘,它主要用来做泰国菜的调料,泰国人几乎在每一道菜中都会挤上柠檬汁,使每一道菜都散发出浓郁的水果清香,带有典型的东南亚味道。鱼露是一种典型的泰国南部调料,是像酱油一样的调味品,用一些小鱼、小虾发酵而成。而咖喱酱是以椰乳为基础的调味料。泰国文化深受印度和中国文化的影响,有人说泰国文化的父亲是印度,从泰国菜中咖喱酱的影响便可以感受到。

3. 烹饪技法多样

由于深受中国、印度、印尼、马来西亚,甚至远至葡萄牙的厨艺影响,泰国菜的做法独树一帜,吃起来别有风味。主要有以下三种:

(1)炒。用新鲜的蔬菜,佐以泰式调料,可以炒出一道道口感极其新鲜的炒菜。主要代表作有:米粉(用虾、猪肉、蛋及甜酸酱合炒的米粉)、泰国咖喱鸡、椰汁鸡(鸡汁加柠檬与椰奶)、辣牛肉沙拉。

(2)"YAM"。泰式菜做法之一,目前找不出可替代的中文翻译,做法有点像做汤,又有点像做凉拌菜。什么东西都可以做成"YAM"。泰国地处热带,因此孕育了不少有名的"YAM",比较著名的是一种叫做"SOM YAM"的辣味木瓜沙拉,这种沙拉综合了木瓜丝、虾米、柠檬汁、鱼酱、大蒜和随意掺杂的碎辣椒。

(3)炖。泰国炎热的天气,孕育了丰富的汤文化。最有名的是味道鲜美、酸辣刺激的泰国柠檬虾汤(冬阴功汤)。

(二)泰国特色饮食

1. 冬阴功汤(TOM YAM KUNG)

可以说冬阴功汤是最著名的泰国菜之一,就是酸辣虾汤。汤的材料包括甘草、柠檬、冬葱、胡椒、鱼露等,再配上各种海鲜,味道酸、辣、醇、鲜,令人胃口大开,回味无穷。

2. 咖喱饭

泰国民族风味"咖喱饭"是用大米、肉片(或鱼片)和青菜调以辣酱油做成的。

3. 虾头油炒饭

虾头油炒饭是炒饭中的极品,选用肥美的大头虾拆肉,虾头的虾膏带着精华的虾油包裹着松软的米粒,就连饭都带上了虾的鲜味。

四、印度饮食文化

印度位于亚洲南部。印度是个多民族、多宗教、文化各异的国家,是"世界上保存最完好的人种、宗教、语言博物馆"。印度人大多信奉印度教,印度教徒一生有三大夙愿到圣城朝拜湿婆神,到恒河洗圣浴、饮圣水和死后葬于恒河。印度教徒以黄牛为神,对它顶礼膜拜。印度耆那教徒有忌杀生,忌食肉类,忌穿皮革和丝绸的民间习俗。印度的食物在世界上独具特色,也许没有一个国家的饮食文化像印度那样,具有如此明显的宗教色彩,如此深刻的文化意蕴。

(一)印度饮食文化特点

1. 具有明显的宗教色彩

由于宗教的原因,印度人的饮食习惯也不同。虔诚的印度教徒绝对不吃牛肉,因为他们把牛奉为神牛。在印度,由于印度教徒占人口的多数(82%),牛肉成为禁忌。虔诚的印度教徒和佛教徒是素食主义者,不沾荤腥。耆那教徒更是严格食素,连鸡蛋也不吃,但可以喝牛奶,吃乳酪和黄油。印度的素食者大约占人口的一半。因此,可以毫不夸张地说,印度是素食王国,素食文化是印度饮食文化中最基本的特色之一。

2. 食材选择有局限

印度人一般以大米、麦面饼为主食,副食为鸡肉、羊肉、海鲜和各类蔬菜。喜食蔬菜有西红柿、洋葱、土豆、大白菜、菠菜、茄子、菜花等。特别爱吃土豆(洋山芋),认为是菜中佳品。不吃菇类、笋类及木耳。多采用炖、烧、煮、烤等烹饪法。一般不喝酒,认为喝酒是违反宗教习惯的,饮酒则很有限制。

3. 调料使用多,咖喱是主角

印度菜所放调料之多,恐怕是世界之最,每道菜都不下 10 种。如咖喱、辣椒、黑胡椒、豆蔻、丁香、生姜、大蒜、茴香、肉桂等,其中用得最普遍、最多的还是咖喱粉。印度饮食文化也可以称为咖喱文化,印度人对咖喱粉可谓情有独钟,几乎每道菜都用,每个经营印度饭菜的餐馆都飘着一股咖喱味。

4. 奶制品、豆制品食用较多

印度人不吃牛肉但喝牛奶,牛奶价格便宜,质量也很好,男女老幼都喝牛奶,其奶制品如冰淇淋、奶酪、酸奶、蛋糕等质量也属上乘。素食主义者为了补充动物蛋白摄取不足,食用豆类就成了他们每餐必吃的食物。

5. 进餐方式特殊

虽然目前在许多正式场合,印度人已经开始用刀叉吃饭,但在私底下,他们仍然习惯用手抓饭吃。"手抓饭"是印度人长久以来的就餐习俗,吃饭前他们会先洗净手,然后准备就餐。也正因为这一习惯,使得印度大部分菜都被制作成糊状,这样才便于用手抓饼卷着吃,或是抓米饭拌着吃。而且,印度菜的吃法也很特别,是中西合璧的,既使用刀叉,也要大家一起点菜一起吃。特别是,印度人用手是有忌讳的,那就是他们只用右手抓食物,而左手绝对不得用来触碰食物。印度人认为,左手是专门用来处理不洁之物的,因此吃饭时,他们的左小臂一般沿桌边贴放,手垂放于桌面以下,或是干脆把左手藏在隐蔽的地方。

6. 不爱喝汤爱喝茶

印度人吃饭时没有喝汤的习惯,但在饭后必须要喝一杯香浓的奶茶。由于长期是英国的殖民地,印度人也像英国人一样,有喝下午茶的习惯。印度人的生活中不能没有红茶。印度的红茶举世闻名,像大吉岭红茶、阿萨姆红茶、尼尔吉里红茶等。其中最著名的要数大吉岭红茶了,大吉岭是世界著名的红茶出产地,以5~6 月的二号茶品质最优,被誉为"红茶中的香槟"。它的味道醇香,冲泡成奶茶后,味道更丰富,而且不容易伤胃。

(二)印度特色饮食

1. 印度飞饼

"印度飞饼"是享誉印度的一道名小吃,在印度称之为"加巴地",更应称作是一件绝妙的手工艺品。它是用调和好的面团在空中用"飞"的绝技做成,外层金黄酥脆,内层柔软白嫩,具有美味可口、浓郁香酥的特点。

2. 燉杜里鸡

印度最驰名的一道菜大概是"燉杜里鸡",其名声犹如北京烤鸭。做法是把鸡腿、鸡块沾满香料，放在炉子里用炭火烧烤而成。炉炭火烹调法是印度特有的烹饪方式，烤鸡出炉时味鲜肉嫩，十分可口。

附：世界之香——咖喱

“咖喱”这个名字源自印度高原的坦米尔语。它是由包括印度豆、印度麦豆、小茴香、大茴香、香菜籽、百里香、辣椒粉、月桂叶、丁香、青椒、黄姜、桂皮、八角等在内的40多种天然香料调配制成的调料。在很多人的概念里咖喱是辣的，事实上，咖喱有无辣、小辣、中辣乃至劲辣之分，而且大部分咖喱是不辣的，其突出点是“香、鲜”。辣口而不辣胃，这是它与辣椒在味觉上的最大区别。

咖喱是一种长青不老的食物，会挑起人们想吃的欲望，尤其是炎热的夏天，都喜欢以它来醒胃提神和增进食欲。咖喱的种类很多，以国家来分，其源地就有印度、斯里兰卡、泰国、新加坡、马来西亚等；以颜色来分，有红、青、黄、白之别。而这其中印度可说是咖喱的鼻祖。印度人对咖喱的用法可谓是花尽了心思，几乎每道菜都用，如咖喱鸡、咖喱鱼、咖喱土豆、咖喱菜花、咖喱饭、咖喱汤……而其中最突出的代表就是咖喱饭。

印度的咖喱不但好吃，而且还有许多功效。例如可以帮助降低餐后胰岛素反应，还能促进能量代谢，使人消耗更多的热量，促进脂肪氧化，从而有利于预防肥胖。最近研究人员又发现咖喱的新用途——防癌。据印度亚洲通讯社报道，美国芝加哥洛约拉大学医学中心的研究人员发现，咖喱中含有一种姜黄色素的化学物质，可以阻止癌细胞增殖，对预防癌症特别是白血病效果明显。另外，姜黄色素还可以消除吸烟和加工食品对身体产生的有害作用。

五、越南饮食文化

越南位于中南半岛的东部，由于古代受中国文化影响加上受法国殖民多年，在饮食文化上融入了中西方各自的精华，在长期发展、演变和积累的过程中又形成了自己的风格和特色。

（一）越南饮食文化特点

1. 以植物性食物为主

越南盛产大米，人们日常的主食是粳米，有的民族食糯米为主（如傣族）。副食品有各种蔬菜、肉、禽、蛋、鱼等。肉所占的比重很小，猪肉、牛肉、鱼肉和鸡肉是主要肉食原料。对越南人来说，蔬菜和水果是生活中不可缺少的，天天都要吃的东西。越南蔬菜和水果极为丰富、多种多样，一年四季水果不断。

2. 喜欢青菜生吃

越南人爱将鲜绿欲滴的各种青菜生吃，这是越南的传统吃法。青菜主要有洗净的空心菜、生菜、绿豆芽，还有各种香菜，如芫荽、薄荷等。生吃的青菜要蘸佐料，主要是鱼露、酸醋和鲜柠檬汁。越南地处热带，气候炎热，青菜生吃有生津降火的作用,且有助于消化和营养吸收。

3. 烹调方法简单

越南人饮食以生酸辣和清淡为特色,烹调重清爽、原味,只放少许香料,鱼露、香花菜和青柠檬等是其中必不可少的佐料,以蒸煮、烧烤、熬焖、凉拌为主,热油锅炒者较少。即使是一些被认为较“上火”的油炸或烧烤菜肴,也多会配上新鲜生菜、薄荷菜、九层塔、小黄瓜等可生吃的菜一同食用,以达到“去油下火”的功效。

4. 调料特殊

越南菜非常注重色、香、味,鱼露、葱油、炸干葱和碎花生粒是烹调时用于调香的四大金刚。鱼露的鲜香、葱油的浓香、炸干葱的焦香和碎花生粒的清香为越南菜增色不少。而香料的使用更是越南菜的重中之重,与印度香料最大的区别在于,越南的香料都是用新鲜的植物来做的。香茅,是越南菜里最常用到的一种调味的佐料,带有一股浓郁的花香;柠檬草、罗勒、薄荷、芹菜给越南菜增色不少;洋葱、青葱、欧芹又为越南菜带来异国情调。

(二)越南特色饮食

1. 鱼露

鱼露是越南人喜欢的一种佐餐调料,煮汤、炒菜、点酱,都少不了它。鱼露是一种以鱼、虾为原料发酵而成的调味酱汁,集中了鱼的精华,有很高的营养价值。鱼露虽然其貌不扬,不过在醮上食物后送入口时,却有种说不出的鲜美,所有浓、腻、化不开的菜,若放少许鱼露便有清新的风味、变得鲜美可口。

2. 春卷

春卷是越南的名点,越南的春卷皮用糯米做成,薄如蝉翼,洁白透明。将春卷皮裹上由豆芽、粉丝、鱿鱼丝、虾仁、葱段等做成的馅,放人油锅中炸至酥黄。吃时,用生菜裹上春卷蘸以鱼露、酸醋、辣椒等佐料,酥脆不腻,十分可口。

3. 生牛肉河粉

生牛肉河粉是越南出了名的庶民料理。最美味所在是汤底,以牛腩、牛骨、花椒、八角、香茅、香叶、白胡椒粒等煲足八小时,煲的过程要不断去掉煲出来的杂质,最后出来的就是牛肉清汤。将米粉在开水锅中烫后,加入牛肉、牛肉汤和豆苗、香菜、紫苏、薄荷等,吃起来别有一番风味。

第三节 美洲饮食文化

一、美国饮食文化

美国是典型的移民国家,其中大部分居民都是英国移民的后裔,所以美国菜基本上是在英国菜的基础上发展起来的。另外又结合欧洲其他国家和当地印第安人的烹饪精华，兼收并蓄，形成了独特的美国饮食文化。美国人对饮食要求不高，不讲究精细，只要营养、快捷、方便，早餐以面包、牛奶、鸡蛋、果汁、麦片、咖啡、香肠等为主。午餐一般在工作地点用快餐，晚餐是正餐，比较丰盛，通常先上一份果汁或浓汤，然后上主菜。常吃的主菜有牛排、猪排、烤肉、炸鸡等；随主菜吃的有蔬菜、面包、黄油、米饭、面条等。

（一）美国饮食文化的特点

1. 饮食多元化

美国是个开放的国度，美国饮食也是世界各国各地美食的总汇，呈现多元化态势。一方面美国大城市中都有世界各地风味的餐馆，人们可以品尝到各个国家的美食；另一方面由于美国移民人口众多，新移民带来的烹饪方式及菜肴特色，使美国菜融合了各方特长，创造了许多食物新组合，使美国家庭和餐馆的餐桌上出现了丰富而多元化的食物。所以美国饮食是世界各国佳肴风味的汇合体。

2. 盛行快餐文化

快餐是典型的美国饮食文化，十分普及，随着美国人生活节奏的加快，快餐食品便应运而生。其中有以麦当劳为代表的汉堡包餐厅、以肯德基为代表的炸鸡餐厅，此外还有出售比萨、三明治和热狗的快餐店。供应的快餐食品有汉堡包、烤牛肉、煎牛排、火腿、三明治、肯德基、面包、热狗、油炸土豆片、烘馅饼、冰淇淋以及各种碳酸饮料等。

3. 菜肴味道清淡

美国菜是在英国菜的基础上发展起来的，继承了英式菜简单、清淡的特点，口味咸中带甜。美国人一般对辣味不感兴趣，喜欢铁扒类的菜肴，常用水果作为配料与菜肴一起烹制，如菠萝焗火腿、菜果烤鸭。喜欢吃各种新鲜蔬菜和各式水果，蔬菜大都生吃。

4. 热爱烧烤

烧烤英文为 barbecue，通常简写为 BBQ。BBQ 在美国是一种独特的饮食文化，它代表着轻松、休闲、和睦，非常适合在野餐和家庭聚会的时候进行。根据美国饮食协会的统计，BBQ 中最常见的食物是汉堡、牛排、鸡肉和热狗。只要是肉食，几乎都可以出现在烤架上，无论是牛排、鸡肉或者是三文鱼，美国人对 BBQ 的热爱十分有名，几乎家家户户都有固定式的烤肉架（grill）或是整台可以移动的烤肉推车（smoker），大部分公园也都会为游客提供烧烤用具。

5. 爱喝速溶茶、冰茶

在美国，茶消耗量占第二位，仅次于咖啡。美国人饮茶形式多样，以饮红茶为主，杂以绿茶、花茶、乌龙等。美国人饮茶讲求效率、方便，不愿冲泡茶叶、倾倒茶渣，似乎也不愿在茶杯里出现任何茶叶的痕迹，因此他们青睐于喝速溶茶。美国人还喜欢饮冰茶，而不是用开水冲泡热茶。饮用时，先在冷饮茶中放冰块，或事先将冷饮茶放入冰箱冰一会儿。在美国，90%的茶饮为冰饮，这在全世界独一无二。而袋泡茶自从美国人1904年发明之后，其包装形式便成为主导，占整个消费量的60%～65%。由于绿茶对增强体质、预防癌症的重要性，越来越多的美国人成为绿茶爱好者。

（二）美国特色饮食

1. 烤火鸡

在美国，每年11月的最后一个星期四是感恩节。感恩节是美国人民独创的一个古老节日，也是美国人合家欢聚的日子。感恩节的晚宴，是美国人最重视的一餐。上至总统，下至庶民，火鸡是必备的"珍品"。因此，感恩节也被称为"火鸡节"。烤火鸡是感恩节的传统主菜，通常是把火鸡肚子里塞上各种调料和拌好的食品，然后整只烤出，由主人用刀切成薄片分给大家。

2. 阿拉斯加鳕鱼柳

阿拉斯加鳕鱼含有丰富的优异蛋白质和多不饱和脂肪酸，是理想的高蛋白、低胆固醇食品。它们以新鲜、味美和高品质而闻名于世，得到世界各国美食家的青睐。将鳕鱼切成块状，然后用调料和其他佐料涂抹在鳕鱼块上，放入锅内炸至色泽金黄即可食用。

二、墨西哥饮食文化

墨西哥是中美洲的文明古国，除了古迹多多，其加勒比海的优美景色更令人向往。在墨西哥到处可以看到仙人掌，据说全世界已知的1000多种仙人掌中，墨西哥可以找到500多种，其中有200多种是墨西哥特有的。墨西哥的国旗和国徽上都有仙人掌的图案，因而素有"仙人掌之国"的美称。墨西哥是世界上最早种植玉米的国家之一，被称为"玉米的故乡"。墨西哥年产玉米1200万吨以上，玉米是最主要的农产品。墨西哥以产白银而著称于世，其白银产量居世界首位，占世界白银总产量的18.3%，素有"白银王国"之称。墨西哥的饮食文化源远流长，有着4000年的历史。因为受到古印第安文化的影响，又被西班牙统治过，墨西哥菜式均以酸辣为主。墨西哥美食被誉为世界名菜，与法国菜和中国菜并驾齐驱。

（一）墨西哥饮食文化特点

1. 以玉米为主食

玉米是墨西哥人的面包，将玉米喻为墨西哥文化的精髓一点不过分。玉米是墨西哥人的先民印第安人培育出来的。墨西哥国宴也是一盘盘玉米美食，包括面包、饼干、冰淇淋、糖、酒，一律以玉米为主料制成，令人大开眼界。至今用玉米做成的美食还是墨西哥人领先，人们可以用玉米制作出各种各样的食物。

2. 爱吃辣椒

除了玉米，墨西哥人每顿还离不开辣椒，辣椒成了墨西哥人不可缺少的食品。墨西哥盛产辣椒，出产的辣椒估计有过百款之多，颜色由火红到深褐色，各不相同；至于辛辣度方面，体形愈细，辣度愈高，选择时可以此为标准。正宗的墨西哥菜，材料多以辣椒和番茄主打，味道有甜、辣和酸等，而酱汁九成以上是辣椒和番茄调制而成。墨西哥人爱把西红柿、香菜、洋葱和辣椒切成碎块，卷在玉米饼里吃，甚至在吃水果时也要撒上辣椒粉。

3. 喜食豆类和仙人掌

和玉米一样，豆类食品也是墨西哥饮食中很重要的原料。墨西哥人很喜欢吃豆子，也发明了许多豆类食品的做法，如辣豆烧牛肉、凉拌青豆等。另外，墨西哥有仙人掌国的美称，当地人喜食仙人掌，他们把它与菠萝西瓜并列，当作一种水果食用，并用它配制成各种家常菜肴。

4. 有特色的酱料

墨西哥菜式以辣闻名，食物的烹调方法以烤、烧为主，而酱料的配搭更是烹调墨西哥菜中重要的一环。酱料是墨西哥美食里最有特色的，多是用墨西哥特有的热带雨林里的各色蔬果做成的。其中鳄梨酱比较特殊，是由鳄梨加上100多种原料混制而成的。墨西哥人更喜欢把辣椒和各种蔬菜一起制成酱料。墨西哥最著名的酱料，也是当地人最爱吃的有两种——萨尔萨和莫莱酱料。

(二)墨西哥特色饮食

1. 龙舌兰酒

龙舌兰对于墨西哥而言，具有十分重要的意义。龙舌兰叶可以造纸，而龙舌兰的花朵十分尖锐，据说可以当作武器。而如今，龙舌兰最重要的作用是制造龙舌兰酒。用龙舌兰叶酿制成的龙舌兰酒是墨西哥一大特产。龙舌兰酒的度数比较高，喝起来会有一些辣辣的而带香甜的感觉绕于舌尖，缠绵于喉。

2. Taco 饼

Taco饼也是墨西哥最基本、也最有特色的食品。这是用玉米煎制的薄饼，煎好后形成一种荷包状，硬硬、脆脆的，吃的时候，可根据自己的喜好加入炭烤的鸡肉条或是牛肉酱，然后再加入番茄、生菜丝、玉米饼起司等配料，看上去颜色格外丰富，就好似一件艺术品一般。包好以后，放入嘴中一咬，外面脆生生的，而里面却有香、辣、酸、甜各味俱全，刚柔相济、多味混杂，让人“爱不释口”。

三、巴西饮食文化

巴西因为是欧、亚、非移民荟萃之地，饮食习惯深受移民国影响，所以各地习惯不一，极具地方特点。巴西南部土地肥沃，牧场很多，烤肉就成为当地最常用的大菜。东北地区人们主食是木薯粉和黑豆，其他地区的主食是面、大米和豆类等。蔬菜的消费量,以东南部和南部地区居多。

(一)巴西饮食文化特点

1. 食物种类全面

巴西人的饮食特点是以大米为主食,黑豆也是当地重要食品,用做黑豆饭。由于巴西畜牧业较发达,所以食品中肉类较多,常食牛羊肉、猪肉、鸡肉和各种水产品,喜欢番茄、白菜、黄瓜、辣椒、土豆、洋葱等各种蔬菜。讲究菜肴量少而精,注重菜肴的营养成分。

2. 菜肴口味重

巴西人喜爱麻辣味道,对中国的川菜最为推崇。调料喜用棕榈油、胡椒粉、辣椒粉等,对清蒸、滑炒、炸、烤、烧等烹调方法的菜肴偏爱。大多数人都爱吃红辣椒。

3. 喜爱喝咖啡

巴西有“咖啡王国”之称,是世界上最大的咖啡消费国之一,也是世界三大咖啡产地之一,咖啡是大多数人喜欢的饮品,巴西人比较喜欢喝浓咖啡,饭后闲谈时喜欢喝一杯浓浓的、加方糖的黑咖啡。

(二)巴西特色饮食

1. 豆子炖肉

豆子炖肉是巴西的全民大菜,是用黑豆与各式各样的烟熏干肉以小火烹煮而成。吃的时候通常会配上米饭、沙拉和炒过的木薯粉一起食用。据说豆子炖肉的诞生还和以往的奴隶制有关。当时奴隶主吃肉,把尾巴和耳朵等部位的肉食留给奴隶吃。人们用这些“下脚料”添上巴西盛产的黑豆一同炖煮,黑豆的营养和肉制品很好地融合在一起,成为一种能给人带来能量和活力的大众菜肴。如今豆子炖肉已经成为巴西的著名美食。

2. 巴西烤肉

烤肉是巴西上层宴客的一品国菜,也是民间最受欢迎的一道菜。许多巴西人家都自备烤炉,以便宴请宾客或自家享用。最正宗的巴西烧烤有烤牛肉、巴西肠和培根,烤牛肉不加调料,只在牛肉表面撒点食盐,以免丧失原质香味;炭火一烤,表层油脂渗出,外面焦黄,里面鲜嫩,有一种特有的香味。厨师们用长度约60厘米的铁钎子将拳头大小的精选优质上等肉块穿成一串在炭火上熏烤,由侍者将肉串不断地送到每一位食客的面前,顾客可以按照自己的喜好,选择不同品种和生熟程度的肉类,侍者会用刀片下一片片薄片放到客人盘中,直到客人满意为止。

◎本章小结

本章介绍了欧洲、亚洲、美洲部分国家在饮食文化上鲜明的特色和代表性饮食。西餐是我国人民对欧洲、北美各国菜肴的总称，是根据法国、意大利、英国和俄罗斯等国的菜肴制作工艺、烹饪原料及饮食文化烹制成的富有营养、口味清淡的一类菜肴。其中法国烹调技术首屈一指。亚洲作为世界上最大的洲，其饮食历来因独特深厚的文化底蕴而被世人所称道，这里有以“日本料理”而独树一帜的日本饮食；有自古以来礼仪、食品种类繁多的韩国饮食；有与宗教有着不解之缘的印度饮食以及特色鲜明、风情浓郁的泰国、越南饮食等。美洲各国中美国饮食在全世界形成了独特的快餐文化，它快捷、便利的美食理念深入人心；以辣闻名的墨西哥饮食和以烤肉为特色的巴西饮食都非常重视食物的营养，在美洲饮食文化中占有一席之地。

◎思考与练习

1. 意大利菜被称为“妈妈的味道”的原因是什么？

2. 有人认为美国的饮食文化是一种熔炉文化，也有人认为美国的饮食文化是一种沙拉文化，您如何理解？

3. 韩国烤肉和土耳其烤肉都是世界知名美食，请分别阐述两国烤制的方法，并进行异同点对比。

4. 为什么说印度饮食文化也称为咖喱文化？

5. 非洲饮食文化有什么特点？请分组查阅相关资料。

饮食文化交流比较

第十五章　饮食文化交流与比较

本章内容： 中国国内饮食文化交流
中外饮食文化交流
中外饮食文化比较

教学要求： 了解中国国内各民族、各地区饮食文化交流历史和中外饮食文化交流的状况，掌握中日、中西饮食文化的差别。

教学课时： 4课时

第一节 中国国内饮食文化交流

中国历史上无论王朝如何兴衰更替,也无论内部和外部民族冲突如何剧烈,民族之间、地区之间的饮食文化交流却从来没有中断过。

一、中国古代民族饮食文化交流

我国是一个统一的、多民族的国家。历史上,各族人民之间的饮食交流,大大丰富了各民族的饮食生活,形成了互相依存的关系,起到了相互促进的作用。

(一)先秦时期

早在遥远的古代,创造了辉煌草原文化的匈奴等北方游牧民族就和中原华夏民族有着密切的经济文化交往。匈奴人过着“逐水草迁徙”的游牧生活,食畜肉,饮“湩(dòng)酪”,但也吃粮食,这些粮食大都来自中原地区。生活在祖国东北部的古老民族东胡,也和匈奴一样是游牧民族。早在商代,东胡祖先就与商王朝有过朝献纳贡的关系,至春秋战国时期,燕国的“鱼盐枣栗”素为东胡等东北少数民族所向往。史书上说,“乌桓东胡俗能作白酒,而不知曲蘖,常仰中国(指中原地区)”。在匈奴以北,生活在今贝加尔湖一带的丁零族,在匈奴西部、居于今甘肃河西走廊地区的月氏族和乌孙,均食肉饮酪,“与匈奴同俗”,都同中原地区汉族有着密切的饮食交流。

(二)汉晋南北朝时期

汉代,张骞“凿空”西域,为各民族间的经济文化交流创造了有利条件。西域的苜蓿、葡萄、石榴、核桃、蚕豆、黄瓜、芝麻、葱、蒜、香菜(芫荽)、胡萝卜等特产,以及大宛、龟兹的葡萄酒,先后传入内地,大大丰富了内地汉族地区的饮食生活。

魏晋南北朝,出现了我国历史上第二次民族大融合的盛况,各民族在饮食上相互学习。一方面,北方游牧民族的甜乳、酸乳、干酪、漉(lù)酪和酥等食品相继传入中原;另一方面,汉族的精美肴馔和烹调术,又为这些兄弟民族所喜食和引进。特别是北魏孝文帝实行鲜卑汉化措施以后,匈奴、鲜卑和乌桓等兄弟民族将先进的汉族烹调技术,应用于本民族传统食品烹制当中,使这些食品在保持民族风味的同时,更加精美。例如寒具(馓子)、环饼、粉饼、拨饼等,本为汉族的古老食品,在和兄弟民族的交流中,亦为鲜卑等民族所嗜食。同样,鲜卑等游牧民族的乳酪和肉食品,也逐渐为不少汉族人士所喜食。

(三)唐宋时期

唐初,高昌国的马乳葡萄及其酿酒法已引入长安,唐太宗亲自监制,酿出八种色泽的葡萄酒,“芳辛酷烈,味兼缇盎(tí àng:缇齐与盎齐,均酒名,泛指酒)。既颁赐群臣,京师始识其味”,并由此产生了许多歌咏葡萄酒的唐诗,如“葡萄美酒夜光杯,欲饮琵琶马上催”。唐代还从西域引进了蔗糖及其制糖工艺,使得中国古代饮食又平添了几分甜蜜，其意义不亚于葡萄酒酿法的引进。

唐朝与吐蕃[1]亦有密切的饮食联系。据史料记载，唐太宗“给予（吐蕃）多种烹饪食物、各种饮料……公主到了康地的白马乡，垦田种植，安设水磨……公主（文成公主）使乳变奶酪，从乳取酥油，制成甜食品。”后来，唐朝使者到达吐蕃，见当地“馔味酒器”已“略与汉同”。唐代饮茶之风也传入吐蕃，独具藏族风味的酥油茶，便是在这基础上产生的。

宋、辽、西夏、金，是我国继南北朝、五代之后的第三次民族大交融时期。北宋与契丹族的辽国、党项羌族的西夏，南宋与女真族的金国，都有饮食文化往来。如契丹族本是鲜卑族的一支，他们进入中原以后，宋辽之间往来频繁，在汉族先进的饮食文化影响下，契丹人的食品日益丰富和精美起来。汉族的岁时节令在契丹境内一如宋地，节令食品中的年糕、煎饼、粽子、花糕等也如宋式。难怪到了元代，蒙古族统治者把契丹和华北的汉人统统称为“汉人”。契丹除了与汉族有饮食交流外，还与祖国西北部的回鹘（hú）、东北部的渤海、女真等兄弟民族有着饮食交流。辽上京建有“回鹘营”，“包黄味如栗”的“回鹘豆”（即豌豆），从回鹘传至契丹地区。今天人们所吃的西瓜，也是当年“契丹破回纥（hé），得此种”，传播开来的。在汉族饮食逐渐为党项羌人、契丹人和女真人吸收的同时，这些兄弟民族的不少食品也在中原汉族地区广为流传。例如，北宋京城汴梁，就有乳炊羊炖、入炉羊、签盘兔、炒兔、乳酪茶在市面出售。在南宋京城临安，汉族食店贺家所卖酪面，每份五百贯，“以新样油饼两枚夹而食之”。茶酒店的灌肺羊、乳饼、乳糕等也为当时临安人所常食，而灌肺羊直至今日仍在新疆维吾尔族人民中间流行。

（四）元明清时期

公元1279年，忽必烈完成统一中国的大业，更有利于各民族间的饮食交流。中原和沿海汉族地区先进的烹调术传到了少数民族地区，少数民族特有的食汤和菜肴也传到了内地。岭北蒙古地区的风味饮食醍醐（tí hú）、麆沆（zhù hàng）、野驼蹄、鹿唇、驼乳糜（驼奶粥）、天鹅炙（烤天鹅）、紫玉浆（可能是紫羊的奶汁）、玄玉浆（马奶子）传入内地后，在元代被誉为“八珍”。居于河西走廊原河西回鹘（hú）人的名菜“河西肺”、“河西米粥”，居于今吐鲁番地区畏兀儿（今维吾尔族）人的茶饭“搠（shuò）罗脱因”和“葡萄酒”，回族人的食品“秃秃麻食”（手撇面）和“舍儿别”（果子露），居于阿尔山一带的瓦剌人的食品“脑瓦剌”，辽代遗传下来的契丹族食品“炒汤”，以及乳酪和士酪等均传入汉族地区。而汉族南北各地的烧鸭子（今烤鸭）、芙蓉鸡和饺子、包子、面条、馒头等菜点，也为蒙古族等兄弟民族所喜食。

---

[1] 中国古代西藏政府名称。

明代,汉族和女真、回族、畏兀儿等兄弟民族的饮食交流空前活跃。例如,明代北京的节令食品中,正月的冷片羊肉、乳饼、奶皮、乳窝卷、炙羊肉、羊双肠、浑酒;四月的白煮猪肉、包儿饭、冰水酪;十月的酥糕、牛乳、奶窝;十二月的烩羊头、清蒸牛乳白等,均是回族、畏兀儿、女真等兄弟民族的风味菜肴加以汉法烹制而成的。这些菜名面前,已没有标明民族属性的文字,说明已经成为各民族共同的食品。

清朝建立以后,汉族佳肴美点满族化、回族化和满族、蒙古族、回族等兄弟民族食品的汉族化,是各民族饮食交流的一个特点。奶皮元宵、奶子粽、奶子月饼、奶皮花糕、蒙古果子、蒙古肉饼、回疆烤包子、东坡羊肉等是汉族食品满族化、蒙古族化、畏兀儿族化和回族化的生动体现,反映了满族、蒙古族、维吾尔族、回族等兄弟民族为使汉族食品适合本民族的饮食习惯所做的改进。满族小食萨其玛、排叉;回族小吃豌豆黄;清真菜塔斯蜜(今写作它似蜜);壮族传统名食荷叶包饭等又发展为清代各大城市酒楼、饽饽铺和饮食店的名菜、名点而在民族大家族中广为流传。汉族古老的食品白斩鸡、酿豆腐、馓子麻花、饺子等又成为壮族、回族和东乡族人民的节日佳肴。

二、中国各区域饮食文化交流

中国各区域饮食文化交流自古存在,今天则在更广阔的天地间进行。主要表现在食物原料、烹饪技法和菜点品种等方面。

(一)南北作物交流,改善饮食结构

原来南方农民专种水稻,很少种杂粮,一部分土地由于水利不发达等原因不能合理使用。为了防止干旱和解决粮食不足,宋政府下诏在南方江南、两浙、荆湖、岭南、福建诸州种植北方的粟、麦、豆、黍等旱类作物,南北耕作技术得到了交流提高。北宋时期,随着南方麦、豆、粟、黍的种植面积逐渐扩大,南方人民的饮食结构也有了较大的改变,尤其是小麦在岭南的大量栽培,促进了岭南面食、饼类等食品的盛行。[1]

(二)南菜北渐,吐故纳新

在一个四面环山、地理环境封闭的盆地里,依靠自给自足生长起来的四川菜,主要是利用当地自然资源,吸收烹饪方法的"南北之秀",来变换无穷口味,形成有4000多个品种的菜肴风味体系的。它自古就有味重辛香的个性,300多年前辣椒的引进又为它锦上添花。抗战期间国民党政府入川,进一步推动了它的发展。20世纪80年代开始,川菜大规模出川,进入北方餐饮市场和更广阔地域,开了"南菜北渐"之先河。

[1] 周智武.唐宋南北经济文化的交流与东南饮食文化的发展.南宁职业技术学院学报,2007(2)。

四川在过去主要用家禽家畜与河鲜、山珍等制作菜肴，但改革开放以后为满足人们的需要，引进广东常用的生猛海鲜，制作出新的海鲜菜肴；借鉴广东的煲法制作乌鸡煲、兔肉煲等，借鉴山东等的脆浆炸制作炸烹菜、炸熘菜等。可以说，地区间的交流和改革开放后全国范围的烹饪大赛，对提高烹饪技艺和促进中国饮食发展起到了巨大推动作用。

粤菜原来在北方的处境，远不如川菜，寥寥无几。20 世纪 80 年代后期，它在作为文化中心的北京，以当时极尽富丽堂皇的面貌出现在市场，迅速在北方传播。生猛是粤菜的传统之一。1000 多年前的唐代，广东人就吃类似今天的白灼虾了。但它并没有被当时北方派去当领导的达官贵人全面吸收，所以就一直藏身于岭南民间，不动声色。等到突然一个生猛海鲜跳到北方人面前，加上那“不论鸟兽虫蛇，无不食之”的广泛取材，北方人的胃口惊喜了起来，中小粤菜馆也就如雨后春笋般遍地生长了。

淮扬菜在明代就赢得江南首屈一指的地位。在近年“南菜北渐”的饮食文化浪潮中，它也是在 20 世纪 80 年代正式投身北方餐饮市场的。本来就讲究造型、出品典雅的淮扬菜，今天就具有更高品位的味觉和视觉的审美价值。[1]

(三)茶文化交流

福建、粤东与台湾三地的闽南语区，民俗文化同源或接近，其中饮食文化中的茶文化同是生产乌龙茶的主要地区，饮用乌龙茶的方式是功夫茶泡饮法，并形成一个功夫茶文化圈。徐珂《清朝野史大观、清代述异》说“中国讲求烹茶以闽之汀、漳、泉三府，粤之潮州府功夫茶为最。”今人陈学良《茶话》谓“广东以汕头地区的饮茶方法更为考究。”台湾产茶，是清代中后期随着闽粤大批移民到该地后移种的，历史仅有 200 年，岛民普遍的饮茶史更短，仅有数十年。但近 30 年，台湾兴起茶文化热，对内地特别是对闽粤港澳的影响却甚大。纵观整个茶文化史，是密切交流，相互影响相互促进的。[2][3]

第二节 中外饮食文化交流

中国几千年的饮食文化在世界饮食文化发展史上，写下了光辉、璀璨的一页。从古至今，中外饮食文化的交流从来没有停止过。中国饮食文化“拿来主义”的兼收并蓄，使外来饮食文化如道道流水、潺潺流进中国，成为中国饮食文化的有机组成部分，汇成中国饮食文化的汪洋大海。同时，中国饮食文化的“送

❶ 唐黎标. 饮食文化天南地北话交流. 烹调知识，2003(10)。
❷ 郭马风. 海峡两岸三地茶文化的相互交流与促进. 农业考古，2005(2)。
❸ 郭琳郭，等. 浅谈闽台茶业的渊源与交流. 茶叶科学技术，2008(1)。

去主义”的外向开放，使它如“润物细无声”的春雨洒遍世界，使世界不断认识和欣赏中国饮食文化。正是这种精神，展示出中国饮食文化的魄力、魅力、征服力和气度。

一、先秦、两汉、南北朝时期

先秦时期，我国与域外各国的交往是有的，但史料记载较少，往往都带有“天方夜谭”式的神话色彩。秦统一中国以后，特别是到西汉文、景、武帝时期，大汉帝国国力强盛，与外国的文化交流活动逐渐多了起来。

汉武帝时期，朝廷曾派张骞多次出使西域各国，后来班超再次出使西域，还有江都王刘建之女细君远嫁乌孙国王等友好活动，在中国与中亚、西亚各国之间，开辟了一条“丝绸之路”，中国文明迅速向外传播，西域文明也流向中原。东汉建武年间，汉光武帝刘秀派伏波将军马援南征，到达交趾（今越南）一带。当时，大批的汉朝官兵在交趾等地筑城居住，将中国农历五月初五端午节吃粽子等食俗带到了交趾等地。所以，至今越南和东南亚各国仍然保留着吃粽子的习俗。汉明帝时佛教传入中国，到齐梁时期，南朝四百八十寺，寺院遍布全国，西南亚饮食进一步传入我国，华夏始有香积之厨。汉和帝与匈奴和亲，魏武帝与匈奴友好，南汉文明北传，北胡烹饪饮食习惯也进一步传入中国。

二、隋唐五代两宋时期

隋唐时期，特别是在唐代，我国国力强盛，曾多方吸取各国优秀文化，外事活动空前频繁。先有法显、玄奘“西天取经”，后有鉴真东海传教，外国王孙来朝受聘人员众多，波斯胡商云集长安、扬州、广州等地。仅日本一国就先后派出九批“遣唐使”，大批留学生来到中国，其中就有专门学习制造食物的（包括造酱）味僧。鉴真东渡时，携带了多种中国食品，其中有干胡饼、干薄饼、干蒸饼、落脂红绿米、甘蔗、蔗糖、石蜜等，豆腐也约在此时传入日本。至今日本人还奉鉴真为豆食始祖。唐代时，在中国的日本留学生还几乎把中国的全套岁时食俗带回了本国，如元旦饮屠苏酒，正月初七吃七种菜，三月上巳摆曲水宴，五月初五饮菖蒲酒，九月初九饮菊花酒等。其中，端午节的粽子在引入日本后，日本人又根据自己的饮食习惯作了一些改进，并发展出若干品种，如道喜粽、饴粽、葛粽、朝比奈粽等。唐代时，日本还从中国传入了面条、馒头、饺子、馄饨和制酱法等。

唐宋时，也有一些外国的烹饪方法传入中国。例如石蜜（即冰糖）之法，原自西域。《唐会要》记载：“西蕃胡国出石蜜，中国贵之。太宗遣使玉摩伽佗国取其法，令扬州煎甘蔗汁，于中厨自造焉，色味逾于西域所出者。”南宋杭州有味名菜叫冻波斯姜豉，即是传自伊朗。被苏东坡赞之为“霜叶露芽寒更茁”的菠菜，也是唐太宗时从尼伯尔传入的。

附:日本馒头的创制者——林净因

林净因是日本馒头的创制者。六百年来,每年四月十九日,日本食品企业界人士都要聚集在今奈良林神社,隆重地举行一年一度的朝拜馒头始祖林净因的仪式,这使他成为一个家喻户晓的名人。这位日本妇孺皆知的馒头创始人,原是我国北宋著名隐逸诗人林逋的后裔,元代浙江人。

三、元明清时期

元代,成吉思汗的大帝国横征欧、亚两洲,元世祖忽必烈"用夏蛮夷",大大推动了中外文化包括饮食文化的大交流。意大利著名学者马可·波罗旅居中国17年,足迹遍及长城内外、大江南北的重要城市,为两国经济文化交流贡献了毕生精力。他把中国面条带到意大利,经勤劳聪明的意大利人民发展创造,演变为今天举世闻名的意大利面条;与此同时,马可·波罗也给成吉思汗的子孙带来了意大利人民的佳肴美馔。

明代,三保太监郑和率众7次下西洋,游历了37个国家,无疑促进了中外文化交流包括饮食文化的交流。明代天启二年(公元1622年)来华的德国传教士汤若望在京居住期间,曾用"以蜜面和以鸡"制作的"西洋饼"款待中国人,使食者皆"诧为殊味",于是效法流传开来。明代中国食品又引进了番食,如番瓜(南瓜)、番茄(西红柿,南美传入)、番薯(山芋的良种,从吕宋传入)等。印度的笼蒸"婆罗门轻高面",枣子和面做成的狮子形的"木蜜金毛面"等,也在元明时期传入。

清代康熙至乾隆年间(史称康熙盛世)我国对外文化交流范围更广。北疆的俄罗斯,大洋彼岸的非洲等,都与大清帝国有交往。到了晚清,不仅欧、亚、非、美四大洲,而且大洋洲也有了中国移民,中外饮食文化交流遍及全球。

四、20世纪以来

20世纪初,随着西方教会、使团、银行、商行的不断涌入,洋蛋卷、洋饮料、奶油、面包、牛排等西点西菜也进入了中国,并产生较大的影响。例如面包、蛋糕不仅成为许多中国人的早餐食品之一,而且面包还常常作为为炸制类菜肴的一种辅助原料。

20世纪80年代以来,随着改革开放的深入,西方的一些先进厨房设施和简易的烹饪方法,使中国烹饪在走向现代化中得到启迪,先进的管理与营销方式正在被学习和借鉴。在烹饪方面,西式快餐、日本料理、泰国菜、韩国烧烤等异国风味竞相登陆,冲击着古老的中国烹饪,同时也带来了无限生机。

第三节　中外饮食文化比较

一个国家、一个地区的饮食文化往往是一个国家、一个地区文化的浓缩。中国与其他国家对于饮食的观点和态度、饮食的内容及特点等方面都存在着显著的差异，揭示这些差异以及内在的原因，有助于跨越文化鸿沟，有助于世界性的文化融合。

一、中日饮食文化比较

众所周知，中日文化有着很深厚的渊源，饮食文化作为中国基本的文化，对日本来说，有着特殊的影响。然而，大和民族是一个富有创造性思维的民族，特定的地缘环境，有限的自然资源，促使他们不断创新，进而独树一帜，产生了具有民族特色的日本料理。以下就中国与日本的饮食文化作以简单比较，由此了解两国文化观念、传统在饮食方面的体现。

（一）饮食观念

中国对于饮食却是有着很深的执著。从“民以食为天”这句古话中就可以看出饮食在中国五千年的文化中处于何等重要的地位。中国的菜肴每一顿都是经过比较长时间的烹调，原料往往要经过煎煮炒炸卤炖烤等多道工序的制作方能起锅、装盘、上桌。特别是在宴客的时候，菜肴更是体现主人家境和身份的一大象征。在节日之中，传统食物的准备有时比传统庆祝活动更为人所注意，没有特定食物的节庆是不能展现出气氛的。例如端午节，在划龙舟之余，分粽子是绝对免不了的，即使是在大学里生活的学生，没有留意龙舟比赛，也会购买粽子“应节”。其他节日也有相应的食品。

（二）饮食品种

中国的主食是谷物，北方为面、饭等大米、小麦加工出的食物，而南方为米饭。菜肴的原材料也多为陆生的动植物，当然也有江海湖泊的鱼类。根据有关资料显示，中国每人每年平均食用鱼类约十几千克，这个数字根据地理环境的不同，南北差异很大。而在日本，菜肴的原材料多为大米、鱼介、海藻等。日本料理中最负盛名的菜肴当属生鱼片。

（三）熟食与生食

有人说，中国料理是火功文化，日本料理是刀功文化。很多国家认为火是人类文明开化的起源，生食则过于野蛮。但按照日本人的感觉，文明不一定都是好东西，人的横暴本身也是文明中的一部分，人应该与自然共生存。火本身是破坏森林的元凶，如果能够不用还是不用的好，对地球也更温和。而且只要训练你的舌头，一定会明白生之物本来的美味（日本人把它称为甘味）。日本人的饮食品味以生、冷、清淡的为主，在获得新鲜的鱼介之后尽量不加工，仅蘸佐料直接食用，对于一些必须以火烹煮的食物才采用热食的方式，如拉面。中国人强调食物一般都要煮熟才能吃。

（四）味觉和视觉

如果说中国重视的是食物本身，日本人则对器具有更深的讲究。中国人虽然注意到放置食物的器皿对食欲有影响，在评价一道菜时也会用“色、香、味”来作为标准，烹饪理论上还有“五色、五味”等的说法，但主要评分点还是在食物本身上，所以中国有句口头语叫“君子为腹不为目”。而日本人不仅用嘴，还用眼睛“吃”东西。在日本，有句话这样说道：“菜肴是盆子的装饰，美丽的盆子里盛放的菜肴就是那样被提炼出了美味。”所谓品尝，的确是需要视觉和味觉的协调合作。而眼睛所见的，绝不仅仅是菜肴本身，还有食具。❶

（五）茶文化

中日茶文化同属于东方文化的范畴，两者都注重精神的内涵，与本国的民族文化密切相关，但两者之间也有很大区别。❷

中国茶文化是从其食用价值逐渐上升到精神层面的，而日本茶文化的发展却经历了相反的过程，即首先得到确立的是其精神文化，而后普及至实用。

中国茶文化起源于药用，因此，它与中国道教的养生思想关系密切。尤其是在中国茶文化初步形成的唐代，茶多与神仙思想相关联，并由此升华到精神文化领域。而日本茶道的形成在于禅学的渗入。在完全形成后的日本茶道里，“禅”成为其思想的内核，茶人被看做是在家的禅者。因此，较之讲求茶的药理成分、强调饮茶的健身效果的中国茶文化来说，日本茶道更注重茶文化中的禅味，善用暗喻的方式来表现禅境，追求内省、修炼的禅者风范。

中国近代出现的茶馆成为中国茶文化的主要载体之一，而日本茶文化的载体主要是茶室。随着中国近代茶馆业的兴起，更是将饮茶与文化联系到了一起，有评书茶馆、京剧茶馆和曲艺茶馆，老舍还利用“一个大茶馆就是一个小社会”的特点，创造出经典剧作《茶馆》，从另一个侧面表现出中国茶文化的大众性。而日本的茶道有严格的程序，在日本讲究的人家中都设有茶室。茶室注重古色古香，摆设极为讲究，关于日本茶室的古典建筑亦是一门学问。

中国人认为“道”是体系完整的思想学说，是宇宙、人生的法则和规律，所以中国人不轻易说道，在中国众多的饮食娱乐中能升华为“道”的只有茶道，但它不像日本茶道有着严格的规范的仪式，所以我们更多地把中国的茶道称作“茶文化”。日本茶道规则为“四规七则”。所谓“四规”即“和、敬、清、寂”，“七则”指用于接待客人时的准备工作：茶要提前准备好；炭要提前放好；茶室要冬暖夏凉；室内插花要像野花一样自然；遵守规定时间；即使不下雨也要准备好雨具；一切为客人着想。由此我们可以看出中日两国在民族文化背景上的差异。

（六）酒文化

中日两国人民对酒情有独钟，并具有大抵上的共识，但酒的种类与饮酒方

---

❶ 李直. 中日饮食文化比较. 商业文化·学术探讨，2007（5）。

❷ 关睿. “茶道”的蕴意——中日茶文化比较. 成功（教育），2007（10）。

式却不尽相同。中国人以喝白酒、啤酒为主,日本人以喝清酒、啤酒、洋酒为主。日本人在酒席间只敬酒,不劝酒,而是奉行各自按照自己的意愿,随意饮用的习俗。

中国人喝酒,不管喝多长时间,也始终是在同一个酒馆里,没有换个地方再喝的习惯。日本人则不同,他们喝酒有换地方的习惯,有的时候,一个晚上可换二、三个地方,甚至更多。日本的职员下班去酒店、酒吧喝酒,而且喝到很晚,被视为是极正常的事,妻子也绝不过问或干涉,如果下班就回家反倒被视为不正常,这已成为现代日本人的生存方式暨日本文化的一个重要组成部分。❶

二、中西饮食文化比较

(一)物质文化层面上的差异

1. 饮食原料

中国则自春秋战国以后,农业结构成为种植业占绝对优势的经济结构,人们的食物来源主要依靠种植业,食物中谷物占主要成分,在很少的情况下才能吃到肉。东周时期,只有七十岁的老人才能吃上肉,此外官高禄厚的人才能吃到肉,被人们冠以“肉食者”。这一局面一直持续到封建社会瓦解。历史上西方人饮食中肉的比重要大于中国人饮食中肉的比重,并随着时间的推移而显得越来越明显。到明清时期,当中国人纷纷引进高产作物如玉米、红薯、土豆以解决粮食紧缺时,西方人饮食中肉食的比重大大超过谷物类,谷物则主要用来饲喂家畜,以转化成肉奶蛋等高质量的食物。

中西饮食文化中食物种类也有着较大的差别。中国人的食谱极其广泛,西方人则相对少得多。有人统计中国人的食用植物达600种之多,是西方人的6倍。中西饮食原料种类的不同还可从中国饮食无禁忌而西方人有禁忌这一区别上得到充分体现。中国人的饮食无禁忌,无论飞禽走兽都在可食之列。

2. 饮食成品

由于原料结构不同,中西饮食的成品结构也相应地有着较大的差别。中国人的饮食成品结构是由饭和菜相结合的“饭菜结构”。其中饭是主食;菜则是副食,包括蔬菜和肉,主要是蔬菜。西方人的饮食没有中国人那种“饭菜结构”,他们的饮食成品是肉奶蛋佐以面包或蔬菜,没有严格的主副食之分。❷ 从饮品看,中国人习惯于饮茶,西方人则喜欢酒、咖啡等具有刺激性的饮料。

3. 饮食器具

中国人的餐具主要是筷子,辅之以匙,以及各种形状的杯、盘、碗、碟。虽

---

❶ 高富. 中日酒文化比较谈. 日本学论坛, 2001(3)。

❷ 徐旺生. 中西饮食文化内涵的异同. 农业考古,1995(3)。

然在形制上有大小之分，但是其用途是大致相同的。西方人的餐具体系庞大繁复，无论是刀子、叉子、汤匙还是盘子，都有各种形制。例如刀叉可以分为食用刀、鱼刀、肉刀、奶油刀、水果刀等；叉可以分为肉类用、鱼类用、前菜用、甜点用；而汤匙除了前菜用、汤用、咖啡用、茶用之外，还有调味料用汤匙。在正式西式料理的套餐中，常依不同料理的特点而配合使用各种不同形状的刀叉，并不是一开始就全部摆出来的。一顿正式的喜宴如果将全套餐具都摆出来需要一整桌。

从饮具来看，以茶具和咖啡用具为例。在中国传统文化中，人们在饮茶时不仅要注重茶叶本身色、香、味、形的优美，而且还要配用实用性高与艺术性高的茶具。在形形色色的茶叶中，因为发酵、制造、烘焙方式的不同各有不同的香气与滋味，为了展现它们不同的风味，就必须使用不同的冲泡方式并搭配不同的器具。而咖啡用具的讲究不比茶具逊色。一般来讲，从磨制咖啡豆到喝上咖啡，需要咖啡壶、咖啡杯、汤匙、咖啡匙、方糖夹子、杯托、小冲袋、小冲架、尖嘴水壶等。咖啡的种类也十分繁多，不同种类的咖啡其加工制作和冲泡方式都不尽相同，所用的器具也就不同。

在中国饮食文化中，从城市到农村，从汉族到各少数民族，都有一个共同的特点——锅底为圆形。而西方饮食文化中的煎锅是平底的。

（二）行为文化层面上的差异

1. 饮食制作

中国人把做菜称之为烹调，这意味着中国历来将烹与调合为一体。西方原来有烹无调，现在虽说也有了调，但仍属前后分立的两道工序。在中餐菜肴制作中，虽有整鱼、整鸡或整羊等，但基本上是以丝、丁、片、块、条等为主的料物形状。上火前，它们是独立的个体形式，但放到圆底锅翻炒后便按照厨师的构想进行交合，出餐后，装入盘的是一个色、香、味、形俱佳的整体。在西式饮食中，除少数汤菜是以多种荤素原料集一锅而熬之外，正菜中鱼就是鱼，鸡就是鸡，彼此虽共处一盘之中，但却“各自为政”，互不干扰。只待食至腹中，方能调和一起。

在中国，烹调的方式多种多样，有炒、炸、焖、熘、爆、煎、烩、煮、蒸、烤、腌、冻、拔丝、糖醋等，做出的菜肴让人眼花缭乱。西餐的菜肴主要讲究原汁原味，烹饪方法主要是烧、煎、烤、炸、焖，各种原料很少集合烹调。

中国烹调特别强调随意性，而在西方，烹调的全过程都严格按照科学规范行事。中国烹饪为了追求色、香、味、形之美之奇，在刀工、火候等方面具有特强的技艺性，其中绝大部分技艺为机械所不能代替，有的技艺也为科学所不能解释，甚至有些为绝技、绝招。西方饮食中的烹调加工具有显著的技术性，如天平、量筒、温度计等工具非常普遍，属于技术型的加工方法。它可以借助机械而大批量地快速生产，从而缩短了就餐的时间，提高了效率。烹饪的全过程比较科学规范，调料的添加量精确到克，烹调的时间精确到秒，厨师好像化学实验室的实验员。❶

2. 饮食方式

从食用者的角度来看，吃中餐和吃西餐的方式有明显的不同。吃中餐时，食客们围坐在餐桌旁，厨师做好饭菜以后，将所有的饭菜都置于食客的中央，围坐在餐桌旁的进餐人各取所需，根据各自的喜好选取相应的饭菜；餐桌上的任何一种饭菜都不属于任何一个食客，大家为了相同的目的聚在同一张餐桌旁，每个人都根据各自具体的主观感受选择客观的食品，面对相同的饭菜各取所需。吃西餐时，主人预先根据来客的多少将准备好的饭菜分为相应的份数，厨师将做好的饭菜分成相应的几份，将每一份饭菜端到食客面前，然后自顾自地食用。每个食客只能吃各自的那一份饭菜。中国人进食的过程中无须他人事先进行食物的分配，而西方人则有专人先行分配食物；在中国人的饮食过程中，食客的进食量或者说是每个人所消耗的食物的量占总食物量的比例是不确定的，而西方人则是基本确定的；中国人在饮食过程中是各取所需，而西方饮食方式则是一人一份的定量供应。

在入席以后的用餐顺序上，中西餐也有不同。传统的中餐上菜顺序是：先上冷菜、饮料及酒，后上热菜，然后上主食，最后上甜点和水果。西餐桌上的头盘是冷菜，也称开胃小菜，一般有冷盘和热盘之分，作为第一道菜，一般与开胃酒并用。汤是西餐中的第二道菜。汤分为清汤、奶油汤和浓汤三种，冷菜和汤同时就着面包吃。喝过汤后，上热菜。热菜是西餐的主要部分。接下来的一道菜是甜食，西餐甜点基本上可以分为四种，即冰淇淋类、烩水果类、布丁类及干点。然后是咖啡或红茶，饮咖啡一般要加糖和淡奶油。至于水果，可上可不上。

人类历史上的进食方式共有三种，即手指、筷子、叉子。其中以手指抓食的历史最为悠久。在人类历史早期，世界各地的人们吃食都是用手抓，就是现在，一些地区的人民吃饭还沿袭用手抓的习惯。但是从使用餐具开始，中西方就分道扬镳了。中国人吃饭用筷子，西方人进餐用刀叉，各有自己沿袭的历史。刀叉和筷子，不仅仅带来了进食习惯差异，更重要的是影响了东西方人的生活观念。

3. 宴会礼仪

出席时间的差异。一般来说，时间多样化模式的中国人更倾向于“迟到”，往往在规定的时间半小时之后到达。对此，主人似乎也早有思想准备，通常会在这段“等待”的时间里安排一些其他节目，如打打牌、喝喝茶、聊聊天等，让一些“先到”的客人们消磨时间。对于这种“迟到”现象主客双方都习以为常，并不将

---

❶ 李青，李伯伟. 中西饮食文化消费心理比较. 商场现代化，2007(3，下旬刊)。

之视为对主人邀请的一种轻视或是一种不礼貌的行为。在西方国家，各种活动都按预定的时间开始，迟到是很不礼貌的。正式的宴会要求准时到达，一般不超过 10 分钟，否则将被视为不合礼仪，是对主人及其他客人的不尊重。[1]

进餐座次的差异。在中国，位高权重者或年长者首先入座或坐首席那是习以为常的事情，这是中国几千年来传统文化中尊重长者、长幼有序的传承。但是从古至今，中国宴会或多或少缺乏对女性的尊重，许多地区现在还有“女人不上席”的习惯，即使上席，所坐的位置也不显著，这也是一直以来受“男尊女卑”思想影响的结果。在西方则全然不同，一般都将女士优先作为宴会排座位的标准。通常的座位安排形式是男主人与女主人正对面，男主人的左右两侧为女主宾，其余的人按时针方向朝外侧排列。[2]

（三）精神文化层面上的差异

精神文化层面上的差异主要是饮食观念的差异。饮食观念是人们在食物的制作和食用过程中所形成的观念，它深受自然环境和社会环境的影响，尤其深受哲学的影响。不同的哲学思想及由此形成的文化精神和思维方式对不同的饮食观念的形成具有重大作用。

1. 天人合一与天人相分

中西文化的根本差异在于对人与自然的关系问题上的看法，中国文化重视人与自然、人与社会的和谐统一。这种“天人合一”的“中坚思想”，贯穿整个中国思想史，成为中华文化发展的基础性缘由和深层次根源。而天人相分作为西方传统文化的“中坚思想”，贯穿整个西方思想史，遍涉各种哲学倾向与派别，成为西方文化发展的基因和根由。因此可以说，天人合一与天人相分的区别，是中西文化差异中最根本、最核心的差异。

2. 体验性饮食观和理智性饮食观

本于天人合一思想，主体只能在与客体的交融共存中体会它的存在，感受它的生命，领悟它的精神。反映在饮食上，中国人的饮食既是一种体验，又是一种享受。中国人在饮食时，注重的不是食物的营养而是食物的口感和进餐的精神享受，整个饮食活动体现出强烈的体验性和感受性，其中主要是对“美味”的追求。中国饮食文化中的“味”，不仅指食物本身的气味、口味，而且包括人们在进餐时对幽雅环境的赏味，对精美餐具的玩味，对亲情友情和人生乐趣的体味等多种意味的享受。但是，这种极力追求“美味”的强烈体验性的饮食是非理性的，它对营养科学只是一种经验性的模糊把握，而无理性的分析和逻辑的判断。

在天人相分思想指导下的西方饮食则充满理智性，讲求科学性。这是一种

[1] 蔡华. 试论中西饮食文化的差异. 邵阳学院学报（社会科学版），2007（2）。

[2] 赵奇志. 中西饮食文化的差异. 食品工程，2002（4）。

重认识、重功利、求真的饮食观。他们强调饮食的营养价值,注重食物所含蛋白质、脂肪、热量和维生素等的含量,在饮食上反映出一种强烈的实用性与功利性。

3. **注重调和与强调个性**

天人合一的思想不但要求人与自然的统一,还要求人与人、人与社会之间的和谐一致,反映在饮食上就是注重调和,重视菜肴的整体风格,强调通过对不同食物原料的烹饪调制,使食物的本味、加热以后的熟味、加上配料和辅料的味以及调料的调和之味,交织融合协调在一起,使之互相补充、互相渗透、水乳交融、你中有我、我中有你,创造出新的综合性的美味,达到中国人认为的饮食之美的最佳境界"和",以满足人的生理与心理的双重需要。但是,这样调制出来的成品,整体虽然光彩焕然,但个性全被淹没,这与中国文化注重群体认同、贬抑个性、讲平均、重中和的中庸之道是相通的。

西方天人相分的观念,在饮食上表现为个性突出,注重个体特色,强调通过对食物原料的制作加工,保持和突出各种原料的个性,创造出西方人心目中饮食的最佳境界"独",同时满足人的生理需要。和中国人进餐用筷子不同,西方人用刀叉。刀叉和筷子,不仅仅带来了进食习惯的差异,更重要的是影响了东西方人的思想观念。刀叉必然带来分餐制,西方人到了餐桌前,直截了当,你吃你的我吃我的。这种"个人主义"的行为,在人际关系上既体现了个性独立,又表现了对他人饮食行为的尊重。❶

◎本章小结

中外饮食文化交流和差异是跨文化交际现象众多表现形式之一,通过对其分析研究,可以培养人们积极地接受国外的饮食文化,在进行跨文化交际的时候,要注意国外的礼仪规范,从而在求同存异的基础上更好地把握本民族的文化特征。其次,可以培养人们在跨文化交际时的适应能力。因为人们在跨文化交际之初,往往会感受到文化冲突的力量。通过对饮食差异的分析研究,可以有效地避免交际双方由于文化差异而产生的不理解或误解。

◎思考与练习

1. 请举出一两个中国古代历史上与国外进行饮食文化交流比较突出的事例。
2. 中外饮食文化交流有哪些途径?饮食文化交流的障碍是什么?
3. 产生中外饮食文化差异的原因有哪些?
4. 学习中外饮食文化交流和比较的有关知识,对做好旅游工作有什么意义?
5. 您如何看待世界文化的大背景下的中国饮食文化?

---

❶ 魏形峰.不同"中坚思想"下的中西饮食观念.安徽农业科学,2007(4)。

参考文献

[1]孙凯飞,文化学:现代国富论[M].北京:经济管理出版社,1997.
[2]徐兴海.食品文化概论[M].南京:东南大学出版社,2008.
[3]王学泰.中国饮食文化史[M].桂林:广西师范大学出版社,2006.
[4]华国梁,马健鹰.中国饮食文化[M].长沙:湖南科学技术出版社,2004.
[5]崔桂友.烹饪原料学[M].北京:中国轻工业出版社,2000.
[6]邵万宽.中国面点[M].北京:中国商业出版社,1996.
[7]陈忠明.面点工艺学[M].北京:中国纺织出版社,2008.
[8]马健鹰,薛蕴.烹饪学概论[M].北京:中国纺织出版社,2008.
[9]李争平.中国酒文化[M].北京:时事出版社,2007.
[10]萧家成.升华的魅力 中华民族酒文化[M].北京:华龄出版社,2007.
[11]王子辉.中国饮食文化研究[M].西安:陕西人民出版社,1997.
[12]赵荣光.中国饮食文化概论[M].北京:高等教育出版社,2003.
[13]李华瑞.中华酒文化[M].太原:山西人民出版社,1995.
[14]蒋雁峰.中国酒文化研究[M].长沙:湖南师范大学出版社,2006.
[15]周爱东.郭雅敏.茶艺赏析[M].北京:中国纺织出版社,2008.
[16]李祥睿.饮品与调酒[M].北京:中国纺织出版社,2008.
[17]王镇恒,王广智.中国名茶志[M].北京:中国农业出版社,2000.
[18]周宇,颜醒华.宴席设计实务[M].高等教育出版社,2003.
[19]余祖德.中国筵宴美馔组合应用[M].北京:中国商业出版社,1993.
[20]陈光新.王智元.中国筵宴八百例[M].武汉:湖北科学技术出版社,1987.
[21]丁应林.宴会设计与管理[M].北京:中国纺织出版社,2008.
[22]杜莉.姚辉.中国饮食文化[M]化.北京:旅游教育出版社,2005.
[23]李春祥.饮食器具考[M].北京:知识产权出版社,2006.
[24]中国烹调大全编委会编.中国烹调大全[M].哈尔滨:黑龙江科学技术出版社,1990.
[25]夏翔,施杞.中国食疗大全[M].上海:上海科学技术出版社,2006.
[26]周明扬.烹饪工艺美术[M].北京:中国纺织出版社,2008.
[27]路新国.中医饮食保健学[M].北京:中国纺织出版社,2008.
[28]中国营养学会.中国居民膳食指南[M].拉萨:西藏人民出版社,2008.
[29]潘江东.中国餐饮业祖师爷[M].广州:南方日报出版社,2002.
[30]陈忠明.饮食风俗[M].北京:中国纺织出版社,2008.

[31]任百尊.中国食经[M].上海:上海文化出版社,1999.
[32]姚伟钧.中国传统饮食礼俗研究[M].武汉:华中师范大学出版社,1999.
[33]赵红群.世界饮食文化[M].北京:时事出版社,2007.
[34]李维冰,丁章华.国外饮食文化[M].北京:中国商业出版社,2006.
[35]何宏.中外饮食文化[M].北京:北京大学出版社,2006.
[36]贾蕙萱.中日饮食文化比较研究[M].北京:北京大学出版社,1996.
[37]刘文洁.弘扬茶文化构建和谐社会[D].长沙:湖南农业大学,2006.
[38]黄晓琴.茶文化的兴盛及其对社会生活的影响[D].杭州:浙江大学,2003.
[39]周全霞.略论中国饮食文化的特点与功能[J].科教文汇,2007(3,中旬刊).
[40]余世谦.中国饮食文化的民族传统[J].复旦学报(社会科学版),2002(5).
[41]王刘刘.论我国的饮食文化与旅游业发展[J].黄山高等专科学校学报,2000(2).
[42]许宗元.中国酒文化与旅游[J].江淮论坛,1993(4).
[43]蔡华.试论中西饮食文化的差异[J].邵阳学院学报(社会科学版),2007(2).
[44]马学亮.谈宴席的五大特点[J].烹调知识,2005(9).
[45]李军.略论常见的古代饮食器具[J].西藏大学学报(汉文版).2003(3).
[46]陈光新.中国饮食风俗初探[J].民俗研究,1995(2).
[47]姚伟钧.中国古代饮食礼俗与习俗论略[J].江汉论坛,1990(8).
[48]陈光新.古代食礼的属性[J].中国烹饪,1997(1).
[49]陈光新.中国古代的重教、敬贤、养老食礼[J].中国烹饪研究,1996(4).
[50]王仁兴.中国古代的民族饮食交流[J].中国民族.1982(6)~(7).
[51]高富.中日酒文化比较谈[J].日本学论坛,2001(3).
[52]唐黎标.饮食文化天南地北话交流[J].烹调知识,2003(10).
[53]李直.中日饮食文化比较[J].商业文化·学术探讨,2007(5).
[54]关睿."茶道"的蕴意——中日茶文化比较[J].成功(教育),2007(10).
[55]李青.李伯伟.中西饮食文化消费心理比较[J].商场现代化,2007(3,下旬刊).